高职高专计算机类专业教材

商务办公应用案例教程（Office2010）

原　莉主　编

高建芳　张雯瑾　副主编

王学慧　张　炎　刘　娜　参　编

電子工業出版社

Publishing House of Electronics Industry

北京·BEIJING

内 容 简 介

本书以工作实践为主线，共选取了商务办公中14个典型工作任务、26个拓展案例。全书共分为4篇，分别是文书处理篇、数据处理篇、演示文稿设计篇和办公设备篇，主要涉及的内容包括：常用办公软件的使用（包括Word2010、Excel2010、PowerPoint2010），现代办公设备选购、使用和维护。全书图文并茂，内容丰富，实用性强，书中赠有配套任务素材及 PPT 课件便于教学以及读者自学使用，请登录华信教育资源网（www.hxedu.com.cn）免费下载。

本书可以作为文秘类、管理类、信息类、计算机类等专业高职高专办公自动化课程的教材或教学参考书，也可以作为办公自动化社会培训教材，以及各行业办公人员的自学用书。

图书在版编目（CIP）数据

商务办公应用案例教程：Office 2010 / 原莉主编. —北京：电子工业出版社，2017.10
ISBN 978-7-121-32071-2

Ⅰ. ①商… Ⅱ. ①原… Ⅲ. ①办公自动化－应用软件－高等学校－教材 Ⅳ. ①TP317.1

中国版本图书馆 CIP 数据核字（2017）第 154029 号

策划编辑：左　雅
责任编辑：左　雅　　特约编辑：王　丹
印　　刷：北京七彩京通数码快印有限公司
装　　订：北京七彩京通数码快印有限公司
出版发行：电子工业出版社
　　　　　北京市海淀区万寿路173信箱　邮编　100036
开　　本：787×1 092　1/16　印张：16.75　字数：428.8千字
版　　次：2017年10月第1版
印　　次：2024年12月第13次印刷
定　　价：39.00元

凡所购买电子工业出版社图书有缺损问题，请向购买书店调换。若书店售缺，请与本社发行部联系，联系及邮购电话：（010）88254888，88258888。

质量投诉请发邮件至 zlts@phei.com.cn，盗版侵权举报请发邮件至 dbqq@phei.com.cn。

本书咨询联系方式：（010）88254580，zuoya@phei.com.cn。

前　言

《国务院关于加快发展现代职业教育的决定》指出，职业教育坚持以立德树人为根本，以服务发展为宗旨，以促进就业为导向，实现专业课程内容与职业标准对接，教学过程与生产过程对接，突出“文化素质+职业技能”并重的人才培养目标，培养生产一线的高素质劳动者和技术技能人才。根据高职人才培养要求，本教材在采纳主编建议的前提下，在借鉴高职高专相关院校教学改革成果和编者多年教学经验的基础上编写而成。

《商务办公应用案例教程（Office2010）》采用“任务驱动”模式进行编写，以办公典型工作任务为主线，由浅入深、循序渐进地介绍 Office2010 和办公设备在现代商务办公中的应用。本书编写模式新颖、建立以工作过程为框架的现代职业教育课程结构，层次分明、立足应用、工学结合，以培养职业能力为核心，充分考虑高职学生的认知特点，具有很强的典型性和实用性。

本书案例典型，来源于实际工作，以图析文，实用性强，遵循“从做中学，在学中做”的思想，在完成任务过程中不但有详细的方法和步骤，还将“相关知识”、“提示”等穿插其中，使学习者不但知其然，而且知其所以然，使知识与技能有机结合。本书采用“由浅入深递进式”编写模式，每章均采用“基础能力层”“提高能力层”的递进方法设计。

基础能力层：通过完成每章的案例，训练学习者对基础知识与基本技能的掌握能力。

提高能力层：每章后面都配有两个“拓展案例”，并在其中添加一些新的知识元素，通过完成这些训练，学习者可以拓展知识、提高技能水平和应用能力。

本书由包头职业技术学院专业教师组织编写，原莉担任主编，高建芳、张雯瑾担任副主编，王学慧、张炎、刘娜参编。全书共分为 4 篇 14 章，原莉编写第 4、第 5 章及负责全书的统稿、高建芳编写第 1 至第 3 章、张雯瑾编写第 9、第 10、第 13 章，王学慧编写第 7、第 8、第 11 章、张炎编写第 6、第 12、第 14 章。刘娜负责部分习题的修改、部分素材的采集、部分案例的整理等工作。

本书可以作为文秘类、管理类、信息类、计算机类等专业高职高专办公自动化课程的教材或教学参考书，也可以作为办公自动化社会培训教材，以及各行业办公人员的自学用书。

本书的编者均从事计算机专业及管理专业，但由于编写水平和教学经验所限，书中难免出现错误和不妥之处，对每章教学要求的理解必定存在许多不妥之处，望广大读者提出宝贵意见。

编　者

前　言

[illegible]

《[illegible]（Office2010）》[illegible]"任务驱动"[illegible]Office2010[illegible]

[illegible]

目　　录

第一篇　文书处理篇

第二篇　数据处理篇

第三篇　演示文稿设计篇

第四篇　办公设备篇

第一篇　文书处理篇

本篇共分为 6 章，通过制作房屋转让协议书、制作公司通知文件、制作收款单、制作产品宣传海报、制作保险招标文件和制作商务信函 6 个典型实例，由浅入深地介绍了编辑和格式化文档、制作表格、图文混排，以及处理自动化等方面的内容。

第 1 章　制作房屋转让协议书

引　　子

Office2010 正式名称为 2010 Microsoft Office System，是微软公司在 Office2007 版本基础之上进行扩展以满足现代社会日新月异的办公需求的一套完备且易用的客户端和服务器端应用程序。主要包括文字处理软件 Word2010，电子表格制作软件 Excel2010 以及幻灯片制作软件 PowerPoint2010 等。其中 Word2010 的使用最广泛，它具有强大的文字处理、图文混排及表格制作功能，可以编排各种格式的文档，如公文、报告、论文、书信、简历、杂志和图书等。

知识目标

- Word2010 的工作界面。
- Word2010 的基本操作。
- 文档的编辑。
- 文档格式的设置。
- 文档页面的设置和文档的打印。

1.1 案例描述

小王刚毕业在一家信息服务公司工作，老板让他制作一份“房屋转让协议书”，以便以后有客户让本公司代理出售房屋时使用，小王经过努力设计了如图 1-1 所示的房屋转让协议书。本任务通过创建“协议书”文档熟悉 Word2010 的工作界面，练习创建、保存、打开、关闭 Word 文档以及在文档中输入文本和编辑文本等操作。

房屋转让协议书

转让方(以下简称甲方):__________住址:____________________身份证号:________

受让方(以下简称乙方): ____________住址:__________________身份证号:________

经双方自愿协商达成一致,甲方将自己合法拥有的一套房屋转让给乙方,双方就房屋转让相关事宜达成以下合同条款，以资共同遵循:

第一条　转让房屋的基本情况

转让房屋(以下简称该房屋)位于________ 区______________ 路_______号___单元_____ 层_______室，房屋结构为_______ ，建筑面积_______m^2（包括卧室、客厅、卫生间、厨房、阳台、室外平台及其附属设施)，实际使用面积________m^2。

第二条　转让价格

双方商定该房屋转让价格为（人民币）245679 元整，大写（人民币）贰拾肆萬伍仟陆佰柒拾玖 。

第三条　付款方式

双方一致同意购房款由乙方分期支付。在甲方向乙方交付房屋全部钥匙同时，乙方应支付购房款__________元（大写______________________），剩余房款______________元，（大写______________________），在甲方将房屋产权证办理到乙方名下后，在交付乙方房产证同时由乙方全部支付。甲方在收款时应向乙方出具收据。

第四条　甲方的承诺保证

甲方须保证自己对该转让房屋拥有处分权，转让该房屋不存在法律上的障碍。

第五条　本合同自甲、乙双方签字之日起生效。

第六条　本合同一式二份，甲、乙双方各执一份，具有同等效力。

甲方（签字盖章）：______________________ 时间：______________

乙方（签字盖章）：______________________ 时间：______________

图 1-1 “房屋转让协议书”效果图

1.2 案例实现

1.2.1 案例分析

房屋转让协议书的内容一般只包含文字，属于文字型文档。一份完整的房屋转让协议书应该包含的内容有以下几项。

（1）标题。位于页面正中，字号较正文字号偏大，具有醒目概括的作用。

（2）甲、乙双方。放在开头，写清楚甲乙双方各自代表谁。

（3）双方协商签订的一些条款。

（4）甲乙双方的签字、盖章。

（5）签订时间。放在文档末尾。

经过分析，制作一份房屋转让协议书需要进行以下操作。

（1）新建一个空白 Word 文档。

（2）输入房屋转让协议书的文字内容。

（3）设置文档基本格式。

（4）打印文档。

1.2.2 创建协议书文档

启动 Word2010 时，程序会自动创建一个名为“文档 1”的空白文档。再次启动 Word2010，将以“文档 2”、“文档 3”、……这样的顺序命名新文档。如果用户已经启动 Word2010 或者已经在编辑文档，可以通过单击“文件”选项卡，在下拉菜单中选择“新建”命令，选择“空白文档”选项，单击“创建”按钮或者在如图 1-2 所示界面中双击“空白文档”选项，这时就会在 Word 窗口中创建一个新的空白文档。

图 1-2 “新建”文档

1.2.3 保存、打开文档

保存文档的步骤如下。

步骤 1：文档创建完毕或修改后，需要将其保存，此时可以单击“文件”选项卡，在下拉菜单中选择“保存”命令，打开“另存为”对话框，如图 1-3 所示。

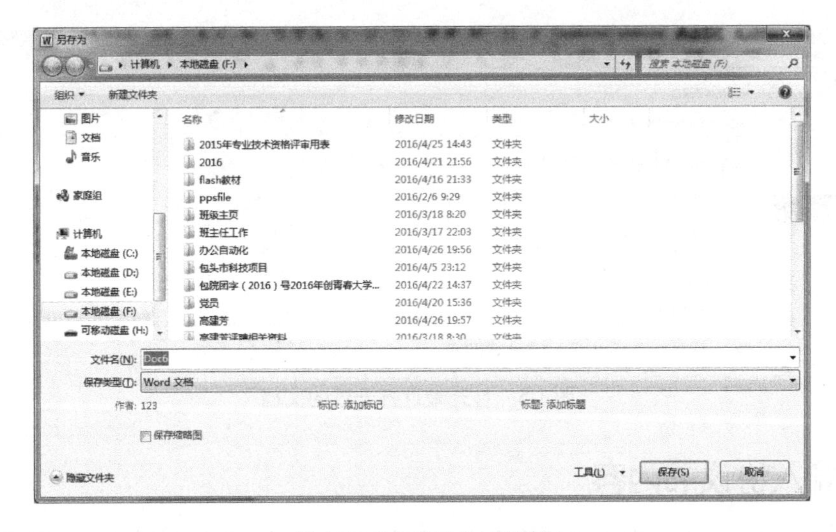

图 1-3 “另存为”对话框

步骤 2：在“另存为”对话框中的保存位置下拉列表中选择文档保存的路径，在“文件名”编辑框中为文档输入一个文件名，最后单击“保存”按钮完成文档的保存。

提示 （1）Microsoft Office 2010 改变了部分文档格式，Word 文档的默认保存格式为“.docx”，改变格式后文档占用空间将有一定程度的缩小。但同时出现的问题是安装 Microsoft Office 97～2003 的计算机无法打开格式为“.docx”的文档，解决方法是到微软官方网站上下载兼容性插件，安装到装有 Microsoft Office 97～2003 的计算机上，就可以打开“.docx”文档了。

（2）编辑文档时可经常单击快速访问栏上的“保存”按钮保存文档，以避免丢失编辑的文档。再次执行保存操作时，不再弹出“另存为”对话框。

如果想要打开已经创建的文档，可以单击“文件”选项卡，在下拉菜单中选择“打开”命令，弹出“打开”对话框，如图 1-4 所示。在对话框左侧的窗格中选择保存文档的磁盘驱动器或文件夹，在对话框中间的列表中选择要打开的文件，单击“打开”按钮。若要打开最近编辑过的文档，可在“文件”选项卡中单击“最近所用文件”选项，如图 1-5 所示，在打开的界面中单击所需的文档名称即可。

图 1-4 “打开”对话框

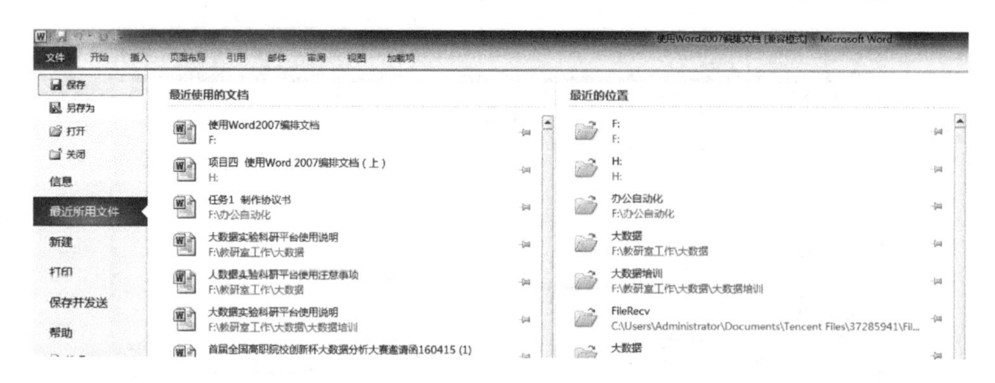

图 1-5 打开最近打开过的文档

1.2.4 输入协议书内容

启动 Word2010 后，在工作区中会有闪烁的光标显示，光标显示的位置就是文档当前正在编辑的位置。若光标未显示可以在编辑区中单击鼠标激活窗口，使光标显示出来。下面以创建“房屋转让协议书”文档为例进行介绍。

步骤 1：选择输入法。用户可以根据自己的需要选择一种输入法，单击任务栏上的输入法指示器，打开输入法列表从中选择，如“搜狗拼音输入法”“王码五笔输入法”“微软拼音输入法”等。

步骤 2：输入第一行文本。输入“房屋转让协议书”，输入的文字会显示在光标（插入符）显示的位置，如图 1-6 所示。

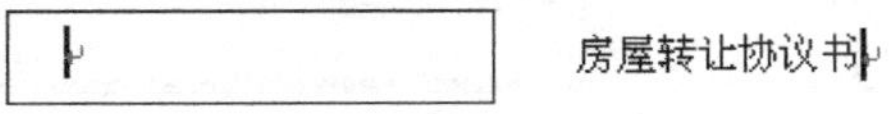

房屋转让协议书

图 1-6　输入文本

步骤 3：输入正文。按“Enter”键开始新的段落，然后继续输入，当一行输入满时，Word 会自动换行，如图 1-7 所示。在输入文本时，只有当一个段落结束时才需按“Enter”键，同时在段落末尾产生段落结束标记。

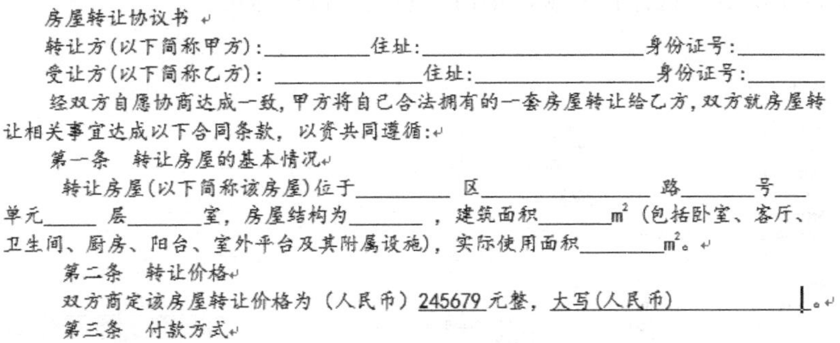

房屋转让协议书
转让方(以下简称甲方)：__________住址：____________________身份证号：________
受让方(以下简称乙方)：______________住址：__________________身份证号：________
经双方自愿协商达成一致，甲方将自己合法拥有的一套房屋转让给乙方，双方就房屋转让相关事宜达成以下合同条款，以资共同遵循：
第一条　转让房屋的基本情况
转让房屋(以下简称该房屋)位于_________ 区________________ 路_______号___单元_____ 层_______室，房屋结构为_______ ，建筑面积_______m^2（包括卧室、客厅、卫生间、厨房、阳台、室外平台及其附属设施），实际使用面积________m^2。
第二条　转让价格
双方商定该房屋转让价格为（人民币）245679 元整，大写(人民币)________________。
第三条　付款方式

图 1-7　输入其他文本

注意：在输入文本的过程中，如果出现输入错误，可按键盘上的“Backspace”键删除输错的内容，再重新输入。“Backspace”键删除的是光标所在位置前面的字符。

步骤 4：输入特殊字符。文档中有时会出现一些键盘上没有的特殊符号，如果需要输入某些特殊符号，可以采用下面的方法。首先单击要插入符号的位置，然后单击“插入”选项卡上“符号”按钮，在展开的列表中进行选择，如图 1-8 所示。如果列表中没有用户所需符号，可单击列表中的“其他符号”选项，打开“符号”对话框，如图 1-9 所示。单击不同的选项卡，可显示不同的符号，选择要插入的符号，单击“插入”按钮，即可插入到文档中。

步骤 5：上下标的输入。例如，文档中 m2（平方米）这样的符号如何变成 m^2，操作方法是首先在指定位置上输入 m2，然后选中要将其变成上标或下标的字符（如果需要设置多个，先选中一个字符然后按住“Ctrl”键，再选中其他字符），在选中的任意字符上右击，在弹出快捷菜单中选择“字体”选项，打开“字体”对话框，如图 1-10 所示，在该对话框“效果”选项中单击“上标”复选框即可。此外，还有一种最快捷的办法，选中想要设置成上标（或下标）的文字，单击“开始”选项卡下的 B I U abc x_2 x^2 中 x^2（x_2）就可以了。

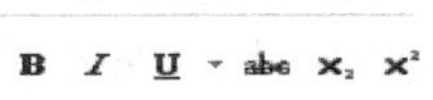

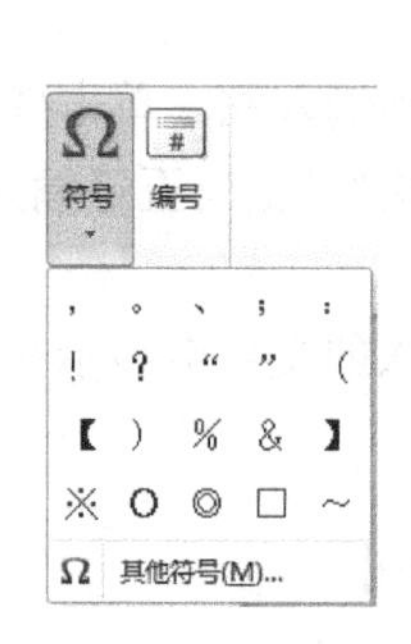

图 1-8　单击“符号”按钮

图 1-9　“符号”对话框

步骤 6：插入大写数字。将 0、1、2、3、4、5、6、7、8、9 快速改写成零、壹、贰、叁、肆、伍、陆、柒、捌、玖的方法如下：首先在需要的位置填写上阿拉伯数字，如 245679 元；然后选中数字 245679，单击“插入”选项中“符号”组里的“编号”按钮弹出“编号”对话框如图 1-11 所示，选择相应项，单击“确定”按钮即可。

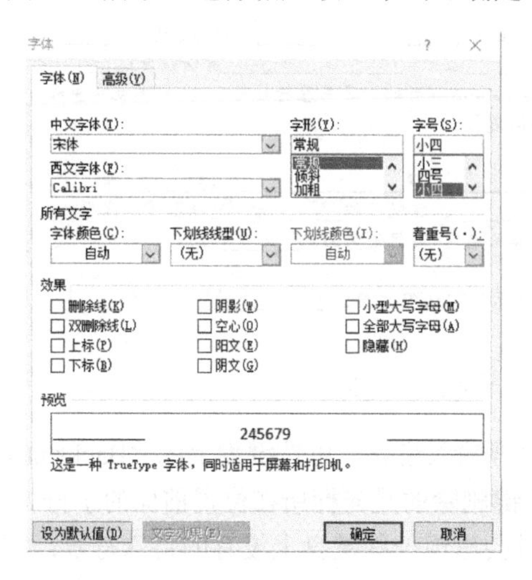

图 1-10　“字体”对话框

图 1-11　“编号”对话框

1.2.5　设置文档基本格式

1. 设置字符格式

字符格式主要包括字体、字号、字形、颜色、字符边框和底纹等。有针对性地设置字符格式不仅可以使文档版面美观，还能增加文章的可读性。默认情况下，Word2010 使用的字体为宋体、字号为五号。若要设置文档中的字符格式，可使用“开始”选项卡“字体”组中的“字体”和“字号”等按钮及“字体”对话框。下面设置“房屋转让协议书”文档中标题和正文的字符格式。

（1）设置字体。Word 常用的汉字字体包括宋体、黑体、隶书、楷体等。在 Word 中输入的汉字默认字体为宋体。Word2010 提供了几十种中文字体和英文字体供用户选择，使用不同字体可以实现不同的效果。

使用鼠标拖动选中需要设置字体的标题文本“房屋转让协议书”。

单击“开始”选项卡，在“字体”组中单击右下角的 按钮，打开“字体”对话框，如图 1-12 左图所示，在“中文字体”下拉菜单中选择文字的字体，如“黑体”。

（2）设置字号。字号就是字符的大小。在一个文档中，为不同的内容设置不同大小的字号，这样可以让整个文档看起来重点突出，例如，标题就需要使用比较大的字号，正文内容中需要突出某个词组也可以将该词组的字号设置大些。

在打开的“字体”对话框中，单击“字号”列表，选择字号“小三”。

（3）设置字形。在编辑文本的过程中除了使用加大字号和设置文字颜色来突出文字的醒目和重要性外，也可以通过对文字的字形设置来达到相同的目的。

在打开的“字体”对话框中，单击“字形”列表，选择文字的字形“加粗”。

（4）设置效果。在 Word2010 中，可以根据需要对所选字符进行各种效果设置，如删除线、阴影、上标、下标等。

在打开的“字体”对话框中，单击“文字效果”按钮，打开的对话框中选择“阴影”选项，从“预设”项里选择一种阴影效果，单击“关闭”按钮，返回到“字体”对话框，如图 1-12 右图所示。

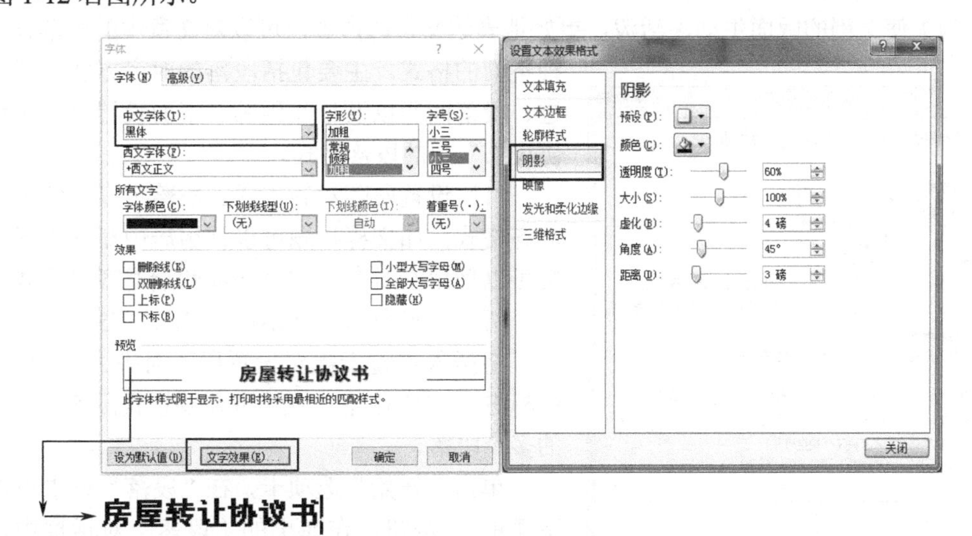

图 1-12　设置标题的字符格式

单击“确定”按钮，完成效果设置。

选择正文文本，单击“开始”选项卡“字体”组中“字体”按钮右侧的三角按钮，在展开的列表中选择“楷体”；单击“字号”按钮右侧的三角按钮，在展开的列表中选择字号“小四”，即可设置正文文本格式，如图 1-13 所示。

此外，利用“字体”组中的“加粗”、“倾斜”、“下画线”、“字体颜色”按钮，同样可以对文字的字形、字体颜色等进行设置。

提示　选中文字后，利用出现的浮动工具栏也可设置文字的字符格式，如图 1-14 所示。

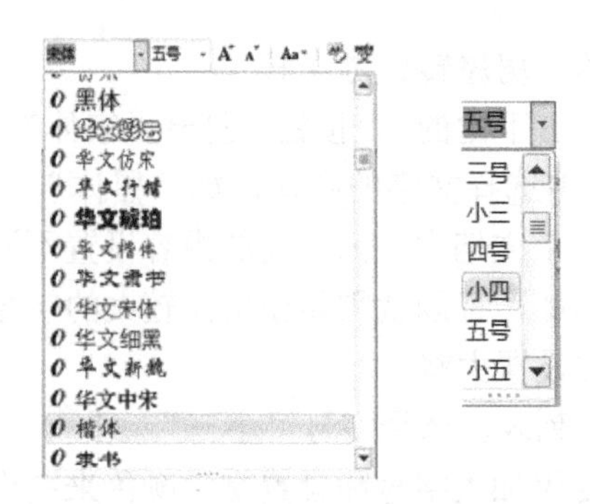

图 1-13 设置正文的文字格式

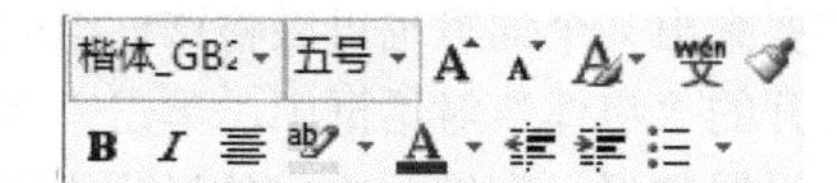

图 1-14 浮动工具栏

2. 设置段落格式

段落是文档结构的重要组成部分，在 Word 中不管是输入字符、语句或者是一段文字，只要在文本后面加上一个段落标记就构成了一个段落。在输入文本的时候，每按一次“Enter”键，就插入了一个段落标记，开始另外一个新的段落，并且在插入段落的同时会把上一个段落的格式应用到这个新的段落中。

为了使文档的版面生动、活泼，更好地表达文章的内容，可以对文章中的段落设置各种不同的格式，主要包括段落的对齐方式、段落缩进、段落间距以及行间距等。下面设置“房屋转让协议书”中的段落格式。

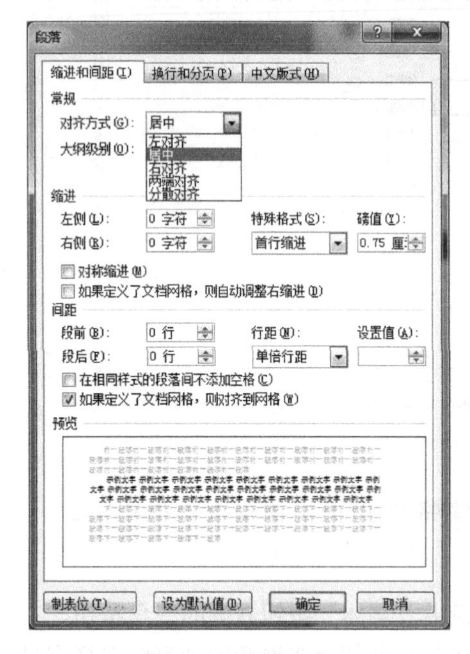

图 1-15 设置段落

（1）设置段落对齐方式。段落可以设置不同的对齐格式，如文档标题可以使用居中对齐方式，正文可以使用左对齐、右对齐或两端对齐等方式。其中，两端对齐为 Word2010 中的默认方式。

将插入点置于需要设置段落对齐方式的段落，如标题文本段落中，或选取需要设置段落对齐方式的多个段落。

单击“开始”选项卡，在“段落”组中单击右下角的按钮。在弹出的“段落”对话框中，如图 1-15 所示，单击“对齐方式”下拉菜单按钮，在下拉菜单中选择一种对齐方式，如“居中”，单击“确定”按钮，即可把标题段落居中。

（2）设置段落缩进。“缩进”是表示一个段落的首行、左边和右边距离页面左边和右边以及相互之间的距离关系。设置段落缩进可以利用菜单和标尺两种方法。标尺中有“首行缩进”、“悬挂缩进”、“左缩进”、“右缩进”等几个缩进标志，如图 1-16 所示。

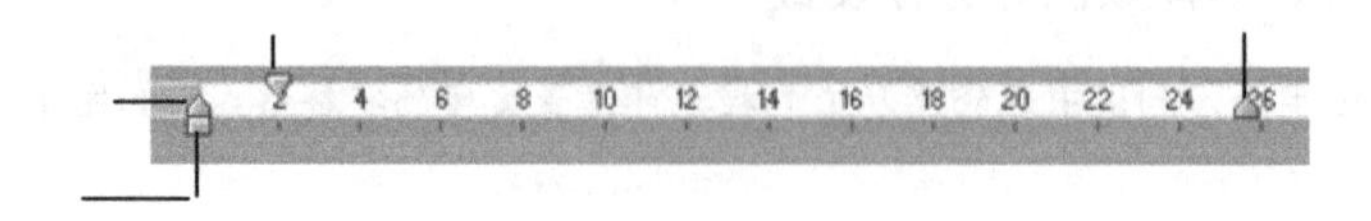

图 1-16 标尺标记

首行缩进：段落第一行由左缩进位置向内缩进的距离，中文一般习惯首行缩进为两个汉字宽度。

悬挂缩进：段落中每行的第一个文字由左缩进位置向内侧缩进的距离。悬挂缩进多用于带有项目符号或编号的段落。

左缩进：段落的左边距离页面左边的距离。

右缩进：段落的右边距离页面右边的距离。

下面利用菜单对文档“房屋转让协议书”正文进行缩进设置。

将光标置于正文段落中，在打开的“段落”对话框中，选择“缩进和间距”选项卡，在“缩进”栏中设置缩进方式，如在“特殊格式”下拉菜单中选择“首行缩进”项（默认“磅值”为“2 字符”，即首行缩进两个字符），如图 1-17 左图所示。

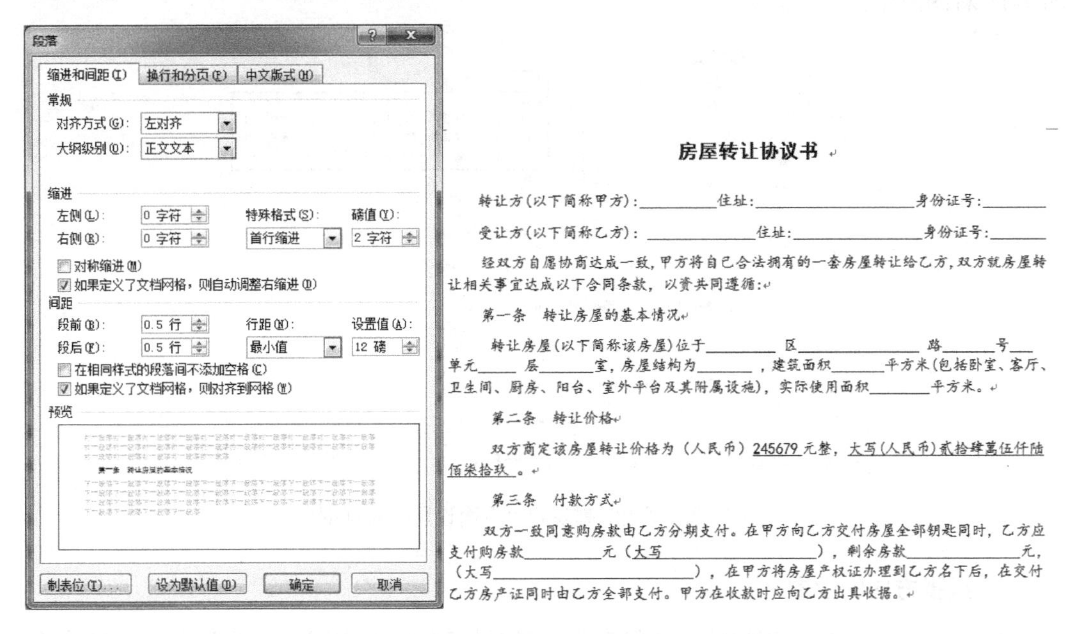

房屋转让协议书

转让方(以下简称甲方)：__________住址：____________________身份证号：________

受让方(以下简称乙方)：______________住址：_________________身份证号：________

经双方自愿协商达成一致，甲方将自己合法拥有的一套房屋转让给乙方，双方就房屋转让相关事宜达成以下合同条款，以资共同遵循：

第一条　转让房屋的基本情况

转让房屋(以下简称该房屋)位于_________区_______________路______号___单元_____层_______室，房屋结构为_______，建筑面积_______平方米(包括卧室、客厅、卫生间、厨房、阳台、室外平台及其附属设施)，实际使用面积_______平方米。

第二条　转让价格

双方商定该房屋转让价格为（人民币）245679 元整，大写(人民币)贰拾肆萬伍仟陆佰柒拾玖。

第三条　付款方式

双方一致同意购房款由乙方分期支付。在甲方向乙方交付房屋全部钥匙同时，乙方应支付购房款__________元（大写____________________），剩余房款______________元，（大写__________________________），在甲方将房屋产权证办理到乙方名下后，在交付乙方房产证同时由乙方全部支付。甲方在收款时应向乙方出具收据。

图 1-17　利用“段落”对话框设置段落格式

（3）设置行间距。“行间距”就是指两行文字之间的距离，在 Word 中默认的行间距为一个行高，当某个字符的字号变大或行中出现图形时，Word 会自动调整行高。

在打开的“段落”对话框中，单击“行距”下拉菜单按钮，在下拉菜单中选择行间距大小，如“最小值”，设置值为“12 磅”。

提示　当在“段落”对话框的“行距”一栏中选择“单倍行距”、“固定值”或“多倍行距”时，可以在“设置值”数值框中设置任意的数值。

（4）设置段间距。“段间距”就是指两段文字之间的距离，设置段间距有一个比较简单的办法，就是按“Enter”键插入空行，也可以在“段落”对话框中精确设置段间距。

在打开的“段落”对话框中，将“段前”参数设置为“0.5 行”，“段后”参数设置为“0.5 行”。单击“确定”按钮，完成设置，效果如图 1-17 右图所示。

1.2.6 打印文档

1. 页边距的设置

Word2010 默认的文档页面顶端和底端各留 2.54 厘米的页边距，左、右两边各留 3.17 厘米的页边距。用户可以根据需要修改页边距。

打开需要设置页边距的文档，单击“页面布局”选项卡“页面设置”组中的“页边距”按钮，在展开的列表中选择页边距样式，如图 1-18 左图所示。

或者单击“页面布局”选项卡“页面设置”组右下角的对话框启动器按钮，打开“页面设置”对话框，单击“页边距”选项卡，然后在“页边距”栏中设置页边距参数，如图 1-18 右图所示。

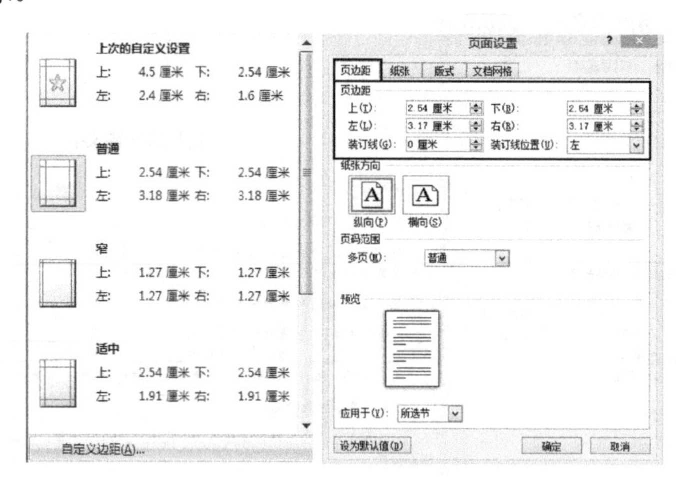

图 1-18 页边距列表和“页面设置”对话框

2. 纸张方向的设置

Word2010 创建的文档默认是“纵向”，在编排某些特殊文档，如画册类文档的时候，有的画册需要将纸张方向设置为横向，制作出版式新颖的画册。设置纸张方向的操作步骤如下。

打开需要设置页边距的文档，单击“页面布局”选项卡“页面设置”组中的“纸张方向”按钮，在展开的列表中选择纸张的方向，如图 1-19 左图所示。

或者单击“页面布局”选项卡“页面设置”组右下角的对话框启动器按钮，打开“页面设置”对话框，单击“页边距”选项卡，然后在“纸张方向”栏中选择纸张方向，如图 1-18 右图所示。

3. 纸张大小的设置

纸张大小是指在打印文档时使用的纸张规格，一般的书籍文档使用的纸张大小为 16K。默认情况下，Word 中的纸型是标准的 A4 纸，其宽度为 21cm，高度是 29.7cm。用户可以根据需要改变纸张的大小。

打开需要设置纸张大小的文档，单击“页面布局”选项卡“页面设置”工具组中的“纸张大小”按钮，在展开的列表中选择所需的纸张大小，如图 1-19 中图所示。

如果纸张大小列表中没有用户需要的纸张大小样式，用户可以自定义纸张大小，方法是在“纸张大小”列表中选择“其他页面大小”选项，打开“页面设置”对话框，如图 1-19 右图所示。

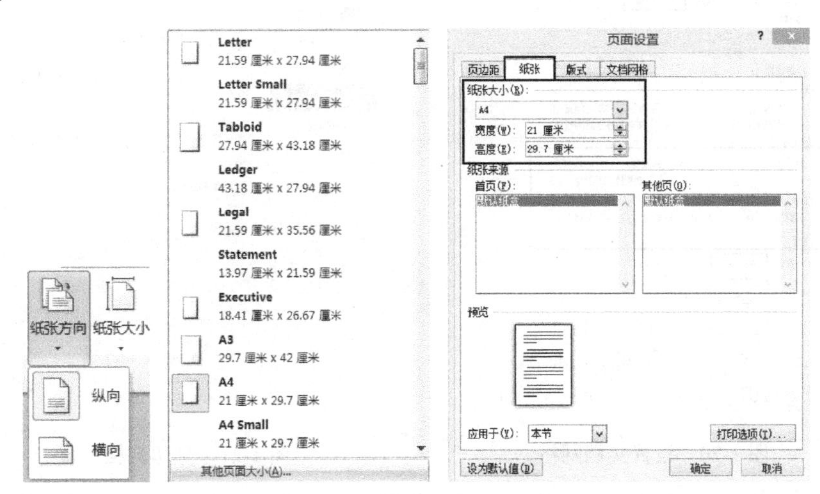

图 1-19　“纸张方向”列表、“纸张大小”列表和“页面设置”对话框

在打开的“页面设置”对话框中，单击“纸张”选项卡，在“纸张大小”栏中的“宽度”和“高度”编辑框中输入数值，单击“确定”按钮。

4. 文档网格的设置

文档的行与字符叫做“网格”，所以设置页面的行数以及每行的字数实际上就是设置文档网格。设置文档网格的方法是：打开“页面设置”对话框，切换到“文档网格”选项卡，选择“指定行和字符网格”单选按钮，在“字符数”栏中的“每行”编辑框中输入每行的字符个数，在“跨度”编辑框中设置字符间的间距；在“行数”栏中的“每页”编辑框中输入每页的行数，在“跨度”编辑框中设置行间距，然后单击“确定”按钮即可，如图 1-20 所示。

5. 打印文档

用户在编排完 Word 文档后，需要用纸传递文档中的信息，这时就需要将编辑好的文档打印输出。在打印之前需要进行打印预览，方便用户查找文档需要修改的地方。在打印的时候需要设置打印参数，这样才能够将文档打印输出。下面介绍 Word2010 中打印的相关操作。

打印预览文档。“打印预览”实际上是 Word2010 功能中“所见即所得”的一种体现。用户在打印预览界面看到的版面效果，就是打印输出后的实际效果。通过预览，可以从总体上检查版面是否符合要求，如果不够理想，可以返回重新编辑调整，直到满意再正式打印，这样就避免了纸张浪费。进入打印预览的方法如下：单击“文件”选项卡，在展开的列表中选择“打印”选项，在界面右侧显示的就是打印预览的状态。

单击界面右下角的 100% 可以放大视图，也可进行单页、双页、按一定比例和多页预览。

如果打印预览无误，可单击“打印”按钮打印文档，如图 1-21 所示。

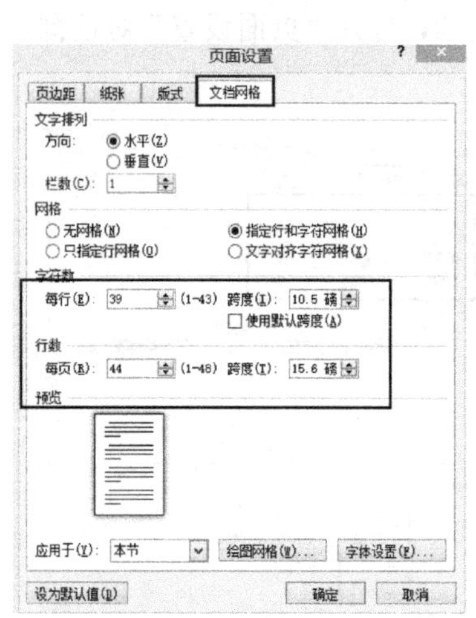

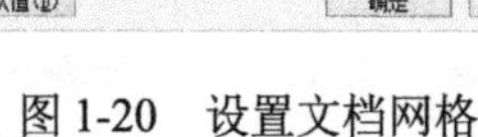

图 1-20　设置文档网格

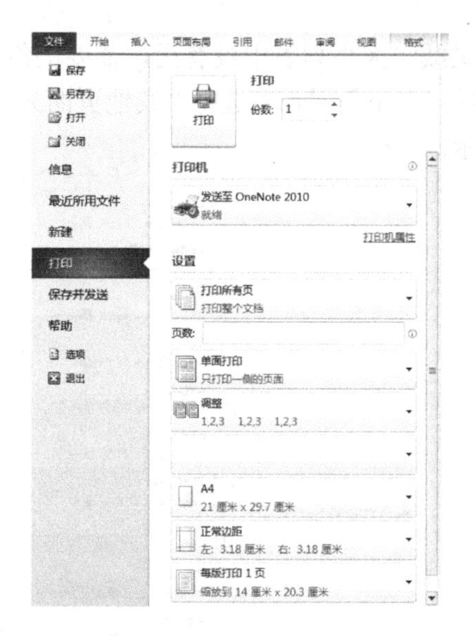

图 1-21　打印文档

提示　用户可以在打印界面中设置打印的份数、打印的范围以及单面打印还是手动双面打印等相关信息。

1.2.7　关闭文档与退出 Word

退出 Word2010 方法有多种，常用的方法是：单击窗口标题右侧的“关闭”按钮 X 退出程序。此外，也可以单击“文件”选项卡，在展开的菜单中选择“退出”命令。如果只是想关闭已经编辑或修改完成的文档，只需单击“文件”选项卡，在展开的菜单中选择“关闭”命令。

提示　退出 Word2010 程序的同时，当前打开的所有 Word 文档也将关闭。若用户没有保存已操作的文档，系统会弹出提示窗口，提示用户保存文档。

1.3　相关知识

1.3.1　Word2010 工作界面

安装好 Office2010 后，单击“开始”按钮，在打开的菜单中选择“所有程序”，在弹出的下级菜单中选择“Microsoft Office 2010”，再选择“Microsoft Office Word2010”即可。

启动 Word2010 还有很多种方法，如双击桌面上 Word2010 的快捷方式图标；在“我的电脑”或“资源管理器”中直接打开 Microsoft Word2010 应用程序；双击打开某一个 Word 文档，也可以启动 Word2010 并在其窗口显示文档内容。

启动 Word2010 进入其工作界面，如图 1-22 所示。它主要由标题栏、快速访问工具栏、功能区、文档编辑区、标尺滚动条和状态栏等组成。

（1）标题栏。标题栏位于 Word2010 窗口的最顶端，显示当前编辑的文档名和程序名称。启动 Word2010 时，会自动产生一个叫“文档 1”的新文档。

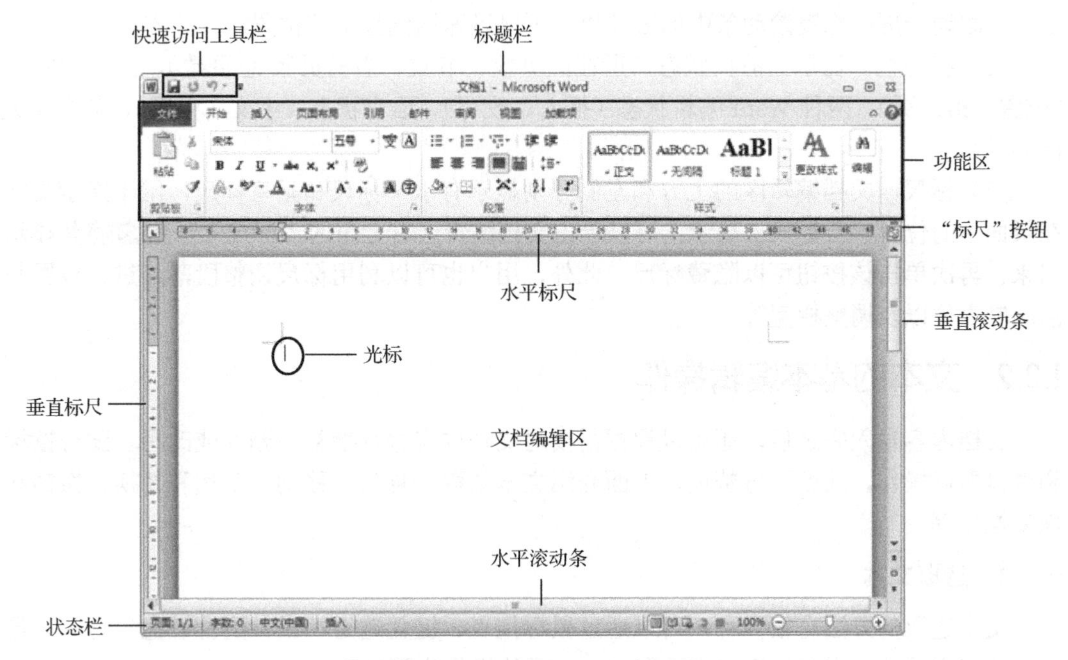

图 1-22　Word2010 工作界面

（2）快速访问工具栏。用户可以在“快速访问工具栏”上放置一些最常用的命令按钮。该工具栏中的命令按钮不会动态变换。用户可以增加、删除“快速访问工具栏”中的命令项。其方法是：单击“快速访问工具栏”右边向下箭头按钮，在弹出的下拉菜单中选中或者取消相应的复选框即可，如图 1-23 所示。

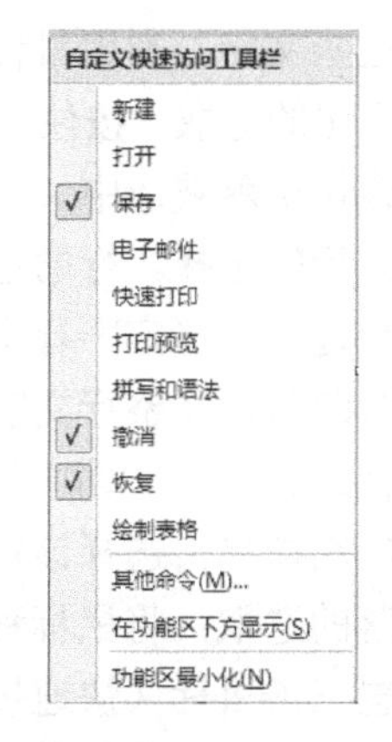

图 1-23　设置“快速访问工具栏”

如果选择“在功能区下方显示”选项，快速访问工具栏就会出现在功能区的下方，而不是上方。

（3）功能区。功能区包含选项卡、组和按钮。如图 1-24 所示选项卡位于标题栏下方，每一个选项卡都包含若干个组，组是由代表各种命令的按钮组成的集合。如在“开始”选项卡下，包含了更小的组，包括剪贴板、字体、段落、样式和编辑。其他项目也不是像传统的工具栏那样，所有的按钮也都不是大小相等的。一些按钮还带有箭头，也就是说除了显示出的默认操作外，它们还有更多的选项可以选择。单击工具栏选项中的各个按钮，可以执行相关的操作。

图 1-24　功能区

（4）文档编辑区。位于窗口中央的空白区，是输入文字、编辑文本及图片的工作区域。

（5）滚动条。在编辑区的右边和下边，分别为垂直滚动条和水平滚动条。例如，单击垂直滚动条中的滚动箭头，可以使屏幕向上、下滚动一行；单击垂直滚动条，可以使屏幕上、下滚动一屏；拖曳滚动条中的滚动块，可以迅速达到显示的位置。

（6）状态栏。显示当前页状态（所在的页数、节数、当前页数/总页数）、插入点状态（位置、第几页）、两种 Word 编辑状态（插入、改写）、语言状态（中文（中国）、英文（美国））等。

（7）标尺。文档编辑区的上方和左侧分别显示有水平标尺和垂直标尺，用于指示文字在页面中的位置。若标尺未显示，可以单击文档编辑区右上角的“标尺”按钮将其显示出来，再次单击该按钮可以隐藏标尺。此外，用户也可以利用标尺调整段落缩进、设置与清除制表位以及调整栏宽等。

1.3.2 文本的基本编辑操作

文档内容输入完之后，还可以根据需要对文档内容进行增补、删除或改写。配合鼠标和键盘即可操作，此处不再赘述。下面介绍文本选取、复制和移动、查找和替换、撤销和恢复操作等。

1. 选取文本

文本选取的方法有很多种，可以通过鼠标拖曳、键盘选定、鼠标配合键盘选定等。最简单快捷方法是使用鼠标拖曳来选取文本，具体操作步骤如下。

（1）用鼠标选取。将鼠标置于要选定文字的开始位置，按住鼠标左键不放拖动鼠标到要选定文字的结束位置松开；或者按住“Shift”键，在要选定文字的结束位置单击，也可以选中这些文字。利用鼠标选定文字方法对连续的字、句、行、段的选取都适用。

（2）句的选取。按住“Ctrl”键，单击文档中的一个地方，用鼠标单击句子中的任意位置，则该句子就被选中。

（3）行的选择。行的选择有两种：单行选择、多行选择。

单行选择：选定一行文字，将鼠标移到该行左边首部，此时光标变成斜向右上方的箭头，单击即可选择整行文字。

多行选择：在文档中按住左键上下进行拖动可以选定多行文本；配合“Shift”键，在开始行的左边单击选择该行，按住“Shift”键，在结束行的左边单击，同样可以选中多行。

段落的选取：将鼠标移到该段落的左侧，待光标改变形状后双击，或者在该段落中的任意位置三击鼠标（快速按鼠标左键三次）即可选定整个段落。

全文选择：将鼠标移到文档左侧，待光标改变形状后三击鼠标，或者按“Ctrl+A”组合键选定整篇文章。

注意：要取消选中的文本，可在文档内任意位置单击。

2. 文本的复制和移动

在编辑文本的时候，如果需要改变文本位置，可以通过“移动”操作来完成。对于一些重复输入的文本，或者需要在其他地方引用一段文本，则需要用到“复制”操作。

移动和复制文本的方法有两种：一种是使用鼠标拖动，主要用于短距离的操作；另一种是使用“剪切”、“复制”和“粘贴”命令。

（1）移动文本。首先选中要移动的文本，然后将鼠标指针移到选中的文本上，按住鼠标左键将所选文本拖到新位置。释放鼠标左键，所选文本就从原位置移动到新位置，如图 1-25 所示。

（2）复制文本。若在拖动时按住“Ctrl”键，可以将所选文本复制到新位置。如按“Enter”键在“住址”下方插入一个空段落，然后选中“转让方（以下简称甲方）”文本，按住“Ctrl”键将该文本拖到空段落中，如图 1-26 所示。

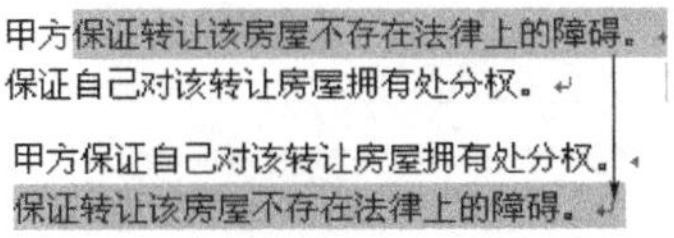

甲方保证转让该房屋不存在法律上的障碍。
保证自己对该转让房屋拥有处分权。
甲方保证自己对该转让房屋拥有处分权。
保证转让该房屋不存在法律上的障碍。

图 1-25　移动文本

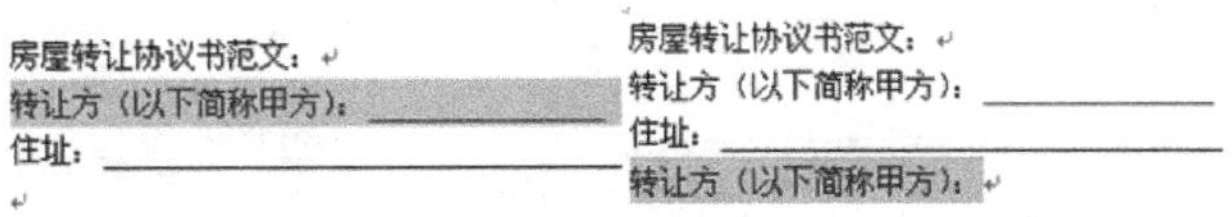

房屋转让协议书范文：
转让方（以下简称甲方）：
住址：
房屋转让协议书范文：
转让方（以下简称甲方）：
住址：
转让方（以下简称甲方）：

图 1-26　复制文本

另一种复制文本的方法是使用命令。使用鼠标拖动选定要复制的文本内容，单击“开始”选项卡，在“剪贴板”组中单击“复制”按钮，如图 1-27 所示，将选定的内容复制到剪贴板中。将光标定位到需要复制的目标位置，在“剪贴板”组中单击“粘贴”按钮，即可将剪贴板中的内容粘贴到光标位置处。也可以在选定要复制的文本内容后，按下“Ctrl+C”组合键，然后将光标定位到要复制到的位置，按下“Ctrl+V”组合键即可。

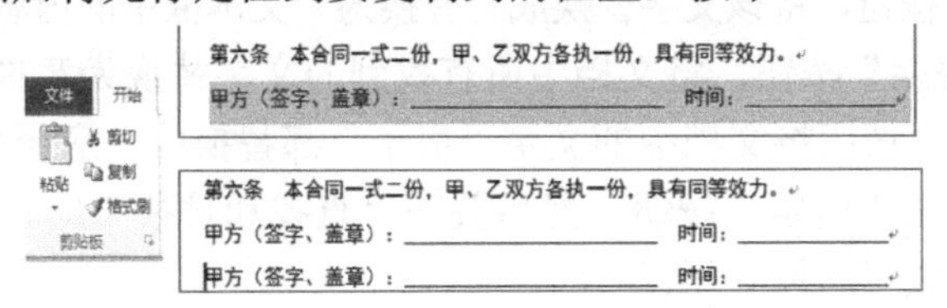

图 1-27　使用菜单命令复制文本

使用命令移动文本。使用鼠标拖动选定要移动的文本内容，单击“开始”选项卡，在“剪贴板”组中单击“剪切”按钮，将选定的内容移动到剪贴板中。将光标定位到要移动的目标位置，在“剪贴板”组中单击“粘贴”按钮，即可将剪贴板中的内容粘贴到光标位置处。也可以在选定要复制的文本内容后，按下“Ctrl+X”组合键，然后将光标定位到要复制到的位置，按下“Ctrl+V”组合键即可。

3. 文本的查找和替换

使用 Word 提供的查找与替换功能，可以很方便地搜索指定的文本，并可将搜索到的文本替换成指定的文本。

（1）查找。首先确定查找的开始位置。在文档需要开始查找的位置单击鼠标左键，如果希望从文档的开始位置进行查找，应在文档的开始位置单击。

然后单击“开始”选项卡“编辑”组中的“查找”按钮，打开“导航”任意窗格，在搜索框中输入要查找的内容，如“房子”，如图 1-28 所示。

按下“Enter”键，查找到的内容会呈黄色底纹显示。

提示　也可以通过按下“Ctrl+F”组合键，直接调出“导航”任意窗格。

（2）替换。用户在编辑文档的过程中，如果需要将某一个字、词组或者单词换成其他的文本时，可以通过 Word 的替换功能来实现，下面将“房屋转让协议书”中的文本“房子”替换为“房屋”，具体的操作步骤如下。

单击“开始”选项卡“编辑”组中的“替换”按钮，打开“查找和替换”对话框。在弹出的“查找和替换”对话框中，选择“替换”选项卡，在“查找内容”文本框中输入需要查找的文字，如“房子”，在“替换为”文本框中输入要替换的文字，如“房屋”，如图1-29所示。

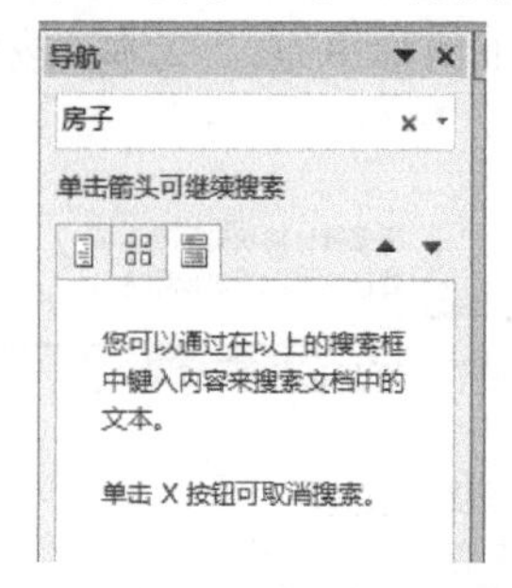

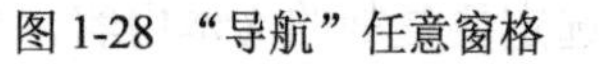
图1-28 “导航”任意窗格

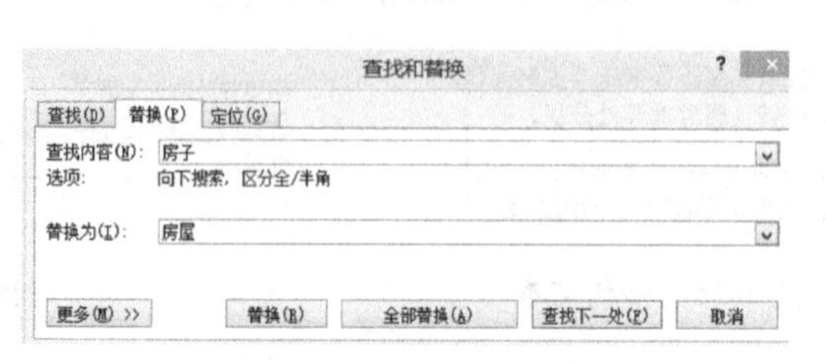

图1-29 查找内容并替换

单击“查找下一处”按钮，系统开始自动查找要替换的内容，在查找到第一个文字时，系统会暂停查找，并将查找到的文字以蓝色底纹显示，这时可以执行下列操作之一：

- 单击“查找下一处”按钮，继续查找；
- 单击“替换”按钮，将该文字替换成“替换为”文本框中的内容，然后继续查找；
- 单击“全部替换”按钮，将文档中所有找到的文字替换为替换文字。

单击“全部替换”按钮将文档中的文字“房子”都替换成“房屋”，替换完成后，在显示的提示对话框中单击“确定”按钮，然后关闭“查找和替换”对话框。返回文档窗口可以看见“房子”替换成“房屋”了。

4. 撤销和恢复操作

在编辑文档的过程中，难免会出现错误的操作，如不小心删除、替换或移动了某些文本内容。Word提供的“撤销”和“恢复”操作功能，可以帮助用户迅速纠正错误的操作。

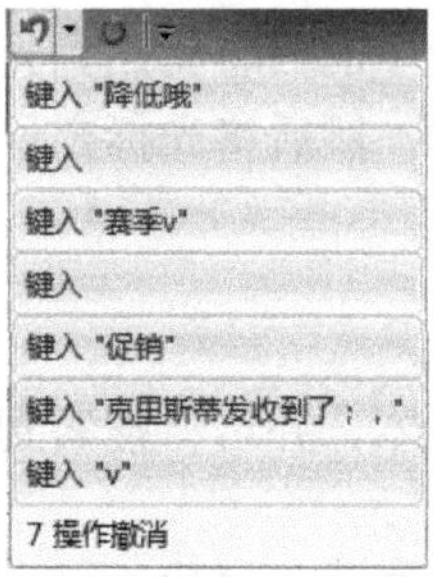

图1-30 操作的撤销

（1）撤销。要撤销最后一步操作，可单击快速访问工具栏上的“撤销”按钮或按“Ctrl+Z”组合键。要撤销多步操作，可重复单击“撤销”按钮。此外，撤销多步操作还有更简单的方法：单击“撤销”按钮右侧的三角按钮，将展开一个列表，在列表中移动鼠标至要撤销的操作处单击，则此操作及之后的所有操作将被撤销，如图1-30所示。

（2）恢复。恢复操作是撤销操作的逆操作。要执行恢复操作，可单击快速访问工具栏上的“恢复”按钮。如果连续多次单击“恢复”按钮，可连续恢复多步撤销的操作。

提示　如果撤销操作后又执行了其他操作，则被撤销的操作将不能再恢复。与撤销操作相同，单击“恢复”按钮右侧的三角按钮，从弹出的下拉列表中选择要恢复的多步操作。

1.4 拓展案例

实训1：制作名片

制作一张名片，效果图如图1-31所示。

图 1-31 “名片”效果图

制作要求如下。

（1）设置名片尺寸为 8.9cm×5.4cm。

（2）根据效果图输入名片上的文字内容并进行文字的格式化操作。

（3）设置段间距及段落缩进。

（4）通过设置页面背景和插入图片来美化名片。

实训 2：制作公司年度宣传工作计划

制作一份公司年度宣传工作计划，效果图如图 1-32 所示。

公司年度宣传工作计划

目前综合办宣传工作的开展力度不足，未实现宣传目标，最重要的是应拓展宣传渠道，完善宣传方式，通过建立宣传工作及时、有效、丰富，更好地为公司开展服务。计划如下：

一、　加强公司各项信息报道工作

1. 宣传重点

1.1、公司重大经营决策、发展大计、工作举措、新规定、新政策等；

1.2、先进事迹、典型报道、工作创新、工作经验；

1.3、员工思想动态；

1.4、公司管理上变化、实行的措举；

1.5、企业文化宣传。

2. 宣传负责人每日每周积极、主动、准确的向各部门搜集各项信息，进行记录编写成稿，及时发布至公司网站、大屏、宣传栏等地。并有选择性的通过广播加大力度对可观信息进行宣传。

二、　加强宣传队伍建设，把宣传工作落到实处。

1. 进一步健全通讯报道队伍，加大对公司内外的宣传报道力度。计划 9 月初组织召开（由主管领导主持）一次宣传工作会议，需再次明确通讯报道队伍的人员名单，明确各宣传员的宣传职责及宣传奖励规定，并下达宣传工作任务。

2. 各部门宣传员搜集书写各自部门内的各项信息，及时报送资料至综合办宣传报道处。

三、　公司宣传信息散播途径

根据公司现有资源，散播途径为：公司网站、邮箱、宣传栏、信息张贴、公司月报、广播形式。通过这五大途径将公司理念散播，发布到各部门。

四、　目前主要需完成的主要宣传工作

1. 完成公司员工手册及通讯录制作。

2. 完成 9-10 月公司月报，目前处于月报信息搜集、编写阶段。

3. 更新、增添车间等地标语牌，待询问车间负责人是否确定后，经领导批准，添加制作。

4. 配合完成品质部质量季的宣传报道工作：

a) 计划及时向品质部搜集活动进展信息，及时准确的进行报道，并将活动进展的信息及时的在公司所有大屏显示，同时将活动信息编写入公司月报中。

b) 计划质量案例活动、定制定位检查评比活动、技能比武活动结束后再设计制作海报，对活动结果，活动中出现的优秀人物、事件进行宣传传播。

图 1-32 “公司年度宣传工作计划”效果图

格式和页面设置要求如下。

标题格式：字体为黑体，加粗；字号为20；居中对齐。

一级标题格式：宋体，5号，加粗。

其他正文字体：宋体，五号。

行间距：固定值20磅。

纸张大小：A4纸。

页边距：上、下页边距均设置为2.54cm，左、右页边距均设置为1.9cm。

第2章 制作公司通知文件

引　子

通知、请示、邀请函等都属于公文处理。公文处理是指对公文的撰写、传递与管理，它是使公文得以形成并产生实际效用的全部活动，是机关实现其管理职能的重要形式。日常办公中所用的公告、通知、决定、议案、通报、通知等都属于公文。在日常办公中，公司的许多文件都是以红头文件的形式下发的。虽然在不同的单位，或者不同性质的单位所使用的标准各不相同，但其制作的通知文件都是有一定的规律可循的，今天就为大家介绍一下公司通知文件的制作过程。

知识目标

- 通知文件的写作格式。
- 创建模板文件的方法。
- 项目符号和编号的设置。
- 对象的超链接设置。
- 图形绘制及格式设置。

2.1 案例描述

公司领导决定将于近期召开本年度总结和表彰大会，让小王草拟一份通知文件，并下达到各个部门，如图 2-1 所示。

2.2 案例实现

2.2.1 案例分析

通知属于公文的一种，一般由文件版头、发文字号、公文标题、公文正文、成文时间、印章等组成，必要时还可以添加附件链接。

文件版头：正式公文一般都用套红印刷的版头，用套红大印标明公文的制发机关，一般写作“×××（机关）文件”。

发文字号：又称发文编号、文号，它是发文机关在某一年度内所发各种不同文件总数的顺序编号。发文字号由发文机关的办公厅（室）负责统一编排。发文字号应当包括机关代字、年份、序号，发文字号一般在发文机关标识下空 2 行处，用 3 号仿宋体字标注并居中排布。

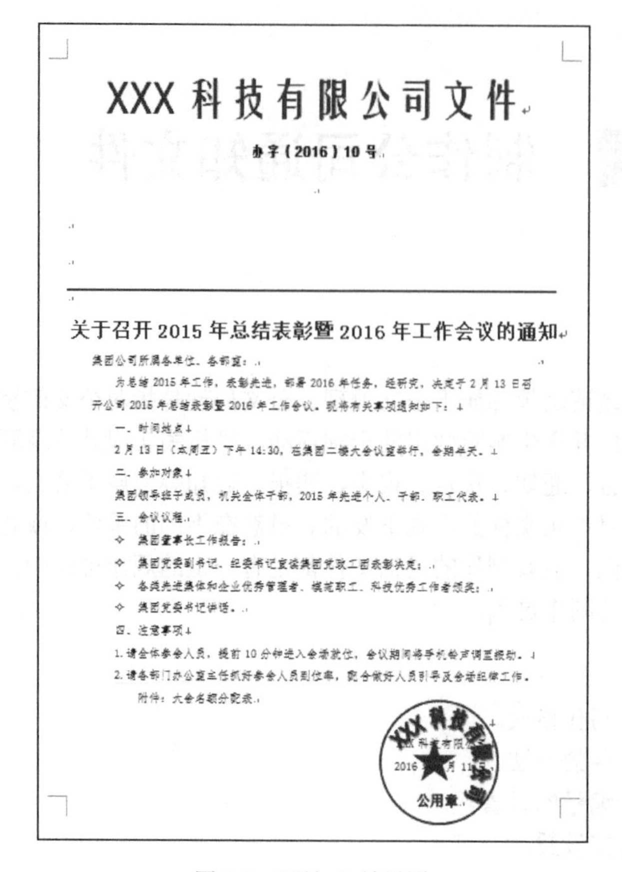

XXX 科技有限公司文件

办字〔2016〕10 号

关于召开 2015 年总结表彰暨 2016 年工作会议的通知

集团公司所属各单位、各部室：

为总结 2015 年工作，表彰先进，部署 2016 年任务，经研究，决定于 2 月 13 日召开公司 2015 年总结表彰暨 2016 年工作会议。现将有关事项通知如下：

一、时间地点

2 月 13 日（本周五）下午 14:30，在集团二楼大会议室举行，会期半天。

二、参加对象

集团领导班子成员，机关全体干部，2015 年先进个人、干部、职工代表。

三、会议议程

- 集团董事长工作报告；
- 集团党委副书记、纪委书记宣读集团党政工团表彰决定；
- 各类先进集体和企业优秀管理者、模范职工、科技优秀工作者颁奖；
- 集团党委书记讲话。

四、注意事项

1. 请全体参会人员，提前 10 分钟进入会场就位，会议期间将手机铃声调至振动。
2. 请各部门办公室主任抓好参会人员到位率，配合做好人员引导及会场纪律工作。

附件：大会名额分配表。

公用章

图 2-1 “通知”效果图

标题：通常有三种形式，由发文机关名称、事由和文种构成；由事由和文种构成；由文种“通知”作标题。

正文：由开头、主体和结尾三部分组成。开头主要交代通知缘由、根据；主体说明通知事项；结尾提出执行要求，必要时可以链接附件。在写正文之前，要在标题之下、正文之上顶格写出被通知对象的名称，在名称后加冒号。

落款：写出发文机关名称和发文时间。如已在标题中写了机关名称和时间，这里可以省略不写。

经过分析，制作会议通知需要进行以下工作。

（1）创建公司红头模板文件。

（2）根据模板创建新文档。

（3）编辑会议通知内容。

（4）为会议通知添加附件，并设置超链接。

（5）制作并加盖电子公章。

2.2.2 创建公司红头模板文件

1. 红头文件的创建

文件红头部分一般包括文件版头、发文字号和红色分隔线三部分，如图 2-2 所示。

其中文字录入及文本的格式设置在第1章中已经介绍过，用户按照通知文件的格式要求自行完成格式设置。在“发文字号”下一行位置插入一条红色分隔线的具体步骤如下。

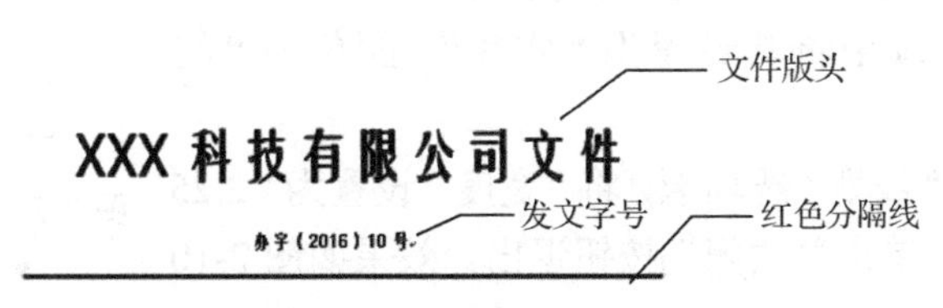

图2-2　文件红头部分

步骤1：单击“插入”→“形状”→“线条”命令选择直线，如图2-3所示。

步骤2：按住“Shift”键不放，在页面绘制一条直线。

步骤3：在直线上右击，选择“其他布局选项”，如图2-4所示。

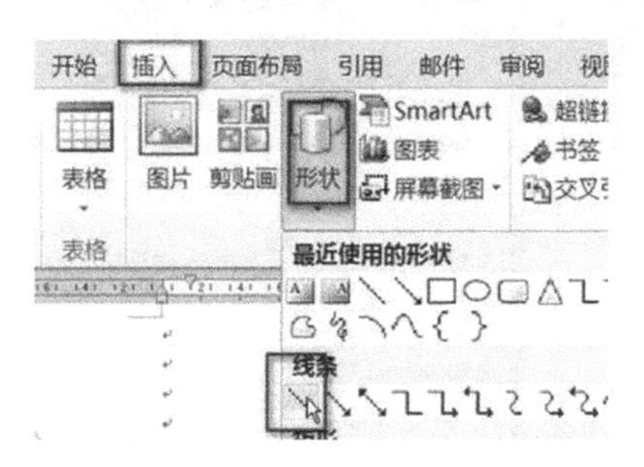

图2-3　插入直线

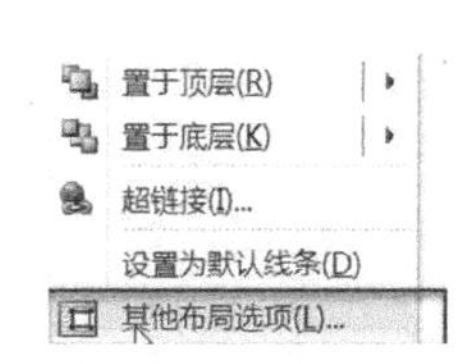

图2-4　选择“其他布局选项”

步骤4：在如图2-5所示的“位置”选项卡里将“水平”项的“对齐方式”设置为“居中”，相对于“页面”。“垂直”项中的“绝对位置”设置成7厘米（平行文或下行文标准，上行文为13.5厘米），“下侧”选择“页边距”。

步骤5：切换到“大小”选项卡，如图2-6所示，将“宽度”的“绝对值”设置为“15.5厘米”。

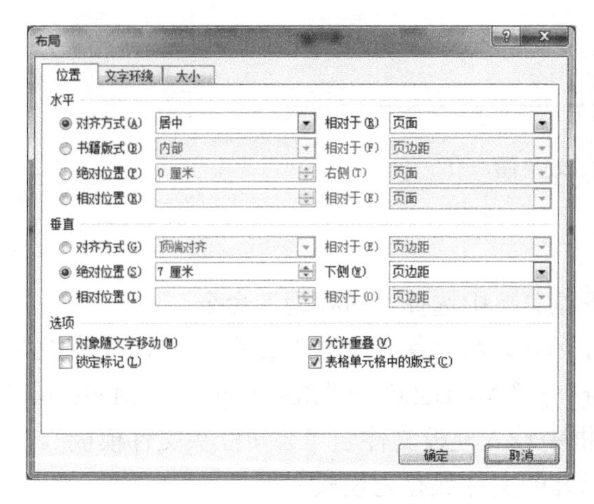

图2-5　直线位置的设置

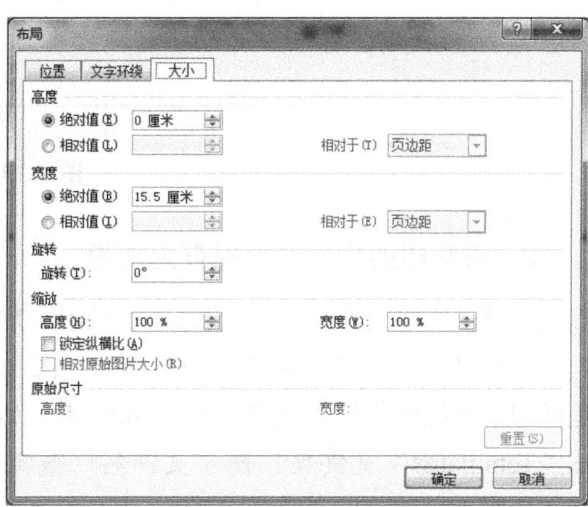

图2-6　直线宽度的设置

步骤 6：单击“确定”按钮退出，再次单击鼠标右键，选择“设置形状格式”，如图 2-7 所示。

图 2-7 “设置形状格式”选项

步骤 7：打开“设置形状格式”对话框，如图 2-8 所示，在“线条颜色”项中将其设置为“实线”，颜色为“红色”。

步骤 8：切换到“线型”选项卡，将“宽度”设置为“2.25 磅”，如图 2-9 所示，单击“关闭”按钮退出。效果如图 2-10 所示。

图 2-8 “设置形状格式”对话框

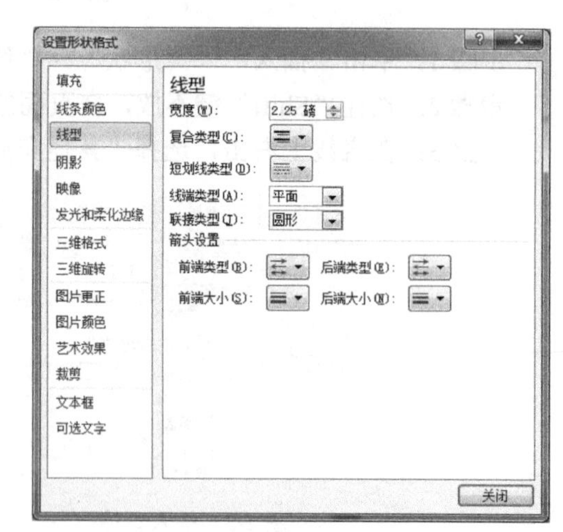

图 2-9 设置线条宽度

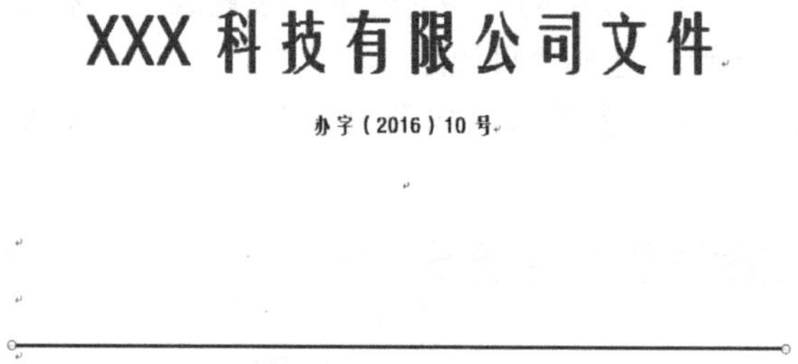

XXX 科技有限公司文件

办字（2016）10 号

图 2-10 效果图

2. 将新建的红头文件保存为模板

步骤 1：单击“文件”按钮，在弹出的下拉菜单中选择“另存为”命令。

步骤 2：弹出“另存为”对话框如图 2-11 所示，将“保存类型”设置为“Word 模板”，选择“保存位置”为“用户”→“Administrator”→“AppData”→“Roaming”→“Microsoft”→“Templates”文件夹，在“文件名”编辑框中输入模板文件名“公司红头文件模板”。

步骤 3：单击“保存”按钮，即可将编辑好的文件保存为模板文件。

2.2.3 根据模板创建新文档

模板创建好之后，就可以通过模板来创建新文档，从而可以直接应用模板内的格式和内容。具体操作步骤如下。

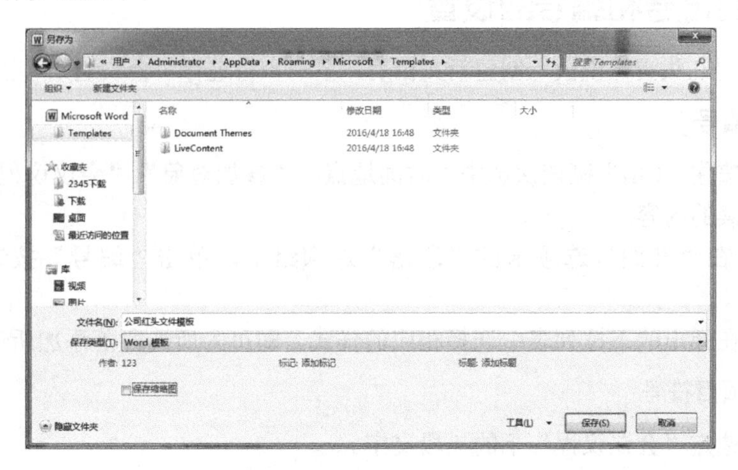

图 2-11　“另存为”对话框

步骤 1：单击“文件”→“新建”按钮，在打开的“新建文档”窗口中选择“我的模板”选项，如图 2-12 所示。

图 2-12　“新建文档”窗口

步骤 2：打开“新建”窗口，如图 2-13 所示，在模板列表可以看到新建的自定义模板。选择已创建的“公司红头文件模板.dotx”文件并单击“确定”按钮即可新建一个文档。

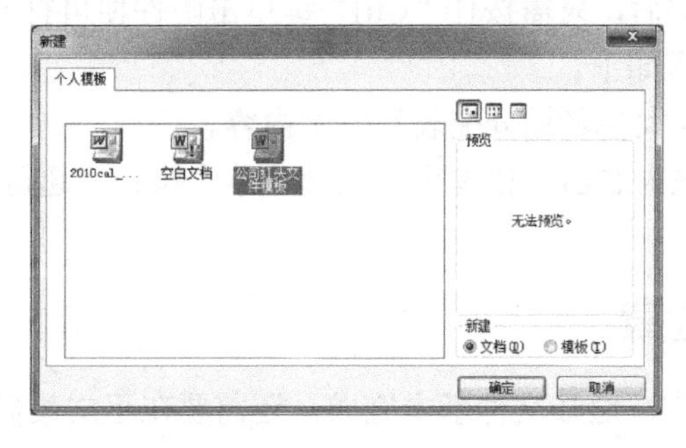

图 2-13　“新建”窗口

2.2.4 项目符号和编号的设置

使用“公司红头文件模板”创建新文档后，下一步将进行“会议通知”正文的制作。

1. 添加编号

步骤 1：按住“Ctrl”键依次选中“时间地点”、“参加对象”、“会议议程”和“注意事项”4 项不连续的内容。

步骤 2：在“开始”选项卡的“段落”选项组中，单击“编号”按钮右侧的下拉按钮。

步骤 3：在弹出的下拉列表中选择相应的样式，即可为所选段落添加所选编号。

2. 添加项目符号

步骤 1：选定“会议议程”下的 4 段文字。

步骤 2：在“开始”选项卡的“段落”选项组中，单击“项目符号”按钮右侧的下拉按钮。

步骤 3：在弹出的下拉列表中单击样式 ✧，即可为所选段落添加项目符号，效果如图 2-14 所示。

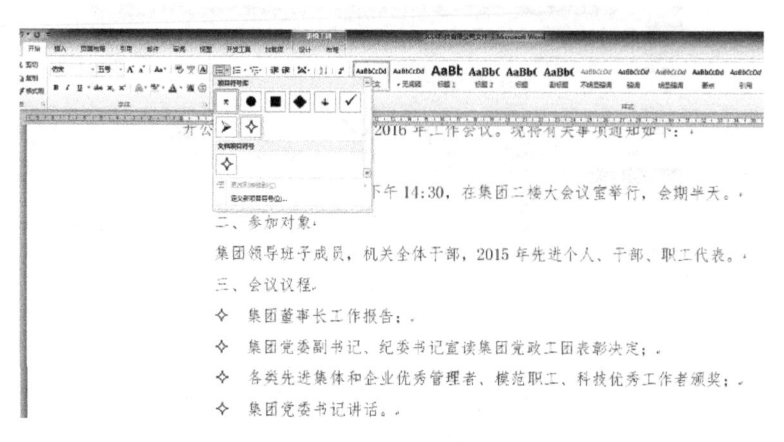

图 2-14 设置“项目符号和编号”后的效果图

2.2.5 为附件设置超链接

为了使通知内容更加具体和完善，需要在正文之后添加一个名为“大会名额分配表”的附件。各部门接到通知后，只需按住“Ctrl”键单击附件便可打开附件文件。为该附件设置超链接的具体操作步骤如下。

步骤 1：选定“附件大会名额分配表”文本内容。

步骤 2：在选定区域内右击，在弹出的快捷菜单中执行“超链接”命令，如图 2-15 所示。

2.2.6 制作公司公章

经过以上环节的制作，通知文件基本完成，还需要在正文最后的落款处加盖公章。

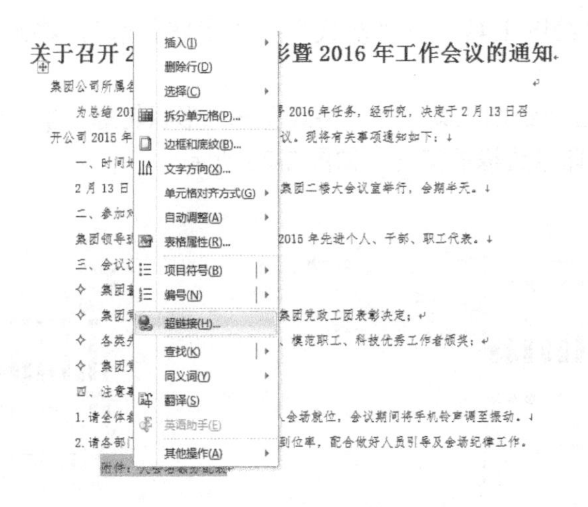

图 2-15　设置超链接

1. 制作电子公章

步骤 1：打开 Word2010，单击“插入”→“形状”按钮，选择“椭圆形”，如图 2-16 所示。然后在 Word 空白区域按住“Shift”键拖动，可以画出正圆形，如图 2-17 所示。

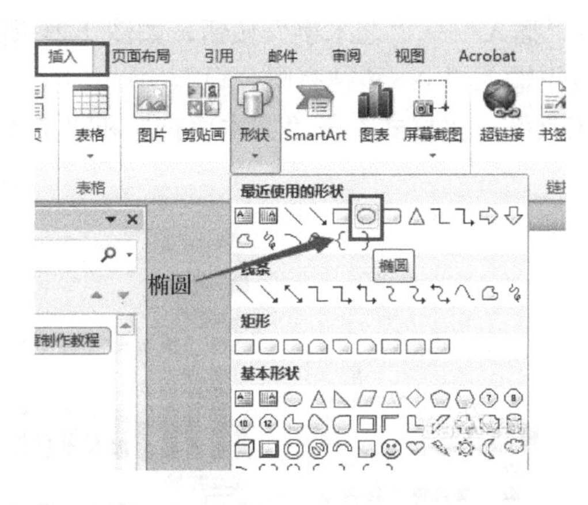

图 2-16　打开“形状”面板

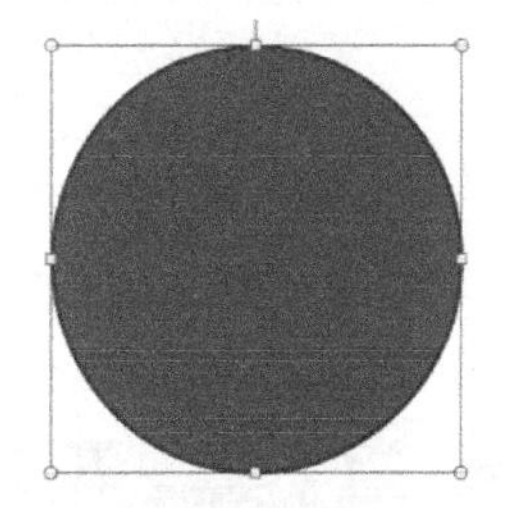

图 2-17　按住“Shift”键拖出正圆形

步骤 2：选中这个圆形，在“绘图工具”→“格式”→“形状填充”里选择“无填充颜色”，如图 2-18 所示。

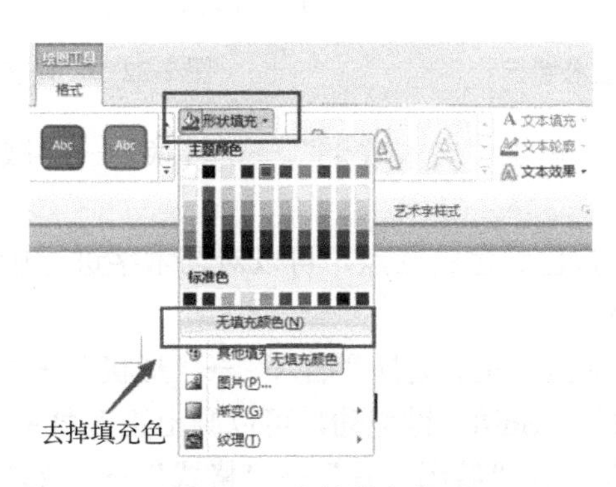

图 2-18　去掉填充色

步骤 3：选择“绘图工具”→“格式”→“形状轮廓”，将圆形的轮廓改为红色，如图 2-19 所示。

步骤 4：同样，在“绘图工具”→“格式”→“形状轮廓”里，选择“粗细”，根据自己的需求，自行设定印章边缘的宽度，如图 2-20 所示。

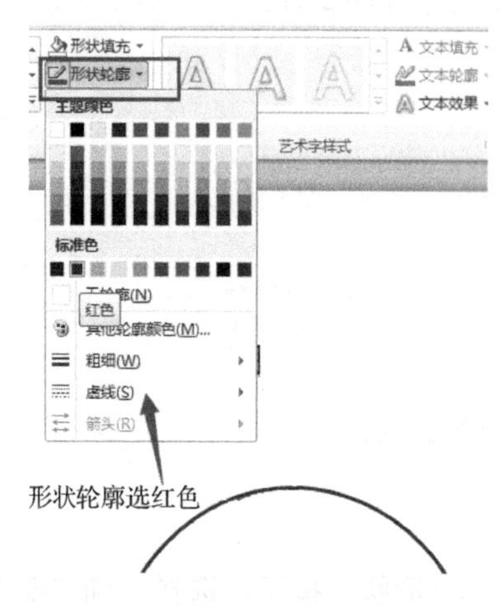

图 2-19　修改形状轮廓颜色

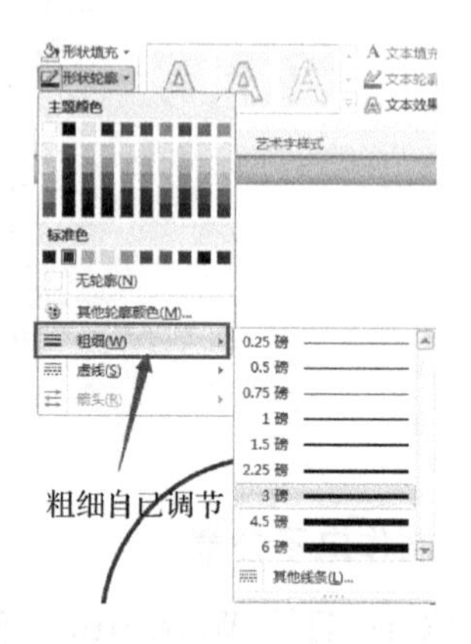

图 2-20　修改形状边缘宽度

步骤 5：接下来制作弧形文字。单击“插入”→“艺术字”按钮，如图 2-21 所示。随便选择一种样式，输入公章上的文字，这里输入“×××科技有限公司”。

步骤 6：选中艺术字，单击“绘图工具”→“格式”→“文本填充”和“文本轮廓”按钮，都选择红色，如图 2-22 所示。

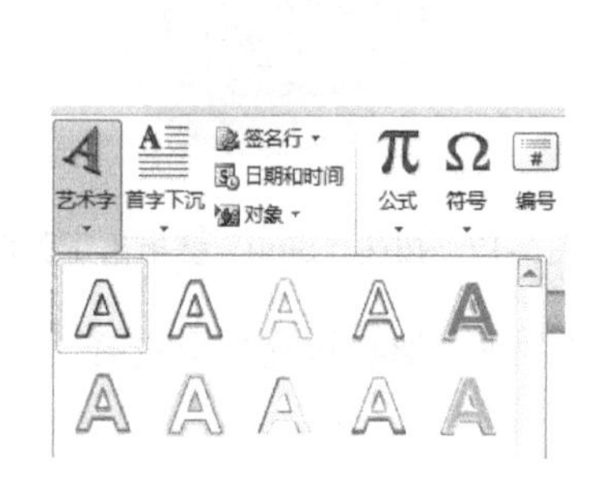

图 2-21　插入艺术字

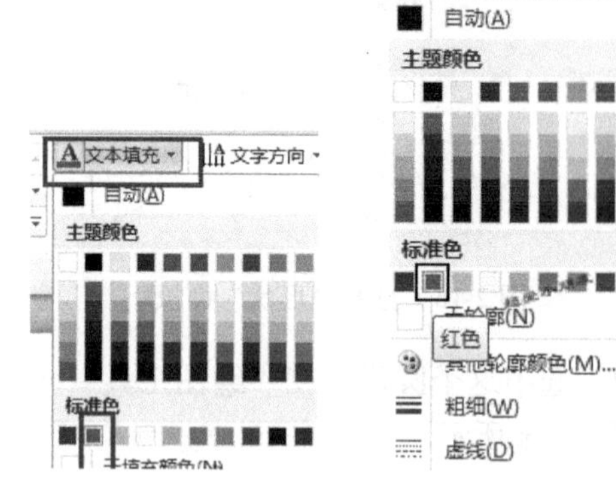

图 2-22　设置艺术字颜色

步骤 7：选中艺术字，单击“文本效果”→“转换”→“跟随路径”→“圆”按钮，如图 2-23 所示。

步骤 8：选中文本，按住绿色的圆点，可以对艺术字进行旋转。其他的空心圆点可以缩放文字，如图 2-24 所示。

步骤 9：添加印章里的五角星。选择“插入”→“形状”→“五角星”，如图 2-25 所示，然后在 Word 空白区域按住“Shift”键拖动，可以画出正五角星。

步骤 10：选中五角星，在“绘图工具”→“格式”→“文本填充”和“文本轮廓”里都选择红色，如图 2-26 所示。

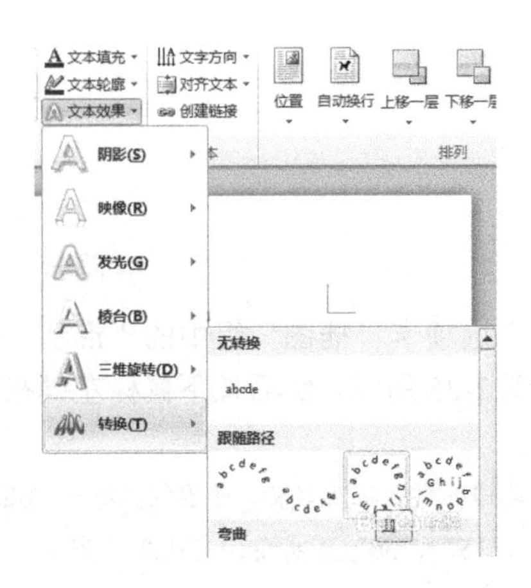

图 2-23　设置艺术字效果

图 2-24　调整艺术字

步骤 11：添加文本框。选择“插入”→“文本框”→“绘制文本框”，横向拖拉出一个文本框，输入文字，这里输入“公用章”。

步骤 12：在“绘图工具”→“格式”→“文本填充”和“文本轮廓”里都选择红色，在“绘图工具”→“格式”→“形状填充”里选择“无填充色”。

步骤 13：组合印章各元素。按住“Shift”键，逐个选中各元素，右击，选中“组合”选项，效果如图 2-27 所示。

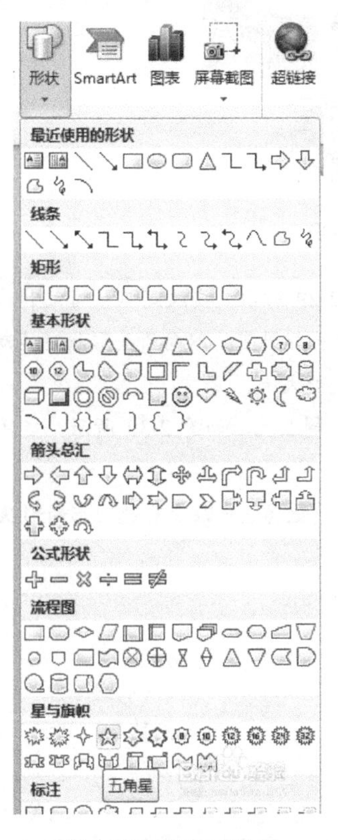

图 2-25　插入五角星

图 2-26　设置形状颜色

图 2-27　公章效果图

2.3 相关知识

2.3.1 自选图形的编辑美化

1. 绘制自选图形

要在文档中绘制自选图形，可单击“插入”选项卡“插图”组中的“形状”按钮，在展开的列表中选择需要的形状类型和形状，如图 2-25 所示，然后按下鼠标左键在文档中单击并拖动，达到所需大小后释放鼠标左键即可。

选择要绘制的形状后，按住“Shift”键在文档编辑区拖动鼠标，可绘制具有一定规则的图形。如绘制正方形或圆，还可绘制与水平线成 0°、15°、30°等夹角的直线或箭头。

2. 选择自选图形

要选择单个图形，直接单击该图形即可。

要同时选择多个图形，可按住“Shift”键依次单击图形。也可单击“开始”选项卡“编辑”组中的“选择”按钮，在展开的列表中选择“选择对象”选项，然后在图形周围拖出一个方框，此时方框内的所有图形都将被选中，如图 2-28 所示。操作完毕后，需按“Esc”键返回正常的文本编辑状态。

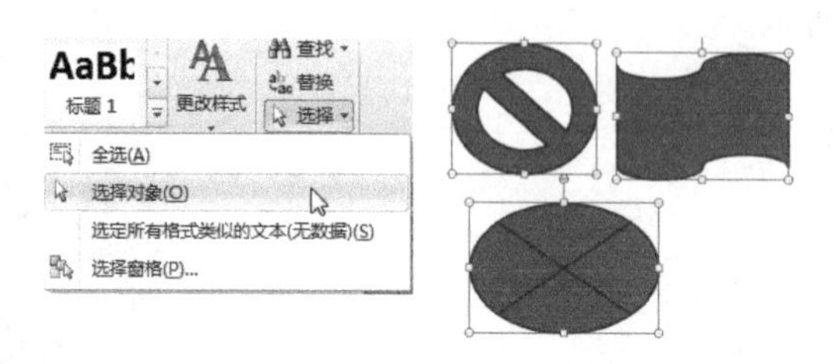

图 2-28　同时选择多个图形

提示

（1）选中图形后，图形周围将出现多个控制点，如图 2-29 所示。要改变图形的大小，可将鼠标指针移至图形周围 8 个白色的圆形控制点之一上，当鼠标指针变为双向箭头形状时拖动鼠标；若按住“Shift”键拖动图形 4 个角的控制点之一，可等比例改变图形大小。

（2）要旋转图形，可将鼠标指针移至图形上方的绿色圆形控制点上，如图 2-30 所示，当鼠标指针变为 形状时左右拖动鼠标。

（3）部分图形上有一个黄色的菱形控制点，如图 2-31 所示，拖动它可改变自选图形的形状。如改变圆角矩形的圆角大小，改变太阳图形的形状等。

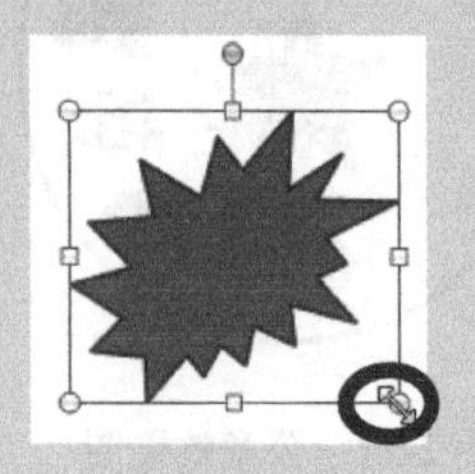

图 2-29　改变图形大小

图 2-30　旋转图形

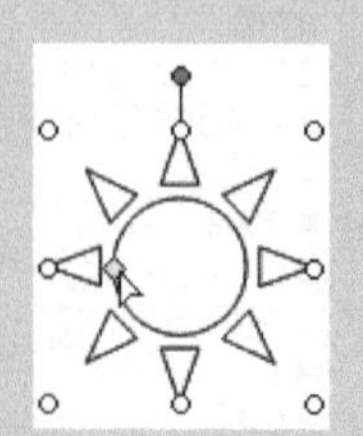

图 2-31　改变图形形状

3. 美化自选图形

选中图形后，可以改变自选图形的边框线型（如边框粗细）、颜色和样式，以及设置自选图形的填充颜色、阴影效果和三维效果等，还可利用系统自带的样式快速美化自选图形。这些操作都是通过选中自选图形后才显示的“绘图工具”→“格式”选项卡实现的，如图 2-32 所示。

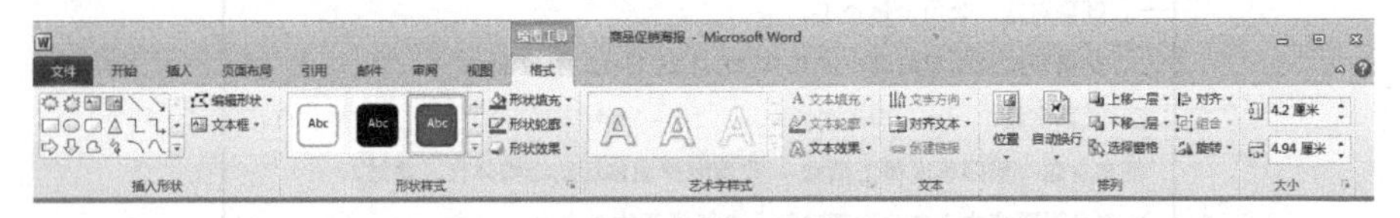

图 2-32　美化自选图形

- “插入形状”组：在该组的形状列表中选择某个形状，然后可在编辑区拖动鼠标绘制该图形。若单击“编辑形状”按钮，在弹出的列表中选择相应选项，可改变当前所选图形的形状。
- “形状样式”组：该组的形状样式列表中选择某个系统内置的样式，可快速美化所选图形；也可自行设置所选图形的填充、轮廓和三维等效果。
- “艺术字样式”组：若所选图形是文本框，可通过该组中的选项设置文本框内文本的艺术效果，制作出漂亮的文字。
- “文本”组：设置所选文本框中文字的对齐方式和方向等。
- “排列”组：设置所选图形的叠放次序、文字环绕方式（图形与其他对象的位置关系）、旋转及对齐方式等。
- “大小”组：设置所选图形的大小。

2.3.2　艺术字的设置

在文档中插入艺术字后，可利用“绘图工具”→“格式”选项卡对其进行设置和美化，如图 2-33 和图 2-34 所示。

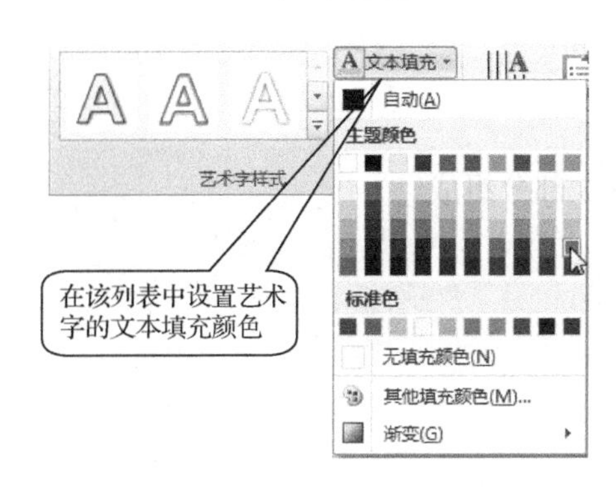

图 2-33　设置艺术字填充颜色

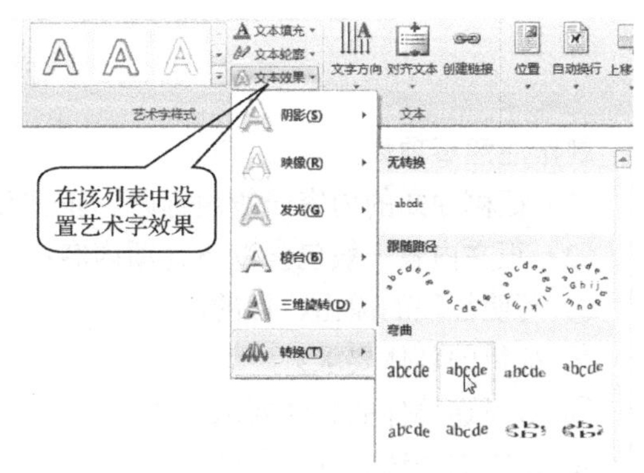

图 2-34　设置艺术字效果

2.4 拓展案例

实训 1：制作征稿通知

制作一个杂志社的征稿通知，效果图如图 2-35 所示。

征稿通知

为活跃公司文化氛围，促进公司文化发展，加强公司于员工之间的沟通，同时也是给员工提供一个施展才华的平台。现特向公司全体员工征稿用于公司宣传，具体要求如下：

一、征稿对象：公司全体员工。

二、交稿开始及结束时间：2014 年 11 月 25 日-12 月 12 日。

三、征稿主题：

征文主题：第四季度员工活动----玫瑰海岸团体活动心得体会、总结。

文章主要围绕本人在此次活动的亲身经历及体会。

四、注意事项：

1、 所有稿件必须为原创，须自行整理成文，做到语句通顺流畅、无错别字，内容健康上进，文体不限。

2. 所有稿件以电子文档形式投稿，须注名部门、姓名和投稿时间。

3、投稿邮箱为：

4. 所有稿件可以根据内容进行电子配图，配图像素须清晰。

五、奖励

优秀稿件将奖励绩效加 1-30 分不等。

六、评委组成

由公司领导及相关人员组成。

特此通知！

图 2-35 “征稿通知”效果图

制作注意事项如下。

（1）征稿通知的内容一般由标题、正文和落款 3 部分组成。

（2）正文内容一般包含以下几项内容：

① 写明征稿的原由、目的；

② 征稿的具体要求；

③ 对投递搞件的具体要求及方法；

④ 征文的评选、评奖办法。

实训 2：制作招生简章

制作一份幼儿园招生简章，效果图如图 2-36 所示。

制作要求如下。

（1）有艺术字的插入。

（2）设置页面背景。

（3）有自选图形和图片的插入。

图 2-36 “幼儿园招生简章”效果图

第3章 制作收款单

引　子

在日常办公中经常用到表格类文档，虽然 Excel 提供了强大的表格处理功能，但对于那些不需要进行复杂数据处理的表格文档来说，使用 Word 编辑则更为方便。实际工作中常用的收款单、水电费交费通知单、公司培训计划安排表、个人简历表、来电登记表、会议安排表、差旅费报销单、客户资料卡等都属于此类文档。

下面将通过制作一份公司培训安排表来介绍怎样利用 Word 的表格功能制作简明扼要、清晰美观的表格文档。

知识目标

- 表格的创建方法。
- 表格的基本编辑操作。
- 表格的格式设置。

3.1 案例描述

收款单是每个公司常用的一种单据，它是公司收到款项后开给对方的证明，如果收到每笔款项都开收款单的话，能清楚地记录每天资金的收入。下面介绍如何制作一份如图 3-1 所示的收款单。

收　款　单

收款单位：　　　　　　　　　　　　收款日期：________年________月________日

交款单位名称：	交款人：	交款方式：
交款总额：人民币大写：　　　　　小写¥：		
交款内容：		
注：此单据盖章有效		
收款部门签章：　　　开票人：　　　年　月　日		

图 3-1 "收款单"效果图

3.2 案例实现

3.2.1 案例分析

作为一份收款单，要注明交款单位及交款人名称、交款原因或者内容、交款形式，如收到支票要注明“支票”并抄录支票号；写清交款总额，有大、小写两种，小写要紧贴¥符号，小数点后写全两位数。除此之外，还应写清楚收款单位名称及收款日期。收款单要求结构清晰、效果直观，又无须进行复杂的数据处理，所以采用 Word 的表格功能进行排版。

经过分析，制作一份收款单需要进行以下操作。

（1）制作表格标题和表头。

（2）创建表格，调整表格的布局。

（3）输入表格文本内容并对文本进行格式化。

（4）美化表格。

3.2.2 制作表格标题和表头

步骤 1：首先设置页面。进入“布局”选项卡，单击“页面设置”右下角按钮，在“页边距”中将上、下、左、右边距都设为“2 厘米”。

步骤 2：输入表格标题和表头内容，标题“收款单”之间加空格；表头“收款单位”和“收款日期”之间加多个空格。

步骤 3：分别选定表格标题“收款单”和表头文本内容。

步骤 4：切换到“开始”选项卡，在“字体”选项组按图 3-2 所示要求设置文本格式。

步骤 5：将插入点定位在“年”前，在“字体”选项组中单击“下画线”按钮 U，然后敲击键盘上的空格键，即可完成下画线的添加。用同样的方法添加其他的下画线。

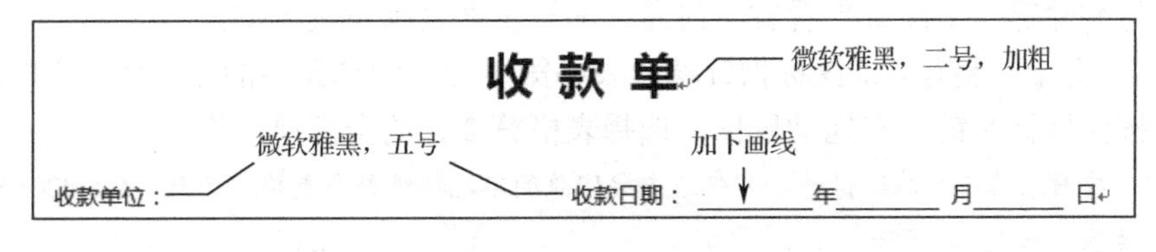

图 3-2 “表格标题及表头”格式要求

3.2.3 创建表格

Word2010 提供了多种创建表格的方法，如插入表格、手动绘制表格、Excel 电子表格等。根据本任务表格的特点，采用“插入表格”对话框的方法创建表格。

步骤 1：切换到“插入”选项卡，在“表格”选项组中单击“表格”按钮，在弹出的下拉列表中选择“插入表格”选项，如图 3-3 所示。

> **提示**　制作表格的另一种方法是选择图 3-3 中的“绘制表格”命令，可以利用鼠标来绘制出满足任意要求的不规则表格。

步骤 2：弹出“插入表格”对话框，在“表格尺寸”下的行数和列数微调框中分别设置表格的行数和列数为“5”和“3”，如图 3-4 所示。

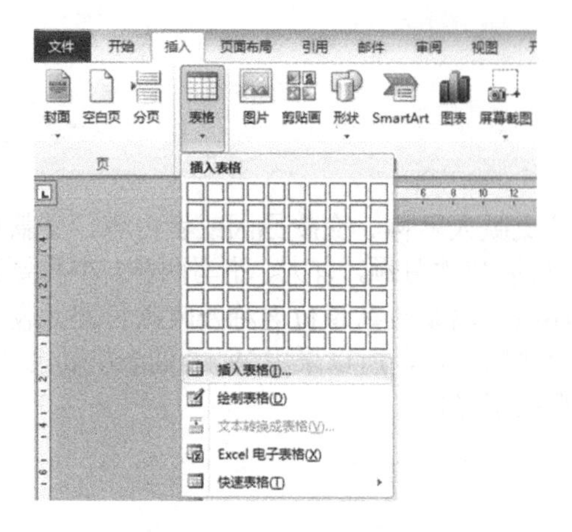

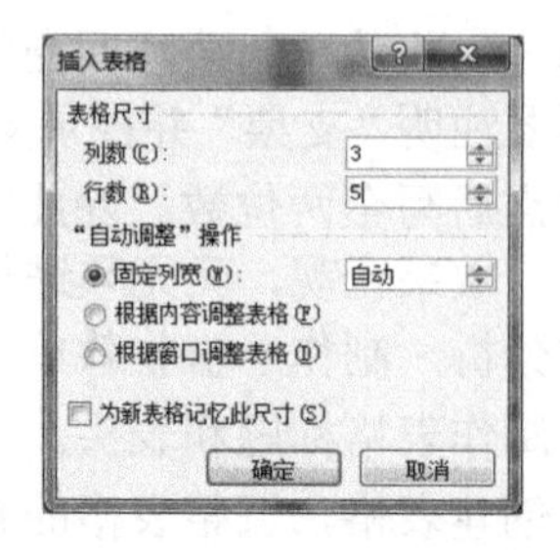

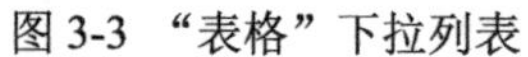

图 3-3 “表格”下拉列表　　图 3-4 “插入表格”对话框

步骤 3：单击“确定”按钮，即可在文档中插入一个 5 行、3 列的空白表格，如图 3-5 所示。

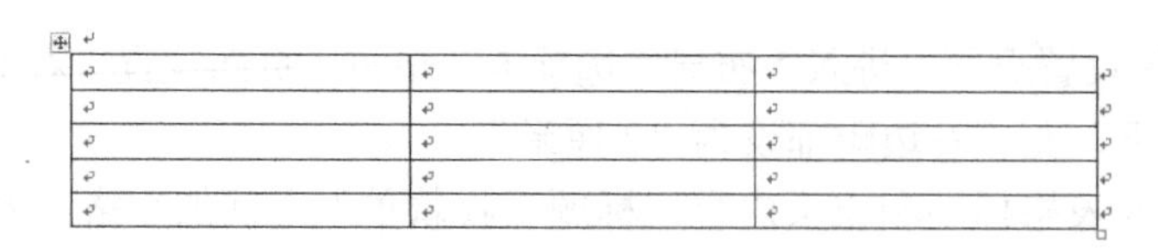

图 3-5 空白表格

3.2.4 编辑表格

如果对照一下需要制作的收款单，就会发现两者相差很大。为此，可以通过编辑表格来对此收款单据进行调整。表格编辑主要包括单元格的合并、拆分，行高和列宽调整，行、列的插入与删除等。下面就来看看如何通过编辑表格来制作收款单。

步骤 1：选中一整行。将鼠标指针移到表格第 2 行左侧单元格的左下角，待指针变成↗形状后，按住鼠标左键向右拖动鼠标，选择表格第 2 行的全部单元格。

提示　要对表格进行编辑操作，首先选中要修改的单元格或整个表格，为此，Word2010 提供了多种方法，如表 3-1 所示。

表 3-1 选择表格、行、列与单元格的方法

选 择 对 象	操 作 方 法
选中整个表格	• 单击表格左上角的⊞符号 • 单击表格右下角的┗┓标志，也可选中整个表格 • 打开“表格工具”→“布局”，在“表”组中单击“选择”按钮，在打开的下拉列表中选择“选择表格”即可选中整个表格
选中一整行	将鼠标指针移到该行左边界的外侧，待指针变成➡形状后单击
选中一整列	将鼠标移到该列顶端，待指针变成⬇形状后单击
选中当前单元格（行）	将鼠标移到单元格左下角，待指针变成↗形状后，单击即可选中该单元格，双击则选中该单元格所在的一整行

续表

选 择 对 象	操 作 方 法
选中多个单元格	• 在要选择的第 1 个单元格中单击，将鼠标的 I 形指针移至要选择的最后一个单元格，按下“Shift”键的同时单击 • 在要选择的第 1 个单元格中单击，按住鼠标左键并向其他单元格拖动，则鼠标经过的单元格均被选中 • 按住“Shift”键，然后反复按[↑]、[↓]、[←]、[→]键 • 按住“Ctrl”键，结合上面介绍的选择行、列和单元格的方法，可选择多个不连续的行、列或单元格

步骤 2：合并单元格。在第 2 行上右击，选择“合并单元格”命令，将这 3 个单元格合并成 1 个。

步骤 3：按照此方法，依次合并下面几行的单元格。

提示 单元格的拆分：在某个单元格中单击或者选中多个单元格，然后单击“合并”组中的“拆分单元格(P)...”按钮，此时系统将打开“拆分单元格”对话框，设置好希望拆分的列数与行数，单击“确定”按钮，即可将一个或多个单元格进行拆分，如图 3-6 所示。

步骤 4：调整行高。设置行高最简单的方法是将光标移至表格的行分界线处，待光标变为÷形状后按住鼠标左键上下拖动。要精确调整行高，可首先单击该行任意单元格，然后在“单元格大小”组中的“表格行高度”编辑框中输入具体数值并按“Enter”键确认。如在本例中，由于各行行高都一样，所以可以先将整个表格选中，然后在“单元格大小”组中的“表格行高度”编辑框中输入“1 厘米”，就可以同时将表格各行的行高都设置为 1 厘米，如图 3-7 所示。

图 3-6　拆分单元格

步骤 5：调整列宽。将第一行的第一个单元格也就是准备写入“交款单位名称”的这个单元格稍微拉大一点，因为单位名称可能会长一些，需要的空间也会大一些。光标移至第一个单元格的右分界线处，待光标变为 ⫲ 形状后按住鼠标左键并向右拖动，即可调整本单元格的列宽，如图 3-8 所示。

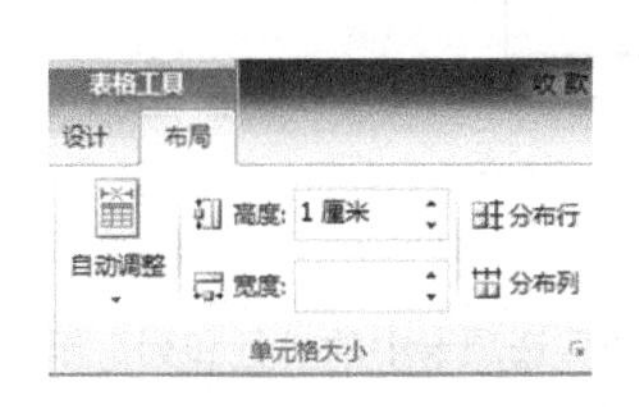

图 3-7　设置行高

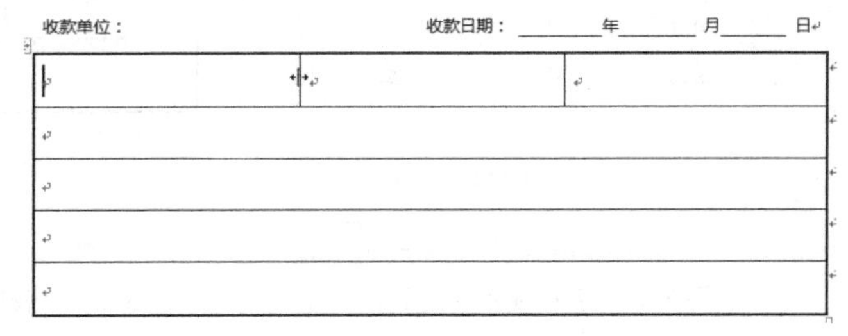

图 3-8　调整列宽

- 如果希望精确调整列宽，可在选中希望调整列宽的列后，在“单元格大小”组中的“表格列宽度”编辑框中输入具体数值并按“Enter”键确认。
- 还可以通过“表格属性”对话框调整行高、列宽。

步骤 6：分布列。将第 1 行的第 2 个和第 3 个单元格的列宽进行平均分布，选定需要进行平均分布的单元格，单击“单元格大小”组中的“分布列”按钮，即可完成设置。

分布行：选定需要进行平均分布的行，单击“分布行”按钮，即可让所选定的行的行高一致。

步骤 7：设置表格对齐方式。将光标定位在表格的任意位置，切换到“表格工具/布局”选项卡，单击“表”选项组中的“属性”按钮属性，弹出“表格属性”对话框，如图 3-9 所示。切换到“表格”选项卡，在“对齐方式”栏中选择“居中”对齐方式，设置完成后单击“确定”按钮即可。

默认情况下，新建表格的对齐方式是两端对齐。事实上，Word 为表格提供了 3 种对齐方式，分别是左对齐、居中和右对齐，用户可以根据需要为表格设置不同的对齐方式。

接下来再介绍表格编辑的一些要点。

如前面所说，要删除文档中的一般内容，都可以先选中这些内容，然后按“Delete”键删除或“Ctrl+X”组合键剪切。但是，如果选中表格后按“Delete”键或“Ctrl+X”组合键，此时只是删除表格内容，而表格本身并不能被删除。要删除表格，应首先将光标定位在表格中，然后单击“表格工具/布局”选项卡上“行和列”组中的“删除”按钮，在打开的操作列表中选择“删除表格”命令。

将光标定位在某个单元格中，单击“表格工具/布局”选项卡上“行和列”组中的相关按钮，可分别在当前单元格的上方或下方插入行，左侧或右侧插入列，或者删除当前单元格所在的行、列、表格或单元格自身，如图 3-10 所示。

如果希望一次插入或删除多行或多列，可首先选择多行或多列，然后单击“表格工具/布局”选项卡上“行和列”组中的相关按钮，如图 3-10 所示。

图 3-9 “表格属性”对话框

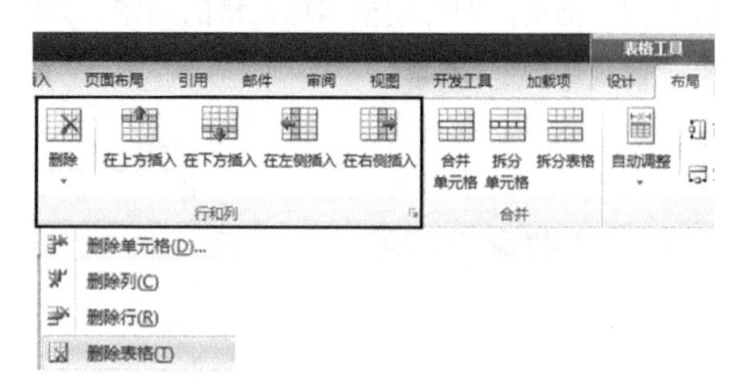

图 3-10 “表格工具布局”选项卡中的“行和列”组

此外，将光标移至某行的表外右侧，直接按“Enter”键可在该行下增加一行。

3.2.5 表格格式设置

1. 设置表格文本格式

调整好表格的位置和大小后，下一步就需要依次在表格中填写收款单据的所有内容，并对文本进行格式设置。为了使其更加美观和完美，我们将所有文字字体都改成“微软雅黑”。

步骤 1：选中表格文本内容，设置表格内文本字体为“微软雅黑”，字号为五号字。

步骤 2：设置表格中文本的对齐方式为“中部两端对齐”。

表格内文本的对齐方式有 9 种，分别是“靠上两端对齐、靠上居中对齐、靠上右对齐、中部两端对齐、水平居中、中部右对齐、靠下两端对齐、靠下居中对齐、靠下右对齐”，其设置效果如图 3-11 所示。

至此，一张完整的收费单就做好了。下面可以对表格的边框进行美化设置了。

2. 设置表格边框

步骤 1：选定整个表格，进行外边框设置。切换到“表格工具/设计”选项卡，单击“绘图边框”下的启动按钮，弹出“边框和底纹”对话框，将“边框”选项卡下的“宽度”设置为“1.5 磅”，然后依次单击“预览”选项下田字格的 4 个外边框，如图 3-12 所示。

靠上两端对齐	靠上居中对齐	靠上右对齐
中部两端对齐	水平居中	中部右对齐
靠下两端对齐	靠下居中对齐	靠下右对齐

图 3-11　单元格对齐方式

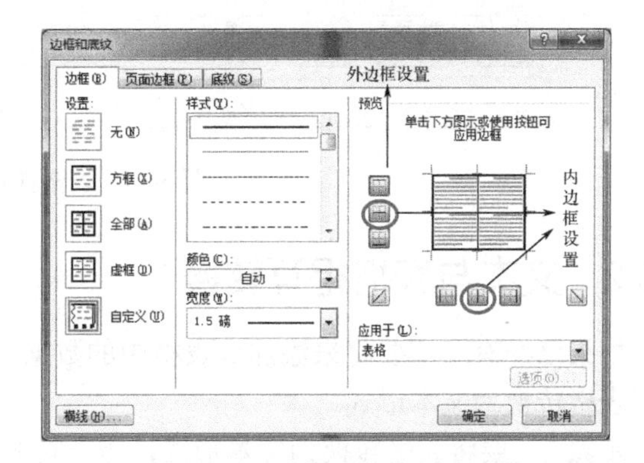

图 3-12　“边框和底纹”对话框

步骤 2：进行内边框格式设置。只须将图 3-12 中的“宽度”设置为“0.5 磅”，然后依次单击“预览”选项下田字格的两个十字形内边框，单击“确定”按钮，即可将选定表格的内边框设为选定效果。

3.3 相关知识

3.3.1 表格底纹及样式设置

有情况时可以为表格添加底纹。选定表格的一行或几行，按照上面的方法打开“边框和底纹”对话框，切换到“底纹”选项卡，在“填充”选项对应的下拉列表中选择底纹颜色，单击“确定”按钮即可为选定的行或者单元格添加底纹颜色，如图 3-13 所示。

要使用系统内置的漂亮样式快速改变表格的外观，可在选中表格后，在“表格工具/设计”选项卡中的“表格样式”组中单击需要应用的样式，如图 3-14 所示。

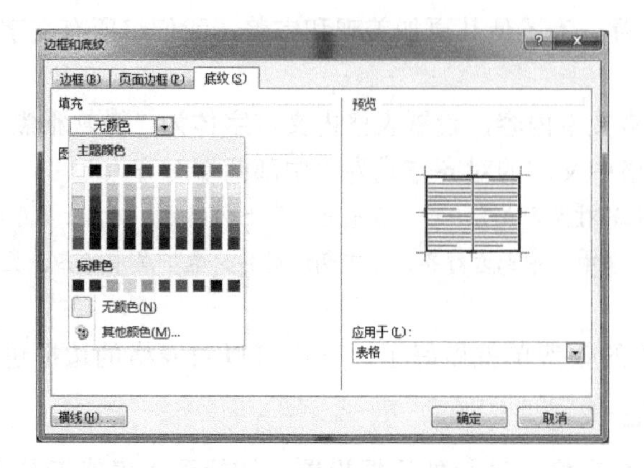

图 3-13　表格底纹设置

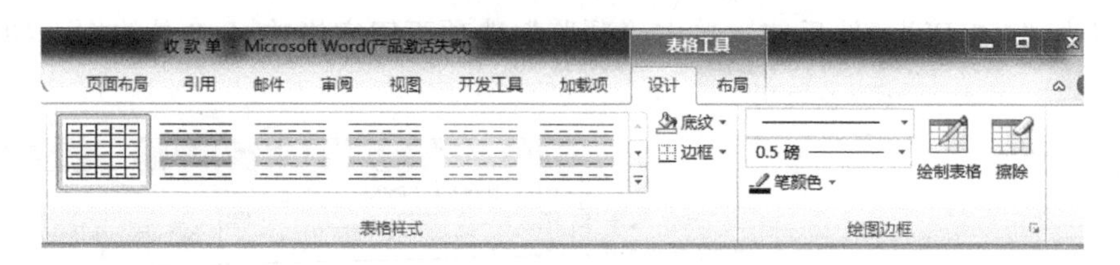

图 3-14　表格样式设置

3.3.2　文本与表格相互转换

如果已经有了需要将来添加到表格中的数据，可以将这些文本直接转换成表格，也可以将表格转换为文本形式。

步骤 1：要将表格转换为文本形式，需要首先选中表格，如图 3-15 所示。

交款单位名称：	交款人：	交款方式：
交款总额：人民币大写：　　　　　　　　小写￥：		
交款内容：		
注：此单据盖章有效		
收款部门签章：　　　　　开票人：　　　　　年　月　日		

图 3-15　选中表格

步骤 2：单击“布局”选项卡上“数据”组中的“转换为文本”按钮，如图 3-16 所示，打开“表格转换成文本”对话框，如图 3-17 所示，单击“确定”按钮即可将表格转换为文本形式，转换效果如图 3-18 所示。

步骤 3：在将文本转换为表格之前，需要先确定已在文本中添加了分隔符，本例使用制表符作为分隔符，以便在转换时将文本放入不同的列中。首先选中要转换的文本。

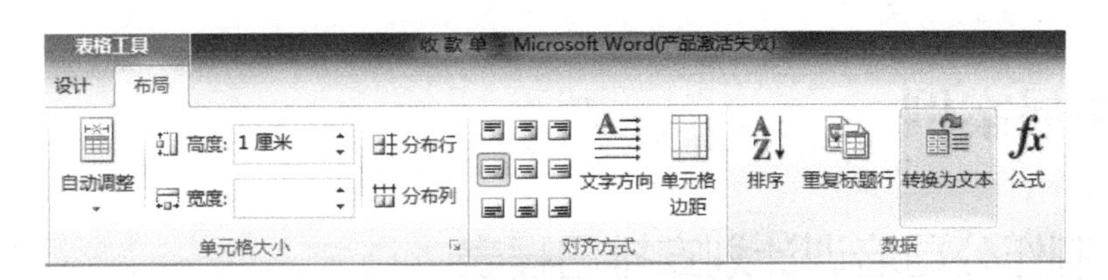

图 3-16　在“布局”选项卡中单击“转换为文本”按钮

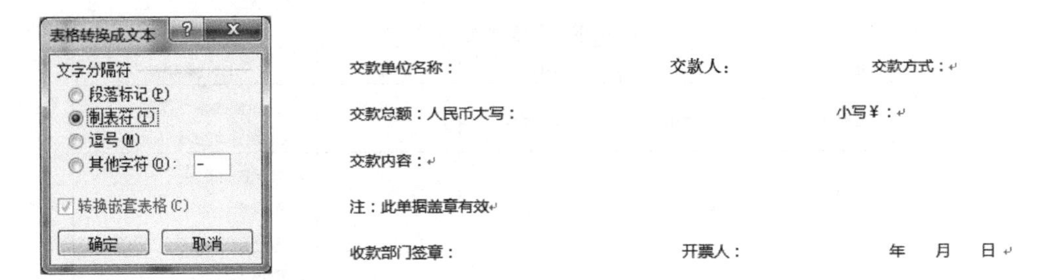

图 3-17　“表格转换成文本”对话框　　　　图 3-18　转换后的文本效果

步骤 4：在“插入”选项卡上“表格”组中单击“表格”按钮，在打开的列表中选择“文本转换成表格”项，如图 3-19 所示。

步骤 5：打开“将文字转换成表格”对话框，选择“制表符”单选钮，如图 3-21 所示，单击“确定”按钮将文本转换成表格。此外还需要利用前面的操作对表格进行一些调整，在此不再赘述，最终效果如图 3-22 所示。

图 3-19　“插入”选项卡

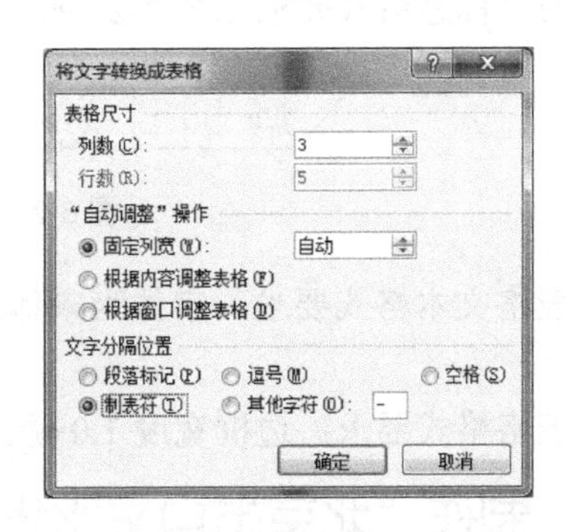

图 3-20　选择分隔符

交款单位名称：	交款人：	交款方式：
交款总额：人民币大写：　　　　小写￥：		
交款内容：		
注：此单据盖章有效		
收款部门签章：　　　　开票人：　　　　年　月　日		

图 3-21　最终效果图

3.4 拓展案例

实训 1：制作公司培训计划安排日程表

制作一份公司培训计划安排日程表，以备培训新员工时使用，效果图如图 3-22 所示。

培训计划安排日程表

培训课程	实施时间	培训地点	培训讲师	培训主要内容
公司概况	2 个课时	会议室		1、公司的组织结构 2、公司在行业中的竞争力状况
职业礼仪	2 个课时	会议室		1、个人仪容仪表规范 2、待人接物行为规范 3、社交礼仪
公司管理制度	4 个课时	会议室		1、薪酬福利制度 2、奖惩制度 3、员工日常行为规范 4、员工考勤制度 5、劳动关系制度
人际沟通技巧	2 个课时	会议室		1、沟通的技巧 2、沟通的原则
介绍交流	2 个课时	会议室		公司领导、优秀员工与学员开放式互动交流
公司参观	0．5 天	公司办公场所		参观公司

图 3-22 “公司培训计划安排日程表”效果图

制作要求如下。

（1）表格标题格式要求如图 3-23 所示。

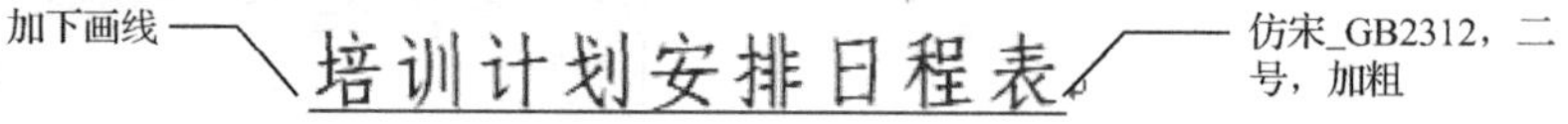

加下画线

培训计划安排日程表

仿宋_GB2312，二号，加粗

图 3-23 表格标题要求

（2）表格文本格式要求：字体为宋体；字号为小四；前四列文本居中，最后一列左对齐。

（3）表格格式要求：边框宽度 1.0 磅。

实训 2：制作“北京市自来水集团公司水费交费通知单”

制作一份北京市自来水集团公司水费交费通知单，效果图如图 3-24 所示。

制作要求如下。

（1）按效果图要求完成不规则表格的制作。

（2）表格标题：字体为微软雅黑；字号为小三号；居中；加下画线。

（3）表头字体：微软雅黑；字号为五号。

（4）根据不同情况设置表格文本的对齐方式。

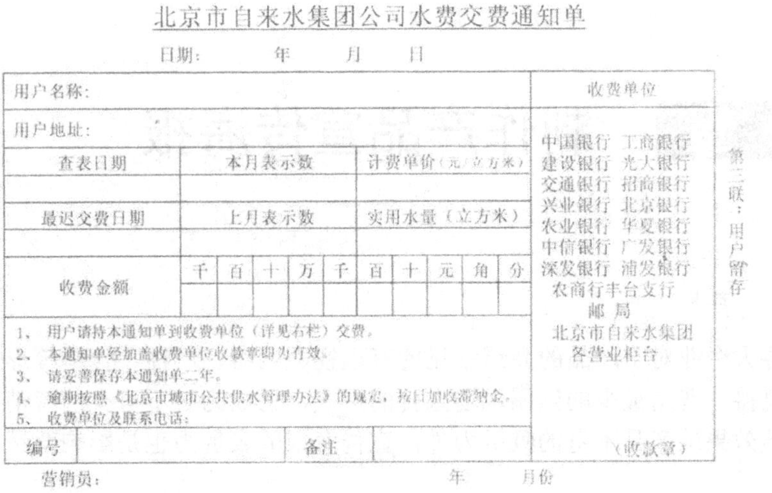

北京市自来水集团公司水费交费通知单

日期：　　年　　月　　日

用户名称：			收费单位
用户地址：			中国银行 工商银行 建设银行 光大银行 交通银行 招商银行 兴业银行 北京银行 农业银行 华夏银行 中信银行 广发银行 深发银行 浦发银行 农商行丰台支行 邮 局 北京市自来水集团 各营业柜台
查表日期	本月表示数	计费单价（元/立方米）	
最迟交费日期	上月表示数	实用水量（立方米）	
收费金额	千 百 十 万 千	百 十 元 角 分	
1、用户请持本通知单到收费单位（详见右栏）交费。 2、本通知单经加盖收费单位收款章即为有效。 3、请妥善保存本通知单二年。 4、逾期按照《北京市城市公共供水管理办法》的规定，按日加收滞纳金。 5、收费单位及联系电话：			
编号		备注	（收款章）

第二联：用户留存

营销员：　　　　　　　　年　　月份

图 3-24 “北京市自来水集团公司水费交费通知单”效果图

第4章 制作产品宣传海报

引　　子

当前各大企业对于产品的介绍常见的有电视、网络、广播、传单等形式，其中效果最快、最直接、费用最少的当属现场宣传的形式，已成为必不可少的营销手段，而现场宣传的具体效果除商品本身的吸引力外，宣传海报的表现力也是影响营销效果的重要因素之一。

下面将介绍如何利用 Word 的图文混排功能制作一份清晰美观的宣传海报文档。

知识目标

- 使用表格进行版面布局的方法。
- 在文档中插入各种对象的方法。
- 各种图形对象的格式设置。
- 图形与文字环绕的设置方法。

4.1 案例描述

随着市场竞争的加剧，许多商家为了推销自己的产品，开展各种促销活动。小华所在的海尔专卖店也不例外，为了做好本次促销活动的宣传工作，海尔专卖店企划部决定采用宣传海报的形式进行产品促销，这样既可以节省广告费用，而且效果立竿见影。首先需确定促销产品、制定促销方案等，下一步的工作是根据设计方案完成宣传海报的制作。

宣传海报的内容通常既包括文字，又包括图片、自选图形等，属于图文混排型文档。本任务案例为制作海尔专卖店“十一”黄金周电子产品的宣传海报。作为产品宣传海报，首先要给顾客以价格上的实惠，所以价格要用醒目的形状并填充鲜艳的颜色进行标识。另外，活动期间的一些优惠、抽奖等促销方案也应以特殊格式突出显示，使顾客一目了然，以达到刺激消费者购买的目的。除了展示产品信息和促销手段外，还要注明具体的活动地址和联系方式。设计的产品宣传海报效果图如图 4-1 所示。

4.2 案例实现

本任务通过创建“海报”文档，熟悉使用表格进行版面布局的方法；在文档中插入各种对象的方法；各种图形对象的格式设置；图形与文字环绕的设置方法。

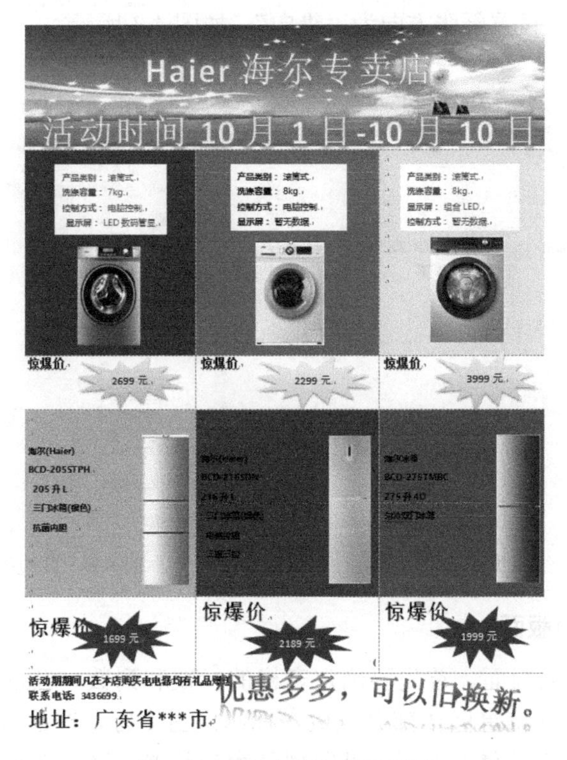

图 4-1　产品宣传海报效果图

4.2.1　案例分析

作为产品宣传海报，主要包括以下内容。

（1）海报标题。

（2）展示产品信息。

（3）突出价格显示。

（4）具体地址及联系方式。

经过分析，制作一份宣传海报需要以下操作。

（1）要设计海报的整体版面布局。为了使海报的整体更加合理，海报的内容更加便于操作，这里使用表格来进行版面布局。用表格布局版面的优点是整个版面整洁、有条理，各个单元的内容互不影响，方便用户对各部分进行单独编辑，且为日后修改打下基础。

（2）用艺术字制作海报标题。

（3）制作产品展示栏。

（4）用自选图形装饰版面。

4.2.2　用表格进行版面布局的方法

用表格进行版面布局的具体操作如下。

1. 页面设置

海报的具体大小应根据实际情况确定，这里自定义海报的纸张大小为 A4，如图 4-2 所示。作为海报，页边距也不能设置太大，为了有效利用每一寸宣传空间，设置上、下、左、右页边距均为 1 厘米，设置纸张方向为“纵向”，如图 4-3 所示。

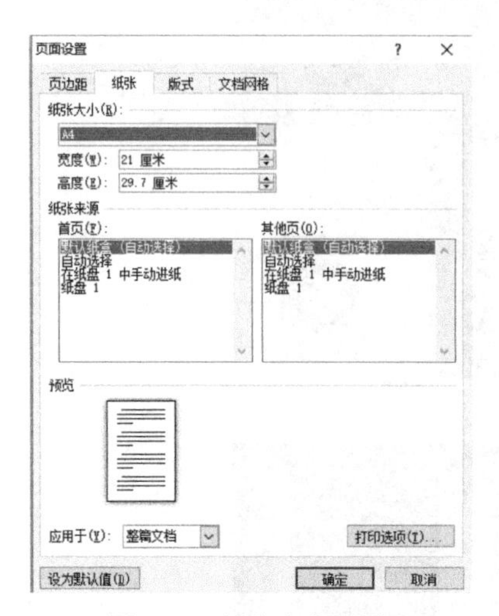

图 4-2　纸张大小设置

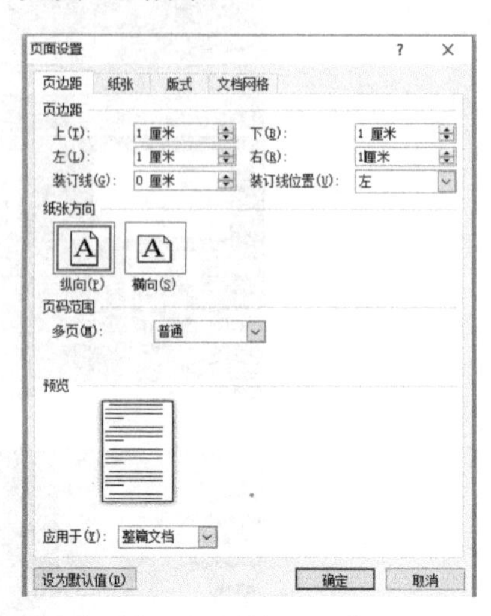

图 4-3　页边距设置

2. 设计表格布局版面

（1）设计表格布局版面，首先要确定表格的行数和列数。经过分析，本海报主要由标题区、产品展示区和信息区 3 部分组成，标题区占 1 行，产品区占 4 行，信息区占 1 行，所以表格的行数应设置为 6 行。纵向划分为产品展示区占 3 列，所以表格的列数应设置为 3 列。根据以上分析，需要插入一个 6 行 3 列的表格。

（2）对生成表格进行拆分与合并，得到如图 4-4 所示效果的表格。

（3）设置单元格的大小，根据实际需要以及版面布局大小，将表格第 1 行高度设置为 5 厘米，第 2、4 行高度设置为 7 厘米，第 3、5、6 行高度设置为 2 厘米。具体操作为：选定表格第 1 行，切换到“表格工具/布局”选项卡，打开“单元格大小”选项组下的“表格属性”对话框，如图 4-5 所示，切换到“行”选项卡，设置表格行高度为“5 厘米”，效果如图 4-6 所示。同样的方法，按要求设置好其他行的高度。

图 4-4　拆分合并后表格

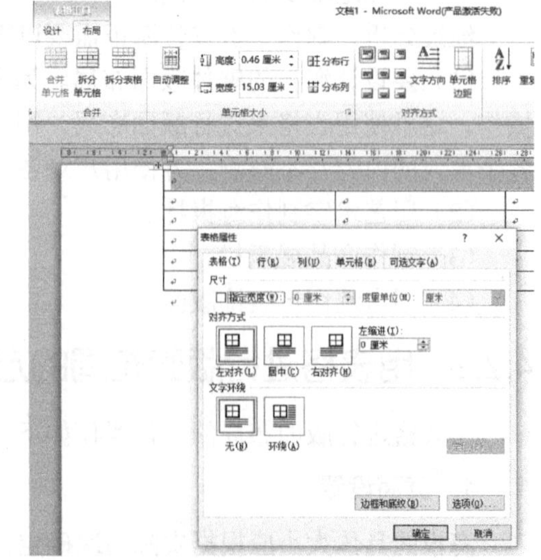

图 4-5　“表格属性”对话框

（4）将表格边框设为无色，并呈虚线形式显示。在设计过程中表格只是起到规划结构、布局版面的目的，而真正显示时表格的边框线反而影响了整个画面的美观。既要显示表格的边框线以便于观察，又要不影响海报的美观，只要将边框设为无色，并呈虚线显示就可以了。操作步骤为：选定整个表格，切换到“表格工具/设计”选项卡，单击“表格样式”选项组下的“边框”按钮，在下拉列表中选择“无边框”，如图 4-7 所示。

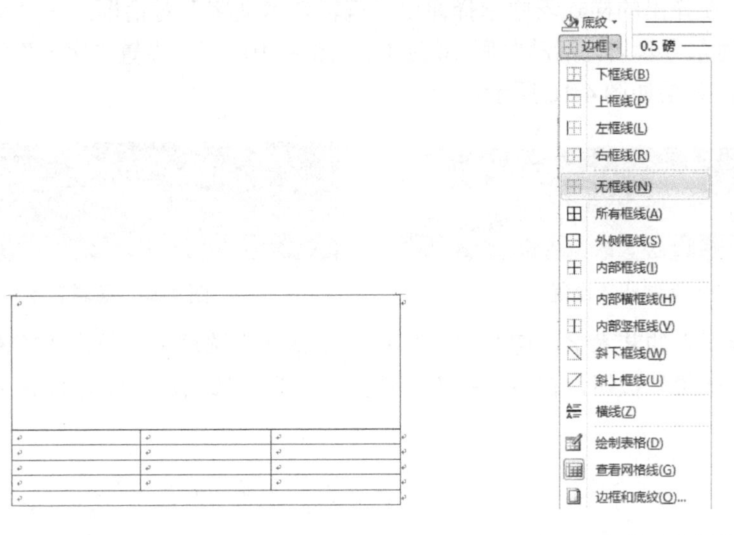

图 4-6　设置行高后的表格　　　　图 4-7　表格无边框设置

这时表格边框线将设为无色。切换到“表格工具/布局”选项卡，单击“表”选项组下的“查看网格线”按钮，使按钮呈“选中”状态，表格边框将呈虚线形式显示，效果如图 4-8 所示。

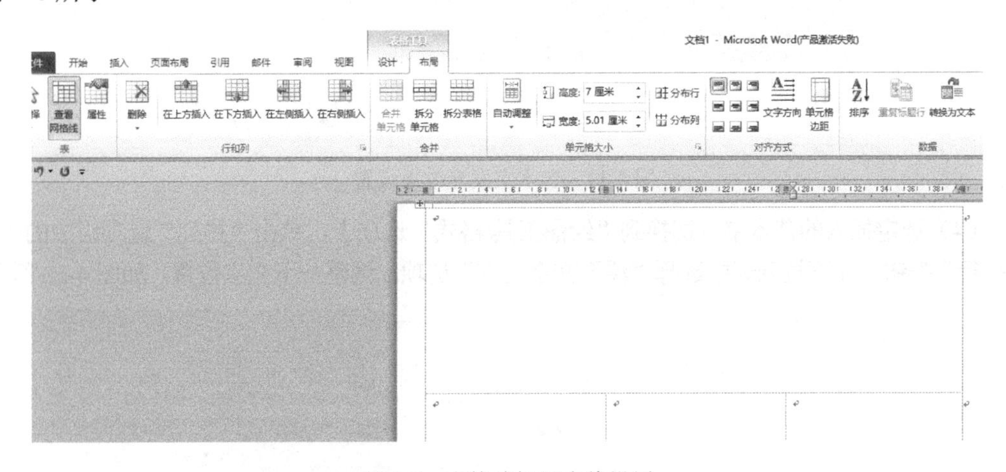

图 4-8　表格边框呈虚线设置

4.2.3　使用艺术字制作海报标题

海报的标题应符合海报的整体风格，而且要醒目、有特点。本任务案例使用艺术字制作海报标题，具体步骤如下。

（1）首先为标题设置背景图片。将光标定位到表格第 1 行，切换到“插入”选项卡，单击

“插图”选项组下的“图片”按钮，在弹出的“插入图片”对话框中选择需插入的背景图片文件，单击“插入”按钮，即可将选定图片插入到第 1 行，调整图片大小和位置。选定插入的图片，切换到“图片工具/格式”选项下，单击“排列”选项组中的“自动换行”按钮，在下拉列表中选择“衬于文字下方”选项，得到如图 4-9 所示效果。

（2）将光标定位到表格第 1 行，切换到“插入”选项卡，单击“文本”选项组中的“艺术字”按钮，在弹出的样式表中选择弹出“编辑艺术文字”对话框，在“文本”框中输入文字“Haier 海尔专卖店，活动时间 10 月 1 日-10 月 10 日”，设置“字号”为“40 ”，选中“加粗”按钮，效果如图 4-10 所示。

图 4-9　标题背景设置

图 4-10　编辑艺术字

（3）选定插入的艺术字，切换到“绘图工具/格式”选项卡，单击“艺术字样式”选项组中的“文本效果”按钮，在下拉列表中选择“发光”选项，如图 4-11 所示。

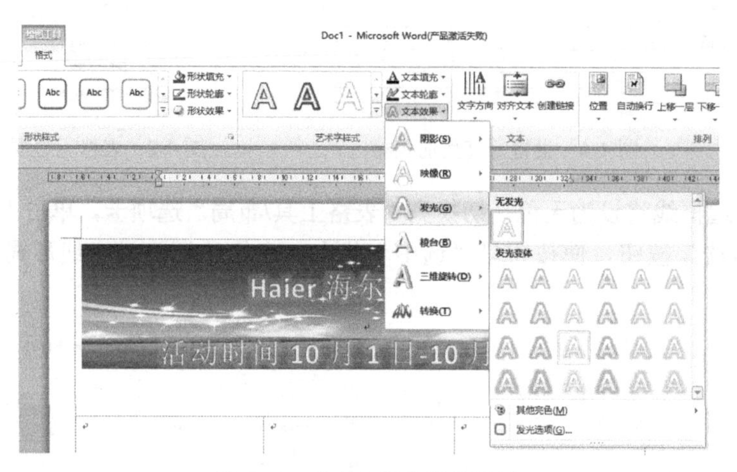

图 4-11　艺术字发光效果设置

（4）选定插入的艺术字，切换到“绘图工具/格式”选项卡，单击“排列”选项组中的“自动换行”按钮，在下拉列表中选择“浮于文字上方”选项，调整一下文字位置，如图 4-12 所示。

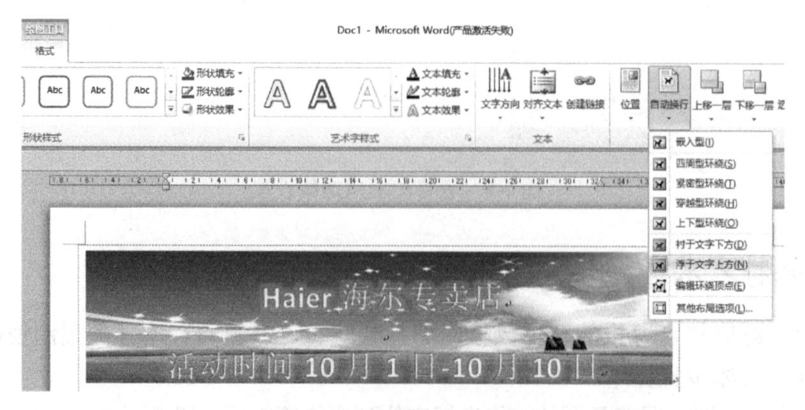

图 4-12　调整艺术字位置

4.2.4　制作产品展示栏

产品展示栏是海报的主要内容，也是海报的主要宣传对象。为了使其更加直观，需要插入产品相关的图片进行展示，这就用到 Word 中的外部图片引用功能和图文混排设置。

（1）为了增加海报的渲染力度，使整个版面的色彩更加协调，先为海报设置适当的底纹填充效果，具体操作步骤：选定产品展示栏所在行，切换到“表格工具/设计”选项卡，单击“表格样式”选项组中的“底纹”按钮，在弹出的颜色面板中选择合适的颜色。

（2）输入海报文字内容，并设置文字体格式为宋体，五号，加粗，设置底纹并输入文字内容后效果如图 4-13 所示。

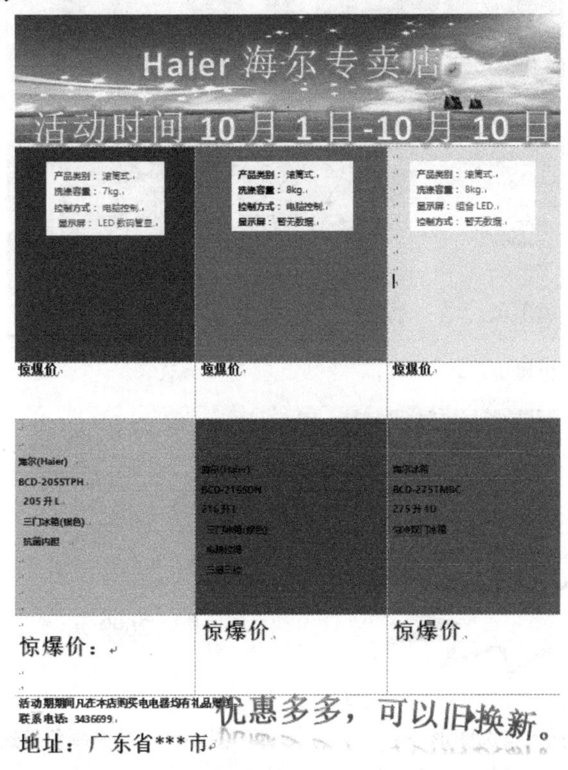

图 4-13　设置底纹并输入文字内容后效果

（3）文字编辑完成后，下面插入相关促销产品图片来美化单元格。按照前面讲过的插入标题背景图片的方法插入对应的图片，并把“文字环绕”设置为“紧密型环绕”，然后调整图片的位置和大小，效果如图 4-14 所示。

4.2.5　用自选图形装饰版面

为了突出价格上的优惠，使用自选图形对价格进行装饰，具体步骤如下。

（1）切换到“插入”选项卡，单击“插图”选项组中的“形状”按钮，在弹出的列表中选择“星与旗帜”下的“爆炸形 1”选项，拖动鼠标左键绘制出如图 4-15 所示的图形。

（2）将图形拖动到合适位置，选定图形，单击鼠标右键，在弹出的快捷键菜单中执行“添加文字”命令，输入文字“2699 元”。

（3）选定图形，切换到“绘图工具/格式”选项卡，单击“形状样式”选项组中的的“形状填充”按钮，在主题颜色中选择“紫色”，“透明度”设置为“0%”；单击“形状轮廓”按钮下的“无轮廓”，得到如图 4-16 所示的图形效果。

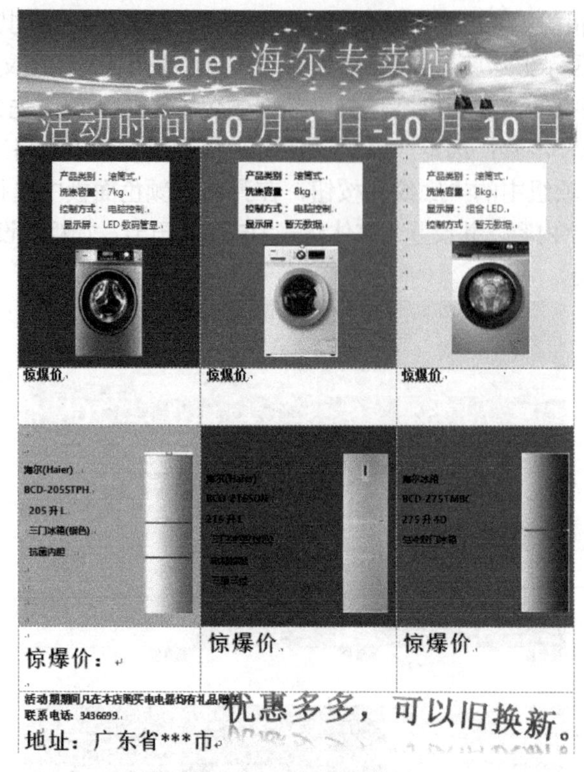

图 4-14　添加图片效果

图 4-15　插入自选图形

图 4-16　填充颜色及透明设置

（4）同样的方法，为每件产品的价格设置类似于图 4-16 所示的图形效果。

（5）制作到这里海报的主要内容已基本完成，本次宣传方案吸引人的不仅是诱人的价格，还有以旧换新以及购买即可抽奖等优惠活动。通过设置艺术字和设置自选图形的方式突出这两项亮点，以达到震撼和醒目的效果，使得海报更加生动，最终效果如图 4-1 所示。

注意：图 4-1 中的产品图片带有白色背景，需将图片背景设置为透明色，方法如下：选定图片，切换到“图片工具/格式”选项卡，单击“调整”选项组下的“重新着色”按钮，在弹出的下拉列表中选择“设置透明色”，光标变为“ ”，单击图片底色即可将其设置为透明。

4.3 相关知识

在 Word2010 中经常插入两种类型的图片，一种是 Office 自带的或来自 Internet 的剪贴画；另一种是保存在计算机中的图片。无论插入什么图片，插入后都可对图片进行编辑和美化操作，方法与编辑和美化图形相似。

4.3.1　插入剪贴画

Word2010 提供了功能强大剪辑管理器，在剪辑管理器中的“Office 收藏集”中收藏了各种系统自带的剪贴画，使用这些剪贴画可以使文档达到不同的效果。收藏集中的剪贴画是以主题为单位组织的。例如，想找关于“风景”的剪贴画，可以选择“风景”主题。

在文档中插入剪贴画的具体操作方法如下。

（1）将鼠标指针定位在要插入剪贴画的位置。

（2）在“插入”选项卡中单击“插图”组中的“剪贴画”按钮，打开“剪贴画”任务窗格。

（3）在“剪贴画”任务窗格“搜索文字”文本框中输入要插入的剪贴画的主题，如“风景”，在“结果类型”下拉列表框中选择所要搜索的剪贴画的媒体类型，单击“搜索”按钮，如图 4-17 所示。

（4）选择所需的剪贴画，即可将其插入到文档中。

图 4-17　插入剪贴画

4.3.2　图片的编辑

插入图片后可利用“图片工具格式”选项卡对图片进行设置和美化操作，如图 4-18 所示。

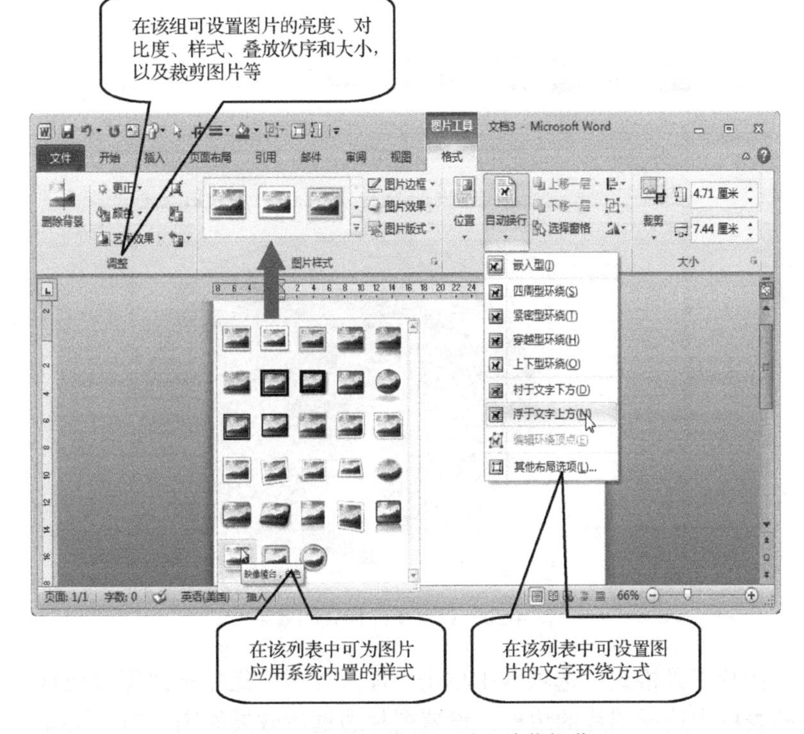

图 4-18　对图片进行设置和美化操作

4.3.3 设置图片样式

（1）单击选中要设置样式的图片，在“图片工具格式”选项卡中单击“图片样式”组中的“图片样式”下拉按钮，弹出下拉列表框，如图 4-19 所示。

图 4-19　图片样式下拉列表框

（2）在下拉列表框中选择一种样式，如选择“金属椭圆”选项，则图片样式效果如图 4-20 所示。

图 4-20　设置图片样式的效果

（3）在“图片工具格式”选项卡中单击“图片样式”组中的“图片边框”下拉按钮，在弹出下拉列表框中选择图片的边框。设置图片边框后效果如图 4-21 所示。

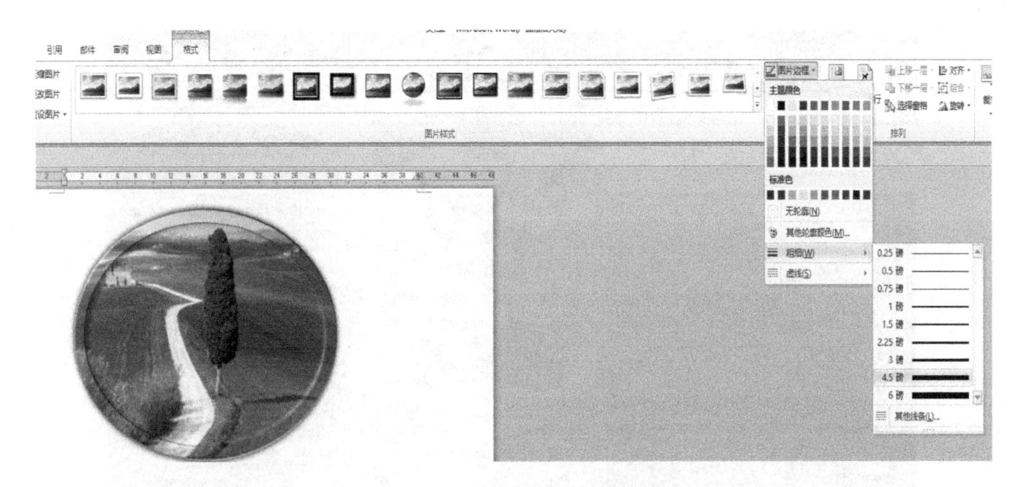

图 4-21　设置图片边框的效果

（4）在“图片工具格式”选项卡中单击“图片样式”组中的“图片效果”下拉按钮，在弹出的下拉列表框中选择图片的效果。例如，选择图片效果中的“映像”—“半映像”选项，图片效果如图 4-22 所示。

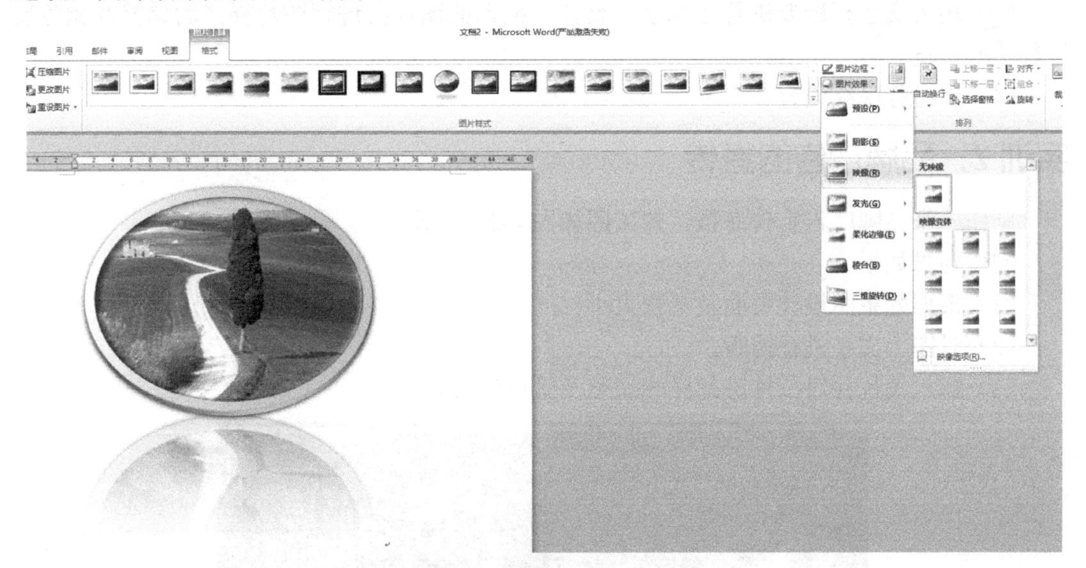

图 4-22　设置图片映像的效果

4.4 拓展案例

实训 1：消防安全宣传海报

制作一张消防宣传海报，效果图如图 4-23 所示。

制作要求如下。

（1）设置海报的尺寸为 30cm×24cm，纸张方向为横向。

（2）根据效果图，插入海报标题，输入相关文字及插入图片，对文字进行格式化操作。

图 4-23　消防安全宣传海报

（3）相关文字标题要进行艺术字的设计，插入的图片要进行图片样式的调整及颜色要进行透明设置。

（4）要进行底纹设置。

实训 2：品牌广告的宣传

制作一张品牌广告宣传海报，效果图如图 4-24 所示。

制作要求如下。

（1）根据效果图设计页面及纸张大小。

（2）对图上文字进行排版。

（3）插入图片并对图片进行样式调整及颜色的设置。

图 4-24　品牌广告的宣传

第5章 制作保险招标文件

引　子

通过完成前面几项任务，我们学会了制作各种效果的文档。但这些文档大多数是单页或两三页之内的较短文档，而商务办公或其他工作中经常需要制作多章节或大量数据的复杂文档，如企业中常用的调研报告、工作总结、项目合同、调研论文、标书及产品说明书等。这类文档页码较多，结构复杂，如果仅使用手工逐字设置的方式，既浪费人力又不利于后期编辑修改，经常会发生添加或删除文档中某一小段内容而使得整篇文档全乱的情况，或者文档中各个章节编号混乱的问题。

下面将通过制作某公司的保险招标文件，介绍长文档中的样式应用、目录生成、页眉页脚设置等内容，掌握对较长文档进行编辑的方法和技巧。

知识目标

- 分节符的使用。
- 分页符的使用。
- 页眉页脚的设置与页眉页脚的编制方法。
- 样式的应用与修改方法。
- 自动生成目录的方法。

5.1 案例描述

招标文件是招标人向供应商或承包商提供的、旨在向其提供为编写投标所需的资料并向其通报招标投标将依据的规则和程序等项内容的书面文件。招标人或其委托的招标代理机构应根据招标项目的特点和要求编制招标文件。招标文件应包括投标邀请函、招标总体说明、投标须知、项目概况、合同协议书、投标文件格式，以及评标办法。假设你所在的公司现需对某一大型固定资产进行财产综合险及附加（水渍）险项目的招标，领导委托你写一份招标文件，你将如何制作呢？

下面就来制作某公司的保险招标文件，完成的招标文件如图5-1所示。

5.2 案例实现

5.2.1 案例分析

根据招投标要求，要制作一份简洁明了的招标文件，需要进行以下步骤。

（1）撰写招标文件正文。

（2）设计招标文件封面。

（3）统一设置文档的格式，为各级标题设置样式。

（4）生成带有超链接效果的文档目录。

5.2.2 使用分节符划分文档

在对招标文件进行编辑处理之前，首先需要输入招标文件的正文，在输入文字过程中，可以先不用考虑字符格式以及段落样式，只进行纯文本的录入。文件中的各级标题均不需要做格式美化，后期将使用“样式”直接进行定义。文本中的表格涉及到纸张横向排版设置，可以先忽略不进行录入，设置方法在接下来的内容中会做介绍。文本输入完成后，再进行字符样式及段落格式的设置。

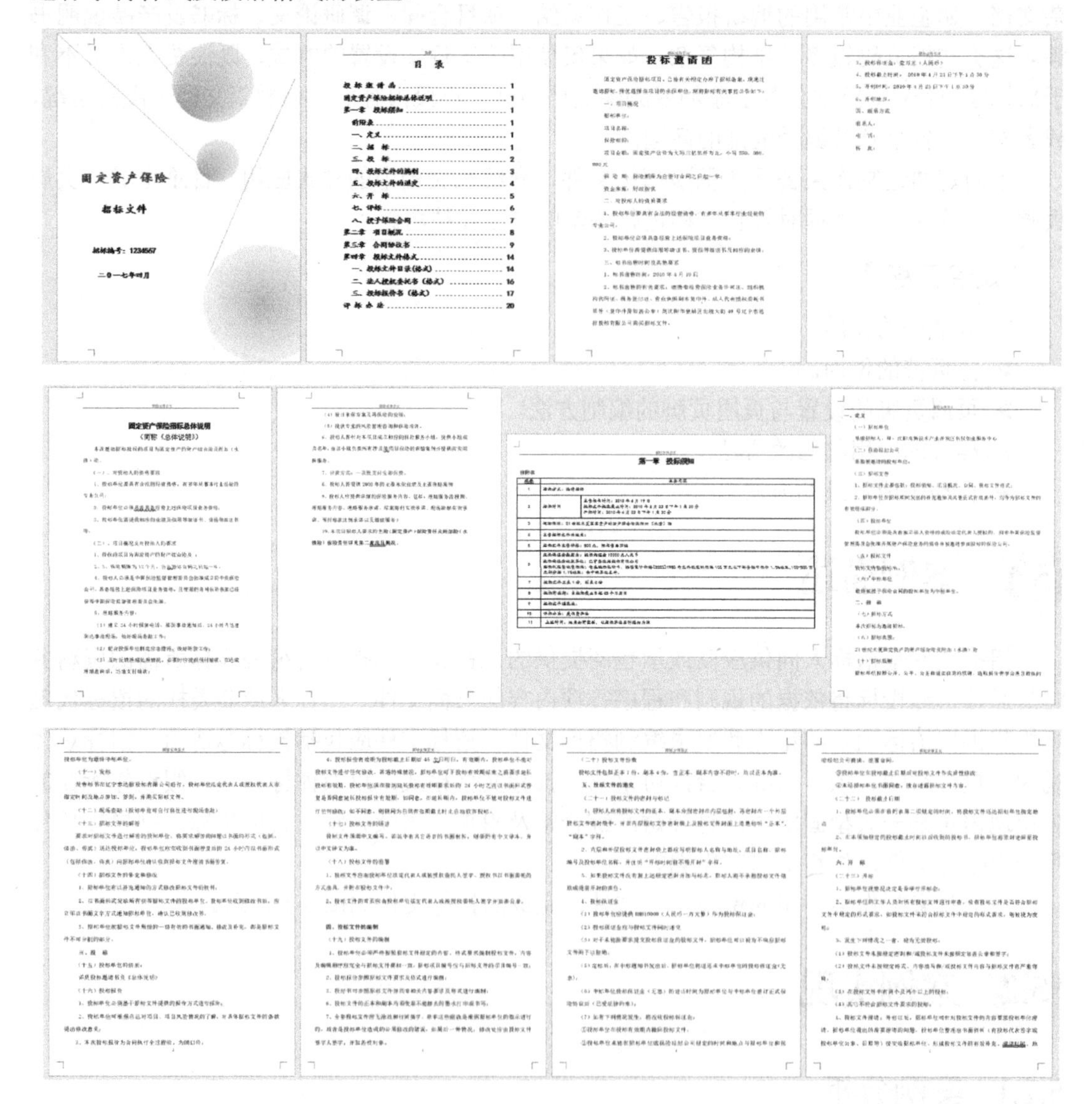

图 5-1　制作完成的招标文件

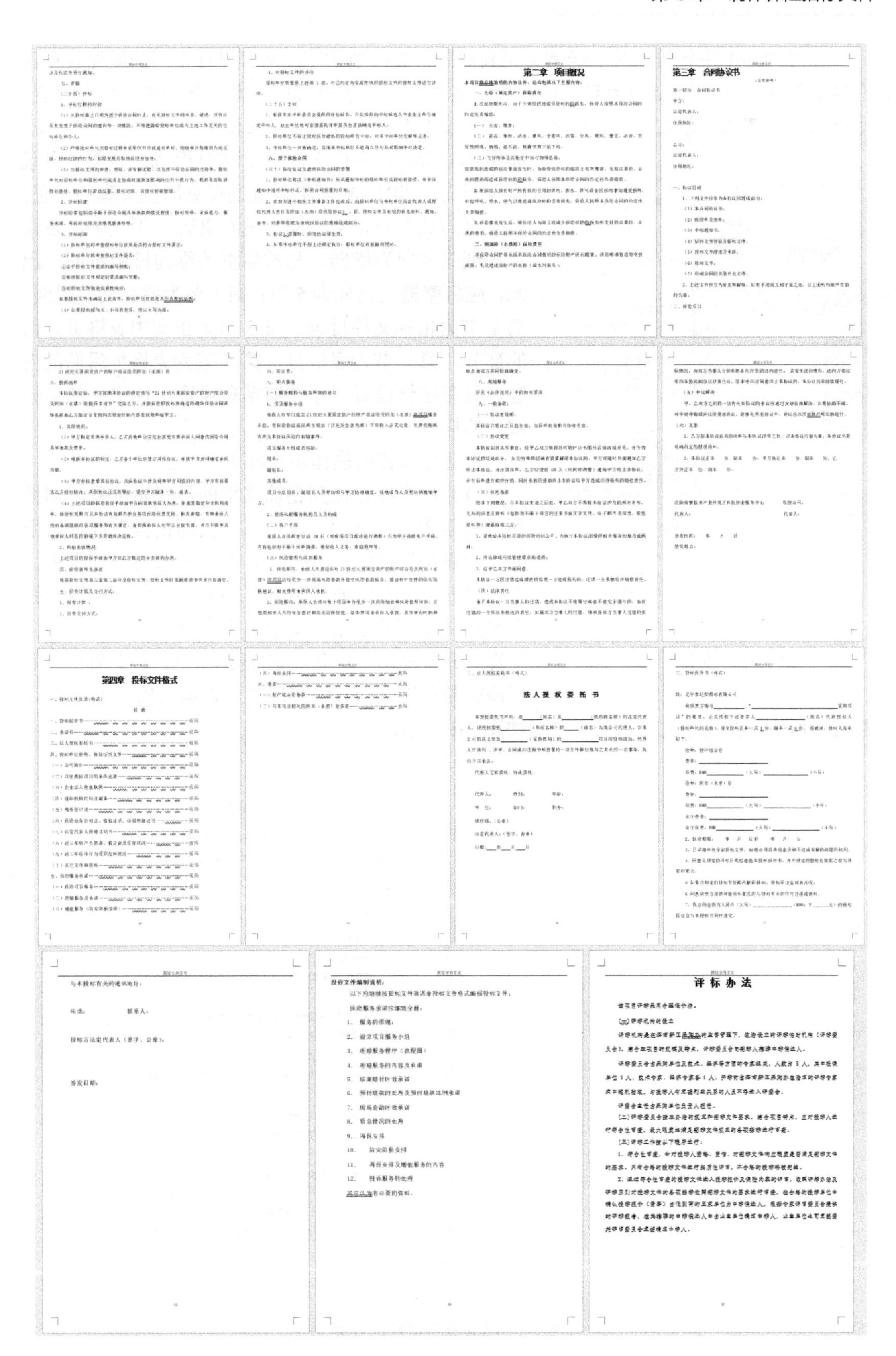

第二章　项目概况

第三章　合同协议书

第四章　投标文件格式

目录

法人授权委托书

投标文件编制说明：

以下为继续招标文件第四章投标文件格式编制投标文件：

保险服务需按照如下编制：

1.　服务的宗旨
2.　设立项目服务小组
3.　理赔服务程序（流程图）
4.　理赔服务的内容及承诺
5.　紧急赔付时效承诺
6.　预付赔款的实施及预付赔款比例承诺
7.　现场查勘时效承诺
8.　紧急情况的处理
9.　再保安排
10.　防灾防损安排
11.　再保安排及增值服务的内容
12.　投保服务的处理

其他认为有必要的资料。

评标办法

图 5-1　制作完成的招标文件（续）

在对 Word 进行排版时，经常会用到对同一文档中的不同部分进行不同的版面设置。在默认的状况下，Word 将整篇文档都看做是“1 节”，若对其中的某个部分进行版面设置，则整篇文档都会随之改变，要想对不同部分设置不同的版式，必须使用“分节符”来实现。

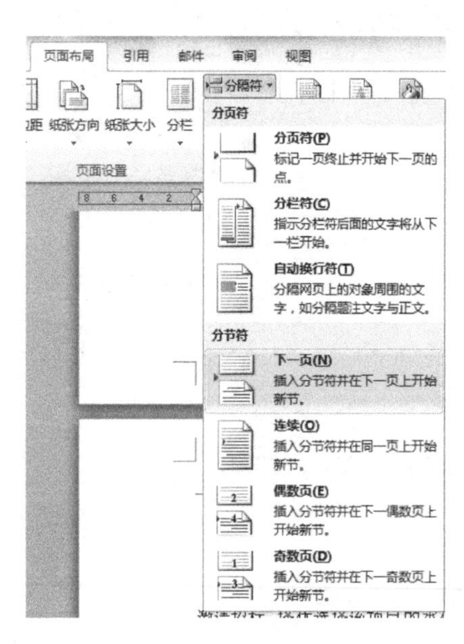

图 5-2　插入分节符

如图 5-1 所示，招标文件由 3 部分组成：封面、目录以及正文。其中，封面不需要进行页眉及页脚的设置；目录页的页眉与正文不同，没有页脚；正文中，表格页的纸张方向为横向，与前后页的纵向排版不同。因此，应将整篇文档分为 5 节：第 1 节为招标文件封面，第 2 节为招标文件目录，第 3 节为正文中表格页之前的部分，第 4 节为表格页，第 5 节为表格页后面的内容。只有这样设置，才能够单独设置招标文件的某一部分的格式。

设置分节符的操作步骤如下。

（1）将光标定位到整篇文档的最开始位置，切换到“页面布局”选项卡，单击“页面设置”选项组中的“分隔符”按钮 分隔符，在“分节符”列表中，选择“下一页”选项，如图 5-2 所示。插入分节符后，会在正文文档前多出一页空白页，同时空白页上面会出现“分节符（下一页）”的格式标记。这个新出现的页面就是利用文档分解实现的，它是文档的第 1 节，后面的所有正文页是文档的第 2 节，如图 5-3 所示。

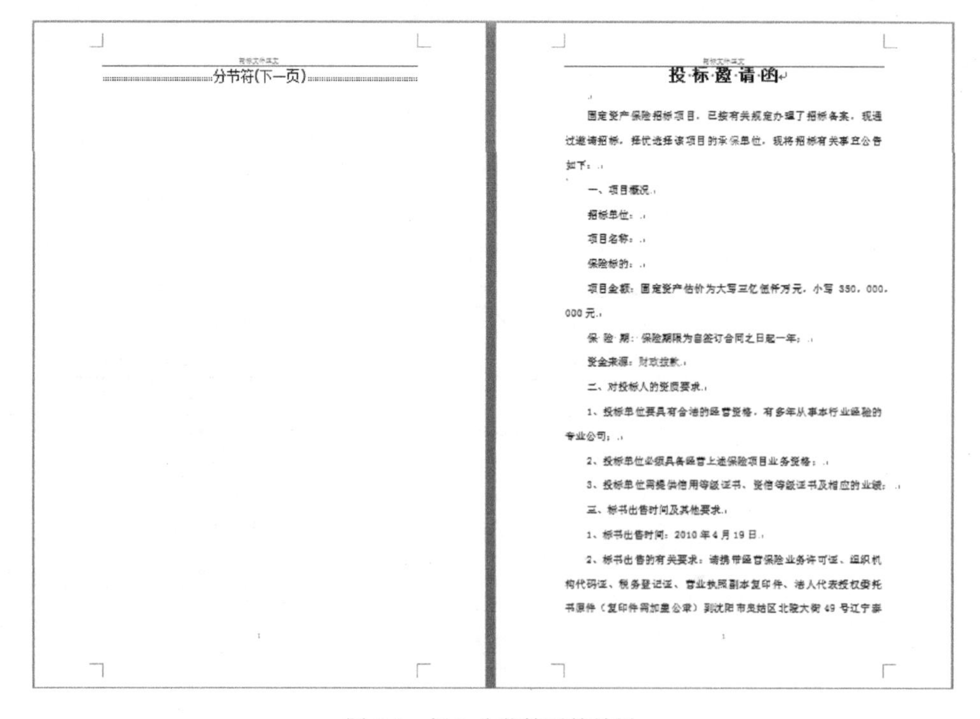

图 5-3　插入分节符后的效果

（2）使用相同的方法，在正文前面再插入一个分节页面。这样，“分节符”将整个文档分成了 3 节。在第 2 节的页面上方输入“目录”二字，并对其进行格式设置。自动生成目录后续章节进行讲解。设置完成后的效果如图 5-4 所示。

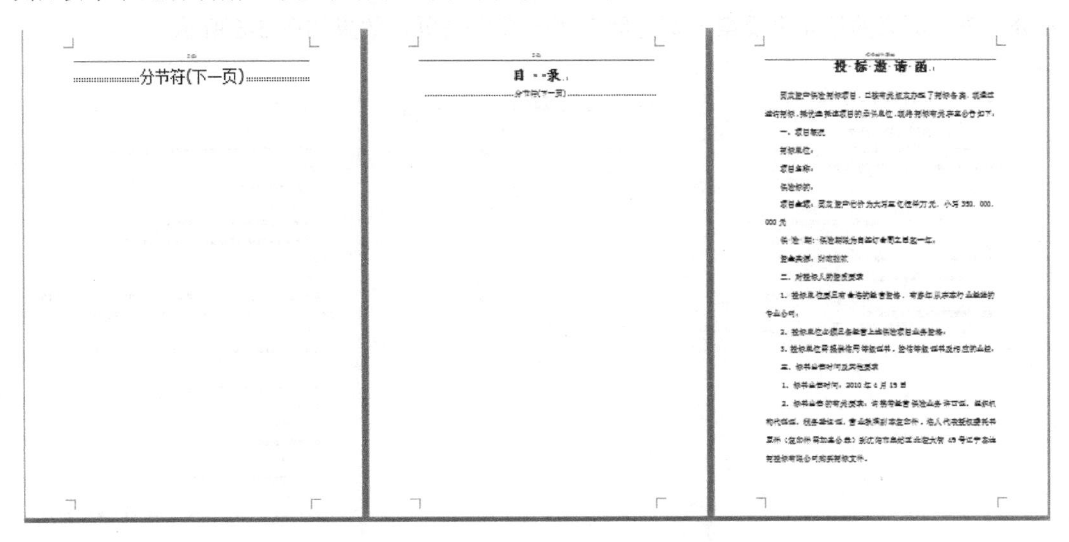

图 5-4　使用分节符划分文档后的效果

插入分节符后，若不想显示“分节符（下一页）”的格式标记，可以通过如下方法进行设置。

- 切换到“文件”选项卡，选择“选项按钮”。
- 在弹出的的“Word 选项”对话框中，在左侧列表框中选择“显示”选项，取消勾选“始终在屏幕上显示这些格式标记”栏下的“显示所有格式标记”复选框，如图 5-5 所示。

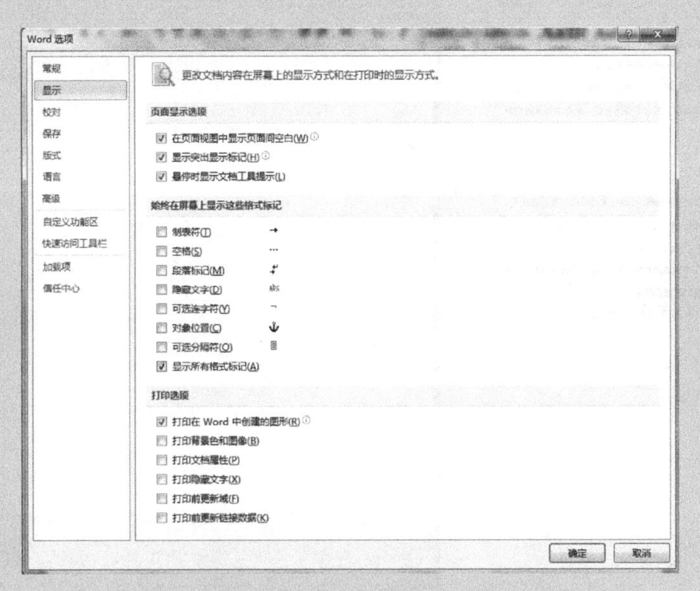

图 5-5　勾选“显示所有格式标记”复选框

- 单击“确定”按钮，即所有格式标记（如制表符、空格、段落标记、隐藏文字等）将不显示于编辑区内。

（3）在正文中，表格页需要进行横向排版，而正文其他内容均需竖向排版。在同一文档中，如要进行不同版面的设置，需要插入“分节符”来对文档进行划分。表格页位于正文第 4 页和第 5 页之间，在第 4 页文末及第 5 页文本开始处，分别插入两个“分节符”，插入分节符后原来的第 4 页及第 5 页之间多了一页空白页，效果如图 5-6 所示。

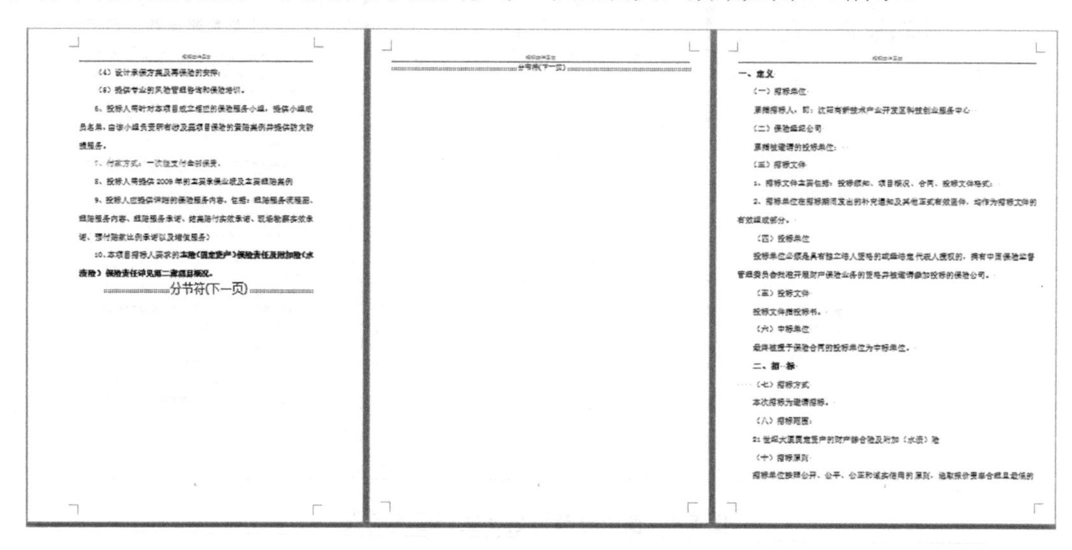

（4）设计承保方案及再保险的安排；

（5）提供专业的风险管理咨询和保险培训。

6、投标人需针对本项目成立相应的保险服务小组，提供小组成员名单，由该小组负责所有涉及该项目保险的索赔案例并提供防灾防损服务。

7、付款方式：一次性支付全部保费。

8、投标人需提供 2009 年的主要承保业绩及主要理赔案例

9、投标人应提供详细的保险服务内容，包括：理赔服务流程图、理赔服务内容、理赔服务承诺、赔款赔付实效承诺、现场查勘实效承诺、预付赔款比例承诺以及增值服务）

10、本项目招标人要求的**主险（固定资产）保险责任及附加险（水渍险）保险责任详见第二章项目概况。**

分节符(下一页)

分节符(下一页)

一、定义

（一）招标单位

系指招标人，即：沈阳高新技术产业开发区科技创业服务中心

（二）保险经纪公司

系指被邀请的投标单位：

（三）招标文件

1、招标文件主要包括：投标须知、项目概况、合同、投标文件格式；

2、招标单位在招标期间发出的补充通知及其他正式有效函件，均作为招标文件的有效组成部分。

（四）投标单位

投标单位必须是具有独立法人资格的或经法定代表人授权的，拥有中国保险监督管理委员会批准开展财产保险业务的资格并被邀请参加投标的保险公司。

（五）投标文件

投标文件指投标书。

（六）中标单位

最终被授予保险合同的投标单位为中标单位。

二、招 标

（七）招标方式

本次招标为邀请招标。

（八）招标范围：

21 世纪大厦固定资产的财产综合险及附加（水渍）险

（十）招标原则

招标单位按照公开、公平、公正和诚实信用的原则，选取报价最合理且最低的

图 5-6　两页之间插入两个分节符后的效果

（4）将光标定位到新插入的空白页，单击“页面布局”选项卡，在“页面设置”选项组下，选择“纸张方向”为横向，设置完成后效果如图 5-7 所示。

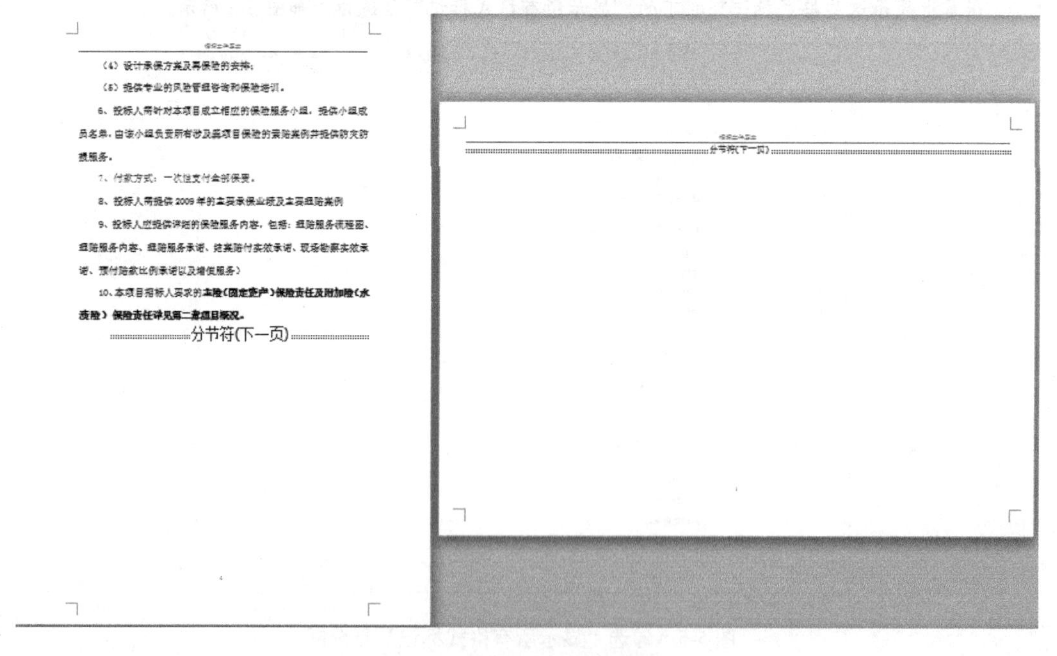

（4）设计承保方案及再保险的安排；

（5）提供专业的风险管理咨询和保险培训。

6、投标人需针对本项目成立相应的保险服务小组，提供小组成员名单，由该小组负责所有涉及该项目保险的索赔案例并提供防灾防损服务。

7、付款方式：一次性支付全部保费。

8、投标人需提供 2009 年的主要承保业绩及主要理赔案例

9、投标人应提供详细的保险服务内容，包括：理赔服务流程图、理赔服务内容、理赔服务承诺、赔款赔付实效承诺、现场查勘实效承诺、预付赔款比例承诺以及增值服务）

10、本项目招标人要求的**主险（固定资产）保险责任及附加险（水渍险）保险责任详见第二章项目概况。**

分节符(下一页)

分节符(下一页)

图 5-7　设置纸张方向为横向

（5）设置完成后，在新建的页面中输入表格的内容，如图 5-8 所示。

招标文件正文

第一章 投标须知

前附表

项号	主要内容	
1	招标方式：邀请招标	
2	招标时间	发售标书时间：2017 年 4 月 19 日 投标文件提交截止时间：2017 年 4 月 23 日下午 1 点 30 分 开标时间：2017 年 4 月 23 日下午 1 点 30 分
3	保险标的：21 世纪大厦固定资产的财产综合险及附加（水渍）险	
4	发售招标文件的地点：	
5	招标文件发售价格：500 元，标书售后不退	
6	投标保证金数额为：投标保证金 10000 元人民币 投标保证金收款单位：辽宁泰达招投标有限公司 招标代理费收费标准：含在投标报价中，按国家计价格[2002]1980 号文件规定的标准 100 万元以下部分按中标价 1.5%收取，100-500 万元部分按 1.1%收取；由中标单位支付。	
7	投标文件正本 1 份，副本 4 份	
8	投标有效期：自投标截止日起 45 个日历日	
9	投标文件递交处：	
10	评标办法：最低费率法	
11	上述时间、地点如有变动，以招标单位届时通知为准	

分节符(下一页)

图 5-8　输入表格的内容

5.2.3　制作文件封面

1. 通过插入图片设置文件封面

（1）为了使招标文件更加美观，需要为其添加正式的封面。制作步骤为：切换到“插入”选项卡，在“插图”选项组中选择“图片”选项，在弹出的“插入图片”对话框中选择合适的图片位置，单击“确定”按钮插入图片。

（2）单击图片，在“图片工具”选项卡下，单击“格式”选项组中的“自动换行”选项，在弹出的下拉列表中选择“衬于文字下方”选项。

（3）调整背景图片的大小，使其布满整个页面。

（4）使用文本框及艺术字对封面说明文字进行设置，制作效果如图 5-9 所示。

图 5-9 “招标文件”封面效果图

2. 通过内置封面样式获得文件封面

（1）Word2010 为大家提供了内置的封面样式库，可以直接使用 Word 提供的内置封面样式设计封面。

（2）切换到“插入”选项卡，单击“页”选项组下的“封面”按钮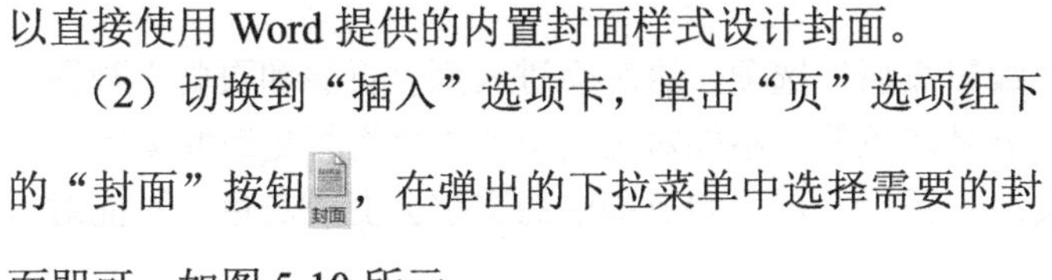，在弹出的下拉菜单中选择需要的封面即可，如图 5-10 所示。

（3）插入内置封面后，可对自动生成的文本模板进行美化编辑、添加、删除等操作，设置完成的封面如图 5-11 所示。

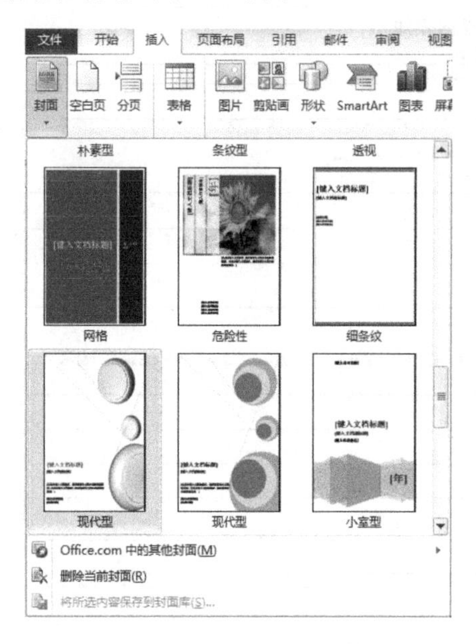

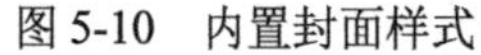
图 5-10　内置封面样式

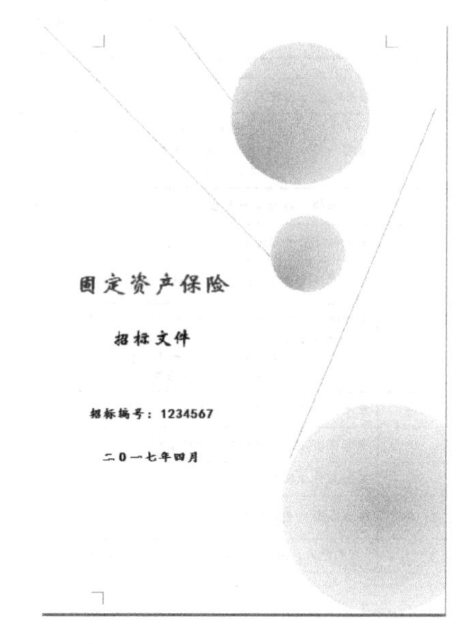

图 5-11　设置完成的内置样式封面

5.2.4　设置文件页眉和页脚

完成对招标文件的封面页的设置后，接下来进行文档的页眉以及页脚的设置。页眉是页面上方（上边距内）的信息，常用于显示文档的附加信息，可以插入时间、图形、公司徽标、文档标题、文件名或作者姓名等。这些信息通常打印在文档中每页的顶部。页脚是文档中每个页面的底部的区域，常用于显示文档的附加信息，可以在页脚中插入文本或图形，如页码、日期等，这些信息通常打印在文档中每页的底部。

页眉及页脚中的文字或图片可以跟正文一样进行格式设置。

在本文档中，各个部分的页眉和页脚的设置要求不同，只有进行过分节设置的文档，才可以设置不同的页眉以及页脚。本文档中各个部分对页眉页脚的要求为：首页（封面页）不需要页眉页脚；目录页不需要设置页脚，需设置页眉为“目录”；正文页需设置页眉为“招标文件正文”，页脚设置适合的页码样式。具体操作如下。

1. 页眉的设置

（1）将光标定位到目录页空白处，切换到“插入”选项卡，单击“页眉和页脚”选项组中的“页眉”按钮 页眉。

（2）在下拉列表的下方选择“编辑页眉”选项，这时会进入到“页眉和页脚”视图。在“页眉和页脚”视图下，正文部分是灰色的，不能对正文中的文字进行更改和编辑；当退出页眉和页脚视图回到正常的页面视图后，页眉和页脚中的文字会变成灰色，不能对页眉及页脚的内容进行编辑。

（3）由于之前对文档进行了分节处理，因此现在在第 1 页（第 1 节）页眉中显示的是

“首页页眉–第 1 节–”；在第 2 页（第 2 节）页眉中显示的是“页眉–第 2 节–””；在正文页（第 3 节）页眉中显示的是“页眉–第 3 节–”；由于正文表格页又进行了分节，因此表格页前为正文的第 3 节，表格页为第 4 节，页眉中显示的是“页眉–第 4 节–”；表格页后的正文部分为第 5 节，页眉中显示的是“页眉–第 5 节–”，如图 5-12 所示。

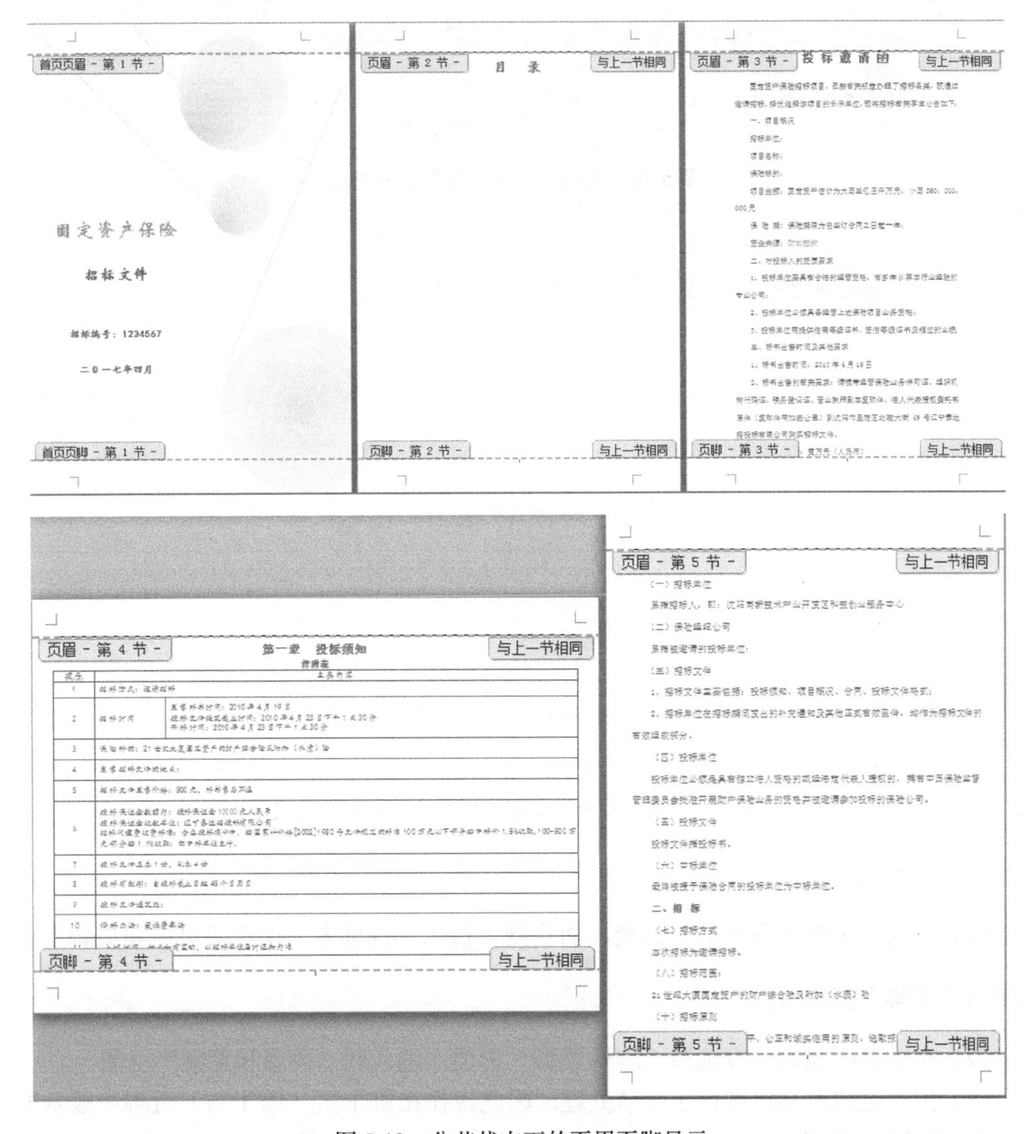

图 5-12　分节状态下的页眉页脚显示

（4）首先为目录页进行设置。由于目录页的页眉与封面不同，所以应先取消“与上一节相同”功能，再进行页眉设置。具体方法为：切换到“页眉页脚工具”选项卡，在“设计”选项卡下，单击“导航”选项组下的“链接到前一条页眉”按钮，使按钮弹起不再高亮显示，呈“不选中”状态，如图 5-13 所示。在目录页页眉处输入“目录”。即可完成目录页页眉的设置。取消“与上一节相同”功能前后对比效果如图 5-14 所示。

（5）这时会发现正文页页眉与目录页的页眉相同，将光标定位到第 3 页页眉处，使用步骤（4）中的方法，取消本页中的“与上一节相同”功能，然后在本页的页眉处输入“招标文件正文”，即可完成正文页的页眉设置。

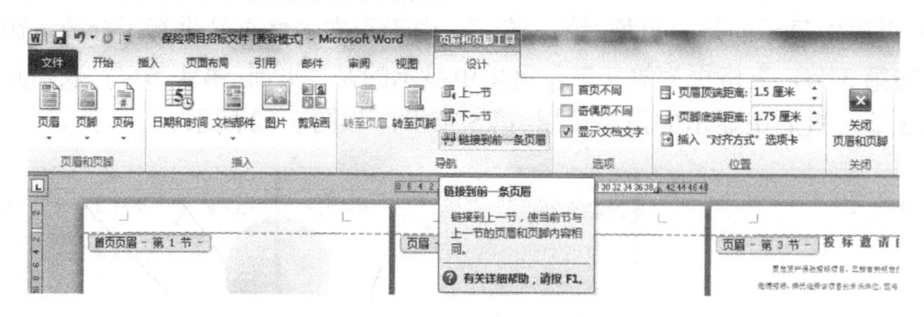

图 5-13　取消“与上一节”相同功能

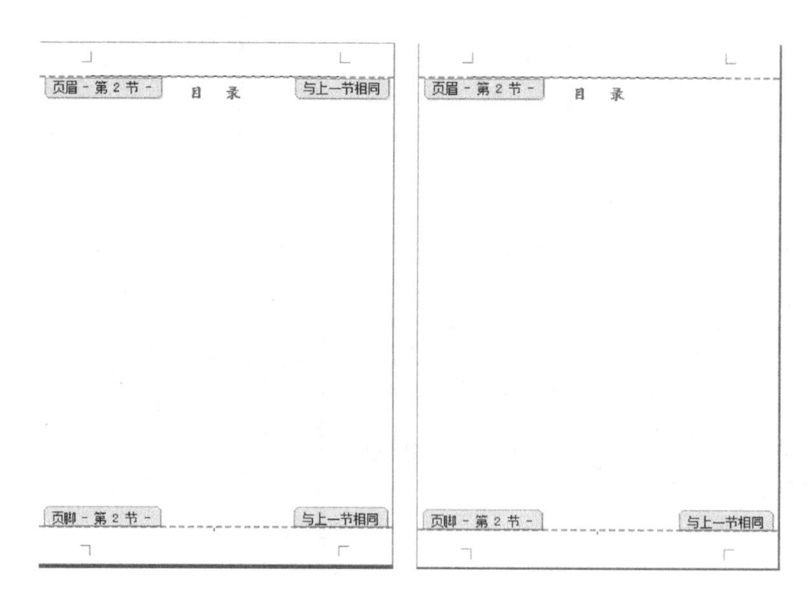

图 5-14　取消“与上一节相同”功能前后对比效果图

2. 页脚的设置

（1）将光标定位到目录页空白处，切换到“插入”选项卡，单击“页眉和页脚”选项组中的“页脚”按钮。

（2）在下拉列表的下方选择“编辑页脚”选项，进入到“页眉和页脚”视图。

（3）由于之前对文档进行了分节处理，因此现在在第 1 页（第 1 节）页脚中显示的是“首页页脚–第 1 节–”；在第 2 页（第 2 节）页脚中显示的是“页脚–第 2 节–”；以此类推，如图 5-12 所示。

（4）封面页及目录页均不需要进行页脚的设置，因此应先取消“与上一节相同”功能。具体方法与页眉设置方法类似：将光标定位在正文页第 3 节页脚处，切换到“页眉页脚工具”选项卡，在“设计”选项卡下，单击“导航”选项组下的“链接到前一条页眉”按钮，使按钮弹起不再高亮显示，呈“不选中”状态。

（5）在页脚插入页码的方法：切换到“页眉和页脚工具”选项卡，在“设计”选项卡下，单击“页眉和页脚”选项组下的“页码”按钮，在弹出的下拉菜单中选择“页面底端”选项，选择合适的页码格式。

（6）设置好页眉和页脚后的效果如图 5-15 所示。

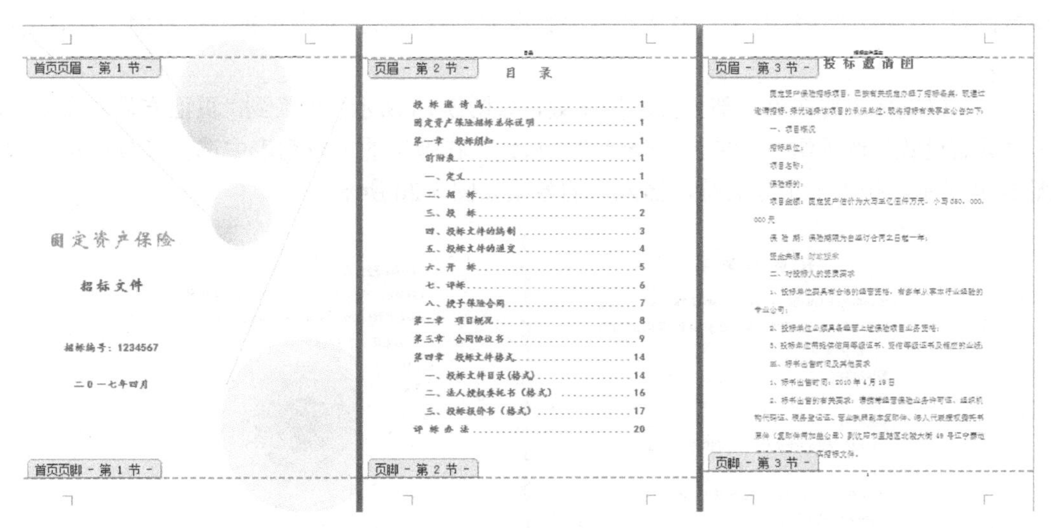

图 5-15　页眉页脚设置好的效果

提示　插入页眉和页脚后，功能区中将自动添加“页眉和页脚工具”选项卡，用户只有在页眉和页脚编辑状态下才可对页眉和页脚进行编辑，可以通过双击页眉页脚的位置来进入页眉页脚编辑状态，单击“页眉和页脚工具”选项卡，单击“设计”选项卡下的“关闭页眉和页脚”按钮，如图 5-16 所示，即可关闭页眉和页脚，返回文档的页面视图；也可以通过双击正文部分来退出页眉页脚编辑状态，返回文档编辑状态。

插入页码后，若页码的起始页不是 1，设置方法如下：

切换到“页眉和页脚工具”选项卡，在“设计”选项卡下，单击“页眉和页脚”选项组下的“页码”按钮，在弹出的下拉列表中选择“设置页码格式”命令，在弹出的“页码格式”对话框中，将“页码编号”选项下的“起始页码”更改为 1，如图 5-17 所示。

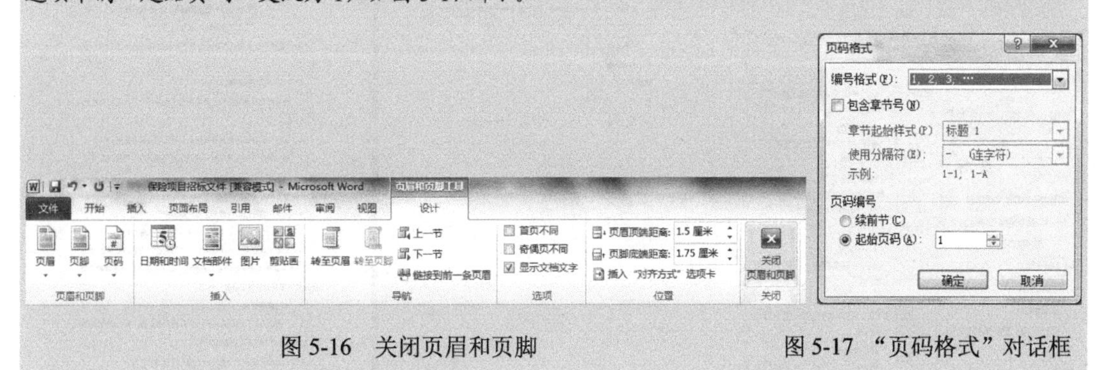

图 5-16　关闭页眉和页脚　　　　图 5-17　“页码格式”对话框

5.2.5　使用分页符划分文档

在为文档添加目录前，需要先对文档进行页面设置。由于招标文件由若干份独立的文件构成，为了直观明了，需要使每一部分独立的文件都从新的一页开始，这就需要使用“分页符”来对文本进行划分。

本案例中，招标文件由“投标邀请函”、“固定资产保险招标总体说明”、“第一章　投标须知”、“第二章　项目概况”、“第三章　合同协议书”、“第四章　投标文件格式”（又包含“投标文件目录（格式）”、“法人授权委托书格式”、“投标报价书（格式）”、“投标文件编制说明”）以及“评标办法”等几部分内容组成，每一部分都应新起一个页面，具体设置方法如下。

（1）将光标定位在第一部分文本结尾处，如图 5-18 所示，切换到“页面布局”选项卡，在“页面设置”选项组中，单击“分隔符”按钮，在弹出的下拉列表中选择“分页符”，如图 5-19 所示，插入一个分页符，插入后的效果如图 5-20 所示。

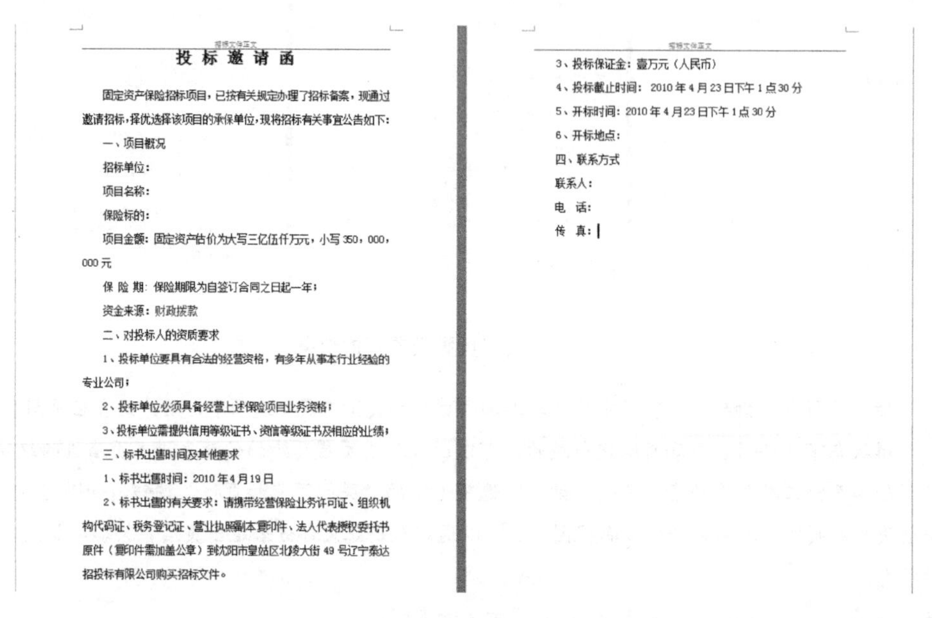

图 5-18　将光标定位至文本末端

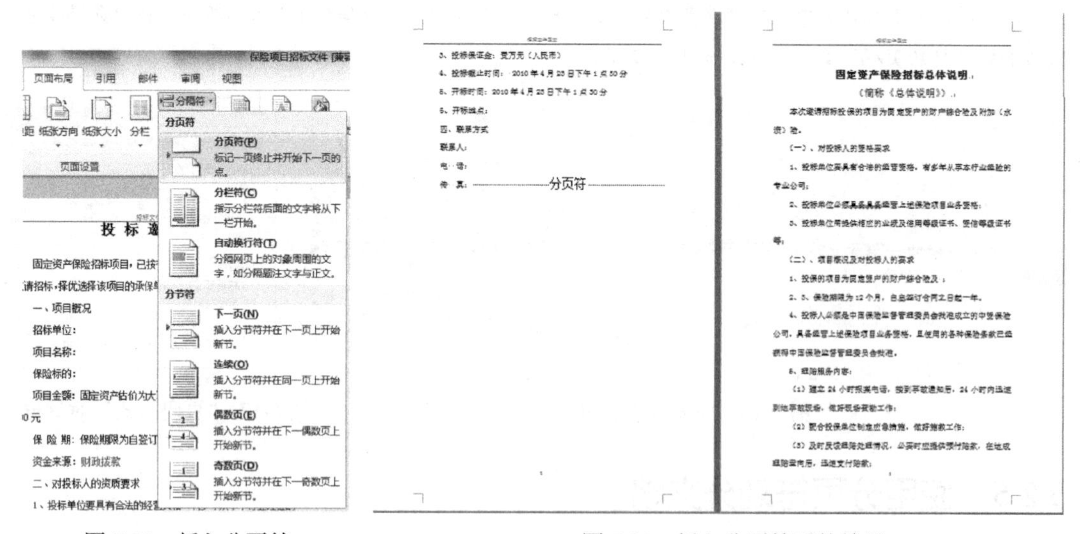

图 5-19　插入分页符　　　　　　图 5-20　插入分页符后的效果

（2）用相同的方法，为剩余几项内容分别插入分页符，设置完成的效果如图 5-21 所示。

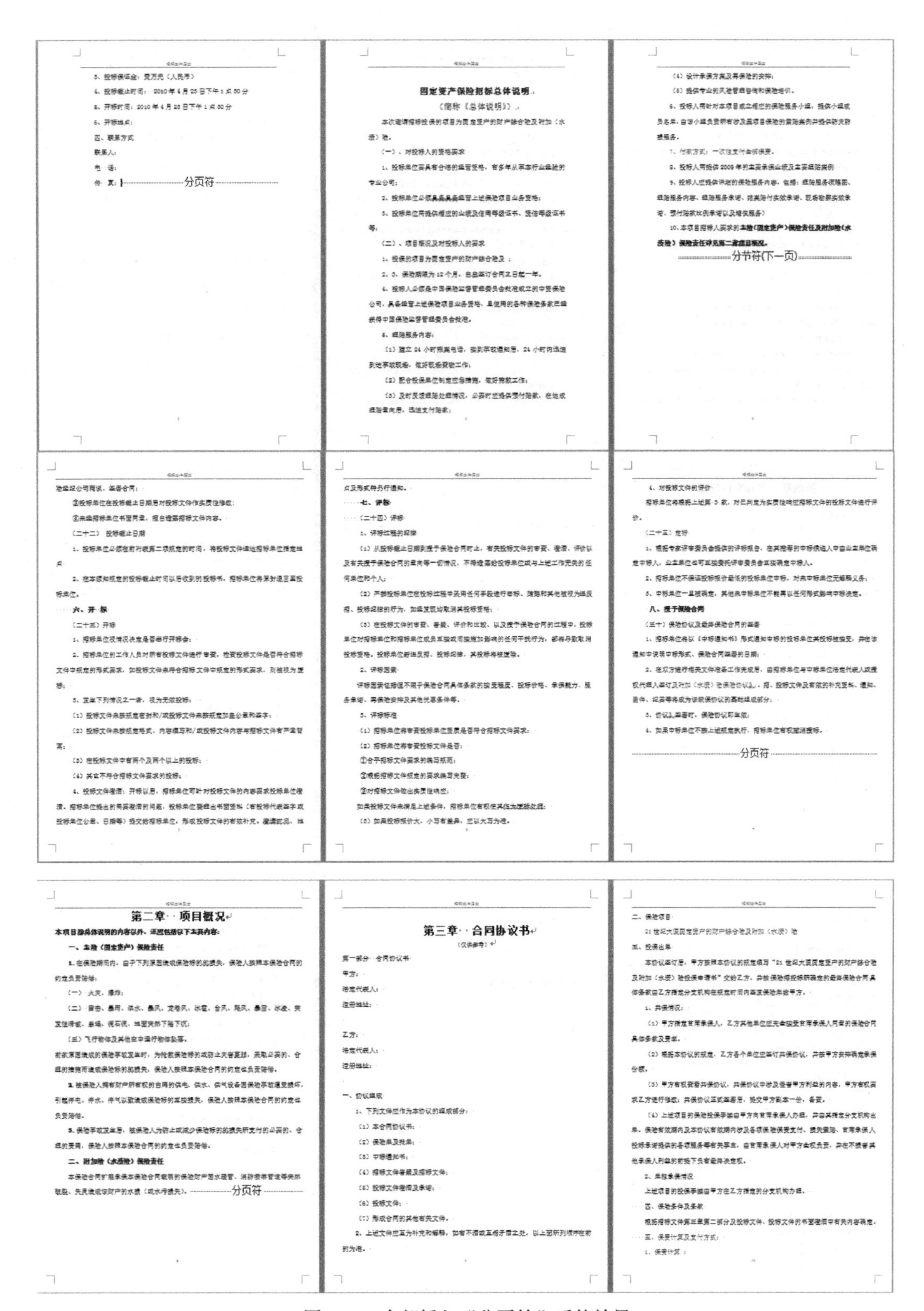

图 5-21　全部插入“分页符”后的效果

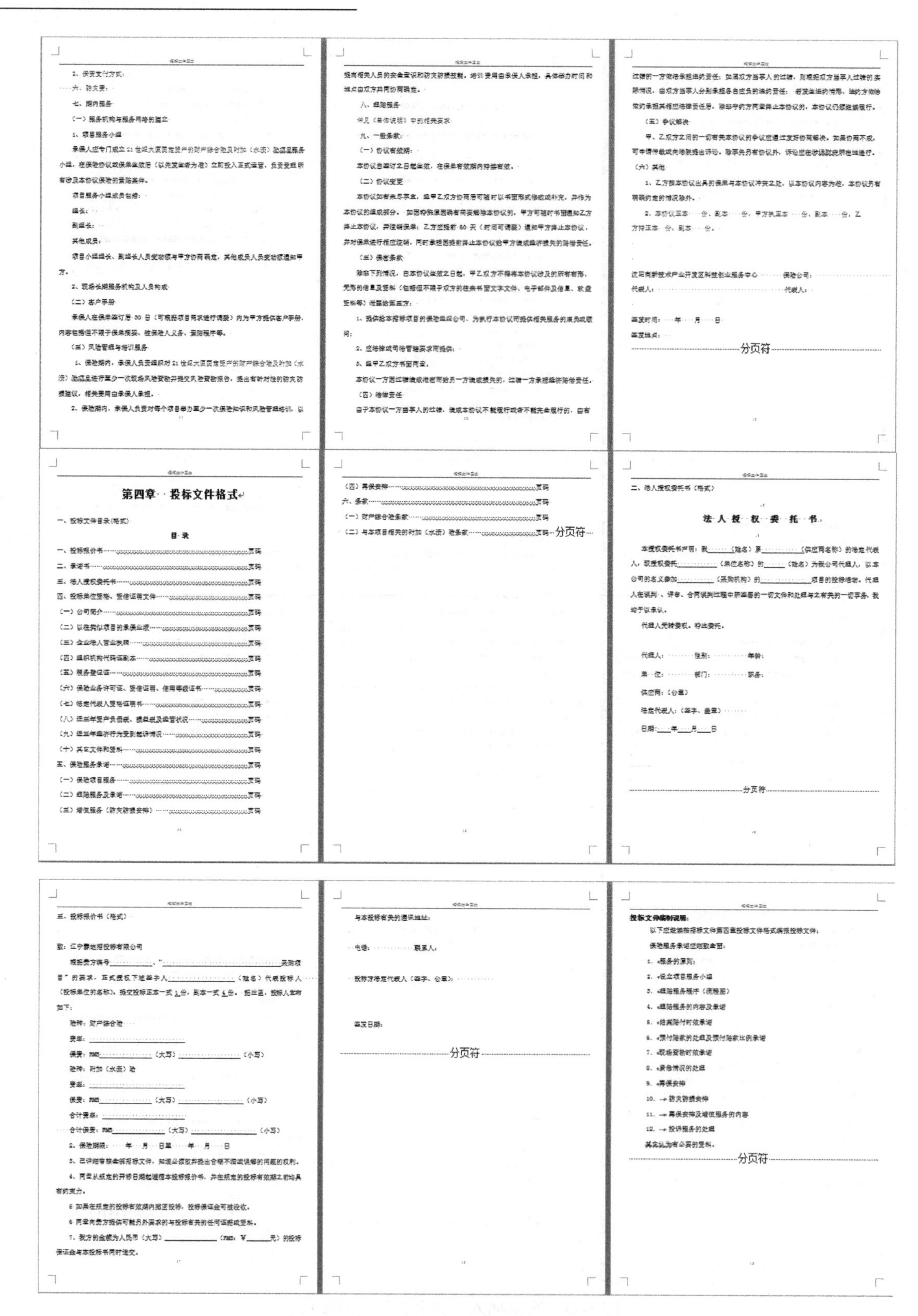

图 5-21　全部插入“分页符”后的效果（续）

5.2.6　设置文件页面

在插入目录前，需要对 Word 文档进行“样式”的设置。长文档中，目录的作用非常重要，它起到明确文档结构和阅读时超链接跳转的作用。要想在文档中制作出能够进行链接跳转的目录，必须使用 Word 中的“样式”功能。

“样式”是事先制作完成的一组“格式”集合，每个样式都有不同的名称，只要将这些样式应用到指定的文字中，便可以将该样式中所有的格式都加载进来。样式通常分为字符样式、段落样式和链接样式3种。

- 字符样式是用某一样式名称来保存的一系列字符格式的组合，包括字体、字号、字符间距及特殊效果等。
- 段落样式是指用某一样式名称保存的一套字符格式和段落格式，除了可以含有所指定的字符格式外，还包含了段落缩进、段间距、行距、对齐方式等段落格式。
- 链接样式比较特殊，由段落样式和字符样式混合而成，如果应用此样式的文本小于一个段落，则只改变被选中文字的字符样式，而此文本所在的段落样式不变。

Word 本身自带了许多样式，称为内置样式。除了可以直接使用已经定义好的内置样式，还可以根据具体需要新建样式、删除样式，或对内置样式进行修改后再使用。在本案例中，首先对 Word 自带标题样式进行修改后再应用。

1. 新建样式

（1）选定要保存为样式的文本内容，切换到“开始”选项卡下，在“样式”选项组中，单击下拉箭头，在弹出的下拉列表中，选择“将所选内容保存为新快速样式”，如图5-22所示。

（2）在弹出的“根据格式设置创建新样式”对话框中，对新建样式的名称进行设置，如图5-23所示。

（3）单击“确定”按钮，则新建的“ABC”样式就出现在了样式库中，如图5-24所示。

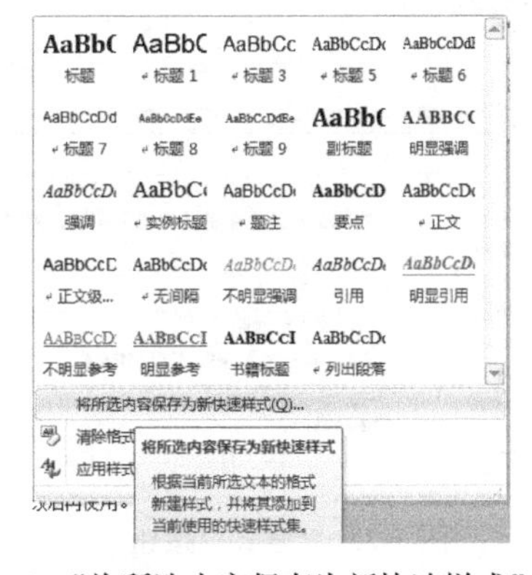

图5-22　“将所选内容保存为新快速样式”按钮

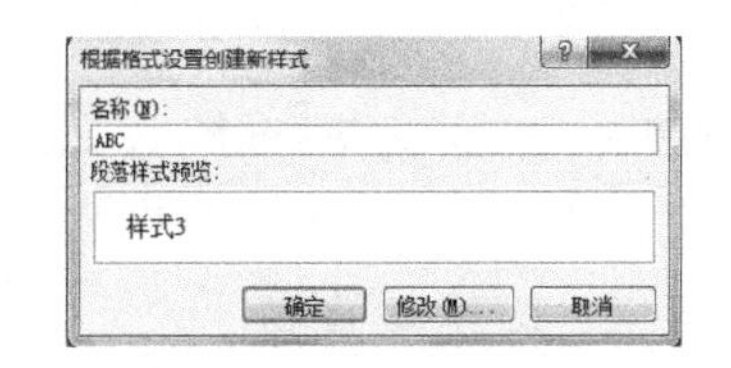

图5-23　“根据格式设置创建新样式”对话框

图5-24　新建的“ABC”样式

2. 删除样式

（1）切换到“开始”选项卡下，在“样式”选项组中，单击下拉箭头，弹出“样式”窗口。

（2）将鼠标指向需要删除的样式，在该样式上右击，在弹出的下拉菜单中执行“从快速样式库中删除”命令即可，如图 5-25 所示。

（3）注意：不能删除系统样式。

3. 更改样式

（1）切换到“开始”选项卡下，在“样式”选项组中，单击下拉箭头，弹出“样式”窗口。

（2）在“标题 1”样式上右击，在弹出的列表中选择“修改”命令，如图 5-26 所示。

（3）在弹出的“修改样式”对话框中，将“标题 1”样式设置为“宋体，二号，加粗，居中对齐”样式，如图 5-27 所示。

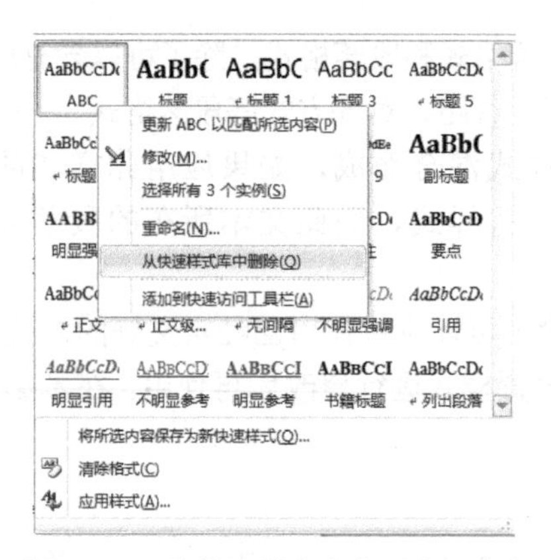

图 5-25 “从快速样式库中删除”命令

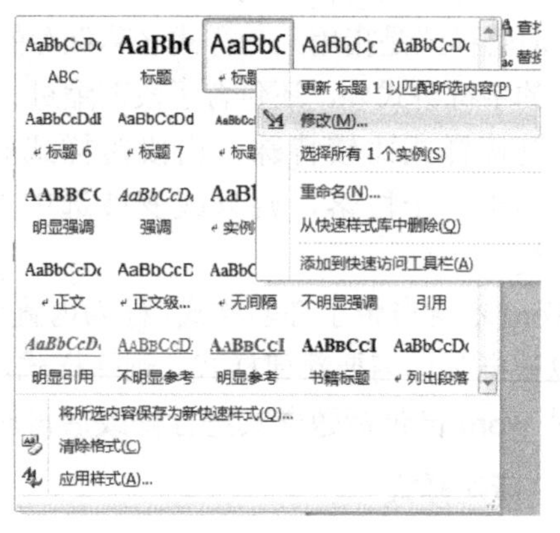

图 5-26 “修改”命令

（4）单击“修改样式”对话框中的“格式”按钮，如图 5-28 所示，选择“段落”选项，将“行距”设置为“1.5 倍行距”，如图 5-29 所示。

图 5-27 “修改样式”对话框

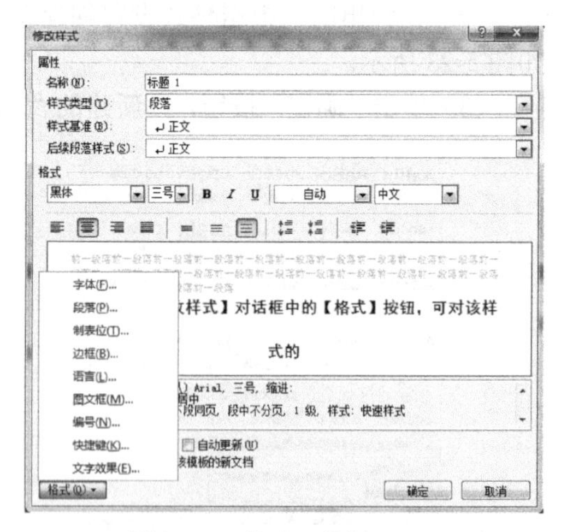

图 5-28 “格式”按钮

（5）单击“确定”按钮，保存对样式的修改。

4. 应用样式

（1）选定“投 标 邀 请 函”文本内容，切换到“开始”选项卡，单击“样式”选项组中的“标题 1”按钮，即可将选定内容设置为“标题 1”样式，如图 5-30 所示。

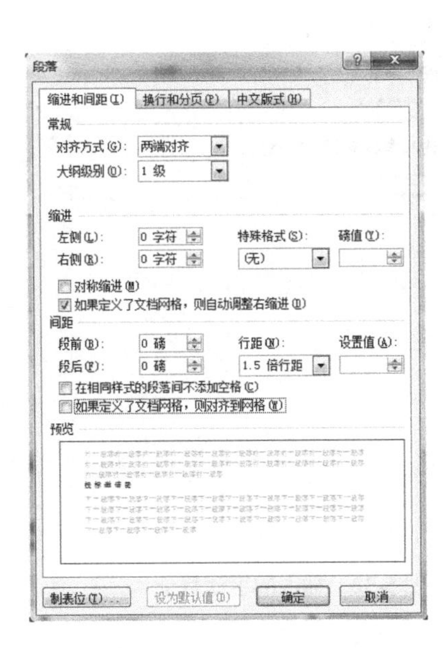

图 5-29 “段落”对话框

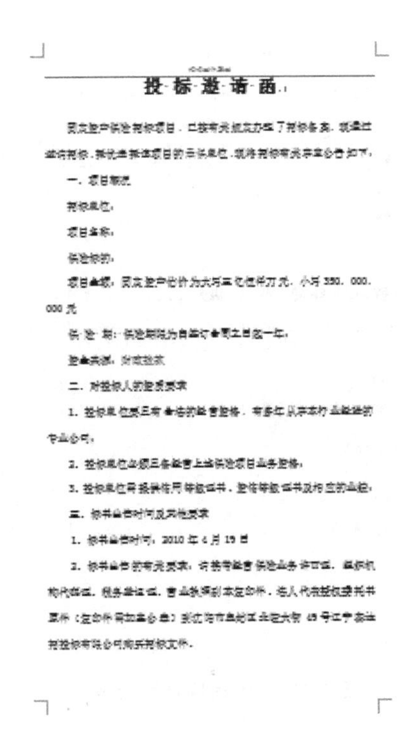
投标邀请函

图 5-30 将标题设置为“标题 1”样式后的效果

（2）用同样的方法对其他一级标题进行设置：“固定资产保险招标总体说明”、“第一章　投标须知”、“第二章　项目概况”、“第三章　合同协议书”、“第四章　投标文件格式”、“评　标　办　法”。

（3）将“标题 2”样式设置为“宋体、四号、加粗、左对齐，1.5 倍行距”样式。

（4）将“标题 2”样式应用于文档中的二级标题：“前附表”、“一、定　义”、“二、招　标”、“三、投　标”、“四、投标文件的编制”、“五、投标文件的递交”、“六、开　标”、“七、评标”、“八、授予保险合同”、“一、投标文件目录（格式）”、“二、法人授权委托书（格式）”、“三、投标报价书（格式）”。

5.2.7 创建目录

为各级标题设置好样式后，可以在文档中插入目录，具体操作如下。

1. 插入手动目录

（1）将光标定位到目录页的目录标题下面，切换到“引用”选项卡，单击“目录”选项组中的“手动目录”命令，如图 5-31 所示，即插入了一个手动目录，如图 5-32 所示。

（2）手动目录需逐条对目录的文字及页码进行编辑，手动输入所需文字，并且不具备超链接功能。

2. 插入内置自动目录

（1）将光标定位到目录页的目录标题下面，切换到“引用”选项卡，单击“目录”选项组中的“自动目录”命令，如图 5-33 所示，即插入了一个自动目录，如图 5-34 所示。

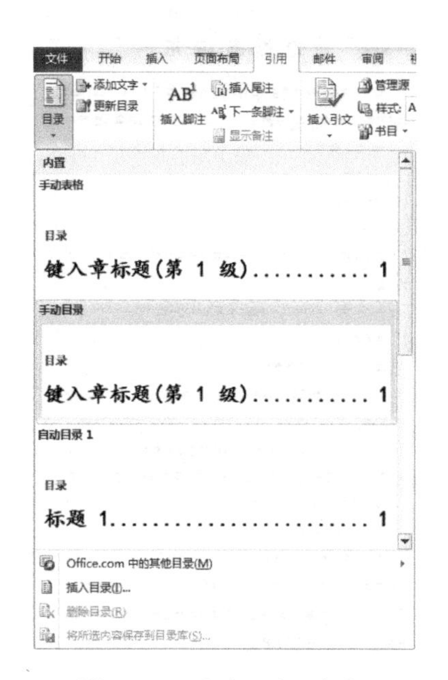

图 5-31 “手动目录”命令

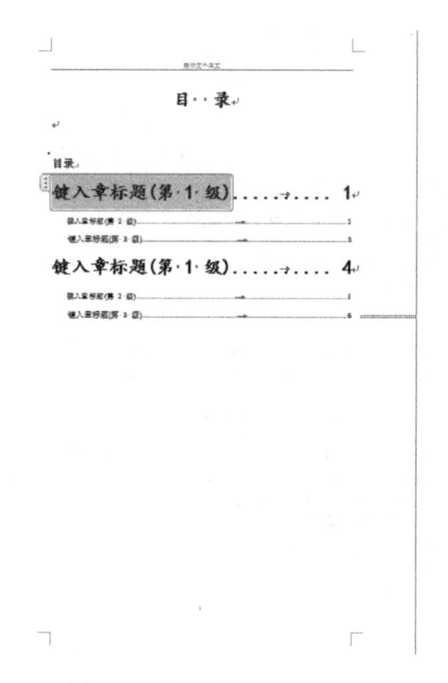

图 5-32 插入的手动目录

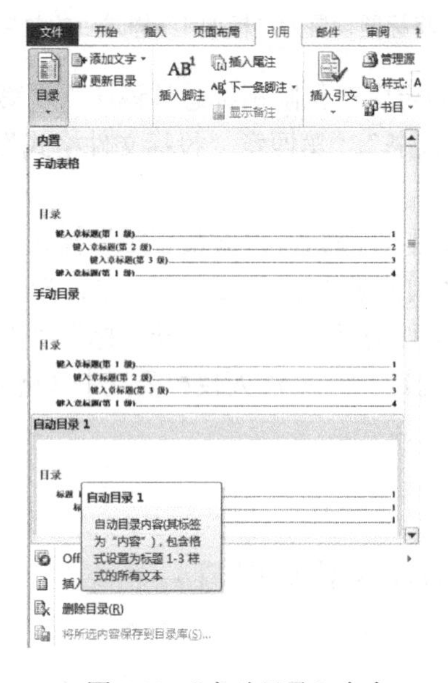

图 5-33 “自动目录”命令

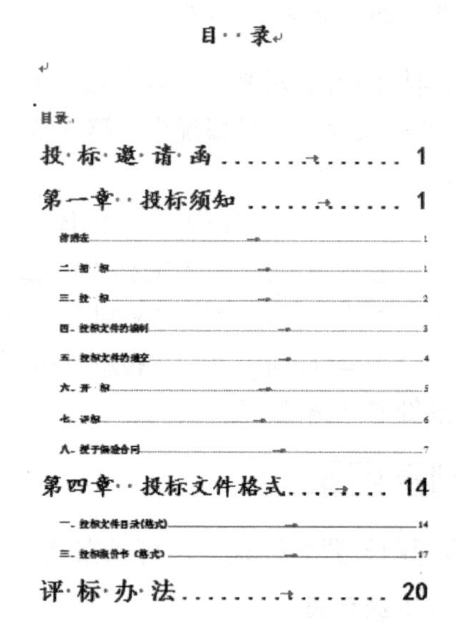

图 5-34 插入的自动目录

（2）使用此种方法插入的目录为 Word 内置样式库中的目录，可对其进行字体等格式的编辑，具备超链接功能。但无法对目录级别及制表符前导符等内容进行设置。

3. 插入目录

（1）将光标定位到目录页的目录标题下面，切换到“引用”选项卡，单击“目录”选项组中的“插入目录”按钮，弹出“目录”对话框，如图 5-35 所示。

（2）在图 5-35 中的“目录”选项卡下，可以对是否显示页码、页码是否右对齐、制表符前导符以及标题级别等进行设置。

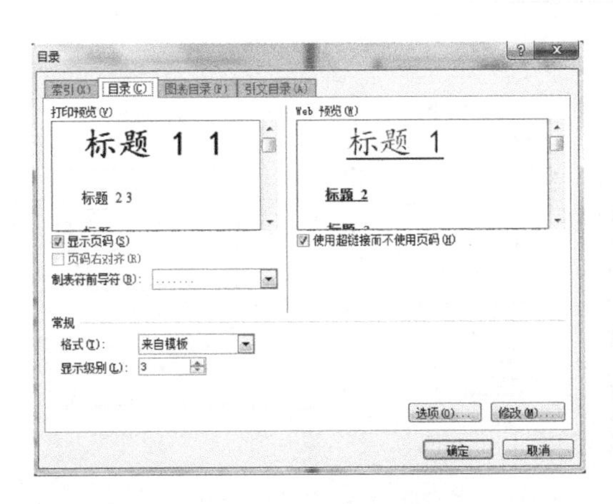

图 5-35 “目录”对话框

（3）单击“目录”对话框中的“选项”按钮，弹出“目录选项”对话框，如图 5-36 所示，在“目录选项”对话框中，可对标题样式级别的排列等内容进行设置。

（4）设置完成后单击“确定”按钮，返回“目录对话框”，再次单击“确定”按钮，即可在当前光标处插入自动生成的目录，如图 5-37 所示。

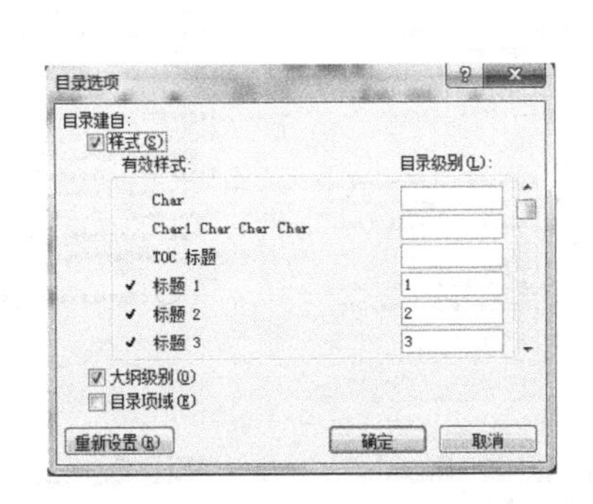

图 5-36 “目录选项”对话框

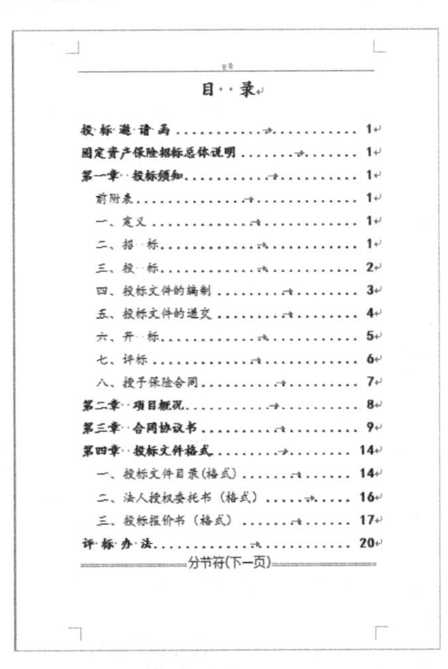

目 录

分节符(下一页)

图 5-37 自动生成目录效果

至此，一份标准的招标文件就制作完成了，赶快拿去给领导看一看吧！

5.3 拓展案例

实训 1：制作工程项目投标书

“工程项目投标书”效果图如图 5-38 所示，制作要求如下。

施工投标文件

目 录

身份证明信

法定代表人授权委托书

投 标 函

项目管理人员表

项目管理人员表

个人概述

项目管理人员表

个人概述

项目技术负责人表

施工投标文件

一、工程概述

1、工程概述

1.工程主要工作内容

该工程招标范围为 0000 消防支队健身房工程。

2.工程施工条件及要求

工程现场已基本具备“三通一平”，建设单位资金已落实，具备开工条件。根据工程招标文件、施工图纸和实际现场勘察，制定出工程范围内各项目的最佳实施方案，力争在目标工期内完成该工程，同时做到工程安全文明施工。

二、施工准备工作和工序衔接

工程准备工作及总进度计划：

工程项目施工准备工作按其性质及内容通常包括技术准备、物资准备、劳动组织准备、施工现场准备和施工场外准备。

1.技术准备

技术准备是施工准备的核心，由于任何技术的差错或隐患都可能引起人身安全和质量事故，造成生命、财产和经济的巨大损失，因此必须认真地做好技术准备工作，具体有如下内容：

1.1 熟悉、审查施工图纸和有关的设计资料

1)建设单位和设计单位提供的初步设计或扩大初步设计（技术设计）、施工图设计、影响设计总平面设计和城市规划等相关资料文件。

2)设计、施工验收规范和有关技术规定。

1.2 熟悉、审查设计图纸的目的

3)为了能够按照设计图纸的要求顺利地进行施工，生产出符合设计要求的最终产品（建筑物、构筑物或绿化），创造出符合设计要求的最终景象。

4)为了能够在拟建工程开工之前，使从事施工技术和经营管理的工程技术人员充分地了解和掌握设计图纸的设计意图、结构与构造特点和技术要求，以及成景的关键部位与景观构成要素。

1.3 熟悉、审查设计图纸的内容

5)审查设计图纸是否完整、齐全，以及设计图纸和资料是否符合国家有关工程建设的设计、施工方面的方针和政策。

6)审查设计图纸与说明书在内容上是否一致，以及设计图纸与其各组成部分之间有无矛盾和错误。

7)审查设备安装图纸与其相配合的土建施工图纸在坐标、标高上是否一致。

8)审查设计图纸中的工程复杂、施工难度大小和管理水平能否满足工期和质量要求并采取可行的技术措施加以保证。

9)工程所用的主要材料尤其是植物材料、设备的数量、

[illegible]

3.物资准备工作的程序

[illegible]

图 5-38 “工程项目投标书”效果图

（1）为“工程项目投标书”插入如图 5-38 所示的内置封面。

（2）使用分节符划分文档，封面页和目录页无页眉页脚，正文页有奇偶页不同的页眉，正文部分插入页码。

（3）使用分页符单独划分正文的各个部分。

（4）为各级标题应用样式。

- 一级标题：“身份证明信”、“法定代表人授权委托书”、“投 标 函”、“项目管理人员表”、“项目技术负责人表”、“施工投标文件”。要求：楷体、小一、加粗、居中对齐。
- 二级标题：“一、工程概述”、“二、施工准备工作和工序衔接”。要求：宋体、三号、加粗、左对齐。
- 三级标题：“1.技术准备”、“2.物资准备”、“3.物资准备工作的程序”、“4.劳动组织准备”、“5.做好“四通一清”，认真设置消火栓”、“6.储存和堆放”、“7.冬、雨季施工安排”、“8.施工的场外准备”、“9.材料矫正”、“10.安装前的准备”、“11.质量指标及其保证措施”。要求：宋体、三号、加粗、左对齐。

（5）自动生成目录，要求包含到三级标题。

关键操作步骤如下。

（1）为首页设置如图 5-39 所示的内置封面。

（2）设置奇偶页不同的页眉。

① 因为封面页和目录页不需要设置页眉和页脚，所以首先在目录页和正文页之间插入“分节符”，将整篇文档划分为两节。

② 切换到“插入”选项卡，单击“页眉和页脚”选项组中的“页眉”按钮，在弹出的下拉列表中选择“编辑页眉”选项，即可进入页眉、页脚编辑状态。

③ 这时会自动添加“页眉和页脚工具”选项卡，在“设计”选项卡下，勾选“选项”选项组中的“奇偶页不同”复选框。

④ 将光标切换到正文第 1 页页眉处，这时右下角显示“与上一节相同”字样，单击“导航”选项组中的“链接到前一条页眉”按钮，将该按钮设置为非选中状态，这时右下角将不再显示“与上一节相同”字样。

⑤ 在正文第 1 页页眉处输入页眉文字“招标文件正文（奇数页）”。

⑥ 将光标切换到正文第 2 页页眉处，重复步骤④，然后在第 2 页页眉处输入页眉文字“招标文件正文（偶数页）”。

（3）为正文部分设置页码。

（4）修改或新建样式库样式，将样式应用于正文标题处，设置一至三级标题。

（5）插入自动目录，设置目录标题选项。

图 5-39　为首页设置内置封面

实训 2：制作公司劳动合同

“公司劳动合同”效果图如图 5-40 所示，制作要求如下。

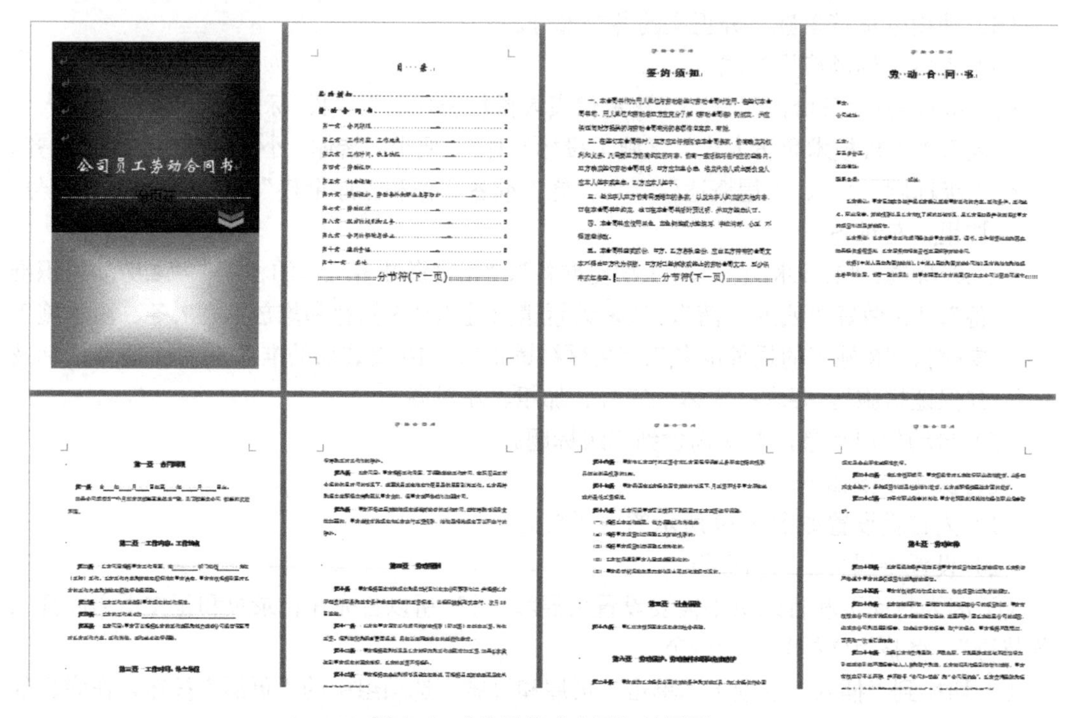

图 5-40 “公司劳动合同”效果图

（1）为“公司劳动合同书”插入如图 5-41 的内置封面。

图5-41 为合同首页设置内置封面

（2）使用分节符划分文档，封面页和目录页无页眉页脚，正文页页眉为“劳动合同书”，正文部分插入页码。

（3）使用分页符单独划分“签约须知”及“劳动合同书”第一页。

（4）为各级标题应用样式。

- 一级标题：“签 约 须 知”、“劳 动 合 同 书”。要求：黑体、二号、加粗、居中对齐。
- 二级标题：“第一章 合同期限”、“第二章 工作内容、工作地点”、“第三章 工作时间、休息休假”、“第四章 劳动报酬”、“第五章 社会保险”、“第六章 劳动保护、劳动条件和职业危害防护”、“第七章 劳动纪律”、“第八章 双方的权利和义务”、“第九章 合同的解除与终止”、“第十章 违约责任”、“第十一章 其他”。要求：黑体、四号、加粗、居中对齐。

（5）自动生成目录，要求包含到二级标题。

第6章 制作商务信函

引　子

商务办公和其他工作中，经常需要用收集的数据来制作大量的信封、信函、工资条、录取通知书、成绩报告单等。对于如此大批量的制作，可以使用功能强大的 Word2010 提供的“中文信封制作向导”和“邮件合并”功能完成。下面就介绍如何用 Word 来打印信封和信函。

知识目标

- 掌握邮件合并的基本操作。
- 掌握中文信封制作向导的基本操作。
- 掌握利用邮件合并功能批量制作信封、证书等。
- 加强对批量处理文档的认识和理解，并能够合理运用。

6.1 案例描述

小王刚来公司不久，他发现公司经常会为每位客户打印信封、为每位员工打印工资条、向每个参加会议的人发送电子邮件……，庞大的数据量导致部分员工被这巨大的工作量吓倒：客户的数量可能是几百个甚至上千个，每个人的地址都不一样；员工的数量也不少，每个人的工资都不一样；参加会议的人到会时间和住宿安排各不相同……尽管公司的数据库或Excel表中已经有了现成的数据，可是要基于这些数据制作各式各样的文档、邮件或报告，还要用复制/粘贴的老办法吗？

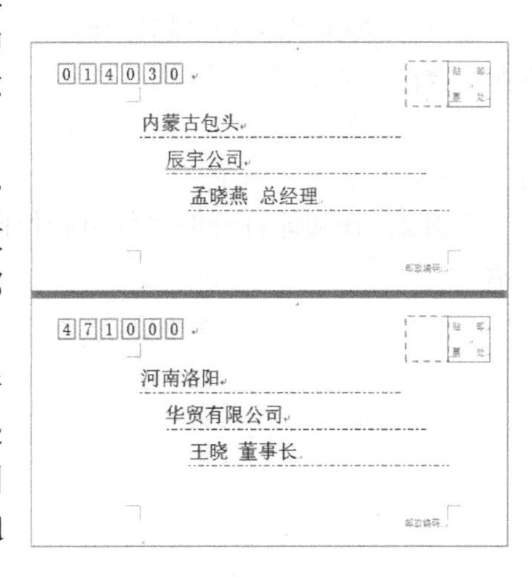

图 6-1　制作中文信封效果图

小王想了一下，如果使用 Word 中提供的邮件合并的功能，便可将这些烦琐的重复工作迅速处理完，可以有效地提高工作效率。本任务通过创建主文档和数据源文件两个文档，并运用 Word 中提供的邮件合并的功能，实现邮件的批量处理，如图 6-1 所示。

6.2 案例实现

6.2.1 案例分析

商务信函是企业用于联系业务、商洽交易事项的信函。在商务信函的写作过程中不需要华丽优美的词句，而只需要用简单朴实的语言，准确地表达发函方的想法，让对方可以非常清楚地了解发函方的意图就可以了。商务信函主要有以下特点。

- 简洁。要用简洁朴实的语言来写信函，让信函读起来简单、清楚、容易理解。
- 精确。当涉及到数据或者具体的信息时，如时间、地点、价格、货号等，尽可能做到精确。这样会使交流的内容更加清楚，更有助于加快事务的进程。

商务信函还要有针对性，要在邮件中写上对方公司的名称，或者在信头直接称呼收件人的名字。这样会让对方知道这封邮件是专门给他的，而不是群发的通函，从而表示对此的重视。

商务信函和相应的信封一般是批量制作的，在这里使用 Word 中提供的信封向导和邮件合并功能，批量制作将有效地提高工作效率。制作时，要进行以下工作。

（1）创建 Excel 数据源文件，为制作工程提供相应的信息做准备。

（2）创建主文件，制作工程中内容固定不变的部分用 Word 来完成。

（3）利用信封制作向导批量制作信封。

（4）使用邮件合并功能批量生成信函。

6.2.2 使用信封向导制作中文信封

在 Word2010 提供的“邮件合并”功能中，通过“中文信封制作向导”，小王可以快速制作符合自己要求的信封。

步骤 1：在 Word2010 中，切换到“邮件”选项卡，在“新建”选项组中单击“中文信封”按钮，如图 6-2 所示。

步骤 2：在随即打开的“信封制作向导”对话框中，单击“下一步”按钮，如图 6-3 所示。

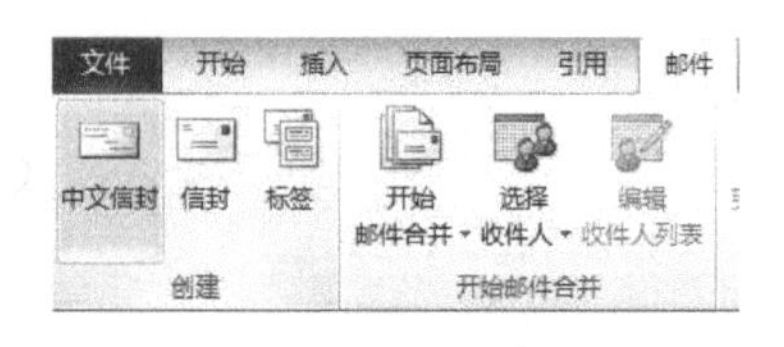

图 6-2　中文信封

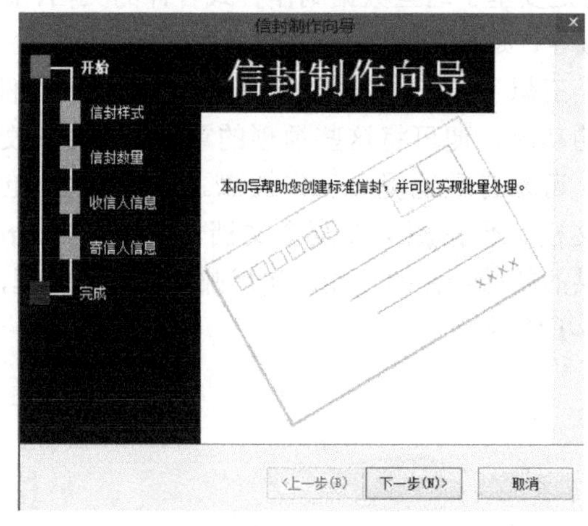

图 6-3　信封制作指导

步骤 3：在“选择信封样式”页面中，选择一种与实际信封尺寸相一致的信封样式，如“国内信封-DL（220×110）”，其他选项保留默认值，单击“下一步”按钮，如图 6-4 所示。

步骤 4：在“选择生成信封的方式和数量”页面，选中“基于地址簿文件，生成批量信封”单选按钮，单击“下一步”按钮，如图 6-5 所示。

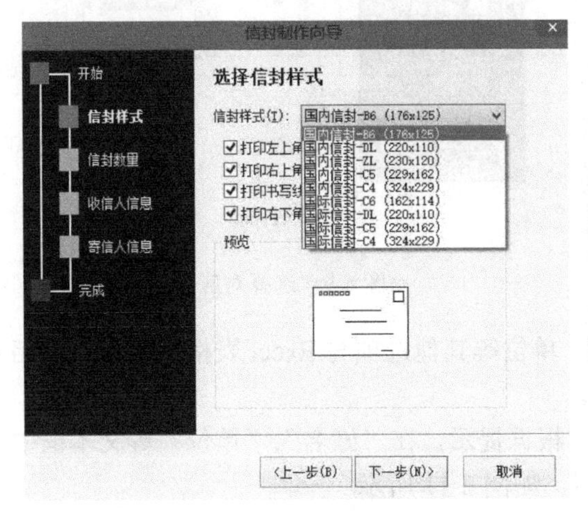

图 6-4　选择信封样式

图 6-5　生成信封的方式和数量

步骤 5：在“从文件中获取并匹配收信人信息”页面中单击“选择地址簿”按钮，如图 6-6 所示。

步骤 6：在随即打开的“打开”对话框中，单击右下角处的“Test”右侧的三角按钮，将文件类型更改为“Excel”，如图 6-7 所示。

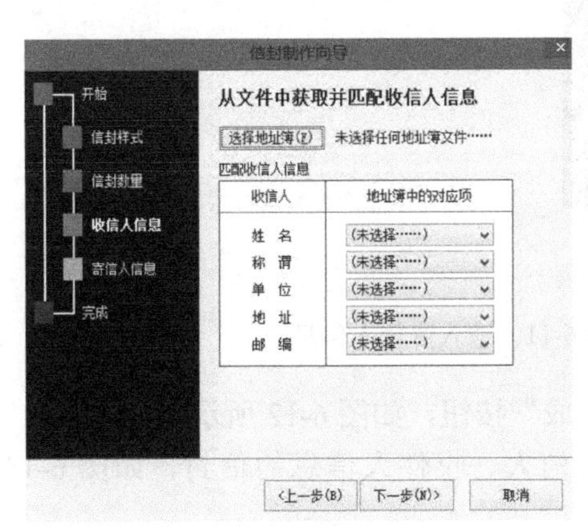

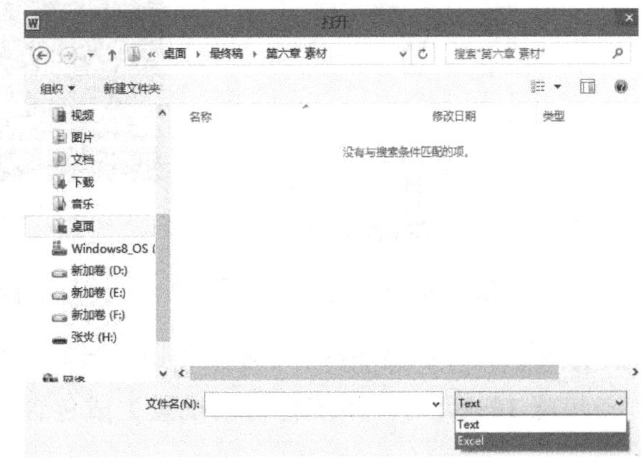

图 6-6　选择地址簿　　　　图 6-7　地址簿的文件类型

步骤 7：浏览选择记录客户信息的 Excel 表格（前提是已将 Outlook 中的客户联系人导出到了该表格中，且将“经理”和“总经理”级别的客户信息单独放置在了工作簿的左数第 1 张工作表中），单击“打开”按钮，如图 6-8 所示。

步骤 8：返回到“信封制作向导”对话框，单击“姓名”右侧的“未选择”下三角按钮，在随即打开的下拉列表中选择“客户姓名”选项，如图 6-9 所示。

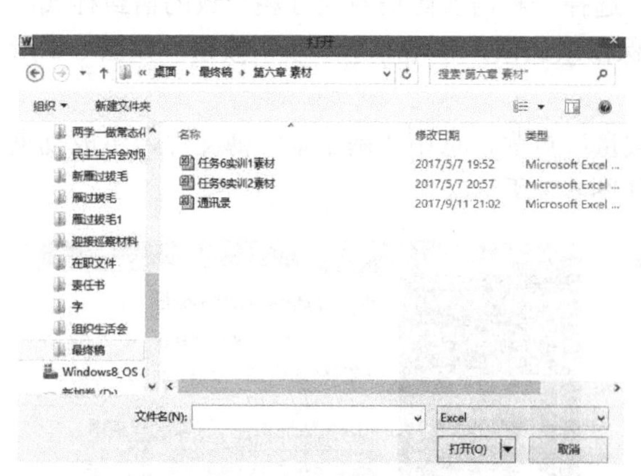

图 6-8　地址簿文件

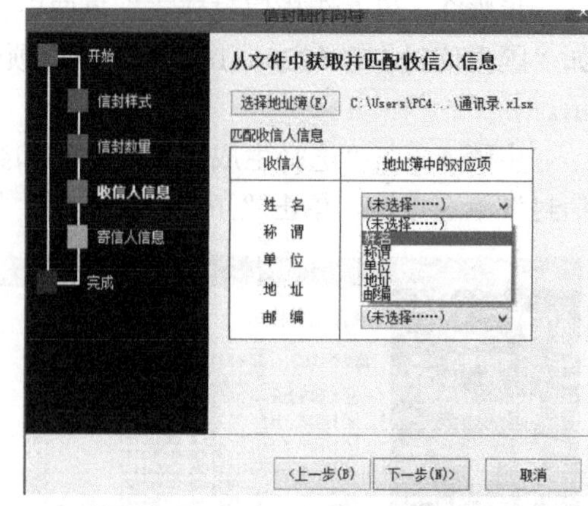

图 6-9　选择对应项

步骤 9：执行步骤 8 的类似操作，将称谓、单位等其他选项与 Excel 表格中的对应项相匹配，单击“下一步”按钮，如图 6-10 所示。

步骤 10：在“输入寄信人信息”页面中，根据提示，在“姓名”、“单位”等文本框中输入相应的寄信人信息，单击“下一步”按钮，如图 6-11 所示。

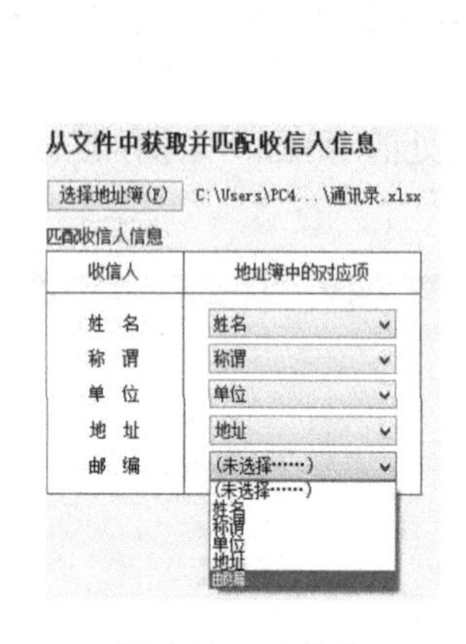

图 6-10　对应项

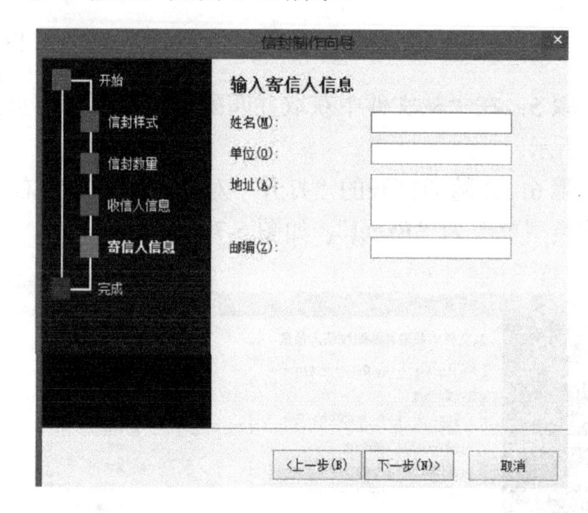

图 6-11　输入寄信人信息

步骤 11：在向导的最后一个页面中，单击“完成”按钮，如图 6-12 所示。

步骤 12：此时，系统将自动批量生成包含寄信人、收件人信息的信封，如图 6-13 所示。

步骤 13：将批量生成的信封打印到纸质信封上。单击“文件”选项卡，打开后台视图，并切换到“打印”视图中。根据实际情况设置打印选项，单击“打印”按钮，即可将电子版信封中的信息快速打印到实际的纸质信封上，如图 6-14 所示。

至此，纸质的客户邀请函和信封都已制作完成，小王只需按顺序将它们装在一起进行邮递即可，如图 6-15 所示。

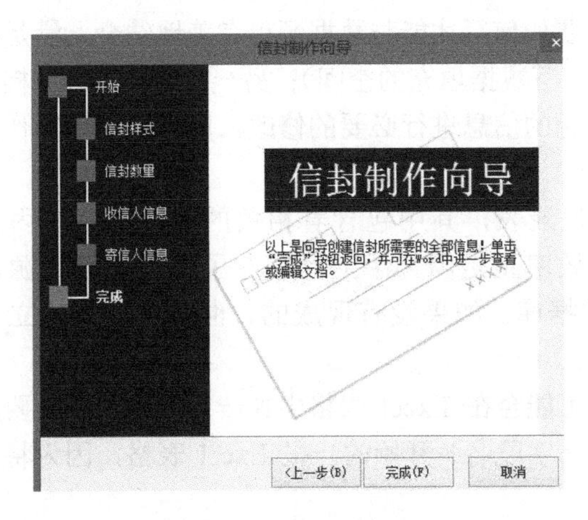

图 6-12　信封制作完成

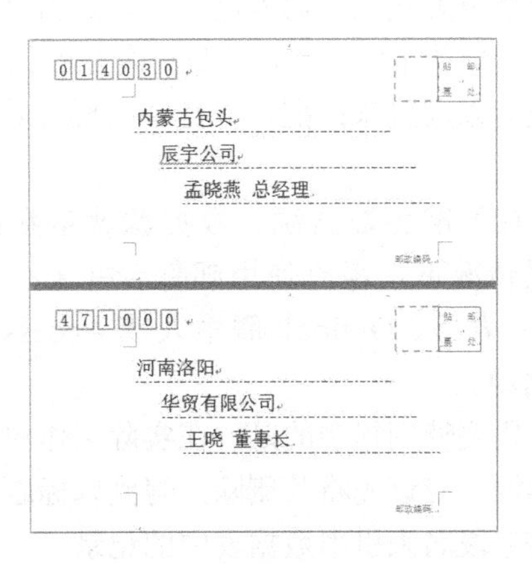

图 6-13　自动批量生成信封

图 6-14　打印

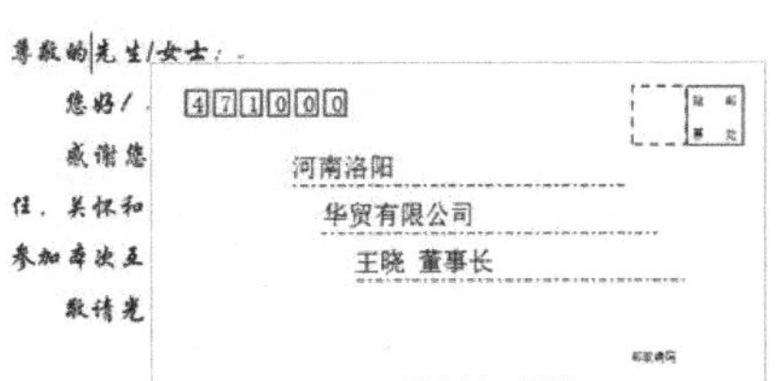

图 6-15　完成

6.2.3　通过邮件合并功能制作批量信函

“邮件合并”这个名称最初是在批量处理“邮件文档”时提出的。具体地说，就是在邮件文档（主文档）的固定内容中，合并与发送信息相关的一组通信资料（如 Excel 表、Access 数据表等），从而批量生成需要的邮件文档，因此大大提高工作的效率。

1. 适用范围

需要制作的数量比较大且文档内容可分为固定不变的部分和变化的部分（如打印信封，寄信人信息是固定不变的，而收信人信息是变化的部分），变化的内容来自数据表中含有标题行的数据记录表。

2. 基本的合并过程

邮件合并的基本过程包括 3 个步骤，只要理解了这些过程，就可以得心应手地利用邮件合并来完成批量作业。

（1）建立主文档。主文档是指邮件合并内容的固定不变的部分，如信函中的通用部分、信封上的落款等。建立主文档的过程就和平时新建一个 Word 文档一模一样，在进行邮件合并之前它只是一个普通的文档。唯一不同的是，如果你正在为邮件合并创建一个主文档，你可能需要花点心思考虑一下，这份文档要如何写才能与数据源更完美地结合，满足你的要求（最基本的一点，就是在合适的位置留下数据填充的空间）；另一方面，写主文档的时候也可以反过来提醒你，是否需要对数据源的信息进行必要的修改，以符合书信写作的习惯。

（2）准备数据源。数据源就是数据记录表，其中包含着相关的字段和记录内容。一般情况下，考虑使用邮件合并来提高效率正是因为手上已经有了相关的数据源，如Excel表格、Outlook联系人或Access数据库。如果没有现成的，也可以重新建立一个数据源。

需要特别提醒的是，在实际工作中，可能会在Excel表格中加一行标题。如果要作为数据源，应该先将其删除，得到以标题行（字段名）开始的一张Excel表格，因为将使用这些字段名来引用数据表中的记录。

（3）将数据源合并到主文档中。利用邮件合并工具，可以将数据源合并到主文档中，得到目标文档。合并完成的文档的份数取决于数据表中记录的条数。

步骤1：打开Word2010文档窗口，切换到“邮件”选项卡。在“开始邮件合并”选项组中单击“开始邮件合并”按钮，并在打开的菜单中选择“邮件合并分步向导”命令，如图6-16所示。

步骤2：打开“邮件合并”任务窗格，在“选择文档类型”向导页选中“信函”单选框，并单击“下一步：正在启动文档”超链接，如图6-17所示。

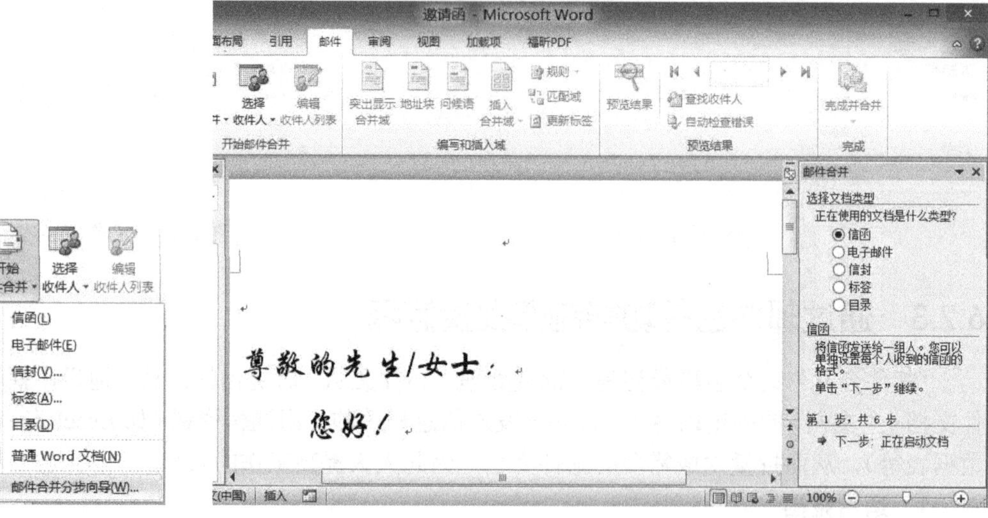

图6-16　选择“邮件合并分步向导”命令

图6-17　选中“信函”单选框

步骤3：在打开的“选择开始文档”向导页中，选中“使用当前文档”单选框，并单击“下一步：选取收件人”超链接，如图6-18所示。

步骤4：打开“选择收件人”向导页，选中“从Outlook联系人中选择”单选框，并单击“选择‘联系人’文件夹”超链接，如图6-19所示。

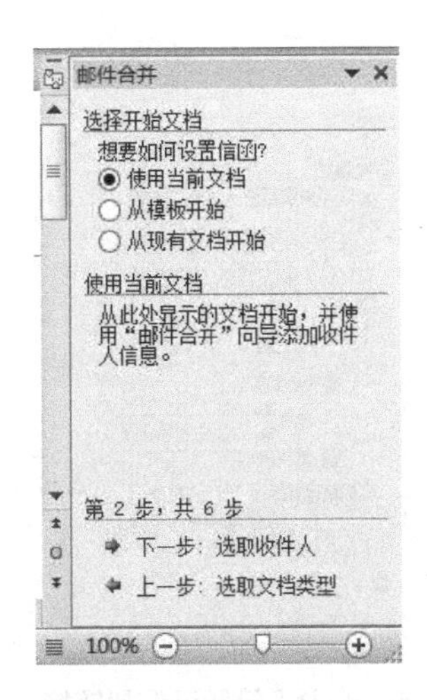

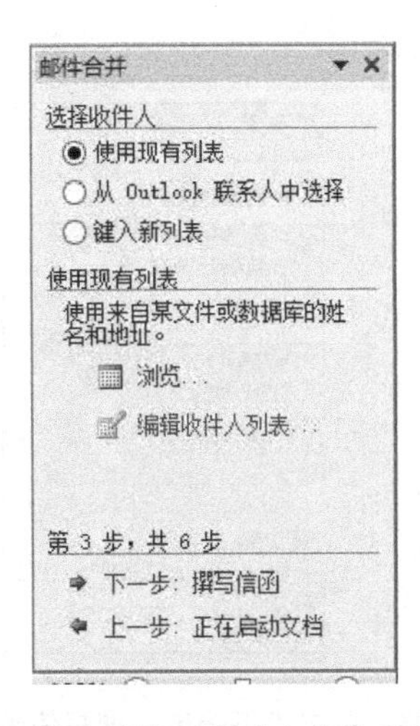

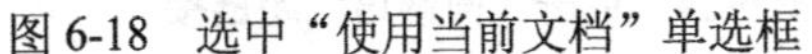

图 6-18　选中“使用当前文档”单选框　　　图 6-19　单击“选择联系人文件夹”超链接

步骤 5：在打开的“选择配置文件”对话框中选择事先保存的 Outlook 配置文件，然后单击“确定”按钮，如图 6-20 所示。

图 6-20　“选择配置文件”对话框

步骤 6：打开“选择联系人”对话框，选中要导入的联系人文件夹，单击“确定”按钮，如图 6-21 所示。

步骤 7：在打开的“邮件合并收件人”对话框中，可以根据需要取消选中联系人。如果需要合并所有收件人，直接单击“确定”按钮，如图 6-22 所示。

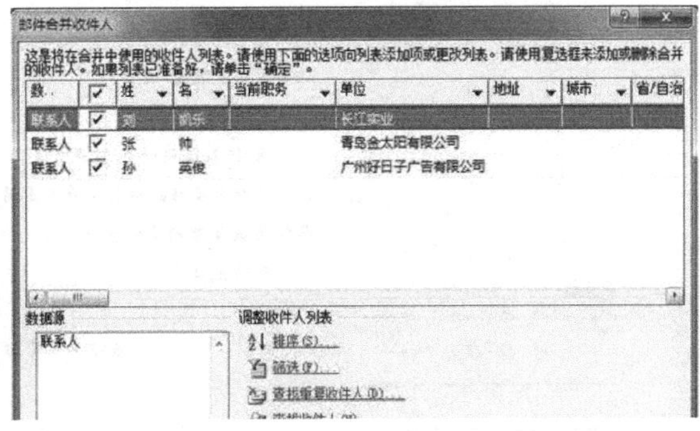

图 6-21　“选择联系人”对话框　　　图 6-22　“邮件合并收件人”对话框

步骤 8：返回 Word2010 文档窗口，在“邮件合并”任务窗格“选择收件人”向导页中单击“下一步：撰写信函”超链接，如图 6-23 所示。

步骤 9：打开“撰写信函”向导页，将插入点光标定位到 Word2010 文档顶部，然后根据需要单击“地址块”、“问候语”等超链接，并根据需要撰写信函内容。撰写完成后单击“下一步：预览信函”超链接，如图 6-24 所示。

步骤 10：在打开的“预览信函”向导页可以查看信函内容，单击“上一个”或“下一个”按钮可以预览其他联系人的信函。确认没有错误后单击“下一步：完成合并”超链接，如图 6-25 所示。

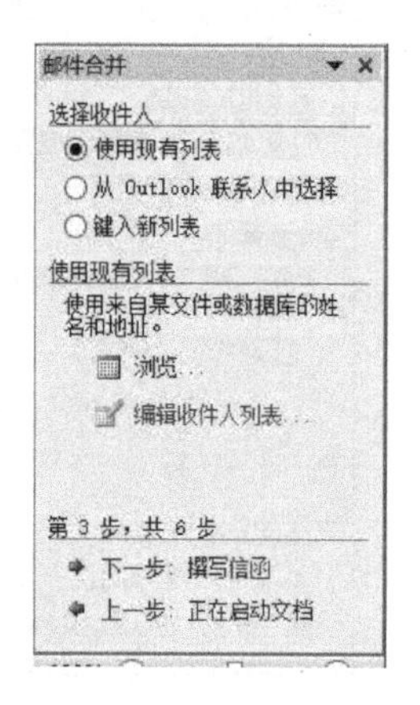

图 6-23　单击“下一步：撰写信函”超链接

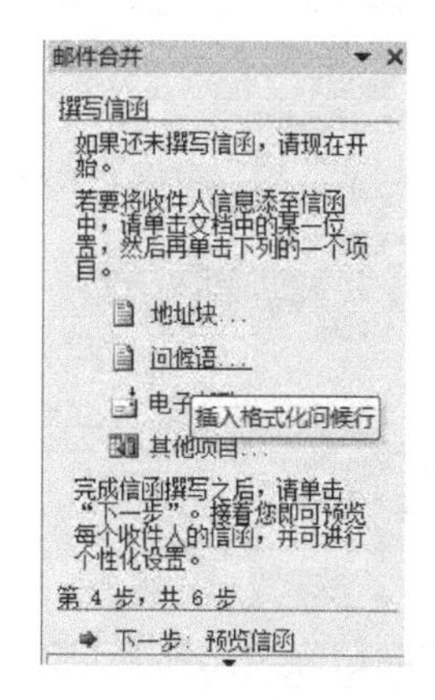

图 6-24　单击“问候语”超链接

步骤 11：打开“完成合并”向导页，用户既可以单击“打印”超链接开始打印信函，也可以单击“编辑单个信函”超链接针对个别信函进行再编辑，如图 6-26 所示。

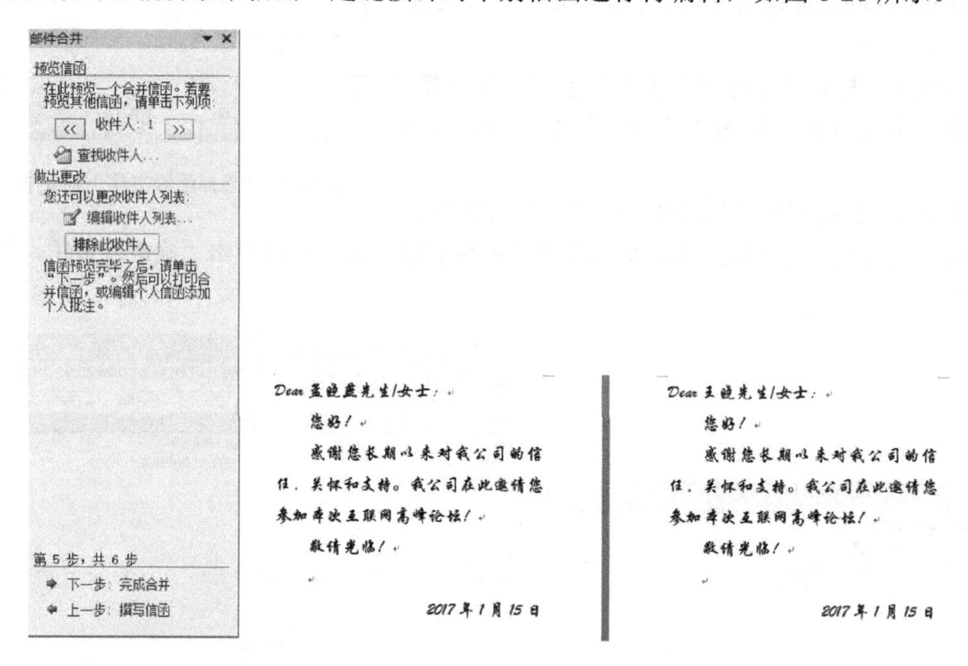

图 6-25　预览信函　　　　图 6-26　“完成合并”向导页

提示　如果以后经常要针对同一数据源进行同样的邮件合并（如下次要给所有的东北地区客户发送信件），不必每次重新设计主文档，只需将当前的主文档保存，以后打开主文档时会自动链接到数据源。在邮件合并向导的步骤（5）中单击“编辑收件人列表”命令，即可筛选不同的数据进行合并。

邮件合并功能将 Word 文档和存储数据的文档或数据库连接在一起，成批地将数据填写到文档的指定位置，从而极大地提高了批量文档的制作效率。数据量越大，这种效率的提升越显著。比起采用抄写或复制/粘贴的方法，效率的提升远远不止一百倍。

邮件合并的用法令人拍案叫绝，然而，它的用法还不仅仅是信封的制作，在很多场合下都可以使用，如打印工资条、打印证书等。在以后的内容中，将进一步介绍更多巧妙的用法。

6.4 拓展案例

实训 1：介绍信的制作

根据如图 6-27、6-28 中所示，根据“人员信息表”中的数据，利用邮件合并功能制作实习介绍信。

A	B	C	D	E	F	编辑栏	H	I	J	K	L
编号	日期	单位	学号	姓名	实习人数	年龄	专业	实习单位	审批人	有效期（天）	备注
001	2017/1/1	新闻与传播学院	01323001	李晓辉	1	18	新闻学	报社	刘晓露	2	
002	2017/1/1	新闻与传播学院	01324002	张梦琪	1	18	传播学	广播电台	刘晓露	2	
003	2017/1/1	新闻与传播学院	01322027	张晓春	1	18	广播电视学与数字传播	电视台	刘晓露	2	
004	2017/1/1	新闻与传播学院	01321056	李峰	1	18	广告学与传媒经济学	报社	孟国军	2	
005	2017/1/1	新闻与传播学院	01323005	宁宝峰	1	18	新闻学	报社	孟国军	2	
006	2017/1/1	新闻与传播学院	01323014	赵培群	1	19	新闻学	报社	孟国军	2	
007	2017/1/2	新闻与传播学院	01323007	孟国军	1	18	新闻学	报社	孟国军	2	
008	2017/1/3	新闻与传播学院	01323008	李慧勇	1	18	新闻学	报社	孟国军	2	
009	2017/1/4	新闻与传播学院	01323029	张嘉	1	18	新闻学	报社	孟国军	2	

图 6-27　人员信息表

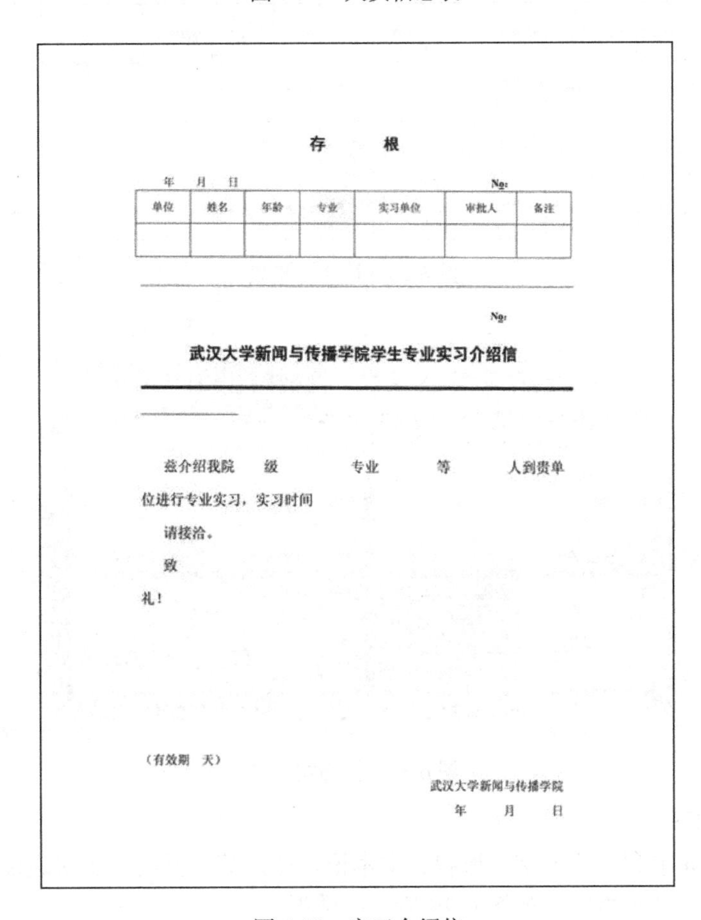

存　　根

年　月　日　　　　　　　　No:

单位	姓名	年龄	专业	实习单位	审批人	备注

No:

武汉大学新闻与传播学院学生专业实习介绍信

兹介绍我院　　级　　　专业　　　等　　　人到贵单位进行专业实习，实习时间

请接洽。

致

礼！

（有效期　天）

武汉大学新闻与传播学院

年　　月　　日

图 6-28　实习介绍信

制作要求如下。

（1）在 Word 中制作实习介绍信，标题部分的字体题为：黑体，三号；正文中内容字

体为：宋体，四号。设置间距及段落格式。

（2）在 Excel 表格中输入图 6-27 的数据。

（3）利用邮件合并功能，制作实习介绍信。

实训 2：制作快递发货单

手工填写快递发货单是一项烦琐的工作，费时费力，而且还会因为信息的填写错误，而引起不必要的损失。Word 提供的“邮件合并”功能，能快速批量制作发货单，而且还可以有效地提高工作效率。根据图 6-29 中的数据，利用邮件合并功能制作快递发货单，制作好的快递发货单如图 6-30 所示。

A	B	C	D	E	F	G	H	I	J	K	L	M	N	O
快递单号	发件日期	始发地	发件人名称	发件人地址	发件人电话	邮政编码	目的地	收件人姓名	收件人地址	收件人电话	邮政编码	总重量	是否保价	收件人是否签收
1200055952450	2017/3/2	顺德	李晓辉	顺德职业学院	15648926515	100000	安徽省安庆市	王华	安庆市青年路15号	15745695989	246000	15	是	是
1200055952451	2017/3/3	顺德	张梦琪	顺德电厂	15846953215	100000	山东省济南市	赵培勋	安平路12号	13564894562	250000	2	否	是
1200055952452	2017/3/4	顺德	刘晓涵	市电视台	13256984878	100000	辽宁省沈阳市	孟国军	沈阳工业大学	15632123212	110000	1	否	是
1200055952453	2017/3/5	顺德	张晓春	顺德职业技术学院	13545688954	100000	山西省忻州	李小璐	忻州五台机场有限责任公司	13126545632	034000	10	否	是
1200055952454	2017/3/6	顺德	李峰	工业路13号	13126598948	100000	陕西省榆林市	李永辉	陕西延长石油	13012345645	719000	5	否	是
1200055952455	2017/3/7	顺德	宁宝峰	工业路14号	13156489595	100000	陕西省西安市	张辉	陕西图书馆	13564563525	710000	1	否	是

图 6-29　快递信息表

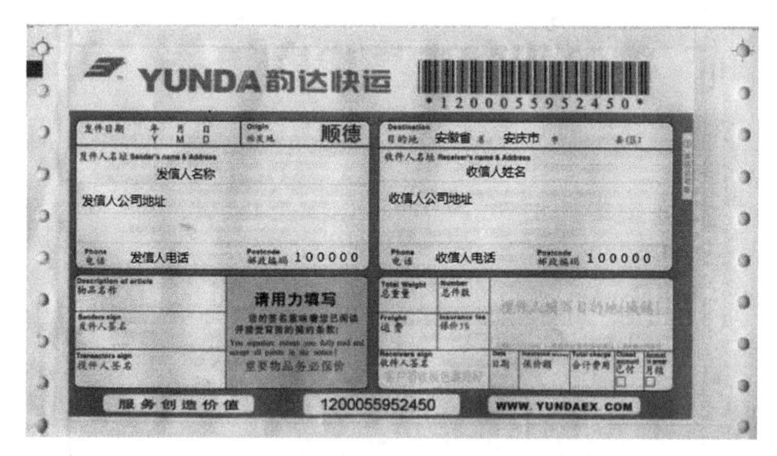

图 6-30　快递发货单

制作要求如下。

（1）在 Word 中利用艺术字、形状、文本框、图片等工具制作出快递发货单。

（2）利用 Excel 表格制作如图 6-29 所示的数据。

（3）利用邮件合并向导，制作快递发货单。

第二篇　数据处理篇

本篇共分为 5 个章，通过制作产品信息表、制作销售业绩表、制作员工销售业绩统计表、综合运用函数完成对员工的销售业绩评定、模拟优化产品生产方案 5 个典型实例，由浅入深、层层深入地讲解了 Excel 基础操作、数据处理、数据统计分析、Excel 综合应用，以及 Excel 的规划求解工具的应用等内容。

第 7 章　制作产品信息表

引　子

Excel2010 是一款电子表格处理软件，用于数据的处理与分析，可以对数据进行输入、输出、存储、处理、排序等操作；可以以图形的方式显示数据并分析其结果；可以运用公式与函数求解数据。这些功能方便了办公人员的实际工作，满足了办公事务处理的需要。

知识目标

- 工作簿、工作表的创建与保存。
- 数据的输入。
- 单元格及行列的基本操作。
- 表格格式化。
- 工作表打印。

7.1 案例描述

产品信息表可以对产品进行规范化管理，方便查询、整理。销售部经理安排小李制作一份“公司产品信息表”，在产品宣传时方便用户查看，小李经过努力设计了如图 7-1 所示的一份产品信息表。本案例通过创建“产品信息表”，熟悉 Excel2010 的工作界面，练习创建、保存、数据输入、表格的美化以及工作表打印的操作。

公司产品信息表								
序号	产品类型	产品编号	型号	产品说明	参考价格	能效	生产产地	生产日期
1	空调	1001001	B-35GW1	壁挂式	¥2, 799. 00	二级	青岛	2016年3月2日
2	空调	1002004	L-72LW1	立柜式	¥7, 299. 00	一级	上海	2016年5月6日
3	空调	1001002	B-35GW2	壁挂式	¥3, 799. 00	一级	青岛	2016年3月2日
4	空调	1001003	B-36GW2	壁挂式	¥9, 180. 00	一级	北京	2016年5月6日
5	空调	1002002	L-120LW1	立柜式	¥3, 999. 00	二级	北京	2016年7月20日
6	空调	1001004	B-36GW1	壁挂式	¥2, 299. 00	三级	青岛	2016年10月10日
7	电视	2001001	S9I	55英寸	¥3, 999. 00	二级	北京	2016年3月8日
8	电视	2001002	A11Y	39英寸	¥1, 799. 00	一级	青岛	2016年3月8日
9	电视	2001003	E31Y	55英寸	¥6, 499. 00	一级	青岛	2016年4月2日
10	电视	2001004	A21Y	42英寸	¥2, 999. 00	二级	上海	2016年9月20日
11	冰箱	3001001	D642	对开门	¥5, 299. 00	一级	济南	2016年9月20日
12	冰箱	3002001	T205	三门	¥5, 799. 00	二级	济南	2016年5月9日
13	冰箱	3002002	T258	三门	¥4, 889. 00	二级	北京	2016年7月20日
14	冰箱	3003001	T268	三门	¥3, 799. 00	三级	北京	2016年3月2日
15	冰箱	3003002	M458	多门	¥5, 799. 00	一级	上海	2016年9月20日
16	冰箱	3003003	M486	多门	¥5, 869. 00	二级	青岛	2016年12月1日

图 7-1 “公司产品信息表”效果图

7.2 案例实现

7.2.1 案例分析

产品信息表可以用来存储产品的主要信息，如类型、编号、型号、价格、生产日期等，更重要的是方便查阅，并且录入时数据不能出错。Excel 的自动填充功能可以快速录入信息，同时可以对表格进行编辑、美化，可根据需要设置后进行打印。

经过分析，要完成产品信息表的设计与制作工作，需要依次完成以下工作。

（1）启动 Excel2010，新建工作簿。

（2）创建工作表，并在空白工作表中录入数据（可选择使用自动填充功能）。

（3）格式化工作表。

（4）打印工作表。

7.2.2 建立“公司产品信息表”工作簿

步骤 1：启动 Excel2010 时，程序会自动创建一个名为“工作簿 1”的空白文档，并在新建的的工作簿中创建 3 个空白的工作表 Sheet1、Sheet2 和 Sheet3。再次启动 Excel2010，将以“工作簿 2”、“工作簿 3”、……这样的顺序命名新文档。如果用户已经启动 Excel2010 或已经在编辑文档，可以通过单击“文件”选项卡，然后在弹出的菜单中选择“新建”选项，选择“空白工作簿”，单击“创建”按钮或在图 7-2 所示界面中双击“空白工作簿”选项，这时就会在 Excel 窗口中创建一个新的空白文档。

步骤 2：文档创建完毕或修改后，需要将其保存，此时可以单击“文件”选项卡，在展开的菜单中选择“保存”命令，打开“另存为”对话框，如图 7-3 所示。

步骤 3：在弹出“另存为”对话框中的“保存位置”下拉列表中选择新文档保存的路径，在“文件名”编辑框中为新文档输入文件名“公司产品信息表”，最后单击“保存”按钮即可完成文档的保存。

图 7-2 “新建”文档

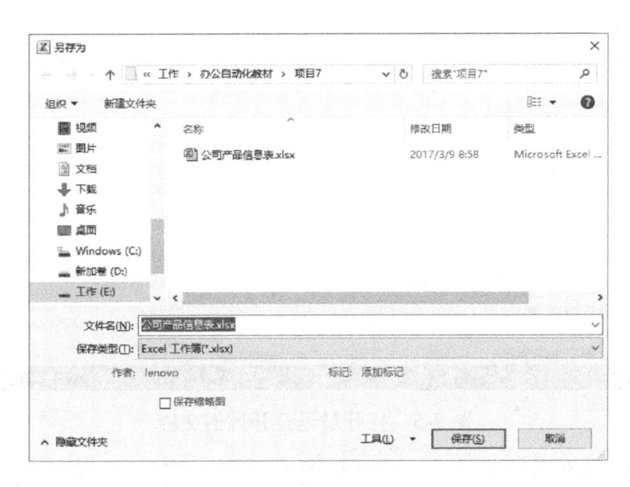

图 7-3 “另存为”对话框

提示　（1）Microsoft Office 2010 改变了部分文档格式，Excel 文档的默认保存格式为“.xlsx”，改变格式后文档占用空间将有一定程度的缩小。但同时出现的问题是安装 Microsoft Office 97～Microsoft Office 2003 的计算机无法打开格式为“.xlsx”的文档，解决方法是到微软官方网站上下载兼容性插件，安装到装有 Microsoft Office 97～Microsoft Office 2003 的计算机上，就可以打开“.xlsx”文档了。

（2）编辑文档时可经常单击快速访问栏上的“保存”按钮保存文档，以避免丢失编辑的文档。再次执行保存操作时，不再弹出“另存为”对话框。

7.2.3　创建“公司产品信息表”

步骤 1：打开已经创建的文档。可以单击“文件”选项卡，在展开的菜单中选择“打开”命令，弹出“打开”对话框，如图 7-4 所示，在对话框左侧的窗格中选择保存文档的磁盘驱动器或文件夹，在对话框中间的列表中选择要打开的文件，单击“打开”按钮。若要打开最近编辑过的文档，可在“文件”选项卡中单击“最近所用文件”选项，如图 7-5 所示，在打开的界面中单击所需的文档名称即可。

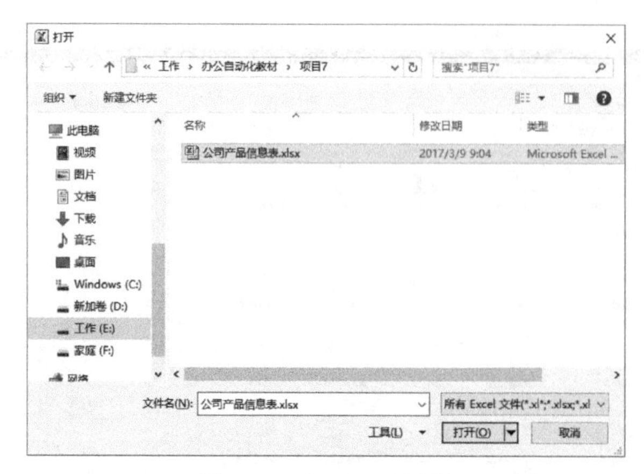

图 7-4 “打开”对话框

图 7-5 打开最近打开过的文档

步骤 2：创建“公司产品信息表”。双击“公司产品信息表”工作簿中的工作表标签 Sheet1，其变色后，输入“公司产品信息表”（给第一张工作表重命名），更名后效果如图 7-6 所示。可用此法分别将 Sheet2 和 Sheet3 进行更名。

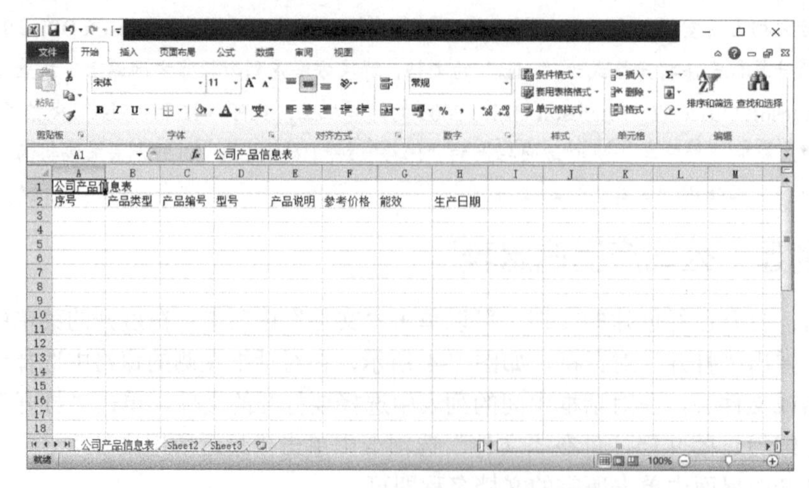

图 7-6 重命名 sheet1、输入表格标题和表格列标题

7.2.4　采集产品信息数据

1. 设计表格标题和表格列标题

步骤 1：选中 A1 单元格。将光标指向第 A 列第 1 行相交的单元格，单击选中 A1 单元格，被选中的单元格 A1 周围将被加粗的黑色线框包围，同时“A1”也将显示在名称框中。

步骤 2：直接输入表格标题“公司产品信息表”。这时，可以在 A1 单元格内和编辑栏中同时显示“公司产品信息表”。编辑栏可用于输入或编辑当前单元格中的数据。

步骤 3：依次在 A2~H2 中输入工作表的列标题，即表格表头，如图 7-6 所示。

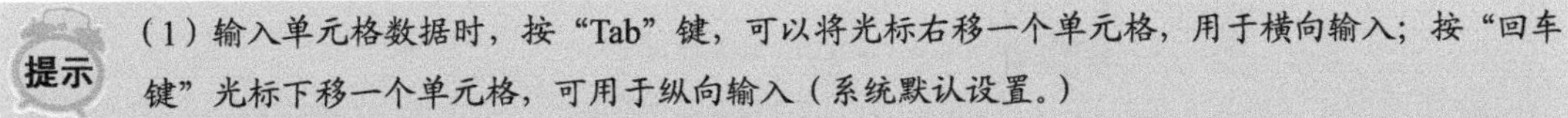

提示　（1）输入单元格数据时，按“Tab”键，可以将光标右移一个单元格，用于横向输入；按“回车键”光标下移一个单元格，可用于纵向输入（系统默认设置。）

（2）选中连续的单元格区域时，如 E3:F7，可以先单击 E3 单元格，然后按下鼠标左键向右下角拖动直到终止单元格 F7。或者先选中 E3 单元格，然后按下“Shift”键的同时，再单击终止单元格 F7。

（3）选中不连续的单元格区域时，按下“Ctrl”键的同时，再单击需要选择的所有单元格或者单元格区域。

2. 输入序号

步骤 1：选中 A3 单元格，在 A3 单元格中输入“1”。

步骤 2：在选定的 A3 单元格右下角有一小黑方块，称为“填充柄”，将鼠标指针指到填充柄上，如图 7-7 所示，鼠标指针由空心变成实心“+”时，按住“Ctrl”的同时，鼠标左键向下拖动填充柄，则其他产品的序号“2”，“3”，“4”……按照依次递增“1”的等差数列自动填充。

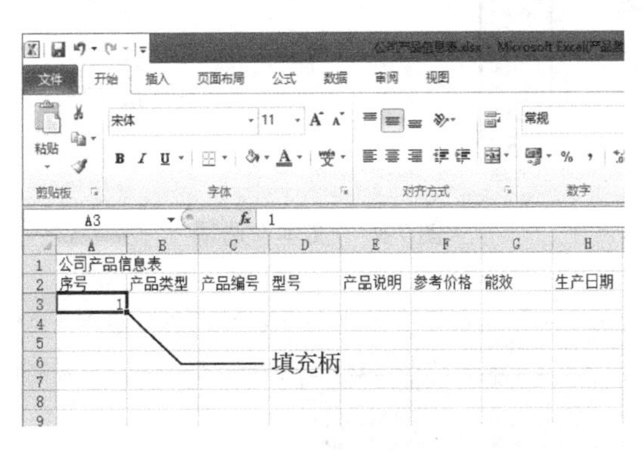

图 7-7　填充柄

3. 输入产品编号、产品类型及型号

（1）设置单元格数据类型为文本类型。

步骤 1：将鼠标指针指向 B 列标识，当指针变为⬇时，单击左键选中 B 列，切换到“开始”选项卡，单击“数字”选项组中的“数字格式”下拉列表，如图 7-8 所示。

步骤 2：在弹出的下拉列表中选择“文本”选项，如图 7-9 所示。这样在 B 列任意单元格输入的数据格式均为文本类型。

（2）输入产品编号、产品类型、型号数据。

步骤 1：选中 B3 单元格，在 B3 单元格中输入“1001001”。按同样方法依次输入各产品编号和型号。

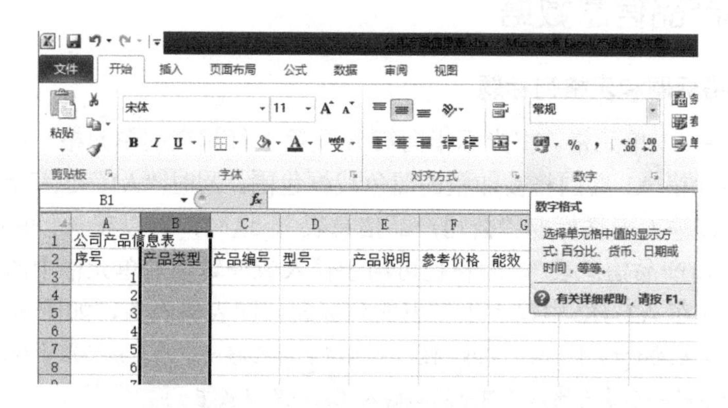

图 7-8 “数字”选项组中的“数字格式”下拉列表

步骤 2：使用填充柄填充产品类型数据，如图 7-10 所示。

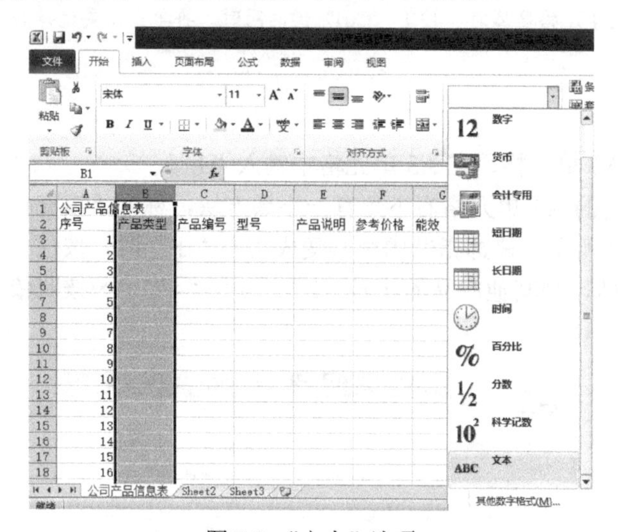

图 7-9 “文本”选项

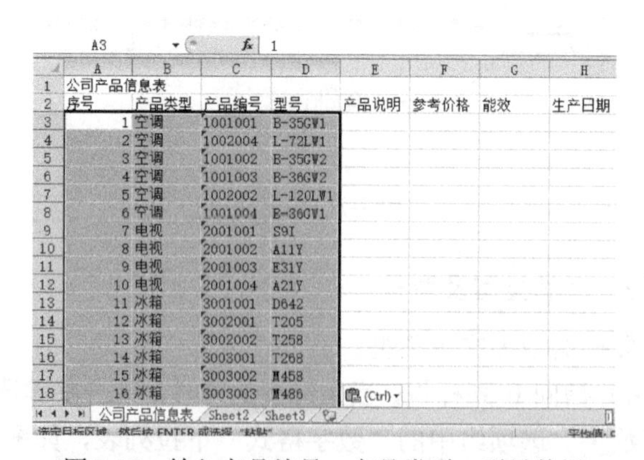

图 7-10 输入产品编号、产品类型、型号数据

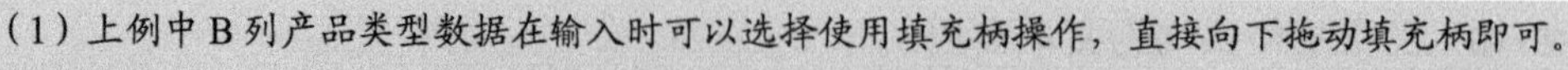

提示

（1）上例中 B 列产品类型数据在输入时可以选择使用填充柄操作，直接向下拖动填充柄即可。

（2）如果要同时在多个单元格输入相同的数据，可先选定相应的单元格，然后输入数据，按“Ctrl+Enter”组合键，即可向这些单元格同时输入相同的数据。

4. 输入参考价格、生产日期及其他列数据

步骤 1：将鼠标指针指向 F 列标识，当指针变为⬇时，单击左键选中 B 列，切换到“开始”选项卡，单击“数字”选项组中的“数字格式”下拉列表，选择“文本”选项，为该列设置合适的数字格式，显示“¥2,799.00 ”，如图 7-11 所示。

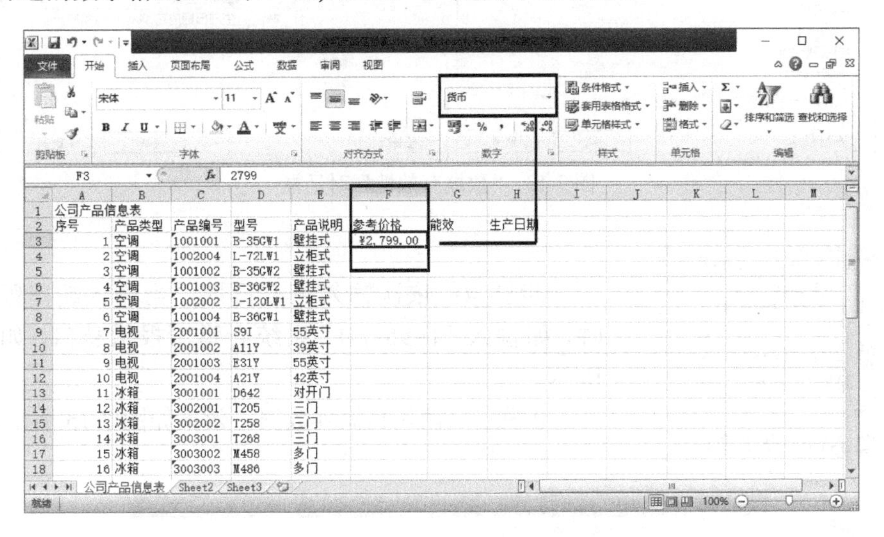

图 7-11　设置“参考价格”列数据类型

步骤 2：选择“2000-1-1”或者“2000/1/1”格式输入日期型数据。设置单元格数据格式，将鼠标指针指向 H 列标识，按照上述方法，将该列的数字格式设置为“长日期”，即将日期的显示形式改为“2016 年 9 月 28 日”格式。

步骤 3：设置单元格的有效性，限定输入的日期在指定范围内。单击“生产日期”列的第一个要输入值的单元格 H3，切换到“数据”选项卡，单击“数据工具”组中的“数据有效性”选项，如图 7-12 所示。弹出“数据有效性”对话框，如图 7-13 所示。选择“设置”选项卡，在“允许”下拉列表中选择“日期”选择项，在“开始日期”和“结束日期”文本框中分别输入“2000-1-1”和“2999-12-31”。选择“出错警告”选项卡，在“错误信息”中输入提示信息“生产日期应在 2000-1-1 到 2999-12-31 之间”，如图 7-13 所示。

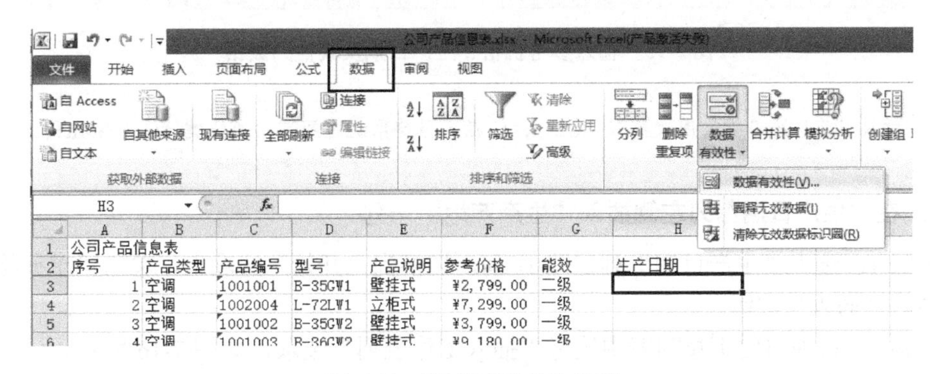

图 7-12 “数据有效性”选项

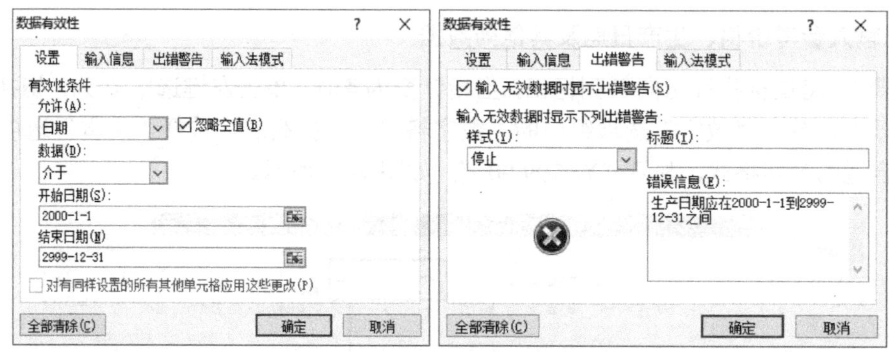

图 7-13 “数据有效性”对话框

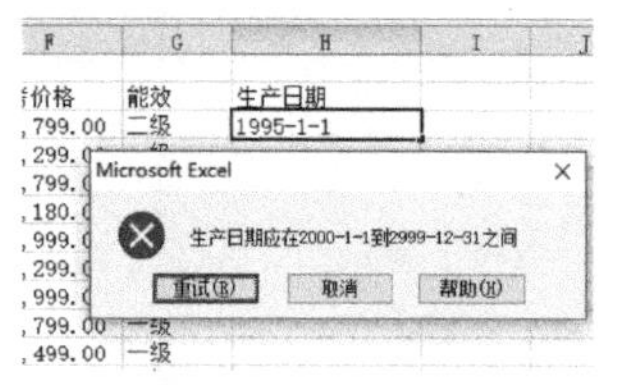

图 7-14 报错窗口

步骤 4：依次输入生产日期。当输入超出限制范围时，如输入“1995-1-1”系统会弹出报错窗口，如图 7-14 所示。

步骤 5：输入其他列数据，效果如图 7-15 所示。

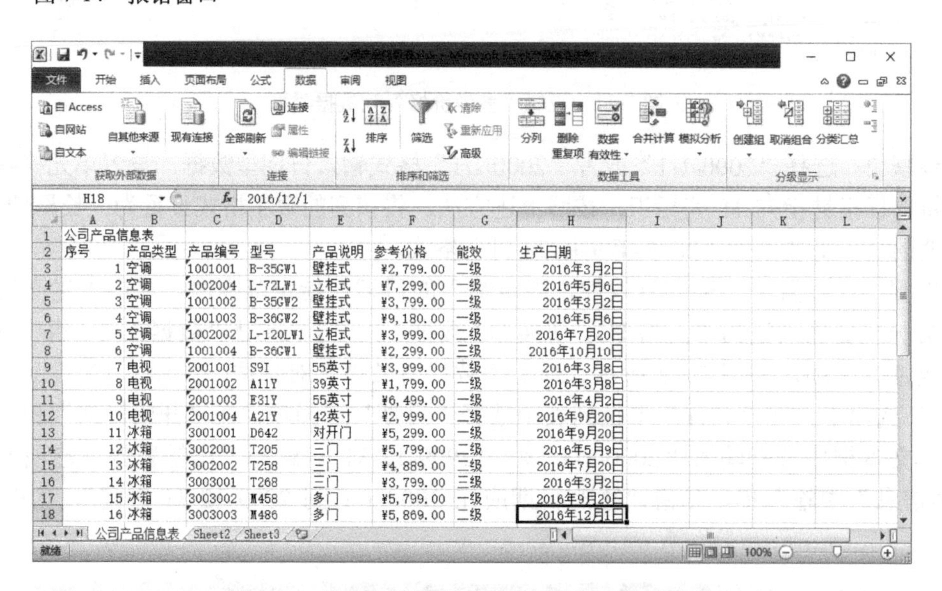

	A	B	C	D	E	F	G	H
1	公司产品信息表							
2	序号	产品类型	产品编号	型号	产品说明	参考价格	能效	生产日期
3	1	空调	1001001	B-35GW1	壁挂式	¥2,799.00	二级	2016年3月2日
4	2	空调	1002004	L-72LW1	立柜式	¥7,299.00	一级	2016年5月6日
5	3	空调	1001002	B-35GW2	壁挂式	¥3,799.00	一级	2016年3月2日
6	4	空调	1001003	B-36GW2	壁挂式	¥9,180.00	一级	2016年5月6日
7	5	空调	1002002	L-120LW1	立柜式	¥3,999.00	二级	2016年7月20日
8	6	空调	1001004	B-36GW1	壁挂式	¥2,299.00	三级	2016年10月10日
9	7	电视	2001001	S9I	55英寸	¥3,999.00	二级	2016年3月8日
10	8	电视	2001002	A11Y	39英寸	¥1,799.00	一级	2016年3月8日
11	9	电视	2001003	E31Y	55英寸	¥6,499.00	一级	2016年4月2日
12	10	电视	2001004	A21Y	42英寸	¥2,999.00	二级	2016年9月20日
13	11	冰箱	3001001	D642	对开门	¥5,299.00	一级	2016年9月20日
14	12	冰箱	3002001	T205	三门	¥5,799.00	二级	2016年5月9日
15	13	冰箱	3002002	T258	三门	¥4,889.00	二级	2016年7月20日
16	14	冰箱	3003001	T268	三门	¥3,799.00	三级	2016年3月2日
17	15	冰箱	3003002	M458	多门	¥5,799.00	一级	2016年9月20日
18	16	冰箱	3003003	M486	多门	¥5,869.00	二级	2016年12月1日

图 7-15 输入参考价格、生产日期及其他列数据

插入当前系统日期可用快捷键“Ctrl+;”；插入当前系统时间可用快捷键“Ctrl+Shift+;”。

5. 在“生产日期”列左侧插入“生产产地”一列

步骤 1：选中“生产日期”列，即 H 列，切换到“开始”选项卡，单击“单元格”选项组中的“插入”按钮。

步骤 2：在弹出的下拉列表中选择“插入工作表列”选项，如图 7-16 所示。

步骤 3：在新插入的列中输入产品的生产产地信息。

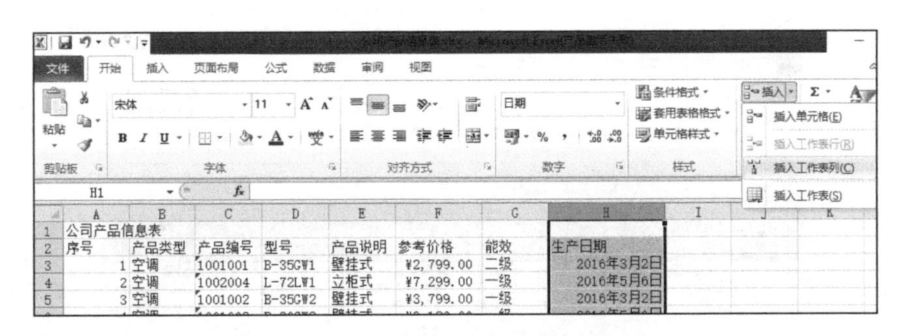

图 7-16 “插入工作表列”选项

提示

（1）在某列左侧插入列，也可选择此列后右击，在弹出的快捷菜单中选择“插入”命令。

（2）如果要在某行上方插入 N 行，则选定需要插入的新行之下相邻的 N 行，再在下拉列表中选择“插入工作表行”选项，或在右键快捷菜单中执行“插入”命令。

（3）删除行或列的操作类似插入行列的操作。

7.2.5 美化编辑工作表

1. 设置工作表表格标题“公司产品信息表”

将工作表“公司产品信息表”表格标题居中，字体为黑体，字号为 24，字体颜色为白色，浅蓝色填充。

步骤 1：选择 A1:I1 单元格区域，切换到“开始”选项卡，单击“对齐方式”选项组中的“合并后居中”按钮，在弹出的下拉列表中选择“合并后居中”选项，如图 7-17 所示。

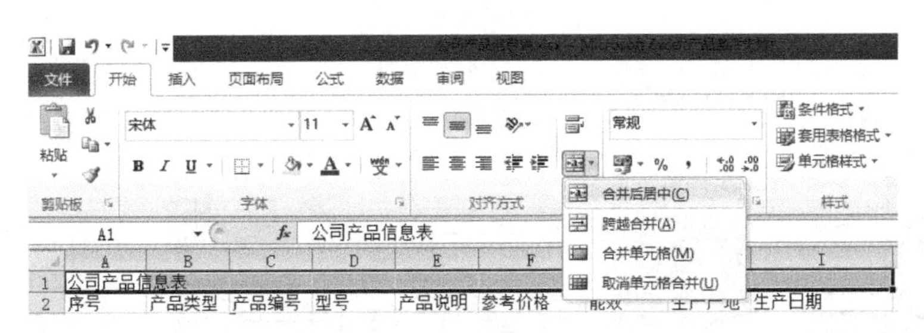

图 7-17 “合并后居中”选项

步骤 2：在“字体”选项组中的“字体”下拉列表中选择“黑体”选项，在“字号”下拉列表中选择“24”选项。

步骤 3：单击“字体”选项组中的“填充颜色”按钮，在弹出的下拉列表中选择“浅蓝”色板。

步骤 4：单击“字体”选项组中的“字体颜色”按钮 A，在弹出的下拉列表中选择“白色”色板，效果如图 7-18 所示。

2. 设置表格数据对齐方式和字号

将工作表“公司产品信息表”表格数据设置为水平居中，垂直居中显示。表格数据字号为 18，表格列标题加粗显示。

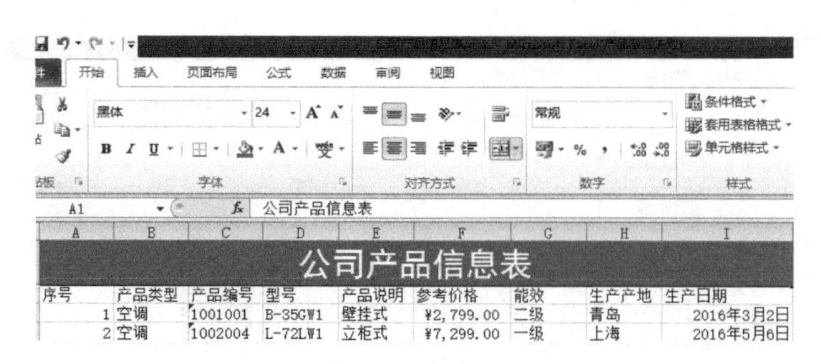

图 7-18　标题设置效果

步骤 1：选择 A2:I18 单元格区域，切换到“开始”选项卡，单击“对齐方式”选项组中的“水平居中对齐” 和“垂直对齐” 按钮，如图 7-17 所示。

步骤 2：在“字体”选项组中的“字号”下拉列表中选择“18”选项。

步骤 3：选择列标题行 A2:I2，在“字体”选项组中单击加粗 **B** 按钮。

3. 设置表格边框

将工作表“公司产品信息表”表格外边框设置为外边框粗实线，内边框细实线。

步骤 1：选择 A2:I18 单元格区域，切换到“开始”选项卡，单击“字体”选项组中的“边框”下拉列表中选择“其他边框”选项，如图 7-19 所示。

步骤 2：在打开的“设置单元格格式”对话框中，选择“边框”选项卡，在“样式”列表中选择粗实线，在“预置”下单击“外边框”；然后在“样式”列表中选择细实线，在“预置”下单击“内边框”，可在“边框下”查看预览效果，如图 7-20 所示。单击“确定”按钮，设置完毕，效果如图 7-21 所示。

图 7-19 “边框”选项

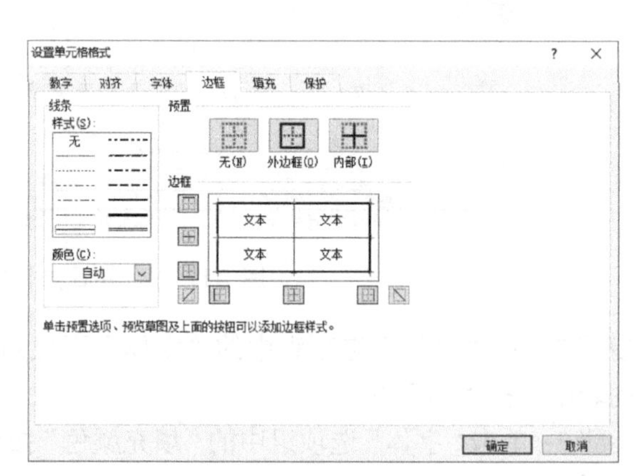

图 7-20　设置边框线

公司产品信息表								
序号	品类	品编	型号	品说	参考价格	能效	产产	生产日期
1	空调	00100	3-35GW	壁挂式	¥2,799.00	二级	青岛	2016年3月2日
2	空调	00200	-72LW	立柜式	¥7,299.00	一级	上海	2016年5月6日
3	空调	00100	3-35GW	壁挂式	¥3,799.00	一级	青岛	2016年3月2日
4	空调	00100	3-36GW	壁挂式	¥9,180.00	一级	北京	2016年5月6日
5	空调	00200	-120LW	立柜式	¥3,999.00	二级	北京	2016年7月20日

图 7-21　设置边框后的效果

4. 设置表格行高和列宽

将工作表“公司产品信息表”表格标题行高设置为 36，将所有列设置为“自动调整列宽”。

步骤 1：选择第 1 行，单击“开始”选项卡，在“单元格”组中单击“格式”选项，在其下拉列表中选择“行高”选项，如图 7-22 所示。

步骤 2：打开“行高”对话框，在“行高”文本框中输入“36”。

步骤 3：选择选择 A2:I18 单元格区域，切换到“开始”选项卡，单击“单元格”选项组中的“格式”下拉列表中选择“自动调整列宽”选项，如图 7-22 所示。调整后效果如图 7-23 所示。

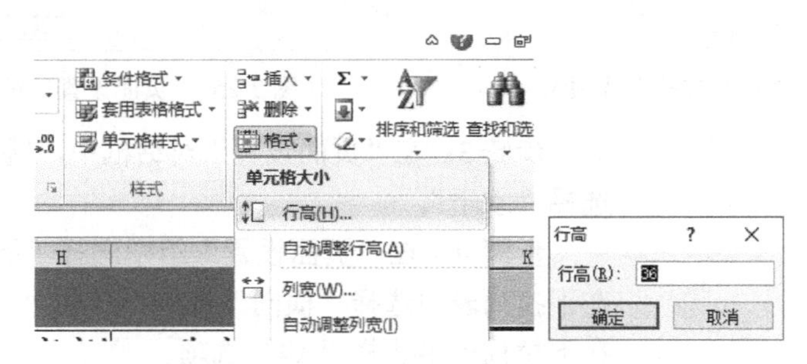

图 7-22　“格式”列表和“行高”对话框

公司产品信息表								
序号	产品类型	产品编号	型号	产品说明	参考价格	能效	生产产地	生产日期
1	空调	1001001	B-35GW1	壁挂式	¥2,799.00	二级	青岛	2016年3月2日
2	空调	1002004	L-72LW1	立柜式	¥7,299.00	一级	上海	2016年5月6日
3	空调	1001002	B-35GW2	壁挂式	¥3,799.00	一级	青岛	2016年3月2日
4	空调	1001003	B-36GW2	壁挂式	¥9,180.00	一级	北京	2016年5月6日

图 7-23　设置行高和列宽后效果

提示　设置行高/列宽，也可使用鼠标拖动的方法来完成。把鼠标移动到横（纵）坐标轴格线上，当鼠标变成┿时，按下鼠标左键，拖动行（列）标题的下（右）边界来设置所需的行高（列宽），这时将自动显示高度（宽度）值。调整到合适的高度（宽度）后放开鼠标左键。

7.2.6　打印工作表

1. 页面设置

将工作表“公司产品信息表”的页边距设置为上、下、左、右边距值均为 2，水平居中显示，纸张方向为横向，纸张大小为 A4。

步骤 1：切换到“页面布局”选项卡，在“页面设置”组中可以对页边距、纸张方向、纸张大小等进行设置，如图 7-24 所示。

步骤 2：在“页面设置”组中单击“页边距”选项，在下拉列表中选择“自定义边距”选项，打开“页面设置”对话框，如图 7-25 所示。在“页面设置”对话框中，将上、下、左、右边距的值均修改为 2。

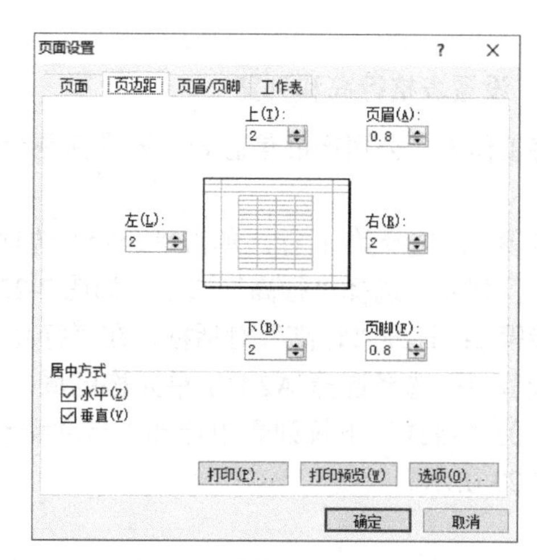

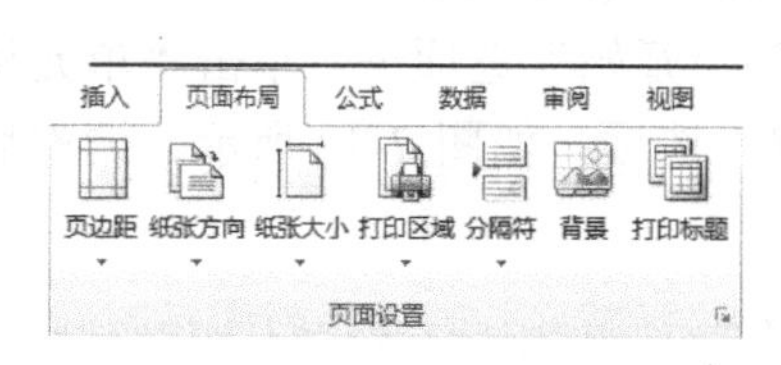

图 7-24 “页面布局”选项卡

图 7-25 “页面设置”对话框

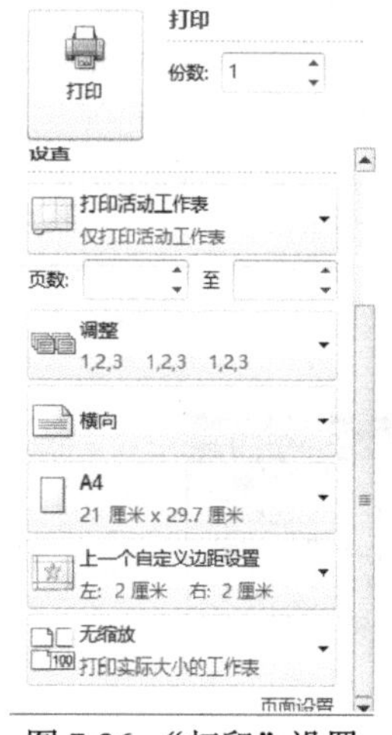

图 7-26 “打印”设置

步骤 3：在“页面设置”对话框中，“居中方式”区域下选择“水平”。

步骤 4：在“页面设置”组中选择“纸张方向”选项，在下拉列表中选择“横向”选项，选择“纸张大小”选项，在下拉列表中选择“A4”选项。

2. 打印预览及打印

步骤 1：单击“文件”选项，选择“打印”命令，可以打开“打印预览”窗口，在实际打印前从屏幕上看一看打印效果。

步骤 2：预览结束后，可以选择继续对页面进行设置，也可以在设置“份数”、“页数”等选项后直接单击“打印”按钮，如图 7-26 所示。

7.3 相关知识

7.3.1 工作簿、工作表的创建与保存

1. Excel2010 工作界面

启动 Excel2010 即可进入其工作界面，如图 7-27 所示。它主要由标题栏、快速访问工具栏、功能区、编辑栏、工作表编辑区等组成。

（1）标题栏。标题栏位于 Excel2010 窗口的最顶端，显示当前编辑的文档名和程序名称。启动 Excel2010 时，会自动产生一个叫“工作簿 1”的新文档。

（2）快速访问工具栏。类似 Word2010，此处不再介绍。

（3）功能区。类似 Word2010，此处不再介绍。

（4）编辑栏。编辑栏由名称框、命令按钮和数据编辑区组成。名称框显示活动单元格的地址或名称；数据编辑区主要用于输入和修改活动单元格中的数据，当在工作表的某个

单元格中输入数据时，数据编辑区会同步显示输入的内容；命令按钮区的✓为输入按钮，✕为取消按钮，fx按钮为插入函数按钮。

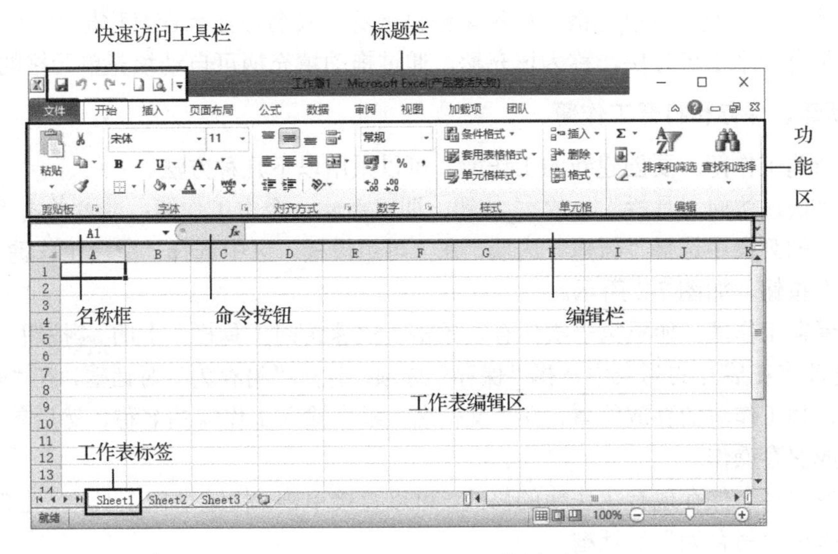

图 7-27　Excel2010 工作界面

（5）工作表标签。在工作簿窗口左下角，用来标明工作表名称的，单击某个标签便可切换到该工作表。

2. 认识工作簿、工作表和单元格

（1）工作簿。在 Excel 中生成的文件就叫工作簿，也就是说一个 Excel 文件是一个工作簿，其扩展名为.xlsx。工作簿是工作表的容器，一个工作簿可以包含一个或多个工作表。当启动 Excel2010 时，总会自动创建一个名为“工作簿 1”的工作簿，它默认包含 3 个空白工作表（Sheet1、Sheet2、Sheet3），可以在这些工作表中填写数据。

（2）工作表。工作簿中的每张表称为一个工作表，工作表是在 Excel 中用于存储和处理各种数据的主要文档，也称电子表格。工作表由单元格、列标、行号、工作表标签和滚动条等组成，如图 7-28 所示。

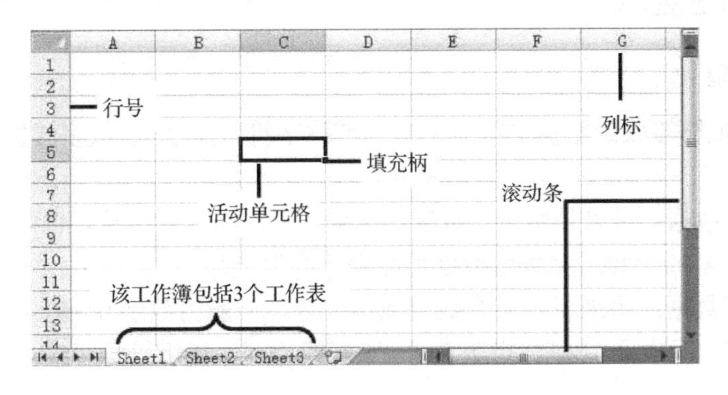

图 7-28　工作表

（3）列标和行号。Excel 工作表中用英文字母标记各列名称，依次为 A、B、C、……，共 16384 列；用自然序号标记各行行号，依次为 1、2、3、…、1048576，共 1048576 行。

（4）单元格。在工作表中由纵横交错的直线组成的每个小方格即为单元格。每个单元格的名称由列标和行号组成，如 A1、B1、C3 等。当前选定的进行数据输入或编辑的单元格称为活动单元格或当前单元格，被粗黑框包围着，其名称显示在名称框中。在活动单元格的右下角有一个小黑方块，称为填充柄，通过拖动填充柄可自动填充单元格的数据。

3. 新建、保存和打开工作簿

（1）新建工作簿。要创建新的工作簿，可以采用以下几种方法。

单击“快速访问工具栏”上的按钮，即可新建一个空工作簿；或者单击“文件”选项卡在展开的列表中选择“新建”选项，在“可用模板”区中选择“空白工作簿”，然后单击“创建”按钮，如图 7-2 所示。

（2）保存工作簿。如果第一次保存，单击“快速访问工具栏”上的按钮，或者单击“文件”选项卡在展开的列表中选择“保存”选项，打开“另存为”对话框，在“保存位置”列表框中选择工作簿的存放位置，在“文件名”框中输入工作簿的名称，然后单击“保存”按钮即完成保存操作。

若按原文件名保存现有工作簿的修改，可以直接单击“快速访问工具栏”上的按钮，此时不再弹出“另存为”对话框。

若要将现有工作簿另存为新名称或新位置，可单击“文件”选项卡，在展开的列表中选择“另存为”选项；或者按 F12 键打开“另存为”对话框，在“保存位置”列表中选择工作簿新的存放位置，在“文件名”框中输入文件的新名称，然后单击“保存”按钮。

对原有（或已保存过的）工作簿再次进行修改后退出时，会出现提示信息，提示用户进行保存。

（3）关闭工作簿。单击“文件”选项卡，在展开的列表中选择“关闭”项只关闭当前编辑的工作簿文件，并不退出 Excel。

（4）打开工作簿。单击“文件”选项卡，在展开的列表中选择“打开”选项，即可显示“打开”对话框，在“查找范围”下拉列表框中选择工作簿，单击“打开”按钮或双击该文件名即可打开工作簿。

7.3.2 数据的输入

1. 数据类型

Excel2010 能够接收的数据类型有文本（或称字符、文字）、数字（值）、日期和时间、公式与函数等。

（1）文本型数据：可以是字母、数字、汉字、空格和其他字符，也可以是它们的组合，如“计算机”、“A-89”等。文本型数据不能进行数学运算。

（2）数值型数据：用来表示某个数值或币值等，一般由数字 0～9、正号、负号、小数点、分数号“/”、百分号“%”、指数符号“E”或“e”、货币符号“$”或“¥”、千位分隔符“，”等组成。

（3）日期和时间：日期和时间属于数值型数据，用来表示一个日期或时间。日期格式是“mm/dd/yy”或“mm-dd-yy”，时间格式是“hh:mm(am/pm)”。

提示　（1）在当前单元格中，一般文字如字母、汉字等直接输入即可。

（2）如果要把数字作为文本输入（如身份证号、电话号码、=5+8、2/9 等），应先输入一个半角字符的单引号“'”，然后输入相应的字符。

2. 输入数据

输入数据的一般方法为：单击要输入数据的单元格，然后输入数据即可。可以选择使用技巧快速输入，如自动填充序列数据或相同数据。

输入分数时，需要先输入分数的整数部分及空格，否则会把该数据作为日期格式处理。如“2/3”，需输入“0”和一个空格，然后输入“2/3”，否则会在单元格中显示“2 月 3 日”。

输入负数时，必须在数字前面加一个负号“-”，或给数字加上圆括号，如输入“-5”或“(5)”都可在单元格中得到-5。

如果需要输入日期和时间，可以参照 7.2.4 节介绍的日期和时间格式输入。

3. 自动填充功能

Excel 的自动填充功能可以自动填充一些有规律的数据，如相同的数据、等比数列、等差数列、日期和时间序列等，而且还可以设置自定义序列。

（1）初值为纯数字型数据或文字型数据时，拖动填充柄在相应单元格中可以填充相同的数据。如果按住“Ctrl”键的同时拖动填充柄，可使数字型数据自动以 1 递增。

（2）初值为文字型数据和数字型数据的混合体，填充时文字不变，数字递增，如初值为 A1，则会被填充为 A2、A3 等。

（3）初值为 Excel 中预设序列数据，则拖动填充柄按照系统预设序列填充。

（4）初值为日期和时间型数据及具有可增减可能的文字型数据，自动增 1。如果按“Ctrl”键的同时拖动，则在相应单元格中填充相同的数据。

7.3.3 单元格及行列的基本操作

1. 编辑数据

（1）修改单元格数据。双击工作表中要编辑数据的单元格，将鼠标指针定位到单元格中，然后修改其中的数据即可。或者单击要修改数据的单元格，然后在编辑栏中进行修改。

（2）移动/复制单元格。选中要移动/复制内容的单元格或者单元格区域，将鼠标移至所选单元格区域的边缘，然后按下鼠标左键，拖动鼠标指针至目标位置后释放鼠标左键即可。若在拖动过程中按下“Ctrl”键不放，则操作改为复制。此外，Excel2010 中可以有选择性地粘贴，如图 7-29 所示。

（3）删除单元格内容或格式。选择要清除内容或格式的单元格或者单元格区域，单击“开始”选项卡上“编辑”组中的“清除”按钮，在展开的列表中选择相应的选项，可以清除单元格中的内容、格式或批注等，如图 7-30 所示。

（4）合并单元格。合并单元格即把相邻的单元格合并为一个单元格。合并后，将只保留所选单元格区域左上角单元格中的内容。首先选中要合并的单元格，然后单击“开始”选项卡上“对齐方式”组中的“合并后居中”按钮，即可将该单元格区域合并为一个单元格且单元格中数据居中对齐。

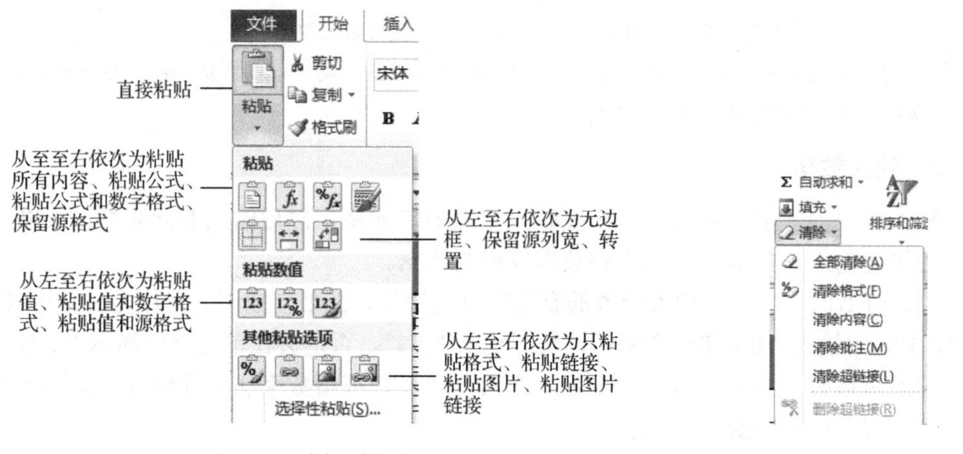

图 7-29　选择项粘贴　　　　图 7-30　“清除”列表

2. 插入、删除行、列或单元格

（1）插入行。要在工作表某行上方插入一行或多行，首先在要插入的位置选中与要插入的行数相同数量的行，或选中单元格，然后单击“开始”选项卡上“单元格”组中“插入”按钮下方的三角按钮▾，在展开的下拉列表中选择“插入工作表行”选项，如图 7-31 所示。插入列方法与插入行相同。

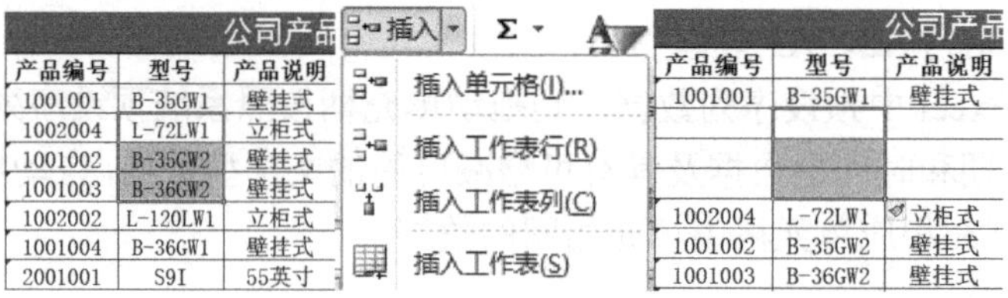

图 7-31　插入行

（2）删除行。首先要选中要删除的行，或要删除的行所包含的单元格，然后单击“开始”选项卡上“单元格”组中“删除”按钮下方的三角按钮▾，在展开的下拉列表中选择“删除工作表行”选项，如图 7-32 所示。删除列方法与删除行相同。

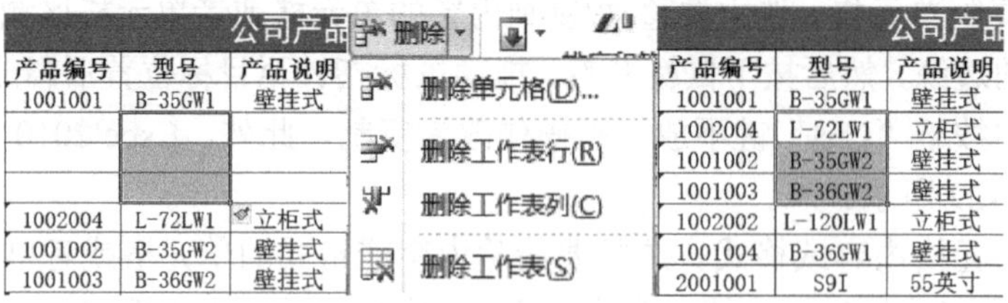

图 7-32　删除行

（3）插入单元格。要插入单元格，可在要插入单元格的位置选中与要插入的单元格数量相同的单元格，然后单击“开始”选项卡上“单元格”组中“插入”按钮下方的三角按钮▾，在展开的下拉列表中选择“插入单元格”选项，打开“插入”对话框，在其中设置插入方式，单击“确定”按钮，如图 7-33 所示。

（4）删除单元格。要删除单元格，可选中要删除的单元格或单元格区域，然后单击“开始”选项卡上“单元格”组中“删除”按钮下方的三角按钮 ▾，在展开的下拉列表中选择“删除单元格”选项，打开“删除”对话框，在其中设置删除方式，单击“确定”按钮，如图 7-34 所示。

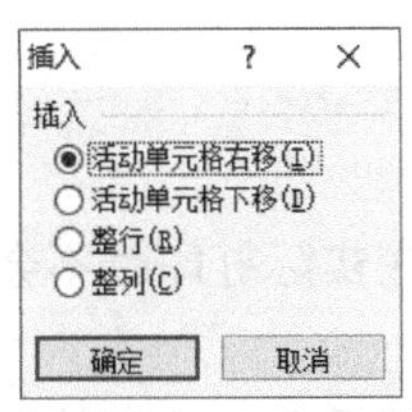

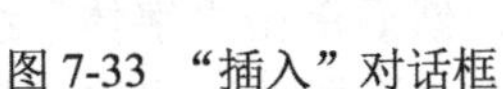
图 7-33　“插入”对话框

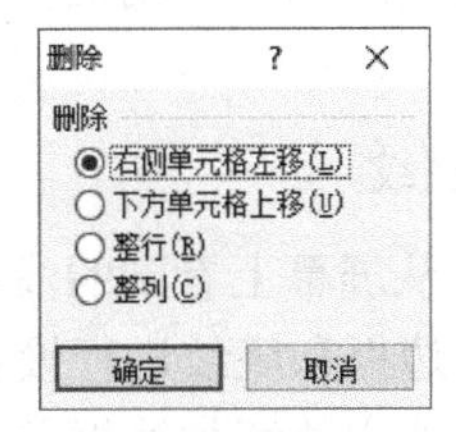

图 7-34　“删除”对话框

3. 调整行高和列宽

将鼠标指针移至要调整的行高/列宽的行号/列标的下/右框线处，待指针变成形状 ✛ 后，按下鼠标左键上下/左右拖动，到合适位置后释放鼠标左键，即可调整所选行的行高或者列宽。

如果想精确调整行高/列宽，可先选中要调整行高/列宽的单元格或单元格区域，然后单击“开始”选项卡上“单元格”组中的“格式”按钮，在展开的列表中选择“行高”/“列宽”选项，在打开的“行高”/“列宽”对话框中设置行高/列宽的值，单击“确定”按钮。

7.3.4　表格格式化

1. 设置字符格式和对齐方式

在 Excel 中设置表格内容的格式和对齐方式与 Word 相似，具体方法如下。

选中要设置的单元格或者单元格区域，在“开始”选项卡的“字体”组中指定的选择字体、字号、字体颜色等，在“对齐方式”组中单击合适的命令按钮。或者单击“字体”组或“对齐方式”组右下角的对话框启动器按钮，打开“设置单元格格式”对话框设置字符格式和对齐方式等，如图 7-35 所示。

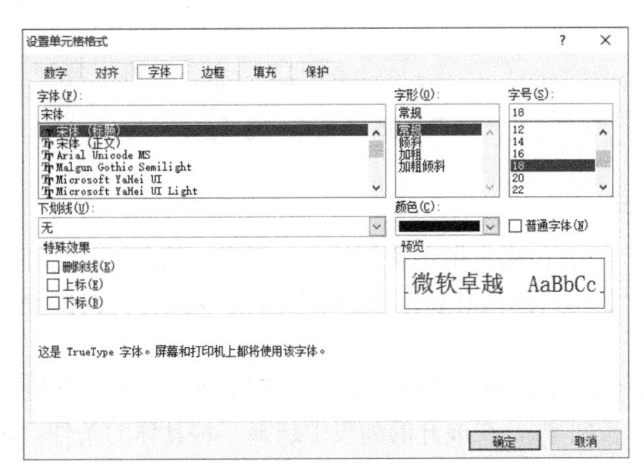

图 7-35　“设置单元格格式”对话框

2. 设置数字格式

Excel 提供了多种数字格式，如数值格式、日期格式、货币格式、百分比格式等。要设置指定的数字格式首先要选择设置格式的单元格或者单元格区域，然后在“开始”选项卡的“数字”组右下角的对话框启动器按钮，在打开的“设置单元格格式”对话框中进行设置。

3. 设置边框和底纹

Excel 工作表中，从屏幕上看到的浅灰色边框线在实际打印时不会出现任何线条。因此，经常需要对工作表的边框和底纹进行设置。

（1）设置边框。选定要添加边框单元格区域，然后单击“字体”组右下角的对话框启动器按钮，打开“设置单元格格式”对话框。在“设置单元格格式”对话框中单击“边框”选项卡，在“样式”列表框中选择一种线条样式，在“颜色”下拉列表中选择一种颜色，然后选择应用的对象：“无”、“外边框”或“内部”，为指定部分设置合适的边框。

（2）设置底纹。选定要设置底纹的单元格区域，然后单击“字体”组右下角的对话框启动器按钮，打开“设置单元格格式”对话框。在“设置单元格格式”对话框中单击“填充”选项卡，在“背景色”色卡中选择一种色卡，同时可以在“图案颜色”下拉列表中可设置图案颜色，在“图案样式”下拉列表中选择一种图案，如图 7-36 所示。单击“填充效果”按钮，可以打开“填充效果”对话框，设置渐变效果，如图 7-37 所示。

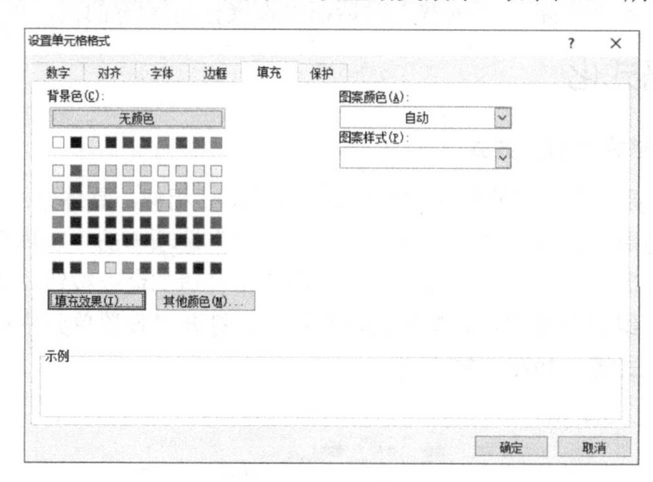

图 7-36 “填充”选项卡

4. 设置条件格式

Excel 工作表中，可以使满足指定条件的单元格突出显示，方便对工作表进行更好的比较和分析。下面将“公司产品信息表”中的“参考价格”大于 5000 的背景设置为浅红色，字体设置为深红色。

步骤 1：选定要添加条件格式的单元格区域 F3:F18，单击“开始”选项卡上“样式”组中的“条件格式”按钮，在展开的列表中选择一种具体的条件。这里选择“大于”选项，如图 7-38 所示。

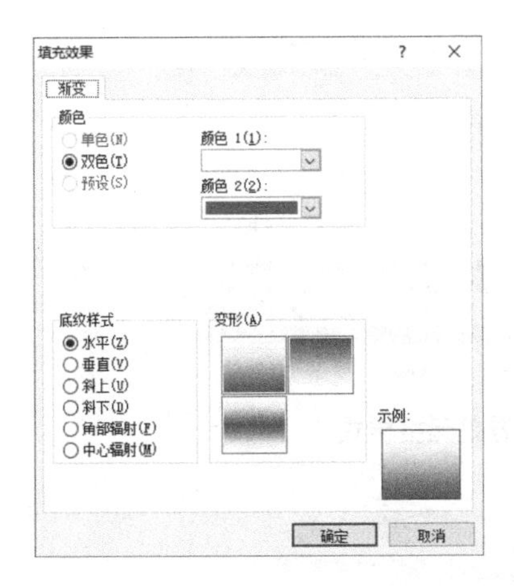

图 7-37　“填充效果”对话框

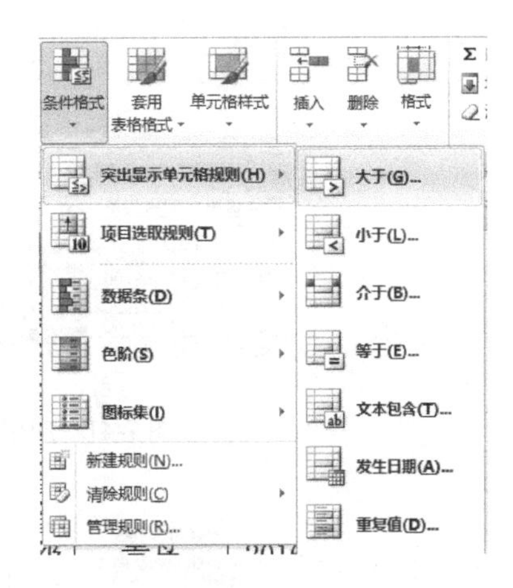

图 7-38　“条件格式”列表

步骤 2：弹出“大于”对话框，如图 7-39 所示设置“大于”对话框中的参数。

步骤 3：单击“确定”按钮，设置完成，效果如图 7-40 所示。

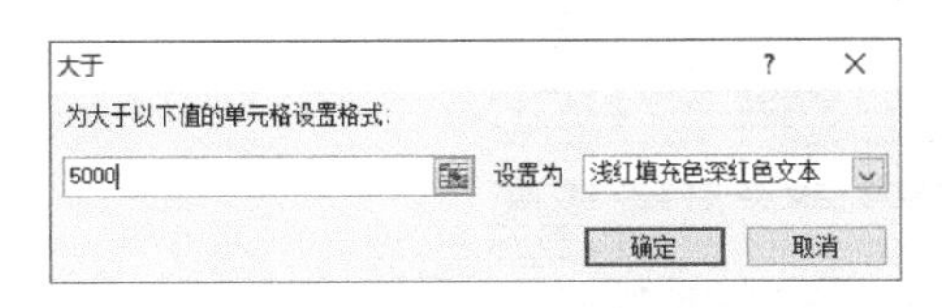

图 7-39　设置条件格式

公司产品信息表				
型号	产品说明	参考价格	能效	生产产地
B-35GW1	壁挂式	¥2,799.00	二级	青岛
L-72LW1	立柜式	¥7,299.00	一级	上海
B-35GW2	壁挂式	¥3,799.00	一级	青岛
B-36GW2	壁挂式	¥9,180.00	一级	北京
L-120LW1	立柜式	¥3,999.00	二级	北京

图 7-40　设置条件格式后的效果图

（1）突出显示单元格规则：突出显示所选单元格区域中符合特点条件的单元格。

（2）项目选取规则：与突出显示单元格规则类似，只是设置条件的方式不同。

（3）数据条、色阶和图标集：使用数据条、色阶（颜色的种类和深浅）和图标来标识各单元格中数据值的大小，方便查看和比较。

（4）当系统自带的规则不能满足需求时，可以单击“条件格式”列表底部的“新建规则”选项，在打开的对话框中自定义条件格式。同时，也可以对已有的条件格式进行修改。

5. 自动套用样式

Excel 提供了许多内置的单元格样式和表样式，可以快速美化表格。

（1）应用单元格样式。打开“公司产品信息表”，将其另存为“公司产品信息表（单元格样式）”，选中要套用单元格样式的单元格区域，如 A1，单击“开始”选项卡“样式”组中的“单元格样式”按钮，在展开的列表中选择要应用的样式，如“标题 1”，可将其应用到所选单元格，如图 7-41 所示。

（2）应用表样式。打开“公司产品信息表”，将其另存为“公司产品信息表（表样式）”，选中要套用单元格样式的单元格区域，如 A2：I18，单击“开始”选项卡“样式”组中的“套用表格样式”按钮，在展开的列表中选择要应用的样式，如图 7-42 所示，如“中等深浅 16”，可将其应用到所选单元格区域，如图 7-43 所示。

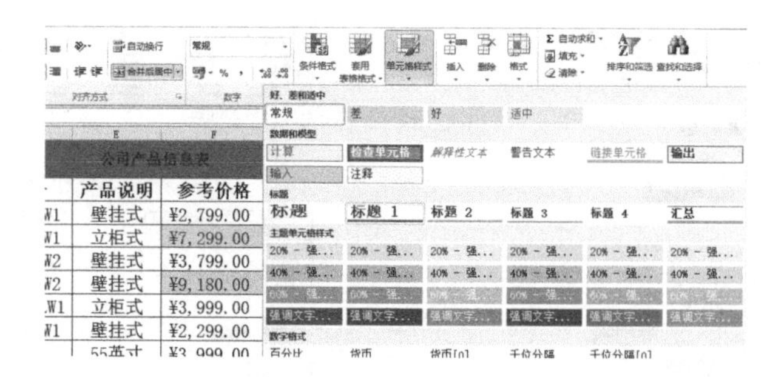

图 7-41　应用系统内置单元格样式

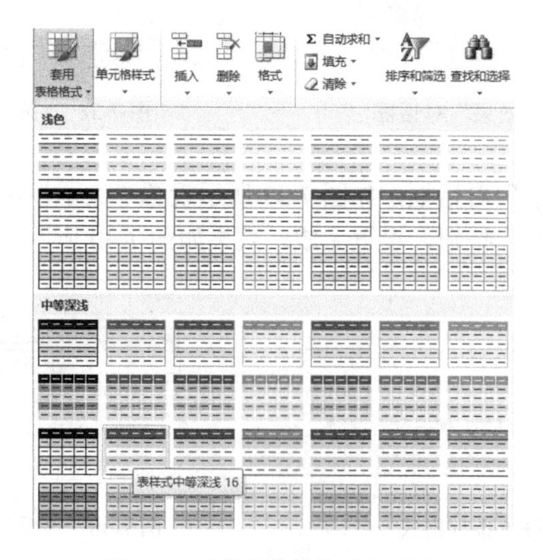

图 7-42　“套用表格格式”列表

公司产品信息表						
产品类型	产品编号	型号	产品说明	参考价格	能效	生产产地
空调	1001001	B-35GW1	壁挂式	¥2, 799. 00	二级	青岛
空调	1002004	L-72LW1	立柜式	¥7, 299. 00	一级	上海
空调	1001002	B-35GW2	壁挂式	¥3, 799. 00	一级	青岛
空调	1001003	B-36GW2	壁挂式	¥9, 180. 00	一级	北京
空调	1002002	L-120LW1	立柜式	¥3, 999. 00	二级	北京
空调	1001004	B-36GW1	壁挂式	¥2, 299. 00	三级	青岛
电视	2001001	S9I	55英寸	¥3, 999. 00	二级	北京

图 7-43　应用系统内置单元格样式

7.4 拓展案例

实训 1：制作员工基本信息表

按要求制作如图 7-44 所示的“员工信息表”。

制作要求如下。

（1）在工作簿“员工信息表”中建立工作表“员工信息表”，表中内容如图 7-44 所示。

（2）将表格标题“员工信息表”设置为“华文楷体”、“26”、“加粗”，其所在单元格合并并居中显示。

员工信息表

编号	姓名	部门	职务	性别	年龄	专业	学历	身份证号	工资	电话
0001	张芳	销售部	经理	女	29	市场营销	本科	123456789987654321	8000	1381234567
0002	李小强	销售部	职员	男	24	市场营销	大专	123456789987654321	3000	1381234567
0003	邓智军	销售部	职员	男	23	市场营销	本科	123456789987654321	5000	1381234567
0004	郭繁冬	销售部	职员	男	27	市场营销	大专	123456789987654321	3000	1381234567
0005	李峙贵	销售部	职员	男	28	市场营销	本科	123456789987654321	4000	1381234567
0006	马光明	销售部	职员	男	24	市场营销	本科	123456789987654321	4000	1381234567
0007	邓方超	销售部	职员	男	22	市场营销	大专	123456789987654321	3000	1381234567
0008	黄李则	销售部	职员	男	26	市场营销	本科	123456789987654321	5000	1381234567
0009	曾广学	财务部	经理	女	32	会计	硕士	123456789987654321	8000	1381234567
0010	龙古青	财务部	职员	女	28	金融	本科	123456789987654321	3500	1381234567
0011	蒋方	财务部	职员	男	27	金融	本科	123456789987654321	3500	1381234567
0012	谭铸磊	财务部	职员	男	25	会计	本科	123456789987654321	3500	1381234567
0013	张丽娟	行政部	经理	女	28	行政管理	本科	123456789987654321	4000	1381234567
0014	杨静	行政部	职员	女	22	行政管理	大专	123456789987654321	2500	1381234567
0015	朱芳婷	行政部	职员	女	23	行政管理	大专	123456789987654321	2500	1381234567
0016	朱单辉	宣传部	经理	男	29	平面设计	本科	123456789987654321	6000	1381234567
0017	何忠苗	宣传部	职员	女	25	包装设计	大专	123456789987654321	2500	1381234567
0018	李福锦	宣传部	职员	男	24	计算机	大专	123456789987654321	2500	1381234567

图 7-44　员工信息表

（3）表格列标题设置为“华文楷体”、“11”、“居中”。

（4）其他数据设置为“华文楷体”、“11”。

（5）设置表格标题行的行高为 36.75，表格列宽为“自动调整列宽”。

（6）为表格添加边框，为表格标题行添加“浅蓝色”底纹。

实训 2：制作产品出库单

按要求制作如图 7-45 所示的“产品出库单”，制作要求如下。

产品出库单

第____号

库房：1号　　日期：____年　月　日

序号	产品编号	产品名称	数量	单价	总额
1	100101	电脑S1	10	3499	34990
2	100102	电脑S2	20	5999	119980
3	200101	冰箱F285	18	3799	68382
4	200201	冰箱F476	20	4989	99780
5	300101	电视T55	30	5699	170970
6	300102	电视T60	28	6999	195972
7	400101	空调D3	50	2689	134450
8	400102	空调D4	20	3399	67980
9	500101	洗衣机W2	15	1599	23985
10	500102	洗衣机W5	12	3699	44388
金额合计（大写）					960877
备注					
业务员		库管员			
销售部经理		总经理			

图 7-45　“产品出库单”效果图

（1）在工作簿“产品出库单”中建立工作表“产品出库单”，表中内容如图 7-45 所示。

（2）将表格标题“产品出库单”设置为“宋体”、“22”，其所在单元格合并并居中显示。

（3）表格中数据居中显示。

（4）设置表格标题行的行高为 30，其他适当调整。

（5）为表格添加边框。

第8章 制作销售业绩表

引 子

对于公司里的职员来说，往往会要求其具有一定的计算机办公软件操作能力，那么利用 Excel 创建一个销售业绩表，并对其中的产品进行统计和对表格进行格式处理是必备的基础。下面就针对公司销售业绩表的制作来学习一下工作表的格式化基本操作。

知识目标

- 条件格式的应用。
- 数据有效性的应用。
- 常用公式和函数的应用。

8.1 案例描述

经理让小李将销售部所有员工的销售情况做汇总，小李经过努力设计了如图 8-1 所示的公司销售业绩表。本任务通过创建“公司销售业绩表”，熟悉条件格式的应用、数据有效性的应用以及常用公式和函数的应用。

公司销售业绩表

制作日期：2016-10-15

姓名	部门	一月份	二月份	三月份	四月份	五月份	六月份	总销售额	平均销售额	排名
罗美丽	部门二	66,500	92,500	95,500	98,000	86,500	71,000	510,000	85,000	2
张红艳	部门一	73,500	91,500	64,500	93,500	84,000	87,000	494,000	82,333	5
卢红一	部门一	75,500	62,500	87,000	94,500	78,000	91,000	488,500	81,417	7
刘丽丽	部门一	79,500	98,500	68,000	100,000	96,000	66,000	508,000	84,667	4
张成功	部门三	82,500	78,000	81,000	96,500	96,500	57,000	491,500	81,917	6
余小渔	部门三	84,500	71,000	99,500	89,500	84,500	58,000	487,000	81,167	8
李成	部门二	92,000	64,000	97,000	93,000	75,000	93,000	514,000	85,667	1
刘诗诗	部门一	93,050	85,500	77,000	81,000	95,000	78,000	509,550	84,925	3
张恬田	部门一	56,000	77,500	85,000	83,000	74,500	79,000	455,000	75,833	14
李敏	部门二	58,500	90,000	88,500	97,000	72,000	65,000	471,000	78,500	11
王燕	部门三	63,000	99,500	78,500	63,150	79,500	65,500	449,150	74,858	17
宫小丽	部门二	69,000	89,500	92,500	73,000	58,500	96,500	479,000	79,833	9
郎艳	部门一	72,500	74,500	60,500	87,000	77,000	78,000	449,500	74,917	16
杨伟健	部门二	76,500	70,000	64,000	75,000	87,000	78,000	450,500	75,083	15
杨红敏	部门三	80,500	96,000	72,000	66,000	61,000	85,000	460,500	76,750	13
张红燕	部门三	95,000	95,000	70,000	89,500	61,150	61,500	472,150	78,692	10
李诗文	部门三	97,000	75,500	73,000	81,000	66,000	76,000	468,500	78,083	12
张乐	部门一	62,500	76,000	57,000	67,500	88,000	84,500	435,500	72,583	21
方芳	部门一	68,000	97,500	61,000	57,000	60,000	85,000	428,500	71,417	24
李丽丽	部门二	71,500	61,500	82,000	57,500	57,000	85,000	414,500	69,083	25
张燕	部门三	71,500	59,500	88,000	63,000	88,000	60,500	430,500	71,750	22
王宏春	部门二	75,000	71,000	86,000	60,500	60,000	85,000	437,500	72,917	19
许辉	部门二	75,500	60,500	85,000	57,000	76,000	83,000	437,000	72,833	20
田丽	部门一	81,000	55,500	61,000	91,500	81,000	59,000	429,000	71,500	23
李娜	部门三	85,500	64,500	74,000	78,500	64,000	76,000	442,500	73,750	18
月销售额		1,905,550	1,957,000	1,947,500	1,993,150	1,906,150	1,903,500			
最高额		97,000	99,500	99,500	100,000	96,500	96,500			

图 8-1 “公司销售业绩表”效果图

8.2 案例实现

8.2.1 案例分析

销售业绩表能够直观地统计并显示员工的销售情况，一般要包括每月的销售量、总销售量、排名等信息，利用 Excel 的数据处理功能可以很方便地进行计算、分析，并能突出显示指定条件的信息，同时 Excel 的数据有效性功能可以防止数据录入时出错。

经过分析完成制作员工销售表需要经过以下几步：

（1）根据需要建立员工销售表，并录入信息；

（2）按照指定条件突出显示信息；

（3）利用公式或者函数计算总销售额、最高值、排名等数据。

8.2.2 创建“公司销售业绩表”并输入内容

步骤 1：启动 Excel2010，创建一个名为“公司销售业绩表”的空白文档。

步骤 2：将工作表“Sheet1”更名为“公司销售业绩表”。

步骤 3：输入部分工作表数据。

步骤 4：设置工作表格式。

（1）表格标题。设置为“宋体”“22”“蓝色”“加粗”“合并后居中”。

（2）合并单元格区域 A2:K2，输入“制作日期：2016-12-15”，并设置格式为“宋体”“10”“蓝色”“右对齐”。

（3）列标题。设置为“宋体”“10”“加粗”“深蓝色”“居中”；其他数据“宋体”“10”“黑色”“居中”。

（4）表格边框。设置表格所有边框（单元格区域 A3:K31）为深橙色实线边框。

（5）表格底纹（填充色）。单元格区域 A3:H3 填充色为浅蓝色；单元格区域 A30，A31，I3:K3 填充色为绿色；单元格区域 I4:K31、C30:H31 填充色为浅橙色。效果如图 8-2 所示。

公司销售业绩表

制作日期：2016-10-15

姓名	部门	一月份	二月份	三月份	四月份	五月份	六月份	总销售额	平均销售额	排名
罗美丽		66,500	92,500	95,500	98,000	86,500	71,000			
张红艳		73,500	91,500	64,500	93,500	84,000	87,000			
卢红一		75,500	62,500	87,000	94,500	78,000	91,000			
刘丽丽		79,500	98,500	68,000	100,000	96,000	66,000			
张成功		82,500	78,000	81,000	96,500	96,500	57,000			
余小渔		84,500	71,000	99,500	89,500	84,500	58,000			
李成		92,000	64,000	97,000	93,000	75,000	93,000			
刘诗诗		93,050	85,500	77,000	81,000	95,000	78,000			
张恬田		56,000	77,500	85,000	83,000	74,500	79,000			
李敏		58,500	90,000	88,500	97,000	72,000	65,000			
王燕		63,000	99,500	78,500	63,150	79,500	65,500			
宫小丽		69,000	89,500	92,500	73,000	58,500	96,500			
郎艳		72,500	74,500	60,500	87,000	77,000	78,000			
杨伟健		76,500	70,000	64,000	75,000	87,000	78,000			
杨红敏		80,500	96,000	72,000	66,000	61,000	85,000			
张红燕		95,000	95,000	70,000	89,500	61,150	61,500			
李诗文		97,000	75,500	73,000	81,000	66,000	76,000			
张乐		62,500	76,000	57,000	67,500	88,000	84,500			
方芳		68,000	97,500	61,000	57,000	60,000	85,000			
李丽丽		71,500	61,500	82,000	57,500	57,000	85,000			
张燕		71,500	59,500	88,000	63,000	88,000	60,500			
王宏春		75,000	71,000	86,000	60,500	60,000	85,000			
许辉		75,500	60,500	85,000	57,000	76,000	83,000			
田丽		81,000	55,500	61,000	91,500	81,000	59,000			
李鄉		85,500	64,500	74,000	78,500	64,000	76,000			
月销售额										
最高额										

图 8-2　输入数据并进行格式设置

8.2.3 设置单元格条件格式

步骤 1：选定要添加条件格式的单元格区域 C4:C28，单击“开始”选项卡上“样式”组中的“条件格式”按钮，在展开的列表中选择一种具体的条件。这里选择“大于”选项，如图 8-3 所示。

步骤 2：弹出“大于”对话框，如图 8-4 所示设置“大于”对话框中的参数。

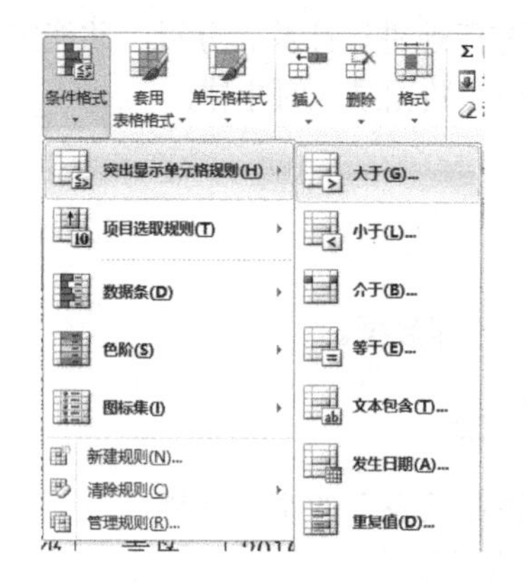

图 8-3 “条件格式”列表

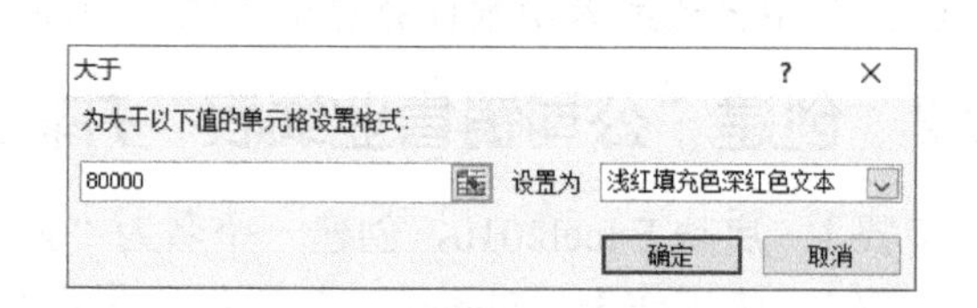

图 8-4 设置条件格式

步骤 3：单击“确定”按钮，设置完成，效果如图 8-5 所示。

步骤 4：选定要添加条件格式的单元格区域 E4:E28，单击“开始”选项卡上“样式”组中的“条件格式”按钮，在展开的列表中选择一种具体的条件。这里选择“色阶”中的“绿-白色阶”选项，效果为“三月份”列以绿白渐变色为底纹表示不同的单元格中的值，如图 8-6 所示。

公司销售业绩表

一月份	二月份	三月份	四月份	五月份
66, 500	92, 500	95, 500	98, 000	86, 500
73, 500	91, 500	64, 500	93, 500	84, 000
75, 500	62, 500	87, 000	94, 500	78, 000
79, 500	98, 500	68, 000	100, 000	96, 000
82, 500	78, 000	81, 000	96, 500	96, 500
84, 500	71, 000	99, 500	89, 500	84, 500
92, 000	64, 000	97, 000	93, 000	75, 000
93, 050	85, 500	77, 000	81, 000	95, 000
56, 000	77, 500	85, 000	83, 000	74, 500
58, 500	90, 000	88, 500	97, 000	72, 000
63, 000	99, 500	78, 500	63, 150	79, 500
69, 000	89, 500	92, 500	73, 000	58, 500
72, 500	74, 500	60, 500	87, 000	77, 000
76, 500	70, 000	64, 000	75, 000	87, 000
80, 500	96, 000	72, 000	66, 000	61, 000
95, 000	95, 000	70, 000	89, 500	61, 150
97, 000	75, 500	73, 000	81, 000	66, 000
62, 500	76, 000	57, 000	67, 500	88, 000
68, 000	97, 500	61, 000	57, 000	60, 000

图 8-5 设置条件格式后效果

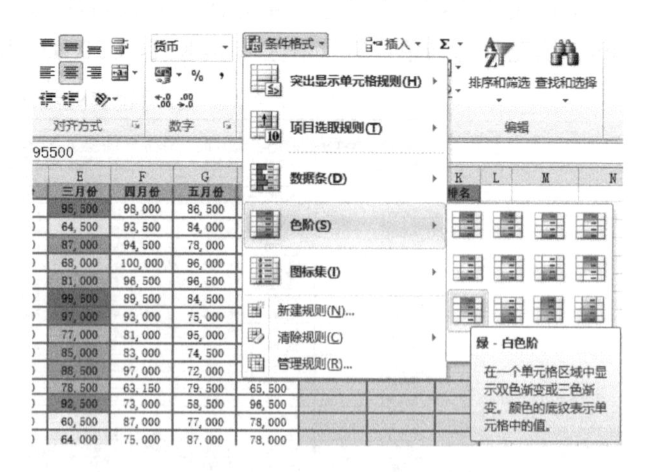

图 8-6 设置“色阶”条件格式

步骤 4：选定要添加条件格式的单元格区域 G4:G28，单击“开始”选项卡上“样式”组中的“条件格式”按钮，在展开的列表中选择一种具体的条件。这里选择“新建规则”选项，打开“新建格式规则”对话框，如图 8-7 所示。在对话框“选择规则类型”列表中选择“只为包含以下内容的单元格设置格式”，在“编辑规则说明”中设置单元格值介于“80000 到 90000”之间，单击“格式”按钮，打开“字体”对话框。在“字体”对话框中设置单元格值的字体颜色为“深蓝色”、“加粗”，底纹设置为“浅蓝色”，效果如图 8-8 所示。

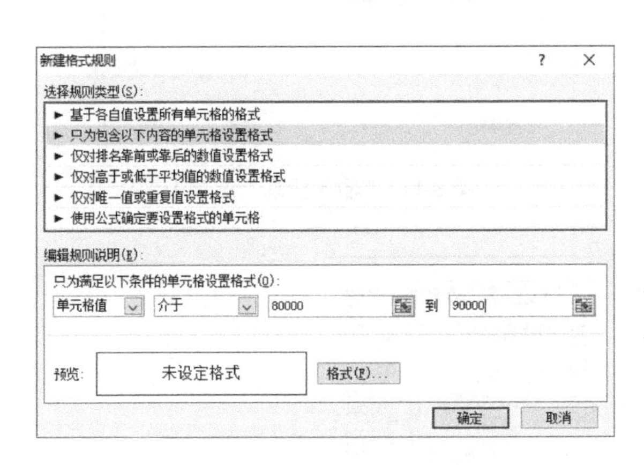

图 8-7 “新建格式规则”对话框

公司销售业绩表

一月份	二月份	三月份	四月份	五月份
66,500	92,500	95,500	98,000	86,500
73,500	91,500	64,500	93,500	84,000
75,500	62,500	87,000	94,500	78,000
79,500	98,500	68,000	100,000	96,000
82,500	78,000	81,000	96,500	96,500
84,500	71,000	99,500	89,500	84,500
92,000	64,000	97,000	93,000	75,000
93,050	85,500	77,000	81,000	95,000
56,000	77,500	85,000	83,000	74,500
58,500	90,000	88,500	97,000	72,000
63,000	99,500	78,500	63,150	79,500
69,000	89,500	92,500	73,000	58,500
72,500	74,500	60,500	87,000	77,000
76,500	70,000	64,000	75,000	87,000

图 8-8　设置条件格式后效果

8.2.4　设置单元格数据有效性

步骤 1：单击“部门”列的第一个要输入值的单元格 B4。

步骤 2：切换到“数据”选项卡，单击“数据工具”选项组中的“数据有效性”下拉列表，在下拉列表中选择“数据有效性”选项，如图 8-9 所示。

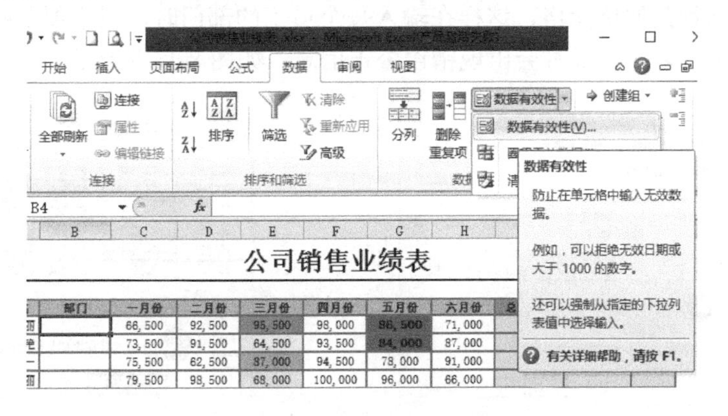

图 8-9 “数据有效性”列表

步骤 3：在弹出的“数据有效性”对话框中，选择“设置”选项卡，在“允许”下拉列表中选择“序列”选项，在“来源”文本框中输入各部门名称：“部门一,部门二,部门三”，如图 8-10 所示，单击“确定”按钮。注意部门名称之间要用英文半角逗号分隔。

步骤 4：在“数据有效性”对话框中，选择“输入信息”选项卡，在“标题”文本框中输入“部门”，在“输入信息”文本框中输入“从指定的下拉列表中选择输入部门”，如图 8-11 所示。设置效果如图 8-12 所示。

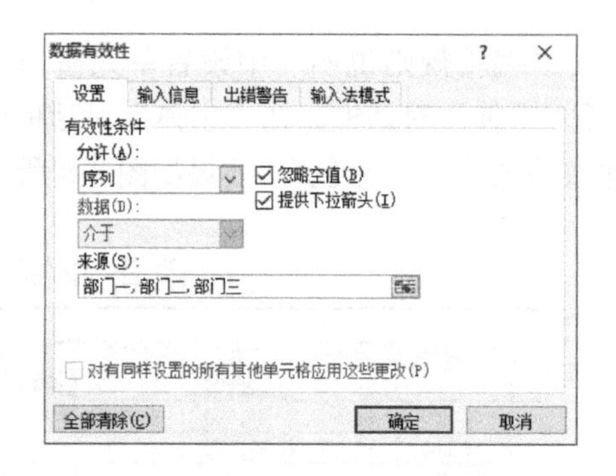

图 8-10 “设置”选项卡

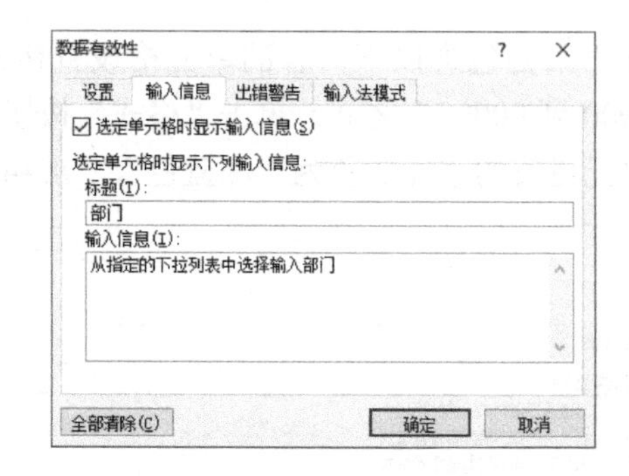

图 8-11 “输入信息”选项卡

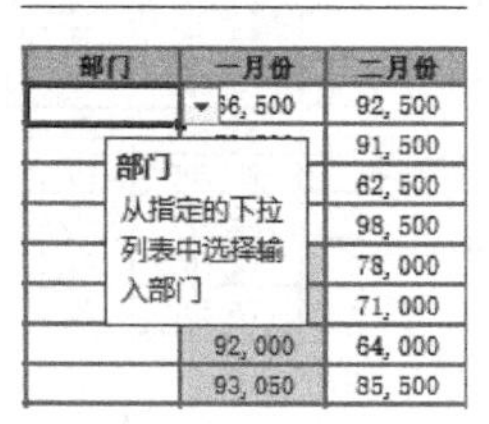

图 8-12 “数据有效性”设置效果

步骤 5：选择“出错警告”选项卡，进行出错设置，如图 8-13 所示。选中“输入无效数据时显示出错警告”选项，在“标题”文本框中输入“部门”，在“错误信息”文本框中输入“输入数据出错！无此部门”。

步骤 6：选中 B4 单元格鼠标指向填充柄，按住鼠标左键向下拖动，将上述三步数据有效性的设置复制到其他单元格，这样在输入每个员工的部门时，只需要从指定的下拉列表中选择输入即可，输入错误时会出现错误警告信息，如图 8-14 所示。

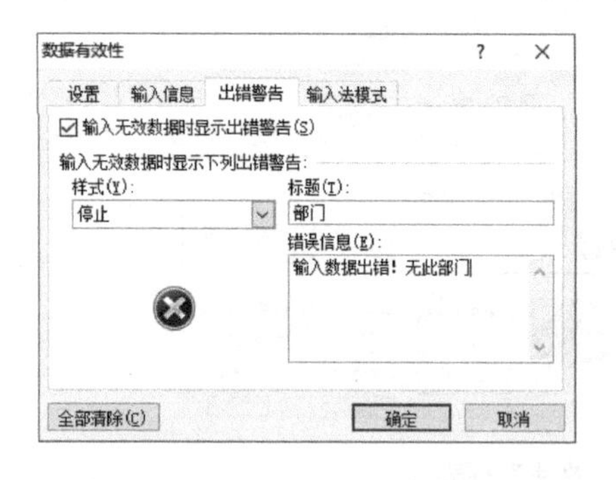

图 8-13 “数据有效性”对话框“出错警告”选项卡

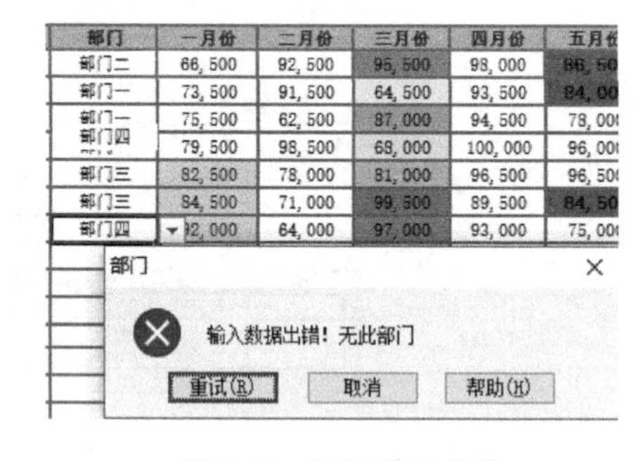

图 8-14 错误警告信息

8.2.5 利用公式和函数计算销售情况

1. 利用公式计算总销售额

步骤 1：单击 I4 单元格，在 I4 单元格中输入公式“=C4+D4+E4+F4+G4+H4”，如图 8-15 所示，按“Enter”键或单击编辑栏的✔按钮，确认输入。

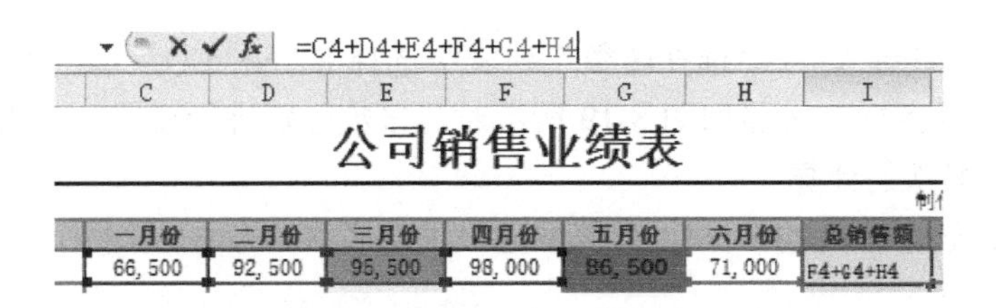

图 8-15　输入计算总销售额公式

步骤 2：拖动单元格 I4 的填充柄，向下自动填充至 I28，自动计算其他员工的总销售额。

（1）Excel 的公式必须以“=”开头，公式与数学表达式基本相同，由参与运算的数据和运算符组成。公式中的运算符必须要英文半角符号。

（2）当公式引用的单元格的数据修改后，公式的计算结果会自动更新。

2. 利用函数计算月销售额、最高销售额、平均销售额及排名

步骤 1：计算月销售额。单击 C29 单元格，切换到“公式”选项卡，单击“函数库”组中的“自动求和”按钮，插入 SUM 函数，修改参数范围为 C4:C28，如图 8-16 所示，按“Enter”键或单击编辑栏的 ✔ 按钮确认输入。

向右拖动填充柄至单元格 H29，计算其他月份的总销售额。

步骤 2：计算月最高额。单击 C30 单元格，切换到“公式”选项卡，单击“函数库”组中的“自动求和”按钮下的 ▾，在弹出的下拉列表中选择“最大值”选项，如图 8-17 所示，插入 MAX 函数，修改参数范围为 C4:C28，按“Enter”键或单击编辑栏的 ✔ 按钮确认输入。

向右拖动填充柄至单元格 H30，计算其他月份的最高额。

步骤 3：计算平均销售额。单击 J4 单元格，切换到“公式”选项卡，单击“函数库”组中的“自动求和”按钮下的 ▾，在弹出的下拉列表中选择“平均值”选项，如图 8-17 所示，插入 AVERAGE 函数，修改参数范围为 C4:H4，按“Enter”键或单击编辑栏的 ✔ 按钮确认输入。

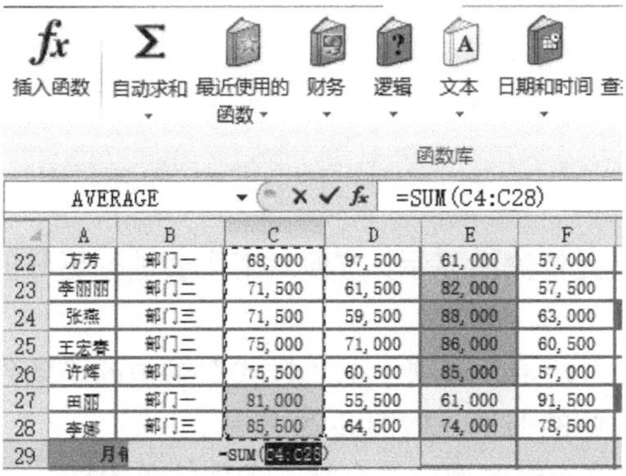

图 8-16　用 SUM 函数计算月总销售额

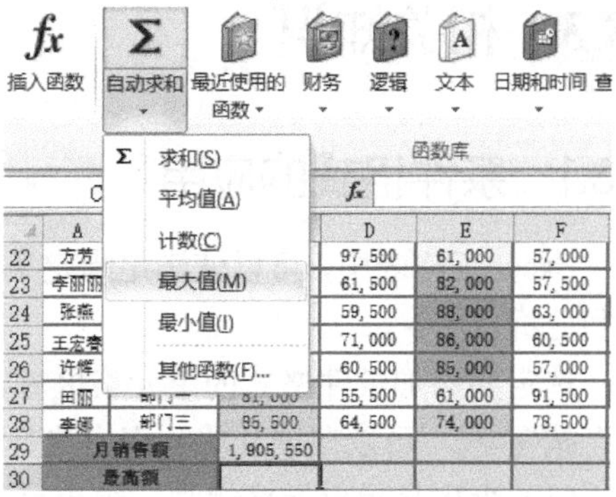

图 8-17　用 MAX 函数计算月最高额

向下拖动填充柄至单元格 J28，计算其他员工的平均销售额。

步骤 4：计算员工销售排名。单击 K4 单元格，切换到“公式”选项卡，单击“函数库”组中的“插入函数”按钮，打开“插入函数”对话框，如图 8-18 所示。在“或选择类别”

下拉列表中选择“统计”，在“选择函数”列表中选择 RANK.EQ，单击“确定”按钮，打开“函数参数”对话框，按照如图 8-19 所示对其参数分别进行设置，单击“确定”按钮，完成第一名员工名次的计算。

向下拖动填充柄至单元格 J28，计算其他员工的名次。

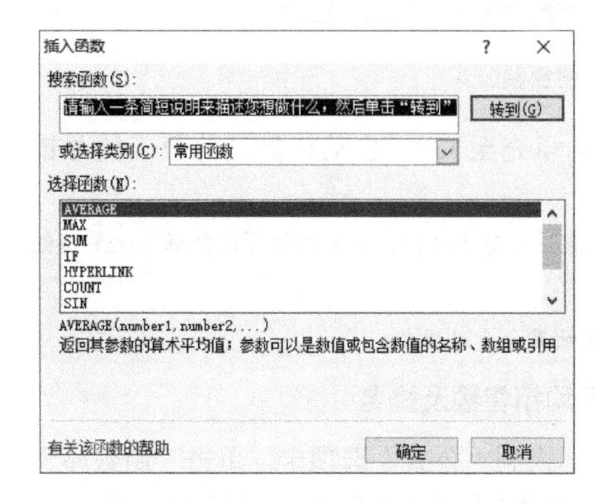

图 8-18 “插入函数”对话框

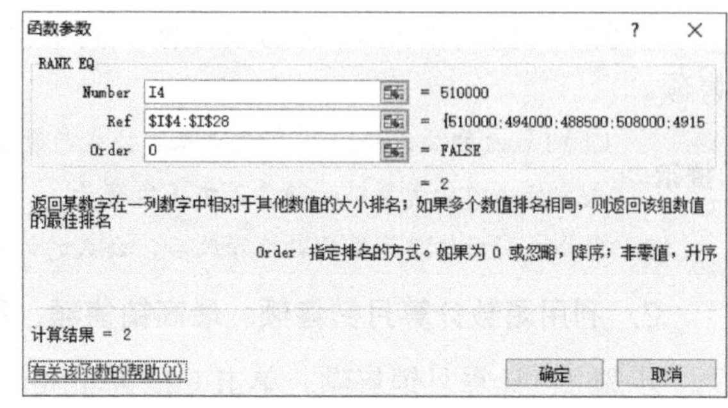

图 8-19 “函数参数”对话框

（1）RANK 函数是排定名次的函数，用于返回一个数值在一组数值中的排序，排序时不改变该数值原来的位置。如果多个值具有相同排位，则返回该组数值的最高排位。

语法格式为：RANK.EQ(number,ref,order)

共包括三个参数，其中：

- Number 为需要找到排位的数字。
- Ref 为数字列表数组或对数字列表的引用。Ref 中的非数值型参数将被忽略。
- Order 为一数字，指明排位的方式。如果 Order 为 0 或省略，按照降序排列；如果 Order 不为 0，按照升序排列。

（2）如果在行号和列标前没有“$”，表示单元格的相对引用；加了“$”符号，表示单元格地址的绝对引用，相对引用和绝对引的快速切换可以通过按下“F4”键进行。

8.3 相关知识

8.3.1 条件格式的应用

Excel 工作表中，可以使满足指定条件的单元格突出显示，方便对工作表进行更好的比较和分析。

选定要添加条件格式的单元格区域，单击“开始”选项卡上“样式”组中的“条件格式”按钮，可以在展开的列表中选择一种具体的条件，如图 8-20 所示。

（1）突出显示单元格规则：突出显示所选单元格区域中符合特点条件的单元格。

（2）项目选取规则：与突出显示单元格规则类似，只是设置条件的方式不同。

（3）数据条、色阶和图标集：使用数据条、色阶（颜色的种类和深浅）和图标来标识各单元格中数据值的大小，方便查看和比较。

（4）当系统自带的规则不能满足需求时，可以单击“条件格式”列表底部的“新建规则”选项，在打开的对话框中自定义条件格式。同时，也可以对已有的条件格式进行修改。

（5）当不需要应用条件格式时，可以将其删除，方法是：打开工作表，然后在“条件格式”列中选择“清除规则”项中的子项。

8.3.2　数据有效性的应用

1. 什么是数据有效性

数据有效性是一种 Excel 功能，用于定义可以在单元格中输入或应该在单元格中输入哪些数据。可以配置数据有效性以防止用户输入无效数据。同时，也可以允许用户输入无效数据，但当用户尝试在单元格中输入无效数据时会向其发出警告。此外，还可以提供一些消息，以定义用户期望在单元格中输入的内容，以及帮助用户更正错误的说明。

2. 数据有效性的设置

（1）单击需要设置数据有效性的单元格区域。

（2）切换到“数据”选项卡，单击“数据工具”选项组中的“数据有效性”下拉列表，在下拉列表中选择“数据有效性”选项，如图 8-21 所示。

图 8-20　“条件格式”列表

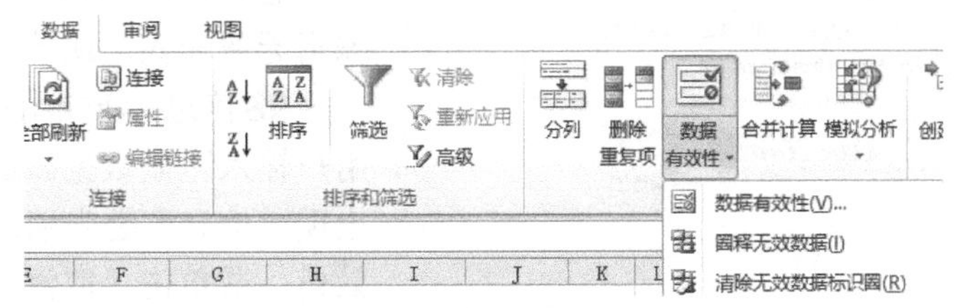

图 8-21　“数据有效性”列表

（3）在弹出的“数据有效性”对话框中，单击“设置”选项卡，可以设置所需的数据有效性类型。例如，在输入“身份证号”信息时，可以对数据的有效性设置为“文本长度=18”。

（4）单击“输入信息”选项卡，再单击“选定单元格时显示输入信息”，然后输入所需的输入信息选项，即可在单击单元格时显示输入信息。

（5）单击“出错警告”选项卡，再单击“输入无效数据时显示出错警告”复选框，然后输入所需的警告选项，即可指定用户在单元格中输入无效数据时的响应。

3. 数据有效性的使用

数据有效性可以应用在以下方面。

（1）将数据输入限制为下拉列表中的值。例如，前面的任务中将部门限制为部门一、部门二、部门三。同样，也可以从工作表中其他位置的单元格区域创建值列表。

（2）将数字限制在指定范围之外。例如，可以将销售额的最小限制指定为特定单元格中销售额的一半，例如，在“数值”框中选择“大于或等于”，并在“最小值”框中输入公式“=0.5*C7”。

（3）将日期限制在某一时间范围之外。例如，可以指定一个介于当前日期和当前日期之后 3 天之间的时间范围。

（4）限制文本字符数。例如，可以将单元格中允许的文本限制为 10 个或更少的字符。同样，也可以将全名字段（C1）的特定长度设置为名字字段（A1）与姓氏字段（B1）的当前长度之和再加 10 个字符。

（5）根据其他单元格中的公式或值验证数据有效性 例如，可以使用数据有效性，根据计划的工资总额将佣金和提成的上限设置为￥3,600。如果用户在单元格中输入的金额超过￥3,600，就会看到一条有效性消息。

4. 数据有效性消息

用户在单元格中输入无效数据时看到的内容取决于配置数据有效性的方式。可以选择在用户选择单元格时显示输入信息。输入信息通常用于指导用户单元格中可输入的数据类型。如果需要，可以将此消息移走，但在移到其他单元格或按“Esc”键之前，该消息会一直保留，如图 8-12 所示。

出错警告有三种类型分别为停止、警告、信息。

停止：阻止用户在单元格中输入无效数据。“停止”警告消息具有两个选项：“重试”或“取消”。

警告：在用户输入无效数据时向其发出警告，但不会禁止输入无效数据。在出现警告消息时，用户可以单击“是”接受无效输入，单击“否”编辑无效输入，或单击“取消”删除无效输入。

信息：通知用户你输入了无效数据，但不会阻止用户输入无效数据。这种类型的出错警告最为灵活。在出现“信息”警告消息时，用户可单击“确定”接受无效值，或单击“取消”拒绝无效值。

可以自定义用户在出错警告消息中所看到的文本，如图 8-22 所示，在“数据有效性”文本框“错误信息”文本框内可输入出错警告的信息。如果选择不进行自定义，则用户看到的是默认消息。

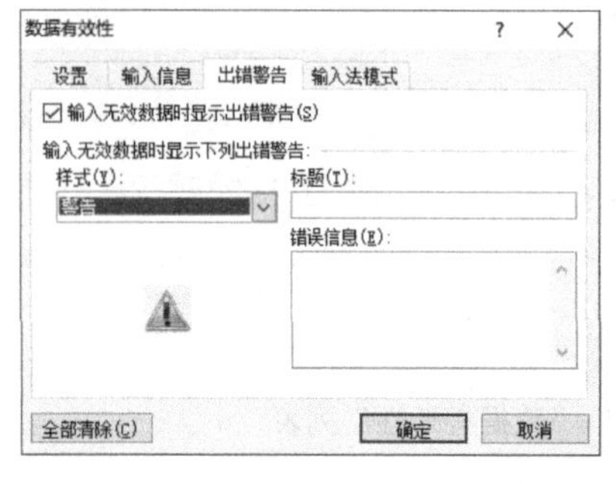

图 8-22 “数据有效性”对话框“出错警告”选项

8.3.3 常用公式及函数的应用

Excel 中的“公式”是指在单元格中执行计算功能的等式，可以执行计算、返回信息、操作其他单元格的内容、测试条件等。

Excel 中的所有公式都必须以“=”号开头，若无等号，Excel 将其理解为正文，所以“=”是公式中第一个运算符。“=”后面是参与计算的运算数和运算符，每一个运算数可以是常量、单元格或区域引用、单元格名称或函数等。

Excel 提供了 4 种类型的运算符：算术运算符、比较运算符、文本运算符和引用运算符。

- 算术运算符：包括加法运算符“+”、减法运算符“-”、乘法运算符“*”、除法运算符“/”、百分比“%”和乘方“^”。

➢ 比较运算符：比较两个值。当使用这些运算符比较两个值时，结果为逻辑值 TRUE 或 FALSE。比较运算符主要有“=”“>”“<”“>=”“<=”和“<>”。

➢ 文本运算符：可以使用与号（&）连接一个或多个文本字符串，以生成一段文本。

➢ 引用运算符：其中，冒号“:”为区域运算符，产成对包括在两个引用之间的所有单元格的引用，如（B5:B15）包括这两个引用单元格 B5 和单元格 B15；逗号“,”为联合运算符，将多个引用合并为一个引用；空格为交集运算符，生成两个引用共有的单元格的引用，如（B7:D7 C6:C8）。

另外，可以使用括号来更改求值的顺序。

所有函数都包含 3 部分：函数名、参数和圆括号，以求和函数 SUM 来说明。如 SUM(number1,number2, ...)，SUM 是函数名称，从名称大略可知该函数的功能及用途是求和；圆括号用来括起参数，在函数中圆括号是不可以省略的；参数是函数在计算时所必须使用的数据。函数的参数不仅是数字类型，它还可以是字符型、逻辑值或是单元格引用，如 SUM(B1,C3)，SUM(D2:G2)等。

使用函数计算时先选择目标单元格，切换到“公式”选项卡，单击“函数库”组中的“插入函数”按钮，打开的“插入函数”对话框，如图 8-18 所示。在打开的“插入函数”对话框中，在“或选择类别”下拉列表中选择一种类型，在“选择函数”列表中选择合适的函数，单击“确定”按钮，打开“函数参数”对话框，参数分别进行设置，如图 8-19 所示，单击“确定”按钮，计算结果显示在目标单元格。

单元格引用是指公式中指明的一个单元格或一组单元格。公式中对单元格的引用分为相对引用、绝对引用和混合引用。

➢ 相对引用：用“H2”这样的方式来引用单元格是相对引用。相对引用是指当公式在复制或移动时，公式中引用单元格的地址会随着移动的位置自动改变。

➢ 绝对引用：在行号和列号前均加上“$”，如“$H$2”这样的方式来引用单元格是绝对引用。当公式在复制或移动时，公式中引用单元格的地址不会随着公式的位置而改变。

➢ 混合引用：混合引用是指单元格地址中既有相对引用，也有绝对引用。“$H2”，表示具有绝对列和相对行，当公式在复制或移动时，保持列不变，而行变化；“H$2”表示具有相对列和绝对行，当公式在复制或移动时，保持行不变，而列变化。

提示

（1）SUM 函数。SUM 将指定为参数的所有数字相加。每个参数都可以是区域、单元格引用、数组、常量、公式或另一个函数的结果。例如，SUM(A1:A5)将单元格 A1 至 A5 中的所有数字相加，再如，SUM(A1, A3, A5)将单元格 A1、A3 和 A5 中的数字相加。

语法格式为：SUM(number1,[number2],…)

• number1 必需。想要相加的第一个数值参数。

• number2,…可选。想要相加的 2 到 255 个数值参数。

（2）MAX 函数。MAX 将返回一组值中的最大值。

语法格式为：MAX(number1,[number2],…)

number1 是必需的，后续数值是可选的。这些是要从中找出最大值的 1 到 255 个数字参数。

（3）AVERAGE 函数。返回参数的平均值（算术平均值）。例如，如果区域 A1:A20 包含数字，则公式 =AVERAGE(A1:A20)将返回这些数字的平均值。

语法格式为：AVERAGE(number1,[number2],…)

- Number1 必需。要计算平均值的第一个数字、单元格引用或单元格区域。
- Number2, ...可选。要计算平均值的其他数字、单元格引用或单元格区域，最多可包含 255 个。

8.4 拓展案例

实训 1：制作自动评分计算表

按要求制作如图 8-23 所示的“自动评分计算表”。制作要求如下。

（1）在工作簿“自动评分计算表”中建立工作表“自动评分计算表”，如图 8-23 所示创建“自动评分计算表”，其中各评委所给分数要求在 0～10 之间，否则报错；各评委所给分数均保留 2 位小数显示，最后得分保留 4 位小数。

（2）计算“最高分”“最低分”“最后得分”及“名次”。计算最后得分的方法：要所有评委的分数总和减去一个最高分，再减去一个最低分，然后取平均值。

自动评分计算表

编号	评委1	评委2	评委3	评委4	评委5	评委6	最高分	最低分	最后得分	名次
1	9.85	9.78	9.65	9.77	9.98	9.65	9.98	9.65	9.7625	6
2	9.54	9.65	9.76	9.77	9.79	9.83	9.83	9.54	9.7425	9
3	9.88	9.80	9.90	9.92	9.96	9.90	9.96	9.80	9.9000	1
4	9.87	9.76	9.88	9.65	9.87	9.90	9.90	9.65	9.8450	2
5	9.76	9.78	9.68	9.80	9.77	9.83	9.83	9.68	9.7775	5
6	9.78	9.86	9.67	9.80	9.86	9.79	9.86	9.67	9.8075	3
7	9.65	9.76	9.78	9.74	9.80	9.75	9.80	9.65	9.7575	8
8	9.86	9.85	9.80	9.78	9.69	9.75	9.86	9.69	9.7950	4
9	9.80	9.79	9.65	9.68	9.77	9.66	9.80	9.65	9.7250	10
10	9.67	9.88	9.80	9.76	9.78	9.70	9.88	9.67	9.7600	7

图 8-23 “自动评分表”效果

实训 2：制作学生成绩表

按要求制作如图 8-24 所示的“学生成绩表”。

学生成绩表

学号	姓名	性别	计算机	高等数学	大学语文	大学英语	总分	平均分	名次
71613101	杨妙灵	女	89	70	65	73			
71613102	周天天	女	85.5	60	42	66			
71613103	白笑辉	男	68.5	46	71	79			
71613104	张静	女	71.5	75	99	95			
71613105	郑小敏	女	77.5	78	88	98			
71613106	文丽芳	女	84.5	93	69	43			
71613107	赵小静	女	85	96	65	31			
71613108	甘晓平	男	96.5	36	53	71			
71613109	廖建宇	男	85.5	35	74	84			
71613110	曾凤玲	女	92	缺考	67	35			
71613111	王一平	女	98.5	47	98	79			
71613112	刘宇森	男	76.5	96	86	74			
71613113	黄小惠	女	76.5	76	81	85			
71613114	黄峰华	女	62.5	94	47	缺考			
71613115	李平安	男	56.5	91	77	56			
71613116	彭鸿	男	63.5	72	87	62			
71613117	林智	女	94	82	41	71			
71613118	吴文静	女	85	92	75	72			

图 8-24 “学生成绩表”效果图

制作要求如下。

（1）在工作簿“学生成绩表”中建立工作表“学生成绩表”，表中内容如图 8-24 所示。

（2）如图 8-24 所示输入表格数据，并设置表格格式。
（3）计算总分、平均分和名次。
（4）设置“计算机”列大于 90 分的值红色底纹深红色文本显示。
（5）设置“大学语文”列高于平均值的单元格设置填充色为绿填充色深绿色文本。
（6）设置“高等数学”列以蓝色数据条显示。
（7）设置“总分”列以“绿-黄色阶”显示。
（8）设置“名次”列中数据后 5 名，以黄色为填充色，红色为文本颜色显示。

第9章　制作员工销售业绩统计表

引　　子

Excel2010 提供了极强的公式、函数、数据排序、筛选、分类汇总以及图表等功能。使用这些功能，用户可以方便地管理、分析数据。用户可以利用自动填充、数据有效性、公式函数等 Excel 的特点，达到比用 Word 表格操作更简单快速、灵活方便的效果，录入数据的准确率也更高。

知识目标

- Excel2010 数据排序、筛选、分类汇总的方法。
- 用数据透视表进行数据分析的方法。
- 图表生成及修改的方法。

9.1 案例描述

通过对销售数据的分析，可以及时反映销售计划完成的情况，有助于一线人员分析销售过程中存在的问题，为提高销售业绩及服务等技能提供依据和参考。通过对销售数据的分析，可以及时掌握销售波动，掌握客户需求的变化情况，为管理者对企业的管理提供科学的依据。

为了激励销售员工的工作积极性，公司现决定对上半年销售员的业绩进行表彰，为配合这项活动，需要提供员工的销售业绩统计与分析结果。小张必须在活动开始前快速将分析结果报送经理室，那么小张是怎么完成任务的呢？下面让我们一块儿来学习一下吧。

9.2 案例实现

9.2.1 案例分析

经分析，制作员工销售业绩统计表，需要进行以下操作：

（1）完成“销售业绩统计表.xlsx”的数据记录补充；

（2）获得 2016 年上半年销售记录排行榜；

（3）获得同一销售部门的订单排行榜；

（4）获得前五名销售人员获奖名单；

（5）汇总每个部门的总销售额；

（6）汇总各部门每月的销售额；

（7）制作各部门员工第一季度业绩分析表；

（8）制作各员工半年业绩占公司总销售额的比例图表；

（9）产生月销售业绩分析图表。

9.2.2　获得员工销售记录排行榜

1. 创建销售业绩统计表

打开素材文件“销售业绩统计表.xlsx”，如图 9-1 所示，完成“销售业绩统计表”的数据记录补充。

	A	B	C	D	E	F	G	H	I	J
1	XX科技公司2016年上半年销售业绩统计表									
2	编号	姓名	部门	一月份	二月份	三月份	四月份	五月份	六月份	总销售额
3	SC39	张章	销售（1）部	92,000	64,000	97,000	93,000	75,000	93,000	
4	XS1	赖祥校	销售（1）部	79,500	98,500	68,000	100,000	96,000	66,000	
5	SC14	施华军	销售（1）部	88,000	82,500	83,000	75,500	62,000	85,000	
6	SC12	吴书振	销售（1）部	95,000	95,000	70,000	89,500	61,150	61,500	
7	SC33	张宁	销售（1）部	84,500	78,500	87,500	64,500	72,000	76,500	
8	SC18	杨军	销售（1）部	80,500	96,000	72,000	66,000	61,000	85,000	
9	SC11	耿静	销售（1）部	76,500	70,000	64,000	75,000	87,000	78,000	
10	SC25	郭述龙	销售（1）部	94,000	68,050	78,000	60,500	76,000	67,000	
11	SC36	[illegible]	销售（1）部	85,500	64,500	74,000	78,500	64,000	76,000	

图 9-1　销售业绩统计表

计算总销售额的步骤如下。

单击 J3 单元格，输入公式=D3+E3+F3+G3+H3+I3。确认输入后，拖动填充柄向下自动填充其他销售人员的总销售额。

为了便于识别金额的大小，设置总销售额列（字段）数据格式为会计专用类型，效果如图 9-2 所示。

	A	B	C	D	E	F	G	H	I	J
1	XX科技公司2016年上半年销售业绩统计表									
2	编号	姓名	部门	一月份	二月份	三月份	四月份	五月份	六月份	总销售额
3	SC39	张章	销售（1）部	92,000	64,000	97,000	93,000	75,000	93,000	¥ 514,000.00
4	SC32	张忆湫	销售（1）部	71,500	61,500	82,000	57,500	57,000	85,000	¥ 414,500.00
5	SH16	张淑杰	销售（1）部	63,500	73,000	65,000	95,000	75,500	61,000	¥ 433,000.00
6	SC33	张宁	销售（1）部	84,500	78,500	87,500	64,500	72,000	76,500	¥ 463,500.00
7	XS13	张海龙	销售（1）部	76,000	63,500	84,000	81,000	65,000	62,000	¥ 431,500.00
8	SC18	杨军	销售（1）部	80,500	96,000	72,000	66,000	61,000	85,000	¥ 460,500.00
9	SC12	吴书振	销售（1）部	95,000	95,000	70,000	89,500	61,150	61,500	¥ 472,150.00
10	SC14	施华军	销售（1）部	88,000	82,500	83,000	75,500	62,000	85,000	¥ 476,000.00
11	XS1	赖祥校	销售（1）部	79,500	98,500	68,000	100,000	96,000	66,000	¥ 508,000.00
12	XS10	贺光明	销售（1）部	96,500	74,500	63,000	66,000	71,000	69,000	¥ 440,000.00
13	SC25	郭述龙	销售（1）部	94,000	68,050	78,000	60,500	76,000	67,000	¥ 443,550.00

图 9-2　工作表“销售业绩统计表”数据效果

2. 对总销售额进行降序排序，获得 2016 年上半年销售记录排行榜

（1）单击总销售额列中的任意一单元格。

（2）切换到“数据”选项卡，单击“排序和筛选”选项组的“ Z↓A ”按钮，如图 9-3 所示，则记录会按照“总销售额”由大到小降序排序。

（3）插入工作表并重命名“销售记录排行榜”。

（4）复制工作表“销售业绩统计表”到工作表“销售记录排行榜”中。

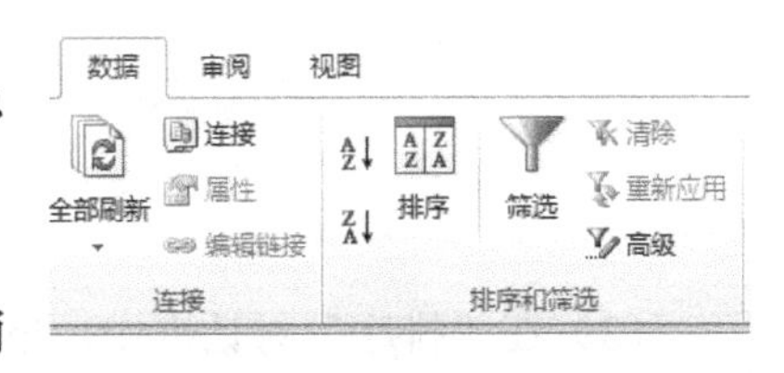

图 9-3　“ Z↓A ”按钮

（5）插入标题“2016年上半年销售业绩排行榜”并格式化，效果如图9-4所示。

	A	B	C	D	E	F	G	H	I	J
1	2016年上半年销售记录排行榜									
2	编号	姓名	部门	一月份	二月份	三月份	四月份	五月份	六月份	总销售额
3	XS44	孙凯	销售（3）部	96,500	86,500	90,500	94,000	99,500	70,000	¥ 537,000.00
4	SC39	张素	销售（1）部	92,000	64,000	97,000	93,000	75,000	93,000	¥ 514,000.00
5	XS28	李霞	销售（2）部	66,500	92,500	95,500	98,000	86,500	71,000	¥ 510,000.00
6	XS8	闫跃进	销售（3）部	93,050	85,500	77,000	81,000	95,000	78,000	¥ 509,550.00
7	XS1	赖祥校	销售（1）部	79,500	98,500	68,000	100,000	96,000	66,000	¥ 508,000.00
8	XS6	陈锋	销售（3）部	96,000	72,500	100,000	86,000	62,000	87,500	¥ 504,000.00
9	XS26	尚志兴	销售（2）部	93,000	71,500	92,000	96,500	87,000	61,000	¥ 501,000.00
10	XS38	陈俊军	销售（3）部	97,500	76,000	72,000	92,500	84,500	78,000	¥ 500,500.00
11	XS15	郑伯宁	销售（2）部	82,050	63,500	90,500	97,000	65,150	99,000	¥ 497,200.00
12	XS7	张艳	销售（3）部	73,500	91,500	64,500	93,500	84,000	87,000	¥ 494,000.00
13	XS30	李霞	销售（2）部	82,500	78,000	81,000	96,500	96,500	57,000	¥ 491,500.00
14	XS17	刘勇	销售（2）部	87,500	63,500	67,500	98,500	78,500	94,000	¥ 489,500.00
15	XS41	邓小燕	销售（3）部	75,500	62,500	87,000	94,500	78,000	91,000	¥ 488,500.00

图9-4　按“总销售额”降序排序效果

注意：

- 排序时不能选中整列，否则弹出如图9-5所示的“排序提醒”对话框，因为排序的结果是整行与整行交换，即交换记录，而不是仅仅被排序的列（成为关键字）中的数据交换。
- 如果按从小到大排序，即升序，则单击“A↓Z”按钮。

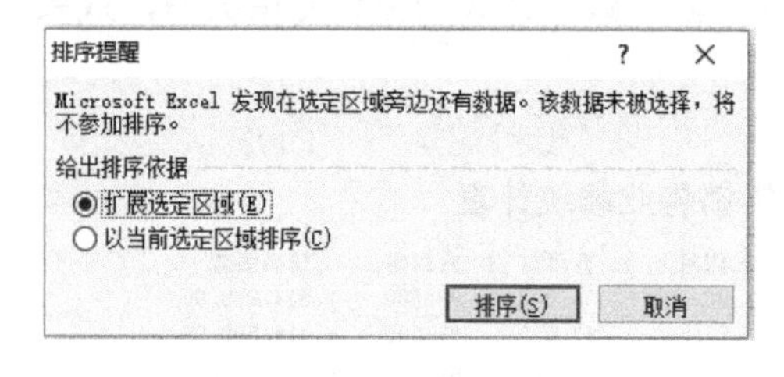

图9-5　“排序提醒”对话框

3. 获得同一销售部门的订单排行榜

获得同一销售部门的订单排行榜也就是对同一个销售部门而言，看看哪位销售员的销售总金额最高。这需要按照两个关键字（两列）排序，先按照部门排序，部门相同的再按照销售总额排序，操作步骤如下。

（1）单击数据区域的任意一单元格。

（2）切换到“数据”选项卡，单击“排序和筛选”选项组的“排序”按钮，如图9-5所示，弹出“排序”对话框，如图9-6所示。

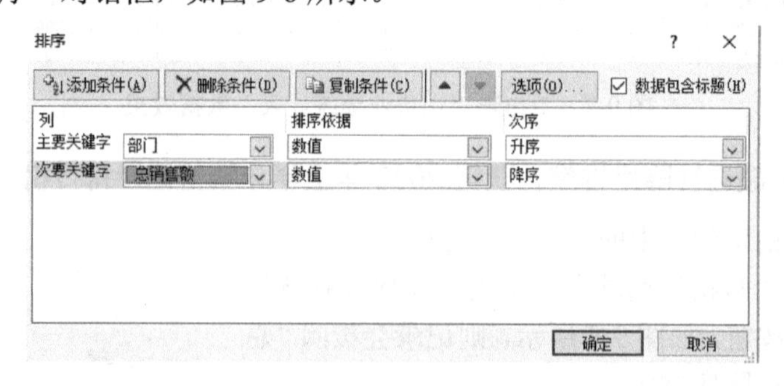

图9-6　“排序”对话框

（3）在“排序”对话框中，单击“主要关键字”下拉列表，选择“部门”，在“次序”下拉列表中选择“升序”选项。

（4）在“排序”对话框中，单击“添加条件”按钮，则弹出“次要关键字”下拉列表，选择“总销售额”，在“次序”下拉列表中选择“降序”选项，单击“确定”按钮，则获得了同一销售部门的销售业绩排行榜，效果如图 9-7 所示。

	A	B	C	D	E	F	G	H	I	J
1	XX科技公司2016年上半年销售业绩统计表									
2	编号	姓名	部门	一月份	二月份	三月份	四月份	五月份	六月份	总销售额
3	SC39	张章	销售（1）部	92,000	64,000	97,000	93,000	75,000	93,000	¥ 514,000.00
4	XS1	赖祥校	销售（1）部	79,500	98,500	68,000	100,000	96,000	66,000	¥ 508,000.00
5	SC14	施华军	销售（1）部	88,000	82,500	83,000	75,500	62,000	85,000	¥ 476,000.00
6	SC12	吴书振	销售（1）部	95,000	95,000	70,000	89,500	61,150	61,500	¥ 472,150.00
7	SC33	张宁	销售（1）部	84,500	78,500	87,500	64,500	72,000	76,500	¥ 463,500.00
8	SC18	杨军	销售（1）部	80,500	96,000	72,000	66,000	61,000	85,000	¥ 460,500.00
9	SC11	耿静	销售（1）部	76,500	70,000	64,000	75,000	87,000	78,000	¥ 450,500.00
10	SC25	郭述龙	销售（1）部	94,000	68,050	78,000	60,500	76,000	67,000	¥ 443,550.00
11	SC36	杜若芳	销售（1）部	85,500	64,500	74,000	78,500	64,000	76,000	¥ 442,500.00
12	XS10	贺光明	销售（1）部	96,500	74,500	63,000	66,000	71,000	69,000	¥ 440,000.00
13	SC4	杜重治	销售（1）部	62,500	76,000	57,000	67,500	88,000	84,500	¥ 435,500.00
14	SH16	张淑杰	销售（1）部	63,500	73,000	65,000	95,000	75,500	61,000	¥ 433,000.00
15	XS13	张海龙	销售（1）部	76,000	63,500	84,000	81,000	65,000	62,000	¥ 431,500.00
16	SC32	张忆湫	销售（1）部	71,500	61,500	82,000	57,500	57,000	85,000	¥ 414,500.00
17	XS28	李霞	销售（2）部	66,500	92,500	95,500	98,000	86,500	71,000	¥ 510,000.00
18	XS26	尚志兴	销售（2）部	93,000	71,500	92,000	96,500	87,000	61,000	¥ 501,000.00

图 9-7　同一销售部门的销售业绩排行榜

（4）插入新工作表并重命名为“同一销售部门销售业绩排行榜”，复制工作表“销售业绩统计表”到“同一销售部门销售业绩排行榜”工作表中。

（5）在“同一销售部门销售业绩排行榜”工作表中插入标题“2016 上半年同一销售部门销售业绩排行榜”并格式化表格。

按多个关键字进行排序时，只有前面的关键字相同时，才会按照后面的关键字排序。

9.2.3　获得员工获奖名单

1. 获得前五名销售人员获奖名单

（1）单击数据区域中任意一单元格。

（2）切换到“数据”选项卡，单击“排序和筛选”选项组中的“筛选”按钮，则工作表处于筛选状态，即每个字段旁出现一个下拉箭头▼，如图 9-8 所示。

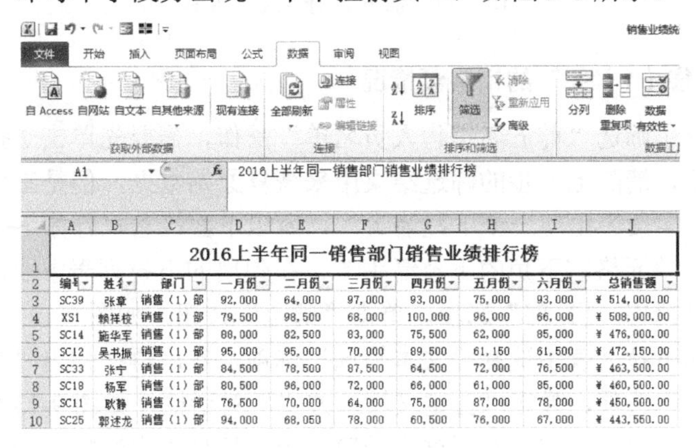

	A	B	C	D	E	F	G	H	I	J
1	2016上半年同一销售部门销售业绩排行榜									
2	编号	姓名	部门	一月份	二月份	三月份	四月份	五月份	六月份	总销售额
3	SC39	张章	销售（1）部	92,000	64,000	97,000	93,000	75,000	93,000	¥ 514,000.00
4	XS1	赖祥校	销售（1）部	79,500	98,500	68,000	100,000	96,000	66,000	¥ 508,000.00
5	SC14	施华军	销售（1）部	88,000	82,500	83,000	75,500	62,000	85,000	¥ 476,000.00
6	SC12	吴书振	销售（1）部	95,000	95,000	70,000	89,500	61,150	61,500	¥ 472,150.00
7	SC33	张宁	销售（1）部	84,500	78,500	87,500	64,500	72,000	76,500	¥ 463,500.00
8	SC18	杨军	销售（1）部	80,500	96,000	72,000	66,000	61,000	85,000	¥ 460,500.00
9	SC11	耿静	销售（1）部	76,500	70,000	64,000	75,000	87,000	78,000	¥ 450,500.00
10	SC25	郭述龙	销售（1）部	94,000	68,050	78,000	60,500	76,000	67,000	¥ 443,550.00

图 9-8　“筛选”状态

（3）单击 J3 单元格右下角下拉箭头▼，在弹出的下拉列表中选择“数字筛选”选项，然后在“数字筛选”下拉列表中选择“10 个最大的值”选项，如图 9-9 所示。弹出“自动筛选前 10 个”对话框，如图 9-10 所示。

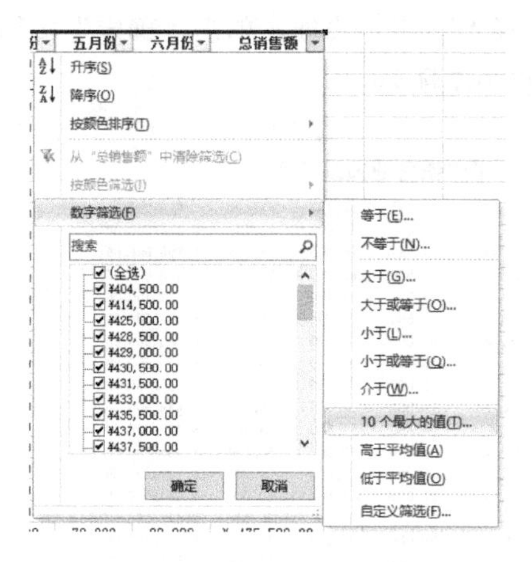

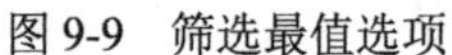

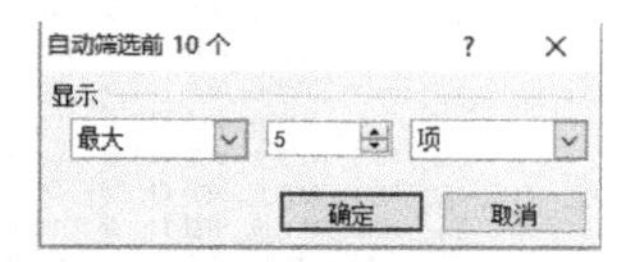

图 9-9　筛选最值选项

图 9-10 “自动筛选前 10 个”对话框

（4）在“自动筛选前 10 个”对话框中，在“显示”栏左侧的下拉列表中选择“最大”选项，将中间微调框中的数值设置为“5”，单击“确定”按钮则可以筛选出前五名销售人员名单。

（5）把筛选结果降序排序。

（6）插入新工作表并重命名为“前五名销售人员名单”，复制保存筛选结果，插入标题并格式化后效果如图 9-11。

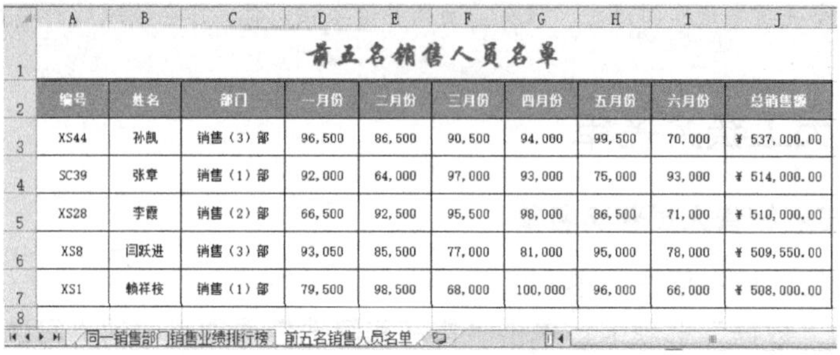

前五名销售人员名单

编号	姓名	部门	一月份	二月份	三月份	四月份	五月份	六月份	总销售额
XS44	孙飘	销售（3）部	96,500	86,500	90,500	94,000	99,500	70,000	¥ 537,000.00
SC39	张章	销售（1）部	92,000	64,000	97,000	93,000	75,000	93,000	¥ 514,000.00
XS28	李霞	销售（2）部	66,500	92,500	95,500	98,000	86,500	71,000	¥ 510,000.00
XS8	闫跃进	销售（3）部	93,050	85,500	77,000	81,000	95,000	78,000	¥ 509,550.00
XS1	赖祥枝	销售（1）部	79,500	98,500	68,000	100,000	96,000	66,000	¥ 508,000.00

图 9-11　前五名销售人员名单

2. 查看“销售（1）部”的销售额情况

由于刚刚执行了筛选“前五名销售人员名单”操作，需要先单击“排序和筛选”选项组的“清除”按钮，清除上一步的筛选结果用来恢复原始数据，但是工作表已处于删除与筛选状态，即每个字段旁出现一个下拉箭头▾，所以下面接着执行如下操作。

（1）单击 C2 单元格右下角的下拉箭头▾，在弹出的下拉列表中取消复选框中的“全选”选项，勾选“销售（1）部”选项，单击“确定”按钮，如图 9-12 所示。

或者在弹出的下拉列表中选择“文本筛选”选项，然后再在弹出“文本筛选”的下拉列表中选择“等于”选项，弹出“自定义筛选方式”对话框，如图 9-13 所示。

在“自定义自动筛选方式”对话框中的第一个下拉列表中选择“等于”选项，再在其右侧的下拉列表中选择“销售（1）部”选项，单击“确定”按钮。

这样就筛选出了所有“销售（1）部”的订单，如图 9-14 所示，然后在此筛选的基础上再进行对销售额的筛选。

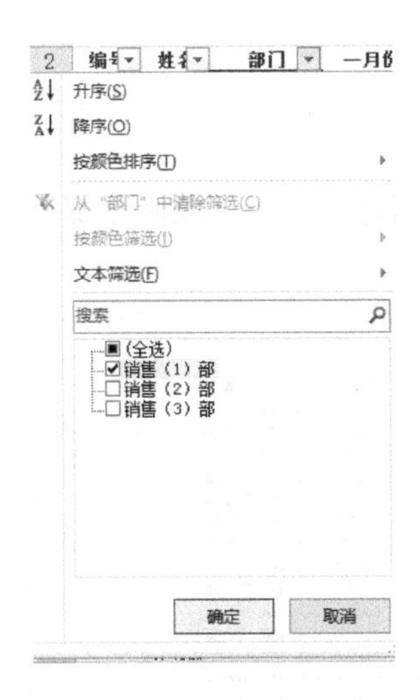

图 9-12　勾选“销售（1）部”选项

图 9-13　“自定义自动筛选方式”对话框

编号	姓名	部门	一月份	二月份	三月份	四月份	五月份	六月份	总销售额
SC39	张章	销售（1）部	92,000	64,000	97,000	93,000	75,000	93,000	¥ 514,000.00
XS1	赖祥桉	销售（1）部	79,500	98,500	68,000	100,000	96,000	66,000	¥ 508,000.00
SC14	施华军	销售（1）部	88,000	82,500	83,000	75,500	62,000	85,000	¥ 476,000.00
SC12	吴书振	销售（1）部	95,000	95,000	70,000	89,500	61,150	61,500	¥ 472,150.00
SC33	张宁	销售（1）部	84,500	78,500	87,500	64,500	72,000	76,500	¥ 463,500.00
SC18	杨军	销售（1）部	80,500	96,000	72,000	66,000	61,000	85,000	¥ 460,500.00
SC11	耿静	销售（1）部	76,500	70,000	64,000	75,000	87,000	78,000	¥ 450,500.00
SC25	郭述龙	销售（1）部	94,000	68,050	78,000	60,500	76,000	67,000	¥ 443,550.00
SC36	杜若芳	销售（1）部	85,500	64,500	74,000	78,500	64,000	76,000	¥ 442,500.00
XS10	贺光明	销售（1）部	96,500	74,500	63,000	66,000	71,000	69,000	¥ 440,000.00
SC4	杜重治	销售（1）部	62,500	76,000	57,000	67,500	88,000	84,500	¥ 435,500.00
SH16	张淑杰	销售（1）部	63,500	73,000	65,000	95,000	75,500	61,000	¥ 433,000.00
XS13	张海龙	销售（1）部	76,000	63,500	84,000	81,000	65,000	62,000	¥ 431,500.00
SC32	张忆湫	销售（1）部	71,500	61,500	82,000	57,500	57,000	85,000	¥ 414,500.00

图 9-14　所有销售（1）部的订单

（2）筛选“销售（1）部”的销售总额超过 450000 的员工名单，操作步骤如下。

① 单击 J2 单元格右下角的下拉箭头 ▾，在弹出的下拉列表中选择“数字筛选”选项。

② 在“数字筛选”下拉列表中选择“大于”选项，如图 9-9 所示，弹出“自定义自动筛选方式”对话框，如图 9-13 所示。

③ 在“自定义自动筛选方式”对话框中的第一个下拉列表中选择“大于”选项，再在其右侧的下拉列表文本框中输入“450000”，筛选结果显示如图 9-15 所示。

④ 取消筛选状态，单击“排序和筛选”选项组的“筛选”按钮。

编号	姓名	部门	一月份	二月份	三月份	四月份	五月份	六月份	总销售额
SC39	张章	销售（1）部	92,000	64,000	97,000	93,000	75,000	93,000	¥ 514,000.00
XS1	赖祥桉	销售（1）部	79,500	98,500	68,000	100,000	96,000	66,000	¥ 508,000.00
SC14	施华军	销售（1）部	88,000	82,500	83,000	75,500	62,000	85,000	¥ 476,000.00
SC12	吴书振	销售（1）部	95,000	95,000	70,000	89,500	61,150	61,500	¥ 472,150.00
SC33	张宁	销售（1）部	84,500	78,500	87,500	64,500	72,000	76,500	¥ 463,500.00
SC18	杨军	销售（1）部	80,500	96,000	72,000	66,000	61,000	85,000	¥ 460,500.00
SC11	耿静	销售（1）部	76,500	70,000	64,000	75,000	87,000	78,000	¥ 450,500.00

图 9-15　销售（1）部销售总额超过 450000 的员工名单

9.2.4 汇总部门销售额

要汇总每个部门的销售业绩，必须先按照部门进行分组，即每一个部门的订单是一组，对部门分组的方法就是按照关键字“部门”进行排序。

1. 汇总每个部门的总销售额

（1）选中“部门”列（字段）的任意一单元格，单击“排序”（升序或降序都可以，因为目的只是分组，即分类），效果如图 9-16 所示。

	A	B	C	D	E	F	G	H	I	J
1	XX科技公司2016年上半年销售业绩统计表									
2	编号	姓名	部门	一月份	二月份	三月份	四月份	五月份	六月份	总销售额
3	SC39	张章	销售（1）部	92,000	64,000	97,000	93,000	75,000	93,000	¥ 514,000.00
4	XS1	赖祥校	销售（1）部	79,500	98,500	68,000	100,000	96,000	66,000	¥ 508,000.00
5	SC14	施华军	销售（1）部	88,000	82,500	83,000	75,500	62,000	85,000	¥ 476,000.00
6	SC12	吴书振	销售（1）部	95,000	95,000	70,000	89,500	61,150	61,500	¥ 472,150.00
7	SC33	张宁	销售（1）部	84,500	78,500	87,500	64,500	72,000	76,500	¥ 463,500.00
8	SC18	杨军	销售（1）部	80,500	96,000	72,000	66,000	61,000	85,000	¥ 460,500.00
9	SC11	耿静	销售（1）部	76,500	70,000	64,000	75,000	87,000	78,000	¥ 450,500.00
10	SC25	郭述龙	销售（1）部	94,000	68,050	78,000	60,500	76,000	67,000	¥ 443,550.00
11	SC36	杜若芳	销售（1）部	85,500	64,500	74,000	78,500	64,000	76,000	¥ 442,500.00
12	XS10	贺光明	销售（1）部	96,500	74,500	63,000	66,000	71,000	69,000	¥ 440,000.00
13	SC4	杜重治	销售（1）部	62,500	76,000	57,000	67,500	88,000	84,500	¥ 435,500.00
14	SH16	张淑杰	销售（1）部	63,500	73,000	65,000	95,000	75,500	61,000	¥ 433,000.00
15	XS13	张海龙	销售（1）部	76,000	63,500	84,000	81,000	65,000	62,000	¥ 431,500.00
16	SC32	张忆湫	销售（1）部	71,500	61,500	82,000	57,500	57,000	85,000	¥ 414,500.00
17	XS28	李霞	销售（2）部	66,500	92,500	95,500	98,000	86,500	71,000	¥ 510,000.00
18	XS26	尚志兴	销售（2）部	93,000	71,500	92,000	96,500	87,000	61,000	¥ 501,000.00
19	XS15	郑伯宁	销售（2）部	82,050	63,500	90,500	97,000	65,150	99,000	¥ 497,200.00
20	XS30	李霞	销售（2）部	82,500	78,000	81,000	96,500	96,500	57,000	¥ 491,500.00

图 9-16　按照“部门”关键字排序效果

（2）对销售总额进行汇总，操作步骤如下。

① 单击数据区域内的任意一单元格，切换到“数据”选项卡，单击“分级显示”选项组的“分类汇总”按钮，如图 9-17 所示，弹出“分类汇总”对话框，如图 9-18 所示。

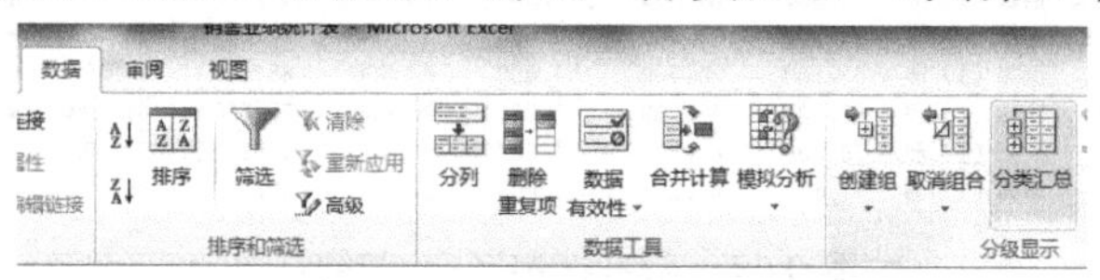

图 9-17　“分类汇总”按钮

② 在“分类汇总”对话框中选择“分类字段”下拉列表中的“部门”选项，在“汇总方式”下拉列表中选择“求和”选项，勾选“选定汇总项”复选框的“总销售额”选项，单击“确定”按钮，效果如图 9-19 所示。

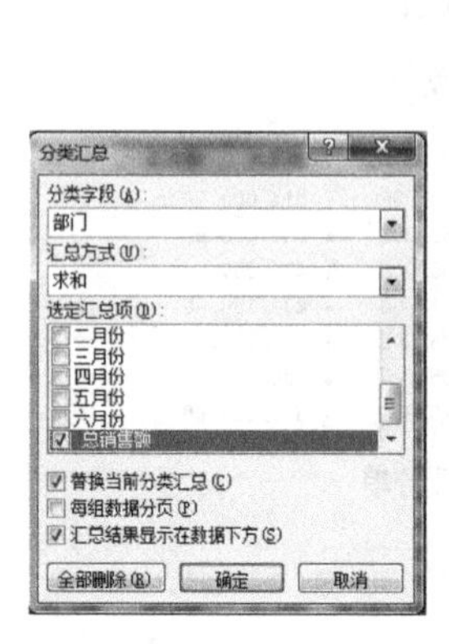

图 9-18　“分类汇总”对话框

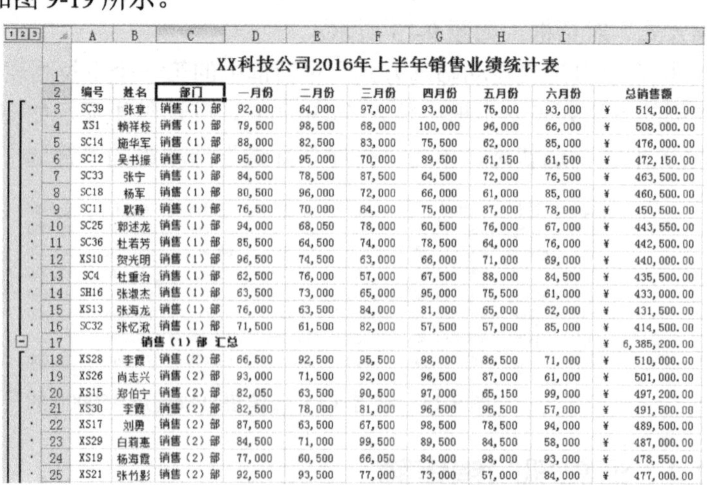

	A	B	C	D	E	F	G	H	I	J
1	XX科技公司2016年上半年销售业绩统计表									
2	编号	姓名	部门	一月份	二月份	三月份	四月份	五月份	六月份	总销售额
3	SC39	张章	销售（1）部	92,000	64,000	97,000	93,000	75,000	93,000	¥ 514,000.00
4	XS1	赖祥校	销售（1）部	79,500	98,500	68,000	100,000	96,000	66,000	¥ 508,000.00
5	SC14	施华军	销售（1）部	88,000	82,500	83,000	75,500	62,000	85,000	¥ 476,000.00
6	SC12	吴书振	销售（1）部	95,000	95,000	70,000	89,500	61,150	61,500	¥ 472,150.00
7	SC33	张宁	销售（1）部	84,500	78,500	87,500	64,500	72,000	76,500	¥ 463,500.00
8	SC18	杨军	销售（1）部	80,500	96,000	72,000	66,000	61,000	85,000	¥ 460,500.00
9	SC11	耿静	销售（1）部	76,500	70,000	64,000	75,000	87,000	78,000	¥ 450,500.00
10	SC25	郭述龙	销售（1）部	94,000	68,050	78,000	60,500	76,000	67,000	¥ 443,550.00
11	SC36	杜若芳	销售（1）部	85,500	64,500	74,000	78,500	64,000	76,000	¥ 442,500.00
12	XS10	贺光明	销售（1）部	96,500	74,500	63,000	66,000	71,000	69,000	¥ 440,000.00
13	SC4	杜重治	销售（1）部	62,500	76,000	57,000	67,500	88,000	84,500	¥ 435,500.00
14	SH16	张淑杰	销售（1）部	63,500	73,000	65,000	95,000	75,500	61,000	¥ 433,000.00
15	XS13	张海龙	销售（1）部	76,000	63,500	84,000	81,000	65,000	62,000	¥ 431,500.00
16	SC32	张忆湫	销售（1）部	71,500	61,500	82,000	57,500	57,000	85,000	¥ 414,500.00
17		销售（1）部 汇总								¥ 6,385,200.00
18	XS28	李霞	销售（2）部	66,500	92,500	95,500	98,000	86,500	71,000	¥ 510,000.00
19	XS26	尚志兴	销售（2）部	93,000	71,500	92,000	96,500	87,000	61,000	¥ 501,000.00
20	XS15	郑伯宁	销售（2）部	82,050	63,500	90,500	97,000	65,150	99,000	¥ 497,200.00
21	XS30	李霞	销售（2）部	82,500	78,000	81,000	96,500	96,500	57,000	¥ 491,500.00
22	XS17	刘勇	销售（2）部	87,500	63,500	67,500	98,500	78,500	94,000	¥ 489,500.00
23	XS29	白莉惠	销售（2）部	84,500	71,000	99,500	89,500	84,500	58,000	¥ 487,000.00
24	XS19	杨海霞	销售（2）部	77,000	60,500	66,050	84,000	98,000	93,000	¥ 478,550.00
25	XS21	张竹影	销售（2）部	92,500	93,500	77,000	73,000	57,000	84,000	¥ 477,000.00

图 9-19　“分类汇总”显示效果

③ 单击汇总显示结果的左上角的分级显示按钮“1 2 3”中的 2，则只显示二级汇总数据，显示效果如图 9-20 所示。

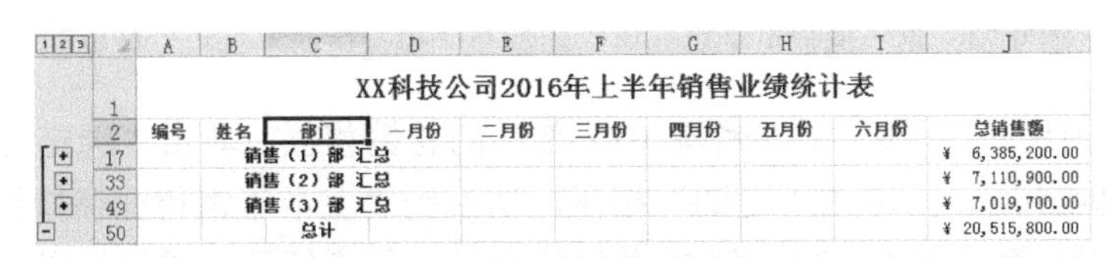

XX科技公司2016年上半年销售业绩统计表

编号	姓名	部门	一月份	二月份	三月份	四月份	五月份	六月份	总销售额
		销售（1）部 汇总							¥ 6,385,200.00
		销售（2）部 汇总							¥ 7,110,900.00
		销售（3）部 汇总							¥ 7,019,700.00
		总计							¥ 20,515,800.00

图 9-20　分类汇总二级显示效果

提示

- 执行“分类汇总”操作必须先按照分类的字段进行排序，即先分类后汇总。
- 在“分类汇总”显示结果左侧的分级显示列表框中，分别单击数据按钮 1 2 3，可显示不同的三级显示效果，单击按钮 −，将隐藏分类汇总的明细数据，单击按钮 +，将显示明细数据。

（3）取出汇总结果，制作销售部门业绩排行榜。如果还要从原数据中继续做其他的数据分析，就要取出并保留当前的分类汇总结果，而且分类汇总的结果不能直接排序，如何取出分类汇总的结果呢，操作步骤如下。

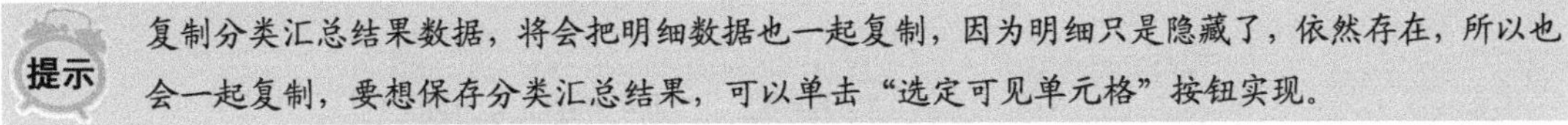

提示　复制分类汇总结果数据，将会把明细数据也一起复制，因为明细只是隐藏了，依然存在，所以也会一起复制，要想保存分类汇总结果，可以单击“选定可见单元格”按钮实现。

① 插入新工作表并重命名为“上半年销售业绩排行榜”，输入如图 9-21 所示的销售目标额，设置 B 列和 C 列数据类型为会计专用，小数位数为 2。

部门	销售目标额	任务完成额	完成比率
销售（1）部	¥ 7,000,000.00		
销售（2）部	¥ 7,000,000.00		
销售（3）部	¥ 7,000,000.00		

图 9-21　销售目标额

② 将“选定可见单元格”按钮添加到快速访问工具栏中。返回“销售业绩统计表”工作表，单击快速访问工具栏下拉列表，选择“其他命令”，如图 9-22 所示。在“自定义快速访问工具栏”选项卡下，在“从下列位置选择命令”选项卡下选择“所有命令”，找到“选定可见单元格”选项，效果如图 9-23 所示，单击“添加”按钮，将“选定可见单元格”命令添加到“快速访问工具栏”，单击“确定”按钮，即将“选定可见单元格”按钮添加到了“快速访问工具栏”中，效果如图 9-24 所示。

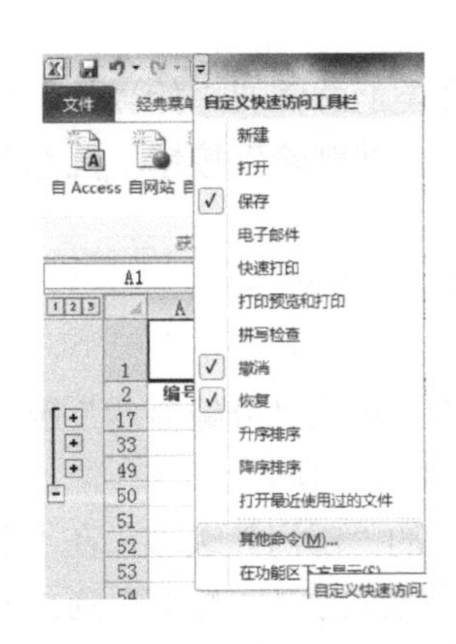

图 9-22　自定义快速访问工具栏

图 9-23　添加“选定可见单元格”按钮至“快速访问工具栏”中

图 9-24　将“选定可见单元格”添加至“快速访问工具栏”效果图

③ 选定“销售（1）部”至“销售（3）部”的总销售额，单击“选定可见单元格”按钮，效果如图 9-25 所示，单击“复制”按钮，切换到“上半年销售业绩排行榜”工作表，将“销售（1）部”至“销售（3）部”的总销售额粘贴至“任务完成额”列，效果如图 9-26 所示。

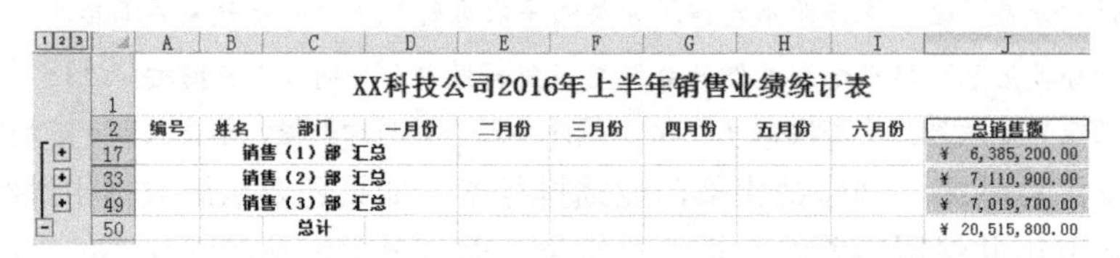

	A	B	C	D	E	F	G	H	I	J
1	XX科技公司2016年上半年销售业绩统计表									
2	编号	姓名	部门	一月份	二月份	三月份	四月份	五月份	六月份	总销售额
17			销售（1）部 汇总							¥ 6,385,200.00
33			销售（2）部 汇总							¥ 7,110,900.00
49			销售（3）部 汇总							¥ 7,019,700.00
50			总计							¥ 20,515,800.00

图 9-25　应用“选定可见单元格”命令效果

	A	B	C	D
1	部门	销售目标额	任务完成额	完成比率
2	销售（1）部	¥ 7,000,000.00	¥ 6,385,200.00	
3	销售（2）部	¥ 7,000,000.00	¥ 7,110,900.00	
4	销售（3）部	¥ 7,000,000.00	¥ 7,019,700.00	

图 9-26　将“分类汇总”后的“总销售额”粘贴至“任务完成额”列

④ 按照“任务完成额”降序排序。

⑤ 计算完成比率=任务完成额/销售目标额，设置格式为百分比形式显示。

⑥ 插入标题“上半年部门销售业绩排行榜”，并格式化表格如图 9-27 所示。

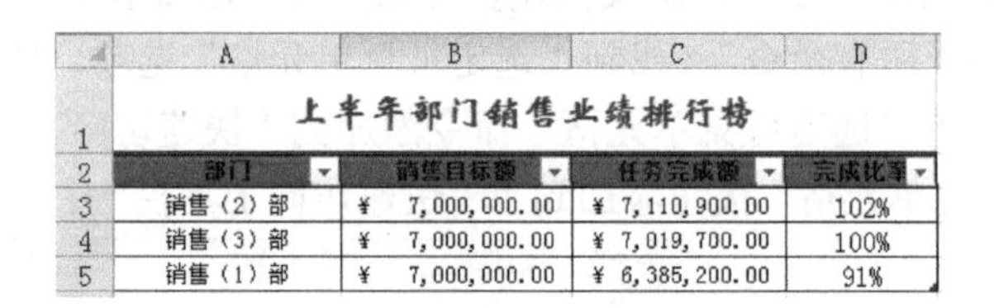

	A	B	C	D
1	上半年部门销售业绩排行榜			
2	部门	销售目标额	任务完成额	完成比率
3	销售（2）部	¥ 7,000,000.00	¥ 7,110,900.00	102%
4	销售（3）部	¥ 7,000,000.00	¥ 7,019,700.00	100%
5	销售（1）部	¥ 7,000,000.00	¥ 6,385,200.00	91%

图 9-27　上半年部门销售业绩排行榜

2. 汇总各部门每月的销售额

由于数据处于分类汇总状态，想再按另一个关键字进行分类汇总需要原始数据，所以要先删除原来的分类汇总，即在“分类汇总”对话框中选择“全部删除”按钮。汇总各部门每月销售额的步骤如下。

（1）选中“部门”列（字段）的任意一单元格，单击“排序”按钮。

（2）汇总各部门每月的销售额。

① 单击数据区域内任意一单元格，切换到“数据”选项卡，单击“分级显示”选项组“分类汇总”按钮，如图所示，弹出“分类汇总”对话框，如图 9-18 所示。

② 在“分类汇总”对话框中选择“分类字段”下拉列表中的“部门”选项，在“汇总方式”下拉列表中选择“求和”选项，勾选“选定汇总项”复选框的“一月份”到“六月份”以及“总销售额”选项，单击“确定”按钮，效果如图 9-28 所示。

XX科技公司2016年上半年销售业绩统计表

编号	姓名	部门	一月份	二月份	三月份	四月份	五月份	六月份	总销售额
		销售（1）部 汇总	1,145,500	1,065,550	1,044,500	1,069,500	1,010,650	1,049,500	¥ 6,385,200.00
		销售（2）部 汇总	1,174,050	1,164,000	1,182,550	1,269,150	1,161,650	1,159,500	¥ 7,110,900.00
		销售（3）部 汇总	1,192,550	1,101,500	1,201,500	1,234,000	1,160,150	1,130,000	¥ 7,019,700.00
		总计	3,512,100	3,331,050	3,428,550	3,572,650	3,332,450	3,339,000	¥ 20,515,800.00

图 9-28　各部门每月销售额

9.2.5　制作员工业绩分析表

运用“数据透视表”分析数据，可以直观地看到各部门每位员工每月的销售业绩。下面就来制作各部门员工第一季度业绩分析表。

（1）切换到“销售业绩统计表”工作表，删除原来的分类汇总。

（2）切换到“插入”选项卡，单击“表格”选项组中的“数据透视表”按钮，如图 9-29 所示。弹出“创建数据透视表”对话框，如图 9-30 所示。在“选择一个表或区域”栏输入数据区域，默认即为当前整张表格，也可单击“表/区域”栏后方按钮，用鼠标拖动表格区域进行选择；在“选择放置数据透视表的位置”栏中选择“新工作表”单选项，单击“确定”按钮。默认建立的数据透视表如图 9-31 所示。

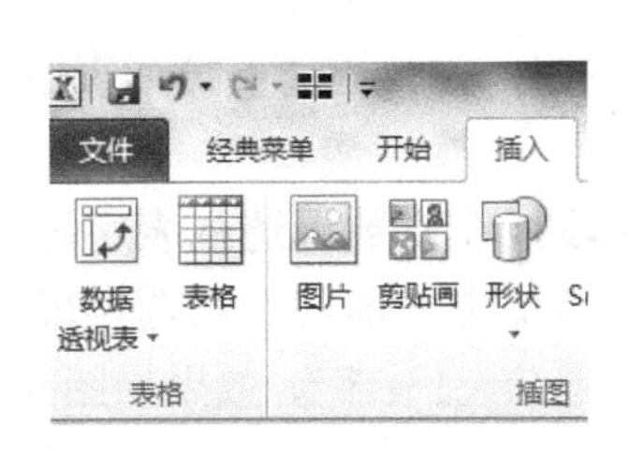

图 9-29 “数据透视表”选项按钮

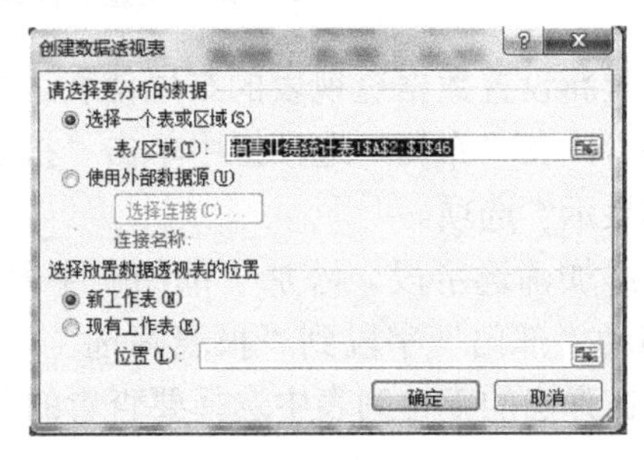

图 9-30 “创建数据透视表”对话框

（3）设置行标签字段。要分析部门员工的月销售业绩，所以要设置“部门”为行标签，在图 9-31 所示的右边的“数据透视表字段列表”对话框中，拖动“部门”字段到“行标签”区域中，再拖动“姓名”字段到“行标签”栏。

图 9-31　默认的数据透视表图

（4）设置数值字段。要统计部门员工的月销售业绩，需要拖动“一月份”至“三月份”字段到“数值”区域中，效果如图 9-32 所示。

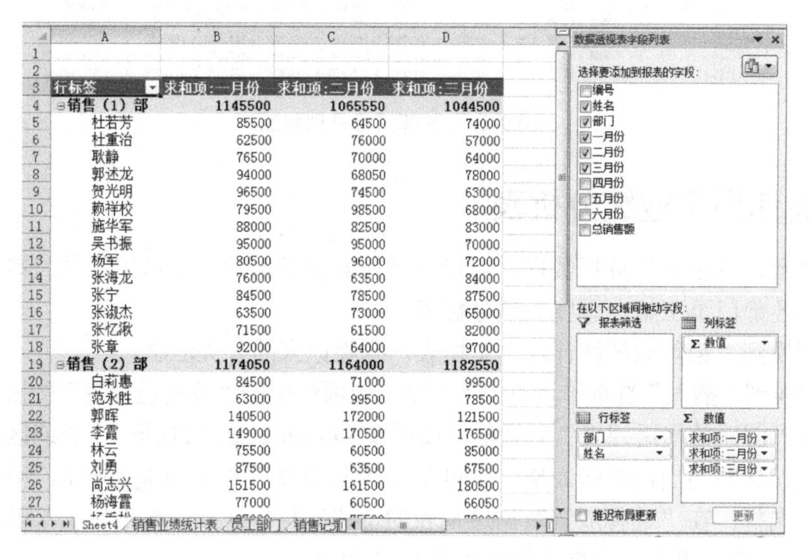

图 9-32　设置“行标签”和“数值”效果

（5）重新设置数据透视表的布局使表达更加直观。切换到“数据透视表工具”→“设计”选项卡，在“布局”选项组中单击“报表布局”按钮，在弹出的下拉列表中选择“以表格形式显示”选项。

（6）添加筛选字段。添加“部门”字段为筛选字段，在“数据透视表字段列表”对话框中拖动“部门”字段到“报表筛选”区域中，然后单击“部门”筛选字段右侧的下拉箭头，在弹出的下拉列表中选择要查看的部门，如“销售（1）部”，效果如图 9-33 所示。

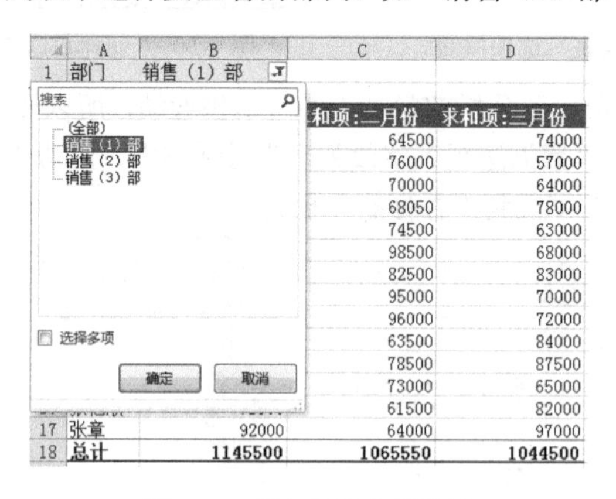

图 9-33　添加筛选字段效果

（7）按照汇总项排序。将“部门”字段拖动至“行标签”区域中“姓名”字段上方，单击任意汇总数据项，如“销售（1）部 汇总”的一月份销售额“1145500”单元格，切换到“数据”选项卡单击降序排序，则会按照每个部门一月份销售汇总额降序排序。可以单击部门左侧的显示明细按钮隐藏明细数据。

（8）美化数据透视表。可以应用数据透视表样式，切换到“数据透视表工具”→“设计”选项卡，在“数据透视表样式”中选择“数据透视表样式中等深浅 6”样式。插入行并输入标题“各部门员工第一季度销售业绩分析表”，合并居中，设置字体 18，华文隶书，最后效果如图 9-34 所示。

（9）在数据透视表中双击销售员的名字，可以查看每位销售员的销售业绩明细，如图 9-35 所示，在销售员对应的数值区域双击，可查看该销售员的数据记录，如图 9-36 所示。

各部门员工第一季度销售业绩分析表				
部门	姓名	求和项:一月份	求和项:二月份	求和项:三月份
销售（3）部		1192550	1101500	1201500
销售（2）部		1174050	1164000	1182550
销售（1）部	杜若芳	85500	64500	74000
	杜重治	62500	76000	57000
	耿静	76500	70000	64000
	郭述龙	94000	68050	78000
	贺光明	96500	74500	63000
	赖祥校	79500	98500	68000
	施华军	88000	82500	83000
	吴书振	95000	95000	70000
	杨军	80500	96000	72000
	张海龙	76000	63500	84000
	张宁	84500	78500	87500
	张淑杰	63500	73000	65000
	张忆湫	71500	61500	82000
	张章	92000	64000	97000
销售（1）部 汇总		1145500	1065550	1044500
总计		3512100	3331050	3428550

图 9-34 各部门员工第一季度销售业绩分析表最后效果

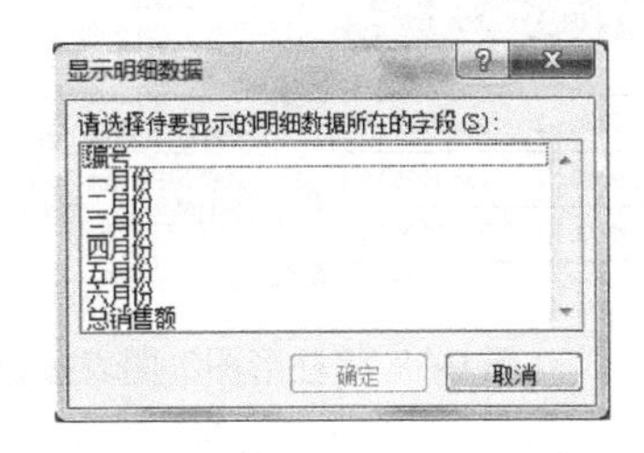

图 9-35 “显示明细数据”对话框

编号	姓名	部门	一月份	二月份	三月份	四月份	五月份	六月份	总销售额
XS23	林云	销售（2）	75500	60500	85000	57000	76000	83000	437000

图 9-36 某销售员的数据记录

9.2.6 制作销售统计分析图表

1. 产生月销售业绩分析图表

为了更加直观地呈现员工每个月的销售情况，制作月销售业绩分析图表，操作步骤如下。

（1）打开“2016 年上半年员工月销售业绩排行榜”，计算目标完成率，效果如图 9-37 所示。

2016年上半年销售记录排行榜									
姓名	一月份	二月份	三月份	四月份	五月份	六月份	年度销售目标额	总销售额	目标完成率
孙凯	¥ 96,500.00	¥ 86,500.00	¥ 90,500.00	¥ 94,000.00	¥ 99,500.00	¥ 70,000.00	¥ 500,000.00	¥ 537,000.00	107%
张章	¥ 92,000.00	¥ 64,000.00	¥ 97,000.00	¥ 93,000.00	¥ 75,000.00	¥ 93,000.00	¥ 530,000.00	¥ 514,000.00	97%
李霞	¥ 66,500.00	¥ 92,500.00	¥ 95,500.00	¥ 98,000.00	¥ 86,500.00	¥ 71,000.00	¥ 480,000.00	¥ 510,000.00	106%
肖跃进	¥ 93,050.00	¥ 85,500.00	¥ 77,000.00	¥ 81,000.00	¥ 95,000.00	¥ 78,000.00	¥ 520,000.00	¥ 509,550.00	98%
赖祥校	¥ 79,500.00	¥ 98,500.00	¥ 68,000.00	¥ 100,000.00	¥ 96,000.00	¥ 66,000.00	¥ 510,000.00	¥ 508,000.00	100%
陈锋	¥ 96,000.00	¥ 72,500.00	¥ 100,000.00	¥ 86,000.00	¥ 62,000.00	¥ 87,500.00	¥ 490,000.00	¥ 504,000.00	103%

图 9-37 2016 年上半年员工月销售业绩排行榜

（2）制作各月员工业绩对比图表。

① 选中单元格区域 A2:G8，切换到“插入”选项卡，单击“图表”选项组的“柱形图”按钮，在弹出的下拉列表中选择“二维柱形图”选项组中“簇状柱形图”按钮，如图 9-38

所示，就创建了每个员工各月销售业绩对比图表，如图 9-39 所示。

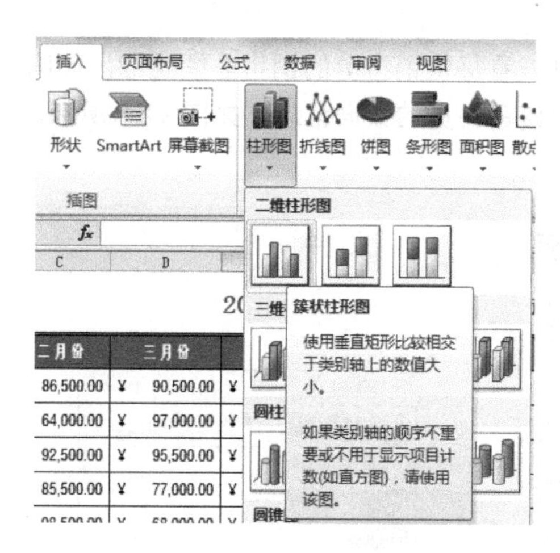

图 9-38 “柱形图”图表按钮图

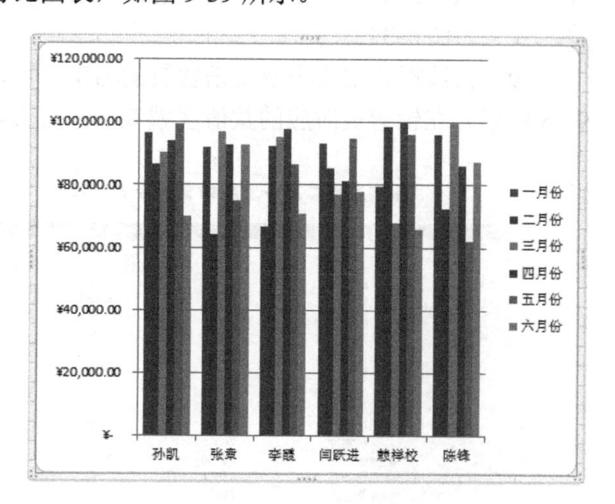

图 9-39 每个员工各月销售业绩对比图表

② 切换行列对比每个月员工之间的业绩。单击图表区，切换到“图表工具”→“设计”选项卡，单击“数据”选项组中的“切换行/列”按钮，如图 9-40 所示，则图表变为如图 9-41 所示的效果。

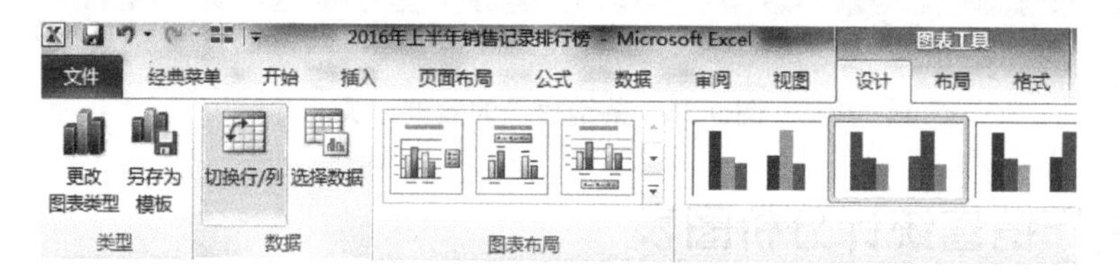

图 9-40 切换图表行列

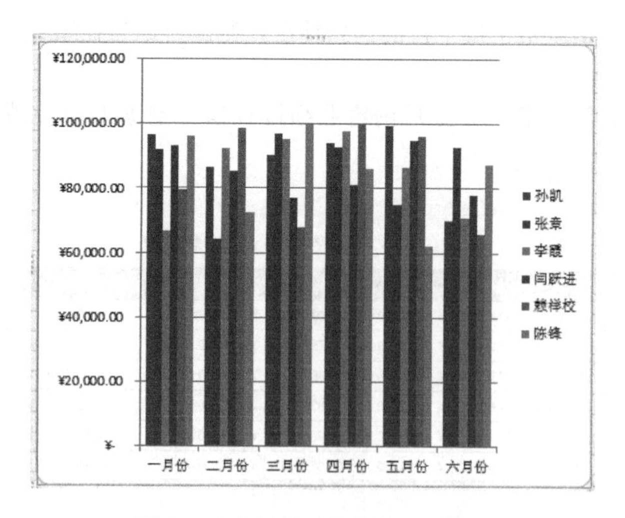

图 9-41 各月员工的业绩对比图表

③ 修改数据源对比前三名员工的业绩。单击图表区，切换到“图表工具”→“设计”选项卡，单击“数据”选项组中的“选择数据”按钮，弹出“选择数据源”对话框，如图 9-42 所示。单击“选择数据源”对话框中的“图表数据区域”文本框右侧的按钮，

重新选择数据区域为 A2:G5，单击“确定”按钮，此时图表中就仅体现前三名员工销售业绩对比情况了。

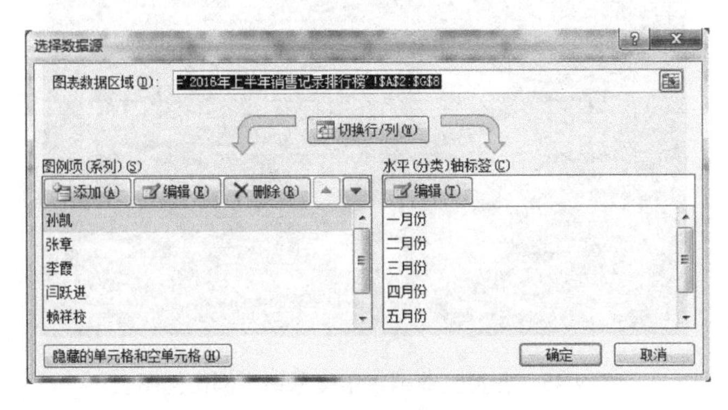

图 9-42　“选择数据源”对话框

④ 添加图表标题，修改布局。单击图表区，切换到“图表工具”→“设计”选项卡，单击“图表布局”选项组中的“布局 1”按钮改变图表布局，输入标题“各月前三名员工业绩对比图”。

⑤ 应用图表样式。单击图表区，切换到“图表工具”→“设计”选项卡，在“图表样式”选项组中选择“样式 42”选项改变图表外观。

⑥ 移动图表到新的工作表。单击图表区，切换到“图表工具”→“设计”选项卡，在“位置”选项组中单击“移动图表”按钮，弹出“移动图表”对话框，如图 9-43 所示。选择“移动图表”对话框中的“新工作表”选项，并在“新工作表”文本框中输入工作表的名称“各月前三名员工业绩对比图表”，单击“确定”按钮，效果如图 9-44 所示。

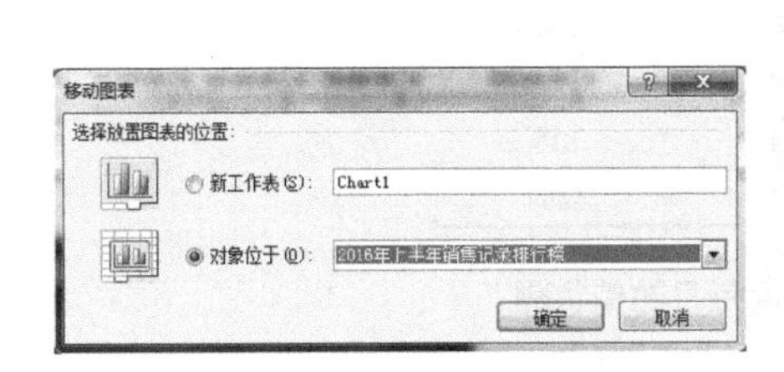

图 9-43　“移动图表”对话框

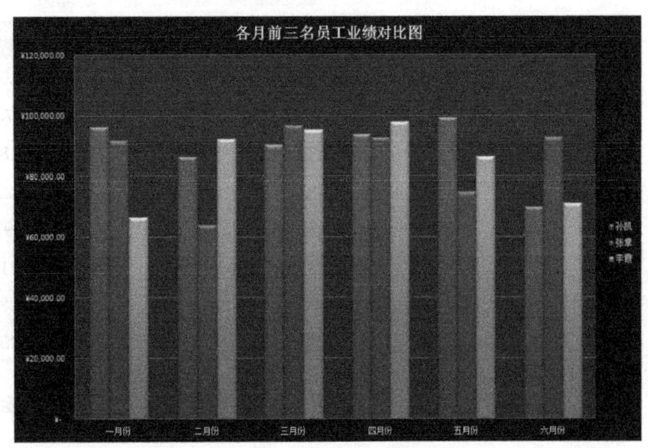

图 9-44　应用图表样式的图表

2. 制作各员工半年业绩占公司总销售额的比例图表

（1）选中单元格区域 A2:A8，再按住“Ctrl”键选中单元格区域 I2:I8，切换到“插入”选项卡，单击“图表”选项组的“饼图”按钮，如图 9-38 所示，在弹出的下拉列表中选择“饼图”选项组中“分离性饼图”按钮，就创建了每个员工业绩占半年公司总销售额的比例图表。

（2）修改图表标题和样式，效果如图 9-45 所示。

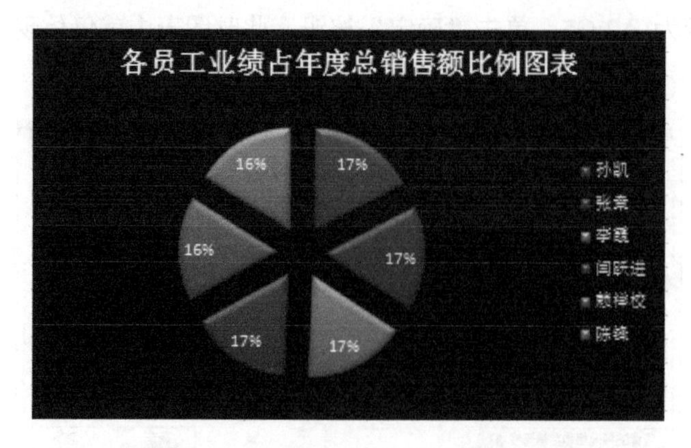

图 9-45　各员工业绩占年度总销售额比例图表

至此，××科技公司 2016 年上半年销售业绩统计表、员工业绩汇总及排行榜、员工业绩分析表及分析图表等都已获得，赶紧向经理汇报吧！

9.3 拓展案例

实训 1：统计分析月销售额报表

要求：打开素材文件“××市 2016 年第一季度洗衣机销售情况表.xlsx”，统计各品牌洗衣机第一季度每月的销售额，制作月销售额分析报表，就可以反映出哪些品牌比较畅销，哪些月份是销售旺季，效果如图 9-46 所示。

品牌	求和项:一月份	求和项:二月份	求和项:三月份
海尔洗衣机	862	1208	816
美的洗衣机	385	673	443
荣事达洗衣机	828	1188	794
松下洗衣机	401	622	445
西门子洗衣机	525	597	391
小天鹅洗衣机	848	1219	755
小鸭洗衣机	794	1284	813
总计	4643	6791	4457

图 9-46　各品牌洗衣机第一季度每月的销售额

使用“数据透视表”功能制作此分析报表，利用“数据透视工具”→“设计”选项卡下的“数据透视表样式”对此报表进行美化。

实训 2：绘制年度支出比例图

要求：打开素材文件“××集团 2016 上半年度支出统计表.xlsx”，统计各分公司年度支出，制作年度支出统计图表，体现各公司每月的支出情况，就可以反映出哪些月份、哪些公司的年度支出较高，从而控制经营成本。参考效果如图 9-47 所示。

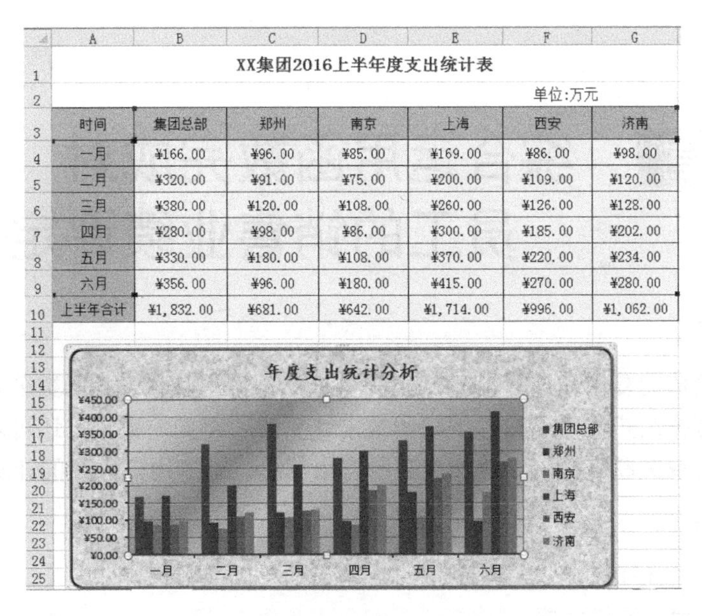

XX集团2016上半年度支出统计表

单位:万元

时间	集团总部	郑州	南京	上海	西安	济南
一月	¥166.00	¥96.00	¥85.00	¥169.00	¥86.00	¥98.00
二月	¥320.00	¥91.00	¥75.00	¥200.00	¥109.00	¥120.00
三月	¥380.00	¥120.00	¥108.00	¥260.00	¥126.00	¥128.00
四月	¥280.00	¥98.00	¥86.00	¥300.00	¥185.00	¥202.00
五月	¥330.00	¥180.00	¥108.00	¥370.00	¥220.00	¥234.00
六月	¥356.00	¥96.00	¥180.00	¥415.00	¥270.00	¥280.00
上半年合计	¥1,832.00	¥681.00	¥642.00	¥1,714.00	¥996.00	¥1,062.00

图 9-47　各公司每月的支出情况

提示

（1）分析各公司每月的支出情况，涉及到的参数较多，因此需使用“簇状柱形图”来进行分析。

（2）选择数据范围时不要选中“上半年合计”数值，否则数据将出现重复计算。

（3）为图表插入背景：在图表上右击，选择“设置图表区域格式”选项卡，弹出“设置图表区域格式”对话框，在“填充”选项组下，选择“图片或纹理填充”，如图 9-48 所示，选择对应纹理或图片，单击“确定”按钮。

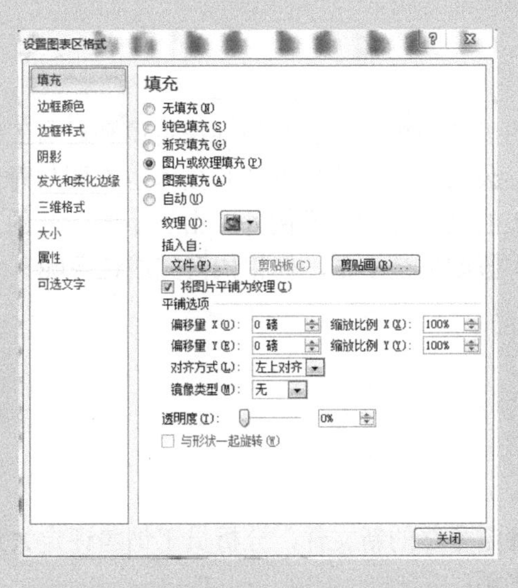

图 9-48　“设置图表区域格式”对话框

第10章 综合运用函数完成对员工的销售业绩评定

引　子

对于大量数值的复用和计算，Excel 也提供了非常实用且科学的函数公式可以套用在单元格中，可以根据用户的需求自己编辑函数来计算想要得到的数据，还可以为任意单元格的信息进行批注或关联链接，以增加更多的有用信息，节省用户大量的计算时间。

知识目标

- 粘贴链接的使用。
- Excel 公式的编辑方法。
- 区分单元格的相对引用和绝对引用及各自应用的场合。
- 查找和引用函数，HLOOKUP()和 VLOOKUP()的使用方法。
- IF 函数的使用方法。
- 批注的新建、编辑及删除。
- 常用函数求和、求平均值、求最大值、最小值的使用方法。

10.1 案例描述

为了充分调动员工的工作积极性，公司领导决定调整对员工的销售业绩评定办法，而且随着信息技术的发展，公司的各项管理办法和技术也都要与时俱进，实现科学化和现代化的管理，那么公司员工的销售评定也不例外。由于小张之前的工作完成的很出色，领导认为这项任务非他莫属，假如你是小张，你将如何完成任务呢？

10.2 案例实现

10.2.1 案例分析

根据公司关于销售评定办法的新文件，分析员工销售评定大致需进行以下步骤：

（1）查找员工的销售额；

（2）判断员工销量是否完成销售底限；

（3）根据销量计算提成；

（4）计算销售提成总和。

10.2.2　查找员工销售额

1. 导入部分数据

由于员工销售评定表中的基本信息如“编号、姓名、部门”等信息是和员工销售业绩统计表相同的，所以可以直接从销售业绩统计表中导入部分数据，操作步骤如下。

（1）打开任务 9 完成的“销售业绩统计表.xlsx”，选中“编号、姓名、部门”3 列信息，右击弹出快捷菜单，在快捷菜单中选择“复制”命令。

（2）在新建的工作簿中，单击 A1 单元格，切换到“开始”选项卡，单击“剪贴板”选项组中的“粘贴”按钮，在下拉列表中选择“粘贴链接”选项，如图 10-1 所示，则导入了“编号、姓名、部门”3 列数据。

使用“粘贴链接”而不使用“粘贴”的好处是当源数据即“销售业绩统计表.xlsx”中的数据更新时，粘贴链接过来的目的数据即“员工销售业绩评定表.xlsx”中的数据也会自动更新。

2. 完成表格设计

在表格顶部插入两行，分别输入表格题目及表格标题，选中 A1:F1，将表格题目合并居中，之后依次设置其他标题效果，制作如图 10-1 所示的表格。

XX科技公司2016年上半年销售业绩情况表

编号	姓名	部门	第一季度销售额	第二季度销售额	总销售额
XS29	白莉惠	销售（2）部			
XS6	陈锋	销售（3）部			
XS38	陈俊军	销售（3）部			
XS40	程水平	销售（3）部			
XS41	邓小燕	销售（3）部			
SC36	杜若芳	销售（1）部			
SC4	杜重治	销售（1）部			
XS2	范永胜	销售（2）部			
XS34	范永胜	销售（3）部			
SC11	耿静	销售（1）部			
XS20	郭晖	销售（2）部			
XS31	郭晖	销售（2）部			
SC25	郭述龙	销售（1）部			
XS34	郭增杰	销售（3）部			
XS5	韩庆福	销售（3）部			
XS10	贺光明	销售（1）部			
XS1	赖祥校	销售（1）部			

图 10-1　销售业绩评定表

3. 计算各个季度的销售额

计算员工各季度的销售额，需引用“销售业绩统计表”中各月的销售数据到“员工销售业绩评定表”中，并进行求和计算。

（1）计算员工第一季度的销售额。

① 选中单元格 D3，在单元格中输入函数：

=VLOOKUP(A3,销售业绩统计表.xlsx!$A$2:$D$46,4,0)+VLOOKUP(A3,销售业绩统计表.xlsx!$A$2:$E$46,5,0)+VLOOKUP(A3,销售业绩统计表.xlsx!$A$2:$F$46,6,0)，如图 10-2 所示，单击✔按钮或者按“Enter”键确认输入。

D3 =VLOOKUP(A3,销售业绩统计表.xlsx!$A$2:$D$46,4,0)+VLOOKUP(A3,销售业绩统计表.xlsx!$A$2:$E$46,5,0)+VLOOKUP(A3,销

XX科技公司2016年上半年销售业绩情况表

编号	姓名	部门	第一季度销售额	第二季度销售额	总销售额
XS29	白莉惠	销售（2）部	255,000	232,000	¥ 487,000.00
XS6	陈锋	销售（3）部	268,500	235,500	¥ 504,000.00
XS38	陈俊军	销售（3）部	245,500	255,000	¥ 500,500.00
XS40	程水平	销售（3）部	219,500	205,500	¥ 425,000.00
XS41	邓小燕	销售（3）部	225,000	263,500	¥ 488,500.00
SC36	杜若芳	销售（1）部	224,000	218,500	¥ 442,500.00
SC4	杜重治	销售（1）部	195,500	240,000	¥ 435,500.00

图 10-2　引用“销售业绩统计表”中各月的销售数据

② 拖动填充柄，向下自动填充至单元格 D46，填入其他销售员的第一季度的销售额。

（1）Excel 的公式必须以“=”开头，公式与数学表达式基本相同，由参与运算的数据和运算符组成。公式中的运算符要用英文半角符号。当公式引用的单元格数据修改后，公式的计算结果会自动更新。

（2）Excel 包含四类运算符：算术运算符、比较运算符、文本运算符和引用运算符。

• 算术运算符

+（加号）、-（减号或负号）、*（乘号）、/（除号）、%（百分号）、^（乘方），完成基本的数学运算，返回值为数值。

• 比较运算符

=（等号）、>(大于)、<（小于）、>=（大于等于）、<=（小于等于）、< >（不等于），用以实现两个值的比较，结果是逻辑值 True 或 False，如在单元格中输入“=3<8”，结果为 True。

• 文本运算符

&用来连接一个或多个文本数据以产生组合的文本。例如，在单元格中输入“=“职业”&“学院””（注意：输入文本时必须加英文引号）后回车，将返回“职业学院”的结果。输入“=“包头”&“职业”&“技术”&“学院””返回“包头职业技术学院”。

• 引用运算符

单元格引用运算符：“:”（冒号）。

联合运算符：“,”（逗号），将多个引用合并为一个引用。

交叉运算符：空格，产生同时属于两个引用的单元格区域的引用。

③ 函数说明：VLOOKUP 函数能够实现员工各月销售额的引用，第一季度总销售额为一月、二月、三月的销售额相加，因此将三次的引用值相加，即可得到第一季度的销售额。

（2）VLOOKUP 函数介绍。

① 功能：在表格或数值数组的首列查找指定的数值，找到时（精确匹配或者近似匹配）返回表格或数组当前行中指定列处的值；如果找不到，则返回错误值#N/A。

② 语法：VLOOKUP（Lookup_value，Table_array，Row_index_num，Range_lookup）。

③ 单击 D3 单元格，切换到“公式”选项卡，单击“函数库”选项组中的“插入函数”按钮，如图 10-3 所示。

④ 在“插入函数”对话框“选择类别”下拉列表框中选择“全部”选项，在“选择函数”列表中选择“VLOOKUP”函数，如图 10-4 所示。

⑤ 弹出查找和引用函数 VLOOKUP 的“函数参数”对话框，在对话框中显示函数功能和各参数的含义，如图 10-5 所示。

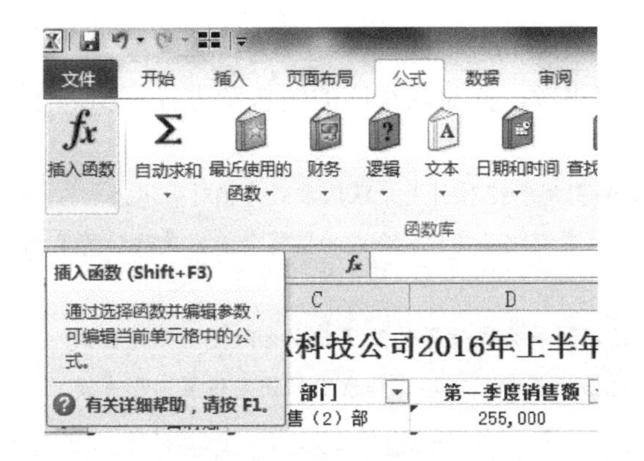

图 10-3 “插入函数”按钮

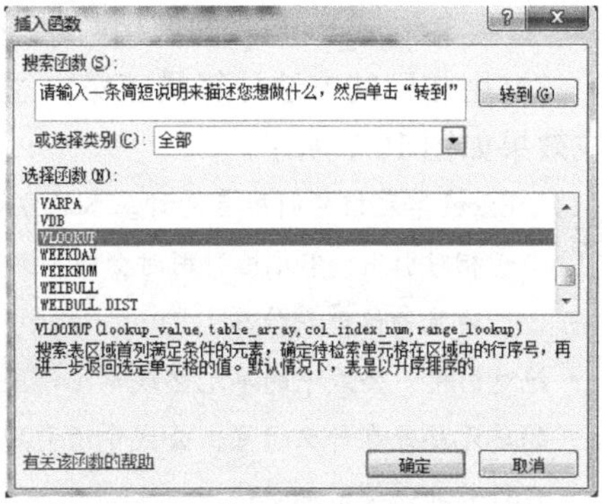

图 10-4 “插入函数”对话框

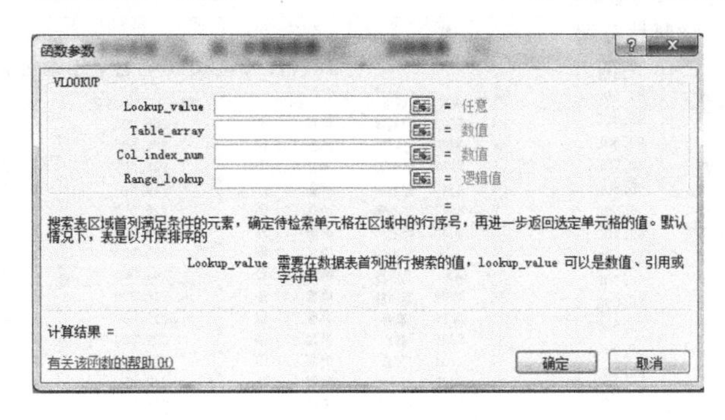

图 10-5　VLOOKUP 的“函数参数”对话框

⑥ 输入参数值。

- 输入参数 Lookup_value 的值“A3”，或者单击 A3 单元格，也就是在参数 Table_array 设定的查找区域的首列查找 A3 单元格的值，即“XS29”。简单地说，Lookup_value 的值即为要查找的值，是需要在数据表中第一列进行查找的数值，可以为数值、引用或文本字符串。
- 输入参数 Table_array 的值“销售业绩统计表.xlsx!$A$2:$D$46”，就是在“销售业绩统计表”中员工编号到员工一月份的销售额所在的区域 A2:D46。简单地说，Table_array 的值即为要查找的区域，是需要在其中查找数据的表格或数值数组，使用对区域或区域名称的引用。
- 输入参数 Row_index_num 的值“4”，指定当查找到与 A3 单元格的值“XS29”匹配时的数值所在的单元格在 Table_array 区域中的列号，简单地说，Row_index_num 的值是要返回的数据在查找区域的第几列。
- 输入参数 Range_lookup 的值，匹配有近似匹配和精确匹配两种选择，Range_lookup 的值确定了查找时是否要求精确匹配，如果为 TRUE 或省略，则如果找不到精确值则返回近似匹配值，也就是说，如果找不到精确匹配值，则返回小于 Lookup_array 的最大值，但如果 Range_lookup 为 FALSE，则函数 VLOOKUP 将只查找精确匹配值，如果找不到，则返回错误值#N/A。此例中，当设定 Range_lookup 的值为 TURE 时，如果找不到精确匹配值，则返回小于 Lookup_value 的最大数值，假设 A3 单元格为“XS29”，在 Table_array 中找不到“XS29”，但找到小于的最大值，“XS28”，指定 Row_index_num 值为 4，则返回“XS28”所在查找区域第 4 列的值，也就是 66,500，如图 10-6 所示。

• 参数 Range_lookup 的值用数字表示时，“1”为近似匹配，“0”为精确匹配。

（3）用相同的方法计算员工第二季度的销售额，并对两季度的销售额进行求和，计算完成效果如图 10-7 所示。

Excel 单元格的引用有两种基本的方式：相对引用和绝对引用，默认方式为相对引用。

• 相对引用：单元格引用时会随公式所在的位置变化而变化，公式的值将会依据更改后的单元格地址的值重新计算。

• 绝对引用：公式中的单元格或单元格区域地址不随着公式位置的改变而发生改变。不论公式的单元格处在什么位置，公式中所引用的单元格位置都是在其工作表中的固定位置。形式是在行号和列号前加“$”。

	A	B	C	D
1				XX科技公司
2	编号	姓名	部门	一月份
3	XS29	白莉惠	销售（2）部	84,500
4	XS6	陈锋	销售（3）部	96,000
5	XS38	陈俊军	销售（3）部	97,500
6	XS40	程水平	销售（3）部	86,500
7	XS41	邓小燕	销售（3）部	75,500
8	SC36	杜若芳	销售（1）部	85,500
9	SC4	杜重治	销售（1）部	62,500
10	XS2	范永胜	销售（2）部	63,000
11	XS34	范永胜	销售（3）部	56,000
12	SC11	耿静	销售（1）部	76,500
13	XS20	郭晖	销售（2）部	72,500
14	XS31	郭晖	销售（2）部	68,000
15	SC25	郭述龙	销售（1）部	94,000
16	XS34	郭增杰	销售（3）部	81,000
17	XS5	韩庆福	销售（3）部	83,500
18	XS10	贺光明	销售（1）部	96,500
19	XS1	赖祥校	销售（1）部	79,500
20	XS28	李霞	销售（2）部	66,500

图 10-6　近似引用返回的函数值

	A	B	C	D	E	F
1	XX科技公司2016年上半年销售业绩情况表					
2	编号	姓名	部门	第一季度销售额	第二季度销售额	总销售额
3	XS29	白莉惠	销售（2）部	255,000	232,000	¥ 487,000.00
4	XS6	陈锋	销售（3）部	268,500	235,500	¥ 504,000.00
5	XS38	陈俊军	销售（3）部	245,500	255,000	¥ 500,500.00
6	XS40	程水平	销售（3）部	219,500	205,500	¥ 425,000.00
7	XS41	邓小燕	销售（3）部	225,000	263,500	¥ 488,500.00
8	SC36	杜若芳	销售（1）部	224,000	218,500	¥ 442,500.00
9	SC4	杜重治	销售（1）部	195,500	240,000	¥ 435,500.00
10	XS2	范永胜	销售（2）部	241,000	208,150	¥ 449,150.00
11	XS34	范永胜	销售（3）部	218,500	236,500	¥ 455,000.00
12	SC11	耿静	销售（1）部	210,500	240,000	¥ 450,500.00
13	XS20	郭晖	销售（2）部	207,500	242,000	¥ 449,500.00
14	XS31	郭晖	销售（2）部	226,500	202,000	¥ 428,500.00
15	SC25	郭述龙	销售（1）部	240,050	203,500	¥ 443,550.00
16	XS34	郭增杰	销售（3）部	218,500	236,500	¥ 455,000.00
17	XS5	韩庆福	销售（3）部	232,500	237,150	¥ 469,650.00
18	XS10	贺光明	销售（1）部	234,000	206,000	¥ 440,000.00
19	XS1	赖祥校	销售（1）部	246,000	262,000	¥ 508,000.00
20	XS28	李霞	销售（2）部	254,500	255,500	¥ 510,000.00

图 10-7　计算完成的员工销售业绩评定表

10.2.3　判断员工销量是否完成销售底限

1. 编辑“员工销售业绩评定表.xlsx”

打开文件“员工销售业绩评定表.xlsx”，插入两列，分别命名为“第一季度是否完成销售底线”“第二季度是否完成销售底线”，如图 10-8 所示。

	B	C	D	E	F	G	H
1	XX科技公司2016年上半年销售业绩情况表						
2	姓名	部门	第一季度销售额	第一季度是否完成销售底线	第二季度销售额	第二季度是否完成销售底线	总销售额
3	白莉惠	销售（2）部	255,000		232,000		¥ 487,000.00
4	陈锋	销售（3）部	268,500		235,500		¥ 504,000.00
5	陈俊军	销售（3）部	245,500		255,000		¥ 500,500.00
6	程水平	销售（3）部	219,500		205,500		¥ 425,000.00
7	邓小燕	销售（3）部	225,000		263,500		¥ 488,500.00
8	杜若芳	销售（1）部	224,000		218,500		¥ 442,500.00
9	杜重治	销售（1）部	195,500		240,000		¥ 435,500.00
10	范永胜	销售（2）部	241,000		208,150		¥ 449,150.00
11	范永胜	销售（3）部	218,500		236,500		¥ 455,000.00
12	耿静	销售（1）部	210,500		240,000		¥ 450,500.00
13	郭晖	销售（2）部	207,500		242,000		¥ 449,500.00
14	郭晖	销售（2）部	226,500		202,000		¥ 428,500.00

图 10-8　插入两列后的员工销售业绩评定表

2. 利用 IF 函数判断员工销售额是否达到销售底线

由于各季度市场需求不同，因此公司对各季度的销售底线的规定也是不同的。假设公司规定，第一季度销售人员的销售底线为“210,000”，第二季度销售人员的销售底线为

“200,000”。

（1）判断员工第一季度的销售额是否达到销售底线。

① 单击 E3 单元格，输入公式：=IF(D3>210000,"是","否")，如图 10-9 所示，单击✔按钮或者按“Enter”键确认输入。

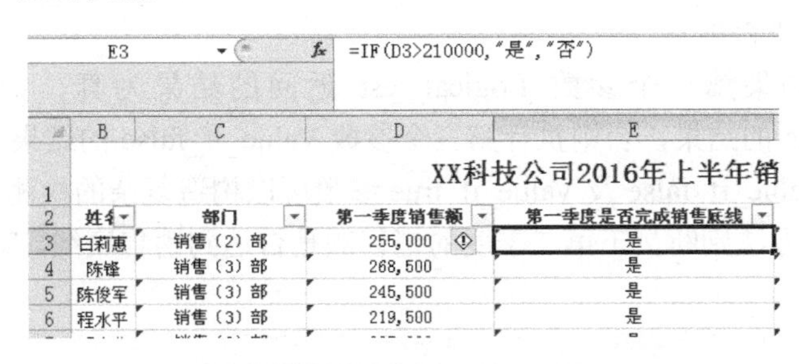

图 10-9　利用 IF 函数判断员工销售额是否达到销售底线

② 拖动填充柄，向下自动填充至单元格 E46，判断其他销售人员的第一季度的销售额是否达到销售底线。

③ 函数说明：IF 函数能够对员工的销售额进行判断，根据条件表达式的值得真或假返回为不同的结果。

（2）IF 函数介绍。

① 功能：执行真假值判断，根据逻辑测试的真假值返回不同的结果。

② 语法：IF(Logical-test,Value-if-true,Value-if-false)。

③ 单击 E3 单元格，切换到“公式”选项卡，单击“函数库”选项组中的“插入函数”按钮。

④ 在“插入函数”对话框“选择类别”下拉列表框中选择“全部”选项，在“选择函数”列表中选择“IF”函数。

⑤ 弹出逻辑判断函数 IF 的“函数参数”对话框，在对话框中显示函数功能和各参数的含义，如图 10-10 所示。

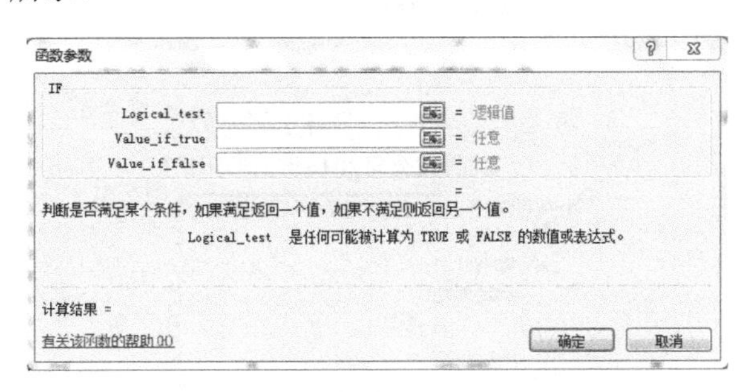

图 10-10　IF 函数的“函数参数”对话框

⑥ 输入参数值。

- 输入参数 Logical-test 的值：“D3>210000”，判断 D3 单元格的数值是否大于 210,000，这是要判断员工是否完成了销售底线。简单地说，Logical-test 的值表示计算结果为 TRUE 或 FALSE 的任意值或表达式。本参数可使用任何比较运算符。
- 输入参数 Value_if_true 的值：显示在 Logical_test 为 TRUE 时返回的值，Value_if_true 也可以是其他公式。在本案例中，要判断员工销售额是否达到了销售底线，若达到，则返回值"是"，若未达到，则返回值"否"，因此，当参数 Logical-test 的值"D3>210000"条件成立时，此栏中应返回的值为"是"。

- 输入参数 Value_if_false 的值：Logical_test 为 FALSE 时返回的值，Value_if_false 也可以是其他公式。当参数 Logical-test 的值"D3>210000"条件不成立时，此栏中应返回的值为"否"。
- 简言之，如果第一个参数 Logical_test 返回的结果为真，则执行第二个参数 Value_if_true 的结果，否则执行第三个参数 Value_if_false 的结果。IF 函数可以嵌套七层，用 Value_if_false 及 Value_if_true 参数可以构造复杂的检测条件。

（3）用相同的方法判断员工第二季度的销售额是否达到销售底线，完成效果如图 10-11 所示。

XX科技公司2016年上半年销售业绩情况表

姓名	部门	第一季度销售额	第一季度是否完成销售底线	第二季度销售额	第二季度是否完成销售底线	总销售额
白莉惠	销售（2）部	255,000	是	232,000	是	¥ 487,000.00
陈锋	销售（3）部	268,500	是	235,500	是	¥ 504,000.00
陈俊军	销售（3）部	245,500	是	255,000	是	¥ 500,500.00
程水平	销售（3）部	219,500	是	205,500	是	¥ 425,000.00
邓小燕	销售（3）部	225,000	是	263,500	是	¥ 488,500.00
杜若芳	销售（1）部	224,000	是	218,500	是	¥ 442,500.00
杜重治	销售（1）部	195,500	否	240,000	是	¥ 435,500.00
范永胜	销售（2）部	241,000	是	208,150	是	¥ 449,150.00
范永胜	销售（3）部	218,500	是	236,500	是	¥ 455,000.00
耿静	销售（1）部	210,500	是	240,000	是	¥ 450,500.00
郭晖	销售（2）部	207,500	否	242,000	是	¥ 449,500.00
郭晖	销售（2）部	226,500	是	202,000	是	¥ 428,500.00
郭述龙	销售（1）部	240,050	是	203,500	是	¥ 443,550.00
郭增杰	销售（3）部	218,500	是	236,500	是	¥ 455,000.00

图 10-11　判断完成的员工销售业绩评定表

3. 为没有达到销售底线的员工添加批注

（1）利用"筛选功能"，选出第一季度未达到销售底线的员工，如图 10-12 所示，筛选结果如图 10-13 所示。

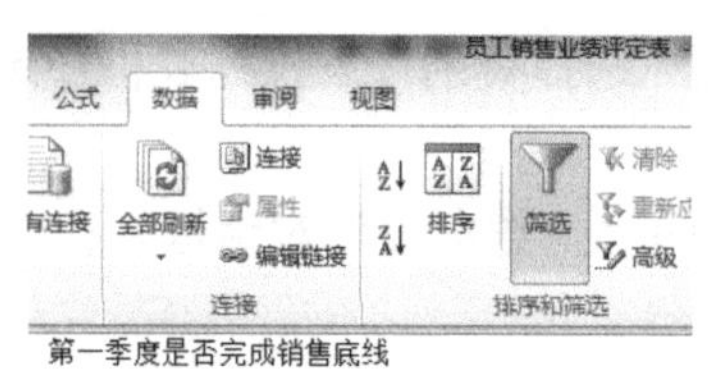

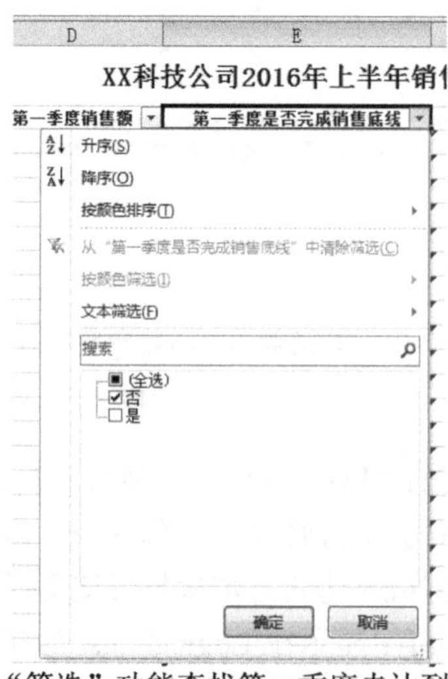

图 10-12　利用"筛选"功能查找第一季度未达到销售底线的员工

XX科技公司2016年上半年销售业绩情况表

姓名	部门	第一季度销售额	第一季度是否完成销售底线	第二季度销售额	第二季度是否完成销售底线	总销售额
杜重治	销售（1）部	195,500	否	240,000	是	¥ 435,500.00
郭晖	销售（2）部	207,500	否	242,000	是	¥ 449,500.00
马世波	销售（3）部	205,000	否	199,500	否	¥ 404,500.00
杨海霞	销售（2）部	203,550	否	275,000	是	¥ 478,550.00
张淑杰	销售（1）部	201,500	否	231,500	是	¥ 433,000.00

图 10-13　第一季度未达到销售底线的员工名单

（2）单击 B9 单元格，切换到“审阅”选项卡，单击“批注”选项组中的“新建批注”按钮，如图 10-14 所示。

（3）在弹出的文本框中输入“未达到销售底线”，输入完毕后单击工作表中任意一个单元格，即可退出批注的编辑状态。

当鼠标指向 B9 单元格时，就会显示所插入的批注信息，如图 10-15 所示。单击“审阅”选项卡中的“编辑批注”就可以对批注进行修改。如果想删除批注，只要单击“删除”按钮即可。

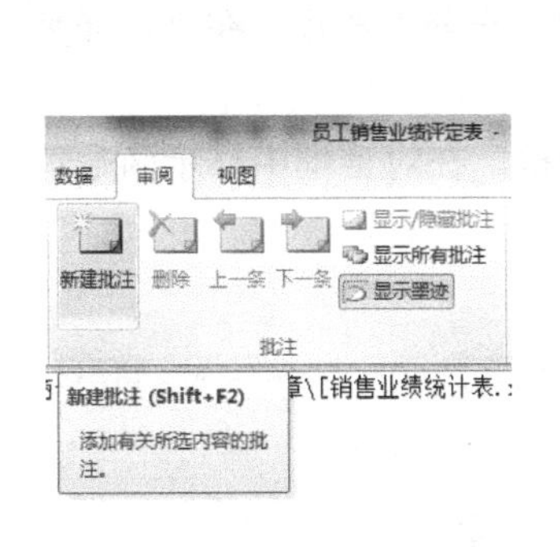

图 10-14 “新建批注”按钮

图 10-15 “编辑批注”及显示批注效果

（4）选中“审阅”选项卡中的“显示所有批注”按钮，则批注将一直显示，无须鼠标滑过。

（5）参照此方法为其他未达标员工添加批注。

10.2.4 根据销量计算提成

为了激励销售人员的工作积极性，公司加大了对销售人员的激励措施，对不同范围的业绩提成比例也做了新的规定，下面计算销售人员的提成金额。

（1）打开文件“员工销售业绩评定表.xlsx”，插入两列，分别命名为“第一季度销售提成比例”“第二季度销售提成比例”，如图 10-16 所示。

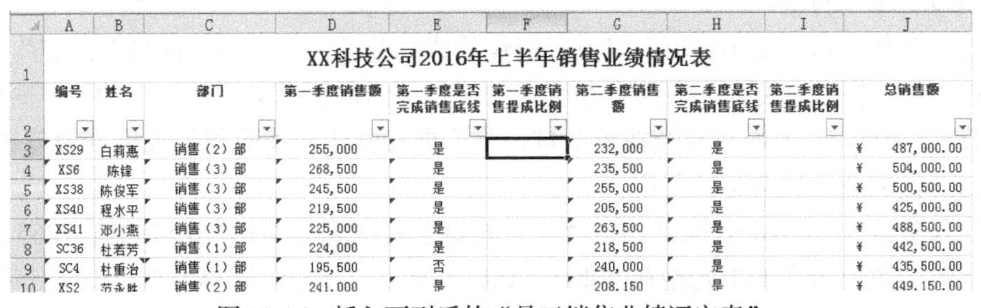

XX科技公司2016年上半年销售业绩情况表

编号	姓名	部门	第一季度销售额	第一季度是否完成销售底线	第一季度销售提成比例	第二季度销售额	第二季度是否完成销售底线	第二季度销售提成比例	总销售额
XS29	白莉惠	销售（2）部	255,000	是		232,000	是		¥ 487,000.00
XS6	陈锋	销售（3）部	268,500	是		235,500	是		¥ 504,000.00
XS38	陈俊军	销售（3）部	245,500	是		255,000	是		¥ 500,500.00
XS40	程水平	销售（3）部	219,500	是		205,500	是		¥ 425,000.00
XS41	邓小燕	销售（3）部	225,000	是		263,500	是		¥ 488,500.00
SC36	杜若芳	销售（1）部	224,000	是		218,500	是		¥ 442,500.00
SC4	杜重治	销售（1）部	195,500	否		240,000	是		¥ 435,500.00
XS2	范永胜	销售（2）部	241,000	是		208,150	是		¥ 449,150.00

图 10-16　插入两列后的“员工销售业绩评定表”

（2）填入提成比例。根据公司规定，员工第一季度基本销售任务是 210,000，第二季度基本销售任务是 200,000。也就是销售额分别在 210,000 及 200,000 以下没有提成，超过销售底线 0～20,000 元的按照 2%提成，超过销售底线 20,000 元～40,000 元的按照 5%提成，超过销售底线 40,000 元以上的按照 5%提成，如图 10-17 所示。下面应用 HLOOKUP 函数根据员工销售额不同，自动填入员工相应的提成比例，具体操作步骤如下。

	A	B	C	D	E
1	员工销售提成分配表				
2	销售额分段	未达到销售额底线	超过底线0~20000	超过底线20000~40000	超过底线40000以上
3	第一季度参照销售额	¥ -	¥ 210,000	¥ 230,000	¥ 250,000
4	第二季度参照销售额	¥ -	¥ 200,000	¥ 220,000	¥ 240,000
5	提成比例	0%	2%	5%	8%

图 10-17　员工销售提成分配表

① 单击“员工销售业绩评定表”的 F3 单元格，切换到“公式”选项卡，单击“函数库”选项组中的“插入函数”按钮。

② 在“插入函数”对话框“选择类别”下拉列表框中选择“全部”选项，在“选择函数”列表中选择“HLOOKUP”函数，如图 10-18 所示。

③ 弹出查找和引用函数 HLOOKUP 的“函数参数”对话框，在对话框中显示函数功能和各参数的含义，如图 10-19 所示。

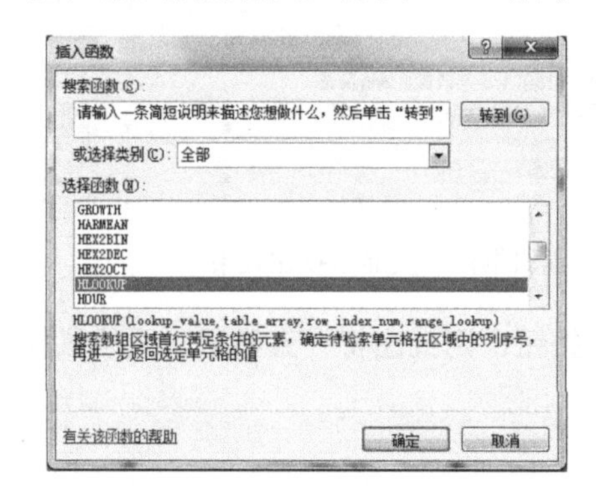

图 10-18　HLOOKUP 函数插入函数对话框

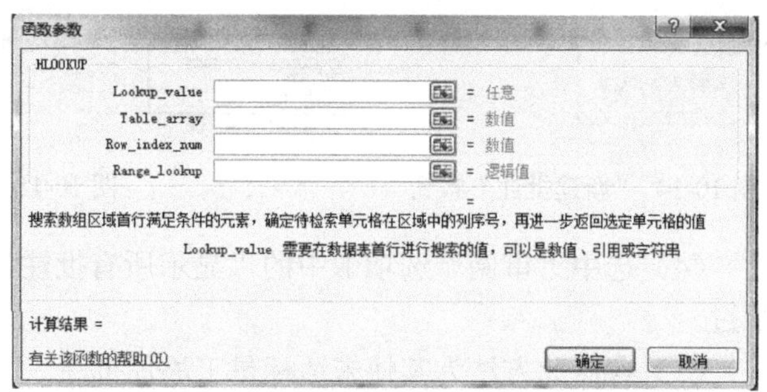

图 10-19　HLOOKUP 函数的“函数参数”对话框

④ 输入参数值。

- 输入参数 Lookup_value 的值“D3”，或者单击 D3 单元格，也就是在参数 Table_array 设定的查找区域的首行查找 D3 单元格的值，即“255,000”。简单地说，Lookup_value 的值即为要查找的值，是需要在数据表中第一行进行查找的数值，可以为数值、引用或文本字符串。
- 输入参数 Table_array 的值“[员工销售提成分配表.xlsx]Sheet1!$A$3:$E$5”，也就是在“员工提成分配表”中第一季度员工销售参考额至提成比例所在的行。简单地说，Table_array 的值即为要查找的区域，是需要在其中查找数据的表格或数值数组，使用对区域或区域名称的引用。
- 输入参数 Row_index_num 的值“3”，指定当查找到与 D3 单元格的值“255,000”匹配时的数值所在的单元格在 Table_array 区域中的行号，简单地说，Row_index_num 的值是要返回的数据在查找区域的第几行。

- 输入参数 Range_lookup 的值，与 VLOOKUP 函数相似，HLOOKUP 函数的匹配也有近似匹配和精确匹配两种选择，Range_lookup 的值确定了查找时是否要求精确匹配，如果为 TRUE 或省略，则如果找不到精确值则返回近似匹配值，也就是说，如果找不到精确匹配值，则返回小于 Lookup_value 的最大值，但如果 Range_lookup 为 FALSE，则函数 HLOOKUP 将只查找精确匹配值，如果找不到，则返回错误值#N/A。此例中，当设定 Range_lookup 的值为 TURE 时，如果找不到精确匹配值，则返回小于 Lookup_value 的最大数值，假设 D3 单元格为“255,000”，在 Table_array 中找不到“255,000”，但找到小于的最大值，“250,000”，指定 Row_index_num 值为 3，则返回“250,000”所在查找区域第 3 行的值，也就是 8%，如图 10-17 所示。
- 参数 Range_lookup 的值用数字表示时，“1”为近似匹配，“0”为精确匹配。
- 单击✓按钮或者按“Enter”键确认输入，函数返回结果如图 10-20 所示。

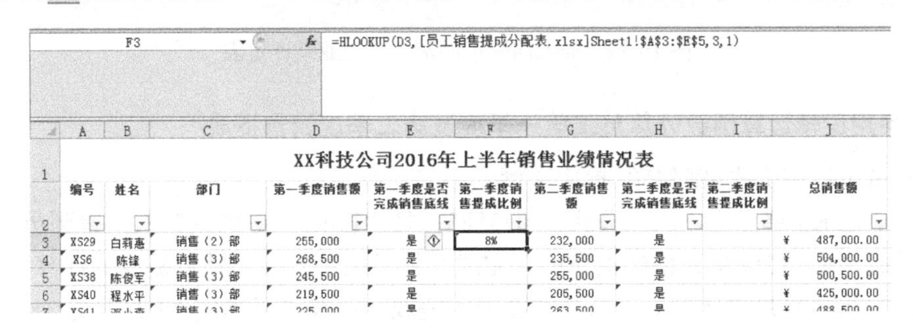

F3　=HLOOKUP(D3,[员工销售提成分配表.xlsx]Sheet1!$A$3:$E$5,3,1)

XX科技公司2016年上半年销售业绩情况表

编号	姓名	部门	第一季度销售额	第一季度是否完成销售底线	第一季度销售提成比例	第二季度销售额	第二季度是否完成销售底线	第二季度销售提成比例	总销售额
XS29	白莉惠	销售（2）部	255,000	是	8%	232,000	是		¥ 487,000.00
XS6	陈锋	销售（3）部	268,500	是		235,500	是		¥ 504,000.00
XS38	陈俊军	销售（3）部	245,500	是		255,000	是		¥ 500,500.00
XS40	程水平	销售（3）部	219,500	是		205,500	是		¥ 425,000.00

图 10-20　填充提成比例函数

⑤ 拖动 F3 单元格的填充柄，计算其他员工的提成比例。

⑥ 按照同样的方法计算员工第二季度的销售提成比例，计算结果如图 10-21 所示。

XX科技公司2016年上半年销售业绩情况表

编号	姓名	部门	第一季度销售额	第一季度是否完成销售底线	第一季度销售提成比例	第二季度销售额	第二季度是否完成销售底线	第二季度销售提成比例	总销售额
XS29	白莉惠	销售（2）部	255,000	是	8%	232,000	是	5%	¥ 487,000.00
XS6	陈锋	销售（3）部	268,500	是	8%	235,500	是	5%	¥ 504,000.00
XS38	陈俊军	销售（3）部	245,500	是	5%	255,000	是	8%	¥ 500,500.00
XS40	程水平	销售（3）部	219,500	是	2%	205,500	是	2%	¥ 425,000.00
XS41	邓小燕	销售（3）部	225,000	是	2%	263,500	是	8%	¥ 488,500.00
SC36	杜若芳	销售（1）部	224,000	是	2%	218,500	是	2%	¥ 442,500.00
SC4	杜重治	销售（1）部	195,500	否	0%	240,000	是	8%	¥ 435,500.00
XS2	范永胜	销售（2）部	241,000	是	5%	208,150	是	2%	¥ 449,150.00
XS34	范永胜	销售（3）部	218,500	是	2%	236,500	是	5%	¥ 455,000.00
SC11	耿静	销售（1）部	210,500	是	2%	240,000	是	8%	¥ 450,500.00
XS20	郭晖	销售（2）部	207,500	否	0%	242,000	是	8%	¥ 449,500.00

图 10-21　计算完成的两个季度员工销售提成比例

- HLOOKUP 函数的功能：在表格或数值数组的首行查找指定的数值，找到时（精确匹配或者近似匹配）返回表格或数组当前行中指定行处的值；如果找不到，则返回错误值#N/A。
- HLOOKUP 函数的语法：HLOOKUP（Lookup_value，Table_array，Row_index_num，Range_lookup）。
- HLOOKUP 函数功能和 VLOOKUP 函数功能相似，功能、语法、参数意义基本相同，只是 HLOOKUP 函数按行查找，而 VLOOKUP 函数按列查找。HLOOKUP 函数中的 H 代表“行”，VLOOKUP 函数中的 V 代表“列”。

10.2.5 计算销售提成总和

1. 编辑“员工销售业绩评定表.xlsx”

打开文件“员工销售业绩评定表.xlsx”，插入 4 列，分别命名为“第一季度销售提成”“第二季度销售提成”“总销售提成”“两季度平均销售提成”，如图 10-22 所示。

XX科技公司2016年上半年销售业绩情况表

编号	姓名	部门	第一季度销售额	第一季度是否完成销售底线	第一季度销售提成比例	第二季度销售额	第二季度是否完成销售底线	第二季度销售提成比例	总销售额	第一季度销售提成	第二季度销售提成	总销售提成	两季度平均销售提成
XS29	白莉惠	销售（2）部	￥ 255,000	是	8%	￥ 232,000	是	5%	￥ 487,000.00				
XS6	陈锋	销售（3）部	￥ 268,500	是	8%	￥ 235,500	是	5%	￥ 504,000.00				
XS38	陈俊军	销售（3）部	￥ 245,500	是	5%	￥ 255,000	是	8%	￥ 500,500.00				
XS40	程水平	销售（3）部	￥ 219,500	是	2%	￥ 205,500	是	2%	￥ 425,000.00				
XS41	邓小燕	销售（3）部	￥ 225,000	是	2%	￥ 263,500	是	8%	￥ 488,500.00				
SC36	杜若芳	销售（1）部	￥ 224,000	是	2%	￥ 218,500	是	2%	￥ 442,500.00				
SC4	杜重治	销售（1）部	￥ 195,500	否	0%	￥ 240,000	是	8%	￥ 435,500.00				

图 10-22　插入四列后的员工销售业绩评定表

2. 利用逻辑运算函数计算员工第一季度及第二季度销售提成

（1）员工销售提成=销售额×提成比例。

（2）单击 K3 单元格，输入公式：=D3*F3，按“Enter”键确认输入，得到员工第一季度销售提成，拖动 D3 单元格的填充柄，完成其他员工第一季度销售提成的计算。

（3）用相同的方法计算员工第二季度销售提成，计算结果如图 10-23 所示。

XX科技公司2016年上半年销售业绩情况表

编号	姓名	部门	第一季度销售额	第一季度是否完成销售底线	第一季度销售提成比例	第二季度销售额	第二季度是否完成销售底线	第二季度销售提成比例	总销售额	第一季度销售提成	第二季度销售提成	总销售提成	两季度平均销售提成
XS29	白莉惠	销售（2）部	￥ 255,000	是	8%	￥ 232,000	是	5%	￥ 487,000.00	￥ 20,400.00	￥ 11,600.00		
XS6	陈锋	销售（3）部	￥ 268,500	是	8%	￥ 235,500	是	5%	￥ 504,000.00	￥ 21,480.00	￥ 11,775.00		
XS38	陈俊军	销售（3）部	￥ 245,500	是	5%	￥ 255,000	是	8%	￥ 500,500.00	￥ 12,275.00	￥ 20,400.00		
XS40	程水平	销售（3）部	￥ 219,500	是	2%	￥ 205,500	是	2%	￥ 425,000.00	￥ 4,390.00	￥ 4,110.00		
XS41	邓小燕	销售（3）部	￥ 225,000	是	2%	￥ 263,500	是	8%	￥ 488,500.00	￥ 4,500.00	￥ 21,080.00		
SC36	杜若芳	销售（1）部	￥ 224,000	是	2%	￥ 218,500	是	2%	￥ 442,500.00	￥ 4,480.00	￥ 4,370.00		
SC4	杜重治	销售（1）部	￥ 195,500	否	0%	￥ 240,000	是	8%	￥ 435,500.00	￥ -	￥ 19,200.00		

图 10-23　计算完成的员工第一季度及第二季度的销售提成

3. 利用求和函数计算员工总销售提成及两季度平均销售提成

（1）利用 SUM 函数计算员工总销售提成。

① 单击 M3 单元格，切换到“公式”选项卡，单击“函数库”选项组中的“自动求和”按钮，在下拉列表中选择“求和”选项，如图 10-24 所示。

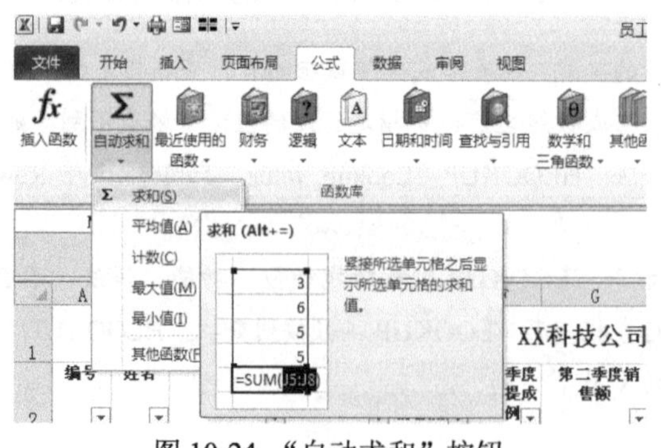

图 10-24 “自动求和”按钮

② 函数参数的范围默认为所选单元格左边的数值区域 I3:L3，但实际只需要单元格 K3:L3 的和，所以必须修改默认范围，用鼠标选择单元格区域 K3:L3 或者在编辑栏里修改 I3 为 L3。然后单击编辑栏的✔按钮或者按“Enter”键确认输入，如图 10-25 所示。

	A	B	C	D	E	F	G	H	I	J	K	L	M	N
1	XX科技公司2016年上半年销售业绩情况表													
2	编号	姓名	部门	第一季度销售额	第一季度是否完成销售底	第一季度销售提成比例	第二季度销售额	第二季度是否完成销售底	第二季度销售提成比例	总销售额	第一季度销售提成	第二季度销售提成	总销售提成	两季度平均售提成
3	XS29	白莉惠	销售（2）部	¥ 255,000	是	8%	¥ 232,000	是	5%	¥ 487,000.00	¥ 20,400.00	¥ 11,600.00	=SUM(K3:L3)	
4	XS6	陈锋	销售（3）部	¥ 268,500	是	8%	¥ 235,500	是	5%	¥ 504,000.00	¥ 21,480.00	¥ 11,775.00	SUM(number1, [number2],	

图 10-25　SUM 函数计算员工销售总额

③ 拖动 M3 单元格填充柄，计算其他员工的总销售提成，计算结果如图 10-26 所示。

	A	B	C	D	E	F	G	H	I	J	K	L	M	N
1	XX科技公司2016年上半年销售业绩情况表													
2	编号	姓名	部门	第一季度销售额	第一季度是否完成销售底	第一季度销售提成比例	第二季度销售额	第二季度是否完成销售底	第二季度销售提成比例	总销售额	第一季度销售提成	第二季度销售提成	总销售提成	两季度平均售提成
3	XS29	白莉惠	销售（2）部	¥ 255,000	是	8%	¥ 232,000	是	5%	¥ 487,000.00	¥ 20,400.00	¥ 11,600.00	¥ 32,000.00	
4	XS6	陈锋	销售（3）部	¥ 268,500	是	8%	¥ 235,500	是	5%	¥ 504,000.00	¥ 21,480.00	¥ 11,775.00	¥ 33,255.00	
5	XS38	陈俊军	销售（3）部	¥ 245,500	是	5%	¥ 255,000	是	8%	¥ 500,500.00	¥ 12,275.00	¥ 20,400.00	¥ 32,675.00	
6	XS40	程水平	销售（3）部	¥ 219,500	是	2%	¥ 205,500	是	2%	¥ 425,000.00	¥ 4,390.00	¥ 4,110.00	¥ 8,500.00	
7	XS41	邓小燕	销售（3）部	¥ 225,000	是	2%	¥ 263,500	是	8%	¥ 488,500.00	¥ 4,500.00	¥ 21,080.00	¥ 25,580.00	
8	SC36	杜若芳	销售（1）部	¥ 224,000	是	2%	¥ 218,500	是	2%	¥ 442,500.00	¥ 4,480.00	¥ 4,370.00	¥ 8,850.00	

图 10-26　计算完成的员工总销售提成

（2）利用 AVERAGE 函数计算员工两季度平均销售提成。

① 单击 N3 单元格，切换到“公式”选项卡，单击“函数库”选项组中的“自动求和”按钮，在下拉列表中选择“平均值”选项，如图 10-24 所示。

② 函数参数的范围默认为所选单元格左边的数值区域 I3:M3，但实际只需要单元格 K3:L3 的和，所以必须修改默认范围，用鼠标选择单元格区域 K3:L3 或者在编辑栏里修改 I3 为 L3。然后单击编辑栏的✔按钮或者按“Enter”键确认输入。

③ 拖动 N3 单元格填充柄，计算其他员工的平均销售提成，计算结果如图 10-27 所示。

	C	D	E	F	G	H	I	J	K	L	M	N
1	XX科技公司2016年上半年销售业绩情况表											
2	部门	第一季度销售额	第一季度是否完成销售底	第一季度销售提成比例	第二季度销售额	第二季度是否完成销售底	第二季度销售提成比例	总销售额	第一季度销售提成	第二季度销售提成	总销售提成	两季度平均销售提成
3	销售（2）部	¥ 255,000	是	8%	¥ 232,000	是	5%	¥ 487,000.00	¥ 20,400.00	¥ 11,600.00	¥ 32,000.00	¥ 16,000.00
4	销售（3）部	¥ 268,500	是	8%	¥ 235,500	是	5%	¥ 504,000.00	¥ 21,480.00	¥ 11,775.00	¥ 33,255.00	¥ 16,627.50
5	销售（3）部	¥ 245,500	是	5%	¥ 255,000	是	8%	¥ 500,500.00	¥ 12,275.00	¥ 20,400.00	¥ 32,675.00	¥ 16,337.50
6	销售（3）部	¥ 219,500	是	2%	¥ 205,500	是	2%	¥ 425,000.00	¥ 4,390.00	¥ 4,110.00	¥ 8,500.00	¥ 4,250.00
7	销售（3）部	¥ 225,000	是	2%	¥ 263,500	是	8%	¥ 488,500.00	¥ 4,500.00	¥ 21,080.00	¥ 25,580.00	¥ 12,790.00
8	销售（1）部	¥ 224,000	是	2%	¥ 218,500	是	2%	¥ 442,500.00	¥ 4,480.00	¥ 4,370.00	¥ 8,850.00	¥ 4,425.00
9	销售（1）部	¥ 195,500	否	0%	¥ 240,000	是	8%	¥ 435,500.00	¥ -	¥ 19,200.00	¥ 19,200.00	¥ 9,600.00

图 10-27　计算完成的员工两季度平均销售提成

至此，员工的销售评定表就制作出来了，由于工作表使用了粘贴链接以及查找和引用函数 HLOOKUP()、VLOOKUP()，使得数据之间是相互连接的，若数据源修改，目的数据也会自动更新，这样，今后每次进行销售业绩评定时，会省去很多工作。对表格进行一下美化，拿去给领导汇报工作吧！

10.2.6　批注的新建、编辑及删除

（1）单击要插入批注的单元格，切换到“审阅”选项卡，单击“批注”选项组中的“新

建批注”按钮，如图 10-28 所示。

（2）在弹出的文本框中输入要插入的文本内容，输入完毕后单击工作表中任意一个单元格，即可退出批注的编辑状态。

当鼠标指向插入批注的单元格时，就会显示所插入的批注信息，如图 10-29 所示。单击“审阅”选项卡中的“编辑批注”就可以对批注进行修改。如果想删除批注，只要单击“删除”按钮即可。

（3）选中“审阅”选项卡中的“显示所有批注”按钮，则批注将一直显示，无须鼠标滑过。

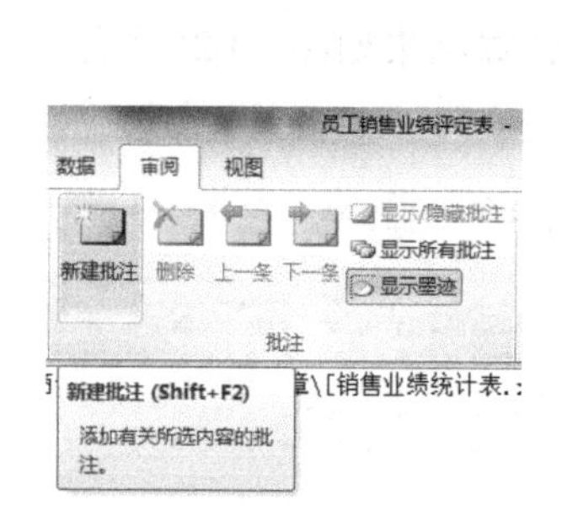

图 10-28 “新建批注”按钮

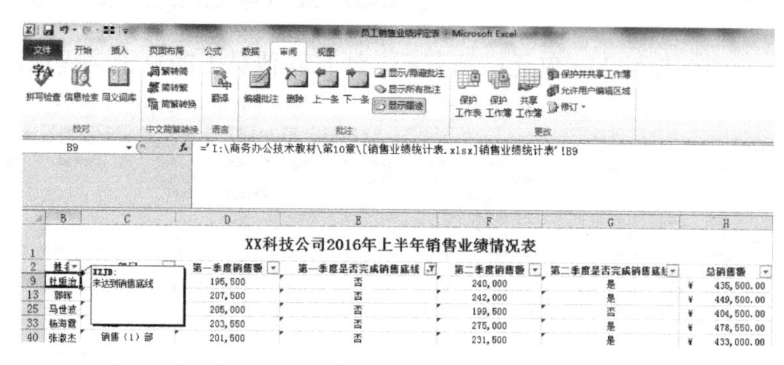

图 10-29 “编辑批注”及显示批注效果

10.3 拓展案例

实训 1：制作员工工资管理表

要求：制作如图 10-30 所示“员工档案信息表”，并根据计算比率及标准，制作员工工资表。

员工档案信息表												
编号	姓名	性别	学历	身份证号	出生日期	年龄	工作时间	工龄	部门	职位	家庭住址	联系电话
0001	方　浩	男	中学	342604197204160537	1972年4月16日	44	1995年5月2日	21	办公室	职工	社区1栋401室	13803832010
0002	邓子建	男	小学	342802197304060354	1973年4月6日	43	1996年3月12日	21	后勤部	临时工	社区1栋406室	13920145678
0003	陈华伟	女	中学	342104197204266023	1972年4月26日	44	1996年2月3日	21	制造部	部门经理	社区2栋402室	13025478562
0004	杨　明	男	本科	342501197509050551	1975年9月5日	41	1997年12月1日	19	销售部	职工	社区11栋308室	13654657825
0005	张铁明	女	研究生	342607197803170540	1978年3月17日	39	2006年3月1日	11	销售部	部门经理	社区8栋405室	13123568545
0006	谢桂芳	女	中学	342205197610160527	1976年10月16日	40	1996年8月1日	20	后勤部	职工	社区7栋302室	13562456245
0007	刘济东	女	研究生	342604197506100224	1975年6月10日	41	2004年10月1日	12	后勤部	部门经理	东方园2栋407室	13456258785
0008	廖时静	男	中学	342604197305160210	1973年5月16日	43	1997年6月1日	19	后勤部	临时工	华夏社区1栋503室	13125647851
0009	陈　果	男	本科	342604197204160537	1972年4月16日	44	2001年3月1日	16	销售部	职工	社区4栋406室	13745621254
0010	赵　丹	男	中学	342802197304060354	1973年4月6日	43	1999年4月1日	18	销售部	职工	社区2栋208室	15024586526
0011	赵小麦	女	本科	342104197204266023	1972年4月26日	44	2001年3月2日	16	销售部	职工	利花园3栋801室	15235647589
0012	高丽莉	男	中学	342501197509050551	1975年9月5日	41	2002年2月3日	15	办公室	职工	大华村88号	15635865487
0013	刘小东	女	中学	342607197803170540	1978年3月17日	39	1999年1月4日	18	制造部	部门经理	社区1栋208室	18623568745

图 10-30 员工档案信息表

1. 制作员工档案信息表

制作要求如下。

（1）为身份证号长度添加数据有效性，要求选定单元格时显示提示信息，如图 10-31 所示。

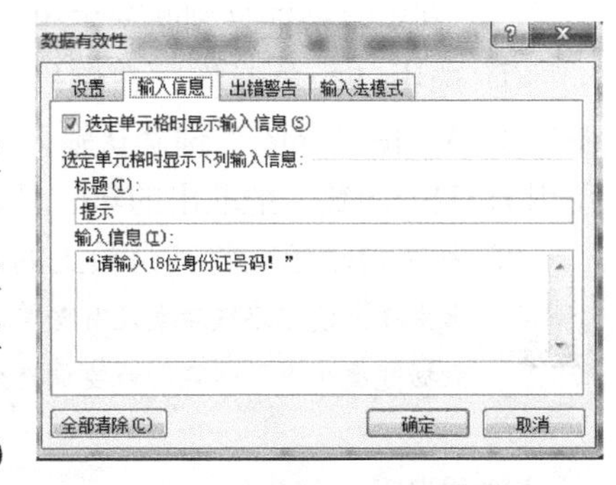

图 10-31　为身份证号设置数据有效性

（2）利用身份证号判断员工性别。身份证由 18 位数组成，第 7 位～第 14 位是出生日期，倒数第 2 位是偶数代表女性，奇数代表男性。

利用 MID()函数提取出倒数第 2 位，再用 MOD()函数确定出奇数还是偶数，最后利用 IF()条件函数判断如果是偶数就返回“女”，否则返回“男”，步骤如下。

① 选中 C3 单元格，在编辑栏里输入公式：=IF(MOD(MID(E3,17,1),2)=0,“女”,“男”)。

② 利用自动填充功能将所有员工性别信息找出。

公式 IF(MOD(MID(E3,17,1),2)=0,“女”,“男”)具体含义如下。

- MID(E3,17,1)是从 E3 单元格的第 17 位数开始取数，取 1 位，即取出身份证号码的倒数第 2 位。
- MOD(MID(E3,17,1),2)的含义是将取得的身份证号码的倒数第 2 位除以 2 求得的余数。如果身份证号码倒数第 2 位是偶数，那么余数就是 0；反之，如果身份证号码倒数第 2 位是奇数，那么余数就不是 0。
- IF(MOD(MID(E3,17,1),2)=0,“女”,“男”)是根据关系表达式 MOD(MID(J3,17,1),2)的值来确定“男”、“女”，值为真即为“女”，否则即为“男”。

- Excel 公式和函数中的字符必须是英文半角字符，否则系统不能识别，会显示出错信息“#NAME?”。
- 由于 C 列（性别）的值依赖于 E 列（身份证号码），如果是 E 列身份证号码删除了或者未输入，则在 C 列相应的单元格显示出错信息“#VALUE!”。但是如果重新输入一个身份证号码，则其性别就又可以自动填入。
- 无须日后根据数据源更新的公式应用完毕后，必须用粘贴值的方式将其变成值的格式，以防后期文档过大，数据错乱。

相关知识

① MID( )函数。

- 用途：返回文本字符串中从指定位置开始的特定数目的字符。
- 语法：MID(text,start_num,num_chars)。
- 参数：text 是包含要提取字符的文本字符串；
  start_num 是文本中要提取的起始字符的位置，即从第几个字符开始提取；
  num_chars 指定希望从文本中返回字符的个数。
- 实例：如果 K3=“150203196308173128”，则函数 MID(K3,17,1)返回“2”。

② MOD( )函数。

- 用途：返回两数相除的余数。
- 语法：MOD(number,divisor)。
- 参数：number 为被除数，divisor 为除数（divisor 不能为零）。
- 实例：如果 A1=5，则函数 MOD(A1,2)返回的值是“1”。

（3）利用身份证号判断员工出生日期。

① 选中 F3 单元格，在编辑栏里输入公式：=DATE(MID(E3,7,4),MID(E3,11,2),MID(E3,13,2))。按“Enter”键确认输入，则在 F3 单元格就自动输入了对应的出生年月。由于使用 DATE()函数，把取出的年、月、日文本数据转化成了日期型数据。

② 利用自动填充将其余员工的出生年月找出。

出生年月填充完成后发现有些单元格显示“########”，而不是出生年月信息，原因是单元格的数据宽度超出了列宽，只要调整列宽即可。

相关知识

DATE( )函数。

- 用途：返回参数数据代表的日期。
- 语法：DATE(year,month,day)。
- 参数：year 参数可以为 1 到 4 位数字，返回年份值；
  month 代表每年中月份的数字，如果所输入的月份大于 12，则从指定年份的一月开始往上加算，如 DATE(2016,14,2)返回代表 2017 年 2 月 2 日的序列号；
  day 代表该月份中第几天的数字，如果 day 大于该月份的最大天数，则将从指定月份的第一天往上累加。
- 实例：DATE(2017,1,35)返回代表 2017 年 2 月 4 日的序列号。

（4）利用出生日期判断员工年龄。

① 选中 G3 单元格，在编辑栏里输入公式：=DATEDIF(F3,TODAY(),"y")，按“Enter”键确认输入，则在 G3 单元格就自动输入了对应的年龄。

② 利用自动填充将其余员工的出生年月找出。

相关知识

DATEDIF( )函数。

- 用途：返回两个日期之间的年\月\日间隔数。常使用 DATEDIF 函数计算两日期之差。
- 语法：DATEDIF(Start_date,End_date,Unit)。
- 参数：Start_date 为一个日期，它代表时间段内的第一个日期或起始日期；
  End_date 为一个日期，它代表时间段内的最后一个日期或结束日期；
  Unit 为所需信息的返回类型：
  “Y” 时间段中的整年数；
  “M” 时间段中的整月数；
  “D” 时间段中的天数。

注意：结束日期必须大于起始日期。

（5）利用参加工作日期判断员工工龄。

（6）为“部门”列设置下拉列表选项“办公室、后勤部、制造部、销售部”。选择“序列”形式的数据有效性，将来源设置为“办公室、后勤部、制造部、销售部”。

（7）为“职位”列设置下拉列表选项“职工、临时工、部门经理、总经理”。

2. 制作员工工资表

（1）新建一工作表，重命名为“员工工资表”，制作如图 10-32 所示的员工工资表。

员工工资表

编号	姓名	部门	职位	基本工资	岗位工资	住房补贴	交通补贴	医疗补贴	应发小计	养老保险	医疗保险	住房公积金	失业保险	个人所得税	应扣金额	实发金额
0001	方　浩	办公室	职工													
0002	邓子建	后勤部	临时工													
0003	陈华伟	制造部	部门经理													
0004	杨　明	销售部	职工													
0005	张铁明	销售部	部门经理													
0006	谢桂芳	后勤部	职工													
0007	刘济东	后勤部	部门经理													
0008	廖时静	后勤部	临时工													
0009	陈　果	销售部	职工													
0010	赵　丹	销售部	职工													
0011	赵小麦	销售部	职工													
0012	高丽莉	办公室	职工													
0013	刘小东	制造部	部门经理													

图 10-32　员工工资表

（2）新建一工作表，重命名为“计算比率及标准”，制作如图 10-33 的表格。

单位工资标准表

职位	基本工资	岗位工资
总经理	6000	1000
部门经理	4000	600
职工	2600	400
临时工	1600	200

员工补贴标准表

部门名称	住房补贴	交通补贴	医疗补贴
办公室	400	150	180
后勤部	400	100	150
制造部	360	100	120
销售部	500	300	200

社会保险及住房公积金比率表

	负担比例分配	
保险种类	单位	个人
养老保险	20%	8%
医疗保险	10%	2%
住房公积金	12%	12%

个人应税薪金税率表

级数		税率（%）	速算扣除数
1	不超过1500元	3	0
2	超过1500元至4500元的部分	10	105
3	超过4500元至9000元的部分	20	555
4	超过9000元至35 000元的部分	25	1005
5	超过35 000元至55 000元的部分	30	2755
6	超过55 000元至80 000元的部分	35	5505
7	超过80 000元的部分	45	13 505

图 10-33　计算比率及标准表格

（3）利用 VLOOKUP()函数计算员工“基本工资、岗位工资、住房补贴、交通补贴及医疗补贴”。公式为“=VLOOKUP(E3,计算比率及标准!$B$2:$C$6,2,0)”。

注意： 在选取区域时要选择绝对引用。

（4）利用 SUM( )函数计算应发小计。

（5）计算“养老保险、医疗保险、住房公积金及失业保险”应缴数额。公式为“=K3*0.08”。

（6）计算员工应缴个人所得税额。

- 个税=应纳税额×税率-速算扣除数。
- 应纳税额=工资-三险一金-起征点（此例中假设起征点为 0 元）。
- 个税=[(工资-三险一金-起征点)×税率]-速算扣除数。

- 三险一金：养老保险、医疗保险、失业保险、住房公积金（工伤保险、生育保险不需要个人承担）。

选中 P3 单元格，输入简化后的公式：

=IF(K3<=1500,K3*0.03-0,IF(K3<=4500,K3*0.1-105,IF(K3<=9000,K3*0.2-555,IF(K3<=35000,K3*0.25-1005,IF(K3<=55000,K3*0.3-2755,IF(K3<=80000,K3*0.35-5505,K3*0.45-13505))))))。

（7）利用 SUM( )函数计算应扣金额。

（8）最终计算实发金额，制作完成的员工工资表如图 10-34 所示。

员工工资表																
编号	姓名	部门	职位	基本工资	岗位工资	住房补贴	交通补贴	医疗补贴	应发小计	养老保险	医疗保险	住房公积金	失业保险	个人所得税	应扣金额	实发金额
0001	方 浩	办公室	职工	2600	400	400	150	180	3730	298.4	74.6	447.6	37.3	268	1125.9	2604.1
0002	邓子建	后勤部	临时工	1600	200	400	100	150	2450	196	49	294	24.5	140	703.5	1746.5
0003	陈华伟	制造部	部门经理	4000	600	360	100	120	5180	414.4	103.6	621.6	51.8	481	1672.4	3507.6
0004	杨 明	销售部	职工	2600	400	500	300	200	4000	320	80	480	40	295	1215	2785
0005	张铁明	销售部	部门经理	4000	600	500	300	200	5600	448	112	672	56	565	1853	3747
0006	谢桂芳	后勤部	职工	2600	400	400	100	150	3650	292	73	438	36.5	260	1099.5	2550.5
0007	刘济东	后勤部	部门经理	4000	600	400	100	150	5250	420	105	630	52.5	495	1702.5	3547.5
0008	廖时静	后勤部	临时工	1600	200	400	100	150	2450	196	49	294	24.5	140	703.5	1746.5
0009	陈 果	销售部	职工	2600	400	500	300	200	4000	320	80	480	40	295	1215	2785
0010	赵 丹	销售部	职工	2600	400	500	300	200	4000	320	80	480	40	295	1215	2785
0011	赵小麦	销售部	职工	2600	400	500	300	200	4000	320	80	480	40	295	1215	2785
0012	高丽莉	办公室	职工	2600	400	400	150	180	3730	298.4	74.6	447.6	37.3	268	1125.9	2604.1
0013	刘小东	制造部	部门经理	4000	600	360	100	120	5180	414.4	103.6	621.6	51.8	481	1672.4	3507.6

图 10-34 制作完成的员工工资表

实训 2：制作贷款经营分析表

要求：制作如图 10-35 所示“贷款经营分析表”，并利用公式，计算相应数值。

贷款经营分析表								
贷款额度	20000000		贷款年限	5	年利率	5.63%	残值	2000000
时间	设备折旧	归还			累计		未还贷款	
		利息	本金	本利额	利息	本金		
2012年1月								
2013年1月								
2014年1月								
2015年1月								
2016年1月								
2017年1月								

图 10-35 贷款经营分析表

1. 函数介绍

（1）SYD()函数。

① 功能：指定某项资产在一指定期间用年数总计法计算的折旧。

② 语法：SYD(cost, salvage, life, period)。

③ 参数：cost 指定资产的初始成本；
　　salvage 指固定资产残值；
　　life 指定资产的可用年限；
　　period 指定计算资产折旧所用的那一期间。

④ 必须用相同的单位表示 life 和 period 参数。例如，如果 life 用月份表示，则 period 也必须用月份表示。所有参数都必须是正数。

（2）IPMT()函数。

① 功能：基于固定利率及等额分期付款方式，返回给定期数内对投资的利息偿还额。

② 语法：IPMT(rate,per,nper,pv,fv,type)。

③ 参数：rate 为各期利率；
　　per 用于计算其利息数额的期数，必须在 1 到 nper 之间；
　　nper 为总投资期，即该项投资的付款期总数；
　　pv 为现值，即从该项投资开始计算时已经入账的款项，或一系列未来付款的当前值的累积和，也称为本金；
　　fv 为未来值，或在最后一次付款后希望得到的现金余额。如果省略 fv，则假设其值为零（如一笔贷款的未来值即为零）；
　　type 数字 0 或 1，用以指定各期的付款时间是在期初（1）还是期末（0），如果省略 type，则假设其值为零。

④ 应确认所指定的 rate 和 nper 单位的一致性。例如，同样是四年期年利率为 12%的贷款，如果按月支付，rate 应为 12%/12，nper 应为 4*12；如果按年支付，rate 应为 12%，nper 为 4。

⑤ 对于所有参数，支出的款项，如银行存款，表示为负数；收入的款项，如股息收入，表示为正数。

（3）PPMT()函数。

① 功能：基于固定利率及等额分期付款方式，返回投资在某一给定期间内的本金偿还额。

② 语法：PPMT(rate,per,nper,pv,fv,type)。

③ 参数：各参数含义与 IPMT()函数相同。

④ 应确认所指定的 rate 和 nper 单位的一致性。

⑤ 对于所有参数，支出的款项，如银行存款，表示为负数；收入的款项，如股息收入，表示为正数。

（4）CUMIPMT()函数。

① 功能：计算一笔贷款在给定的 start_period 到 end_period 期间累计偿还的利息数额。

② 语法：CUMIPMT(rate, nper, pv, start_period, end_period, type)。

③ 参数：rate 为各期利率；

Nper 总付款期数；

pv 为现值，即从该项投资开始计算时已经入账的款项，或一系列未来付款的当前值的累积和，也称为本金；

start_period 计算中的首期，付款期数从 1 开始计数；

end_period 计算中的末期；

type 数字 0 或 1，用以指定各期的付款时间是在期初（1）还是期末（0），如果省略 type，则假设其值为 0。

④ 应确认所指定的 rate 和 nper 单位的一致性。

⑤ 对于所有参数，支出的款项，如银行存款，表示为负数；收入的款项，如股息收入，表示为正数。

（5）CUMPRINC()函数。

① 功能：返回一笔贷款在给定的 start_period 到 end_period 期间累计偿还的本金数额。

② 语法：CUMPRINC(rate,nper,pv,start_period,end_period,type)。

③ 参数：rate 为各期利率；

Nper 总付款期数；

pv 为现值，即从该项投资开始计算时已经入账的款项，或一系列未来付款的当前值的累积和，也称为本金；

start_period 计算中的首期，付款期数从 1 开始计数；

end_period 计算中的末期；

type 数字 0 或 1，用以指定各期的付款时间是在期初（1）还是期末（0），如果省略 type，则假设其值为 0。

④ 应确认所指定的 rate 和 nper 单位的一致性。

⑤ 对于所有参数，支出的款项，如银行存款，表示为负数；收入的款项，如股息收入，表示为正数。

2. 步骤解析

（1）计算设备折旧额。

① 单击 B8 单元格，输入“=SYD($B$3,$I$3,$E$3,YEAR(A8)-2012)”，得出第一年设备折旧额。其中 B3 单元格为贷款额度，即固定资产的初始成本；I3 单元格为固定资产残值；E3 单元格为贷款的年限，即资产的可用年限；YEAR(A8)-2012 为计算资产折旧所用的那一期间，YEAR(A8)表示查找 A8 单元格日期中的年份，即 2013，YEAR(A8)−2012 表示计算当前折旧的期间为 1 年。

② 由于固定资产的初始成本、固定资产残值、贷款的年限均为固定数值，因此这 3 项的单元格引用需使用绝对引用，即不会随着公式的拖动而变化。

③ 拖动填充柄，计算剩余年份的设备折旧额。

（2）计算各年度应归还的利息额。

① 单击 C8 单元格，输入“=-IPMT($G$3,YEAR(A8)-2012,$E$3,$B$3,0)”，得出第一年应归还的利息总额。其中 G3 单元格为年利率；YEAR(A8)-2012 为计算利息数额的期数，即 1；G3 单元格使用的是年利率，则计算利息数额的骑术也应以年为单位；E3 单元格为贷款年限；B3 单元格为贷款额度，即本金；0 表示各期付款时间为期末。

② 由于年利率、贷款年限、贷款额度均为固定数值，因此这 3 项的单元格引用需使用绝对引用，即不会随着公式的拖动而变化。

③ 由于支付利息为支出项，因此公式前需添加“-”号。

④ 拖动填充柄，计算剩余年份需要支付的利息额。

（3）计算各年度应归还的本金额。

① 单击 D8 单元格，输入“=-PPMT($G$3,YEAR(A8)-2012,$E$3,$B$3,0)”，得出第一年应归还的本金总额。其中 G3 单元格为年利率；YEAR(A8)-2012 为归还本金数额的期数，即 1；E3 单元格为贷款年限；B3 单元格为贷款额度，即本金；0 表示各期付款时间为期末。

② 由于年利率、贷款年限、贷款额度均为固定数值，因此这 3 项的单元格引用需使用绝对引用，即不会随着公式的拖动而变化。

③ 由于归还本金为支出项，因此公式前需添加“-”号。

④ 拖动填充柄，计算剩余年份需要归还的本金额。

（4）利用 SUM()函数计算各年度应支付的本利总和。

（5）计算各年度累计支付利息额。

① 单击 F8 单元格，输入“=-CUMIPMT($G$3,$E$3,$B$3,1,YEAR(A8)-2012,0)”，得出第一年累计支付的利息总额。其中 G3 单元格为年利率；E3 单元格为贷款年限；B3 单元格为贷款额度，即本金；“1”为利息计算期的首期，即从第一期开始计算；YEAR(A8)-2012 为利息计算期的末期；0 表示各期付款时间为期末。

② 由于年利率、贷款年限、贷款额度均为固定数值，因此这 3 项的单元格引用需使用绝对引用，即不会随着公式的拖动而变化。

③ 由于支付利息为支出项，因此公式前需添加“-”号。

④ 拖动填充柄，计算剩余年份累计支付利息额。

（6）计算各年度累计归还本金额。

① 单击 00478 单元格，输入“=-CUMPRINC($G$3,$E$3,$B$3,1,YEAR(A8)-2012,0)”，得出第一年累计归还的本金总额。其中 G3 单元格为年利率；E3 单元格为贷款年限；B3 单元格为贷款额度，即本金；“1”为归还本金计算期的首期，即从第一期开始计算；YEAR(A8)-2012 为归还本金计算期的末期；0 表示各期付款时间为期末。

② 由于年利率、贷款年限、贷款额度均为固定数值，因此这 3 项的单元格引用需使用绝对引用，即不会随着公式的拖动而变化。

③ 由于归还本金为支出项，因此公式前需添加“-”号。

④ 拖动填充柄，计算剩余年份累计归还本金额。

（7）计算未还贷款额。

① 单击 H7 单元格，输入公式“=$B$3-G7”，得出剩余未归还的贷款额度。其中 B3 单元格为贷款额度，即本金；G7 单元格为已归还的本金总额；两项相减后得出剩余未归还的贷款额。

② 拖动填充柄，计算剩余年份未还贷款额。

制作完成后的贷款经营分析表如图 10-36 所示。

贷款经营分析表							
贷款额度	¥ 20,000,000.00		贷款年限	5	年利率	5.63%	残值	¥ 2,000,000.00
时间	设备折旧	归还			累计		未还贷款
		利息	本金	本利额	利息	本金	
2012年1月	0	0	0	0	0	0	¥20,000,000.00
2013年1月	¥6,000,000.00	¥1,126,000.00	¥3,574,237.40	¥4,700,237.40	¥1,126,000.00	¥3,574,237.40	¥16,425,762.60
2014年1月	¥4,800,000.00	¥924,770.43	¥3,775,466.97	¥4,700,237.40	¥2,050,770.43	¥7,349,704.37	¥12,650,295.63
2015年1月	¥3,600,000.00	¥712,211.64	¥3,988,025.76	¥4,700,237.40	¥2,762,982.08	¥11,337,730.13	¥8,662,269.87
2016年1月	¥2,400,000.00	¥487,685.79	¥4,212,551.61	¥4,700,237.40	¥3,250,667.87	¥15,550,281.74	¥4,449,718.26
2017年1月	¥1,200,000.00	¥250,519.14	¥4,449,718.26	¥4,700,237.40	¥3,501,187.01	¥20,000,000.00	¥0.00

图 10-36　制作完成后的贷款经营分析表

第11章 模拟优化产品生产方案

引 子

规划求解加载宏（简称规划求解）是 Excel 的一个加载项，可以用来解决线性规划与非线性规划优化问题。规划求解可以用来解决最多有 200 个变量、100 个外在约束和 400 个简单约束（决策变量整数约束的上下边界）的问题，可以设置决策变量为整型变量。

规划求解工具在 Office 典型安装状态下不会安装，可以通过自定义安装选择该项或通过添加/删除程序增加规划求解加载宏。

知识目标

- Excel 加载附加分析工具的方法；
- 规划求解的使用方法；
- 函数 SUMPRODUCT()的使用方法。

11.1 案例描述

在有限的生产资源的条件下用最低的成本来获取最大的利润，是企业生产的主要目的，因此在产品生产之前，企业需要对产品的成本、生产时间、销售利润及其他方面进行综合的评估，从而找到一个能够使生产成本最小而利润最大的生产方案。如图 11-1 所示就是完成企业产品一天生产方案的优化设计。

产品生产方案设计				
项目	产品A	产品B	产品C	产品D
生产成本（元/件）	30	50	65	80
生产时间（分钟/件）	2	5	6	8
销售利润（元/件）	45	70	85	95
产量（件）	75	46	50	35
毛利合计	3375	3220	4250	3325
约束条件				
产量约束	30	45	50	35
生产成本约束（元）	12000			
生产时间约束（分钟）	960			
实际生产状况				
实际生产成本	10600			
实际生产时间（分钟）	960			
利润	14170			

图 11-1 产品生产方案优化设计

公司准备生产四种新的产品，经过详细地考察和试生产得知：生产产品 A、产品 B、产品 C、产品 D 的成本分别为 35 元、50 元、65 和 80 元，每生产一种产品的生产时间分别消耗 2 分钟、5 分钟、6 分钟、8 分钟，每销售一件产品分别获利 45 元、70 元、85 元、95 元。经公司研究决定，为这四种产品最多投入 12,000 元的原材料经费，机器设备每天运转时间不能超过 16 个小时，此外，市场需求产品 A 每天产量不得少于 30 件，产品 B 每天产量不得少于 45 件，产品 C 每天产量不得少于 50 件，产品 D 每天产量不得少于 35 件。领导要求小张设计一份最优的生产方案，即为获得最大的利润，分配四种产品的生产比例。这个问题可以使用 Excel 中的规划求解来解决，下面一起来看看小张是如何快速完成任务的。

11.2 案例实现

11.2.1 案例分析

这是规划问题，即在生产管理和经营决策过程中，规划如何合理地利用当前有限的人力、物力、财力等资源，获得最佳的经济效益，通常是指达到最高的产量、最大的利润、最小的成本、最少的资源消耗等目标的问题。遇到类似的问题，可以应用 Excel 的规划求解工具，方便快捷地得到问题的最优解。

经过分析，要对以上四种产品生产方案进行优化，如图 7-1 所示，需要依次完成以下工作：

（1）以问题的描述为依据，建立规划模型；

（2）根据得到的规划模型，创建工作表；

（3）在 Excel 中，加载规划求解工具；

（4）分析规划求解结果。

11.2.2 建立问题的规划模型

步骤 1：分析问题并将生产条件整理如表 11-1 所示。

表 11-1 产品生产表

产品名称	产品 A	产品 B	产品 C	产品 D
生产成本（元/件）	30	50	65	80
生产时间（分钟/件）	2	5	6	8
销售利润（元/件）	45	70	85	95

步骤 2：将约束条件进行整理如表 11-2 所示。

表 11-2 约束条件

约 束 项 目		约 束 条 件
原材料费用（元/天）		<=12,000
生产时间（分钟/天）		<=960
产量	产品 A	>=30
	产品 B	>45
	产品 C	>=50
	产品 D	>=35

步骤 3：建立问题的规划模型。假设在现有条件下获得最大利润时产品 A、产品 B、产品 C、产品 D 每天的产量应为 X_1、X_2、X_3、X_4，总利润为 S，则可以根据表 11-2 的约束条件建立规划模型如下：

$50* X_1+80* X_2+95* X_3+105* X_4<=12000$

$2* X_1+5* X_2+6* X_3+8* X_4<=960$

X_1>=30

X_2>=45

X_3>=50

X_4>=35

S=45* X_1+70* X_2+85* X_3+95* X_4

11.2.3　应用规划求解求得最优生产方案

1. 加载规划求解工具

建立好规划模型后，就可以使用 Excel 的规划求解工具求解了。由于在默认情况下，Excel 没有加载规划求解工具，所有应先加载规划求解工具，其操作步骤如下。

步骤 1：单击“文件”选项卡，在弹出的菜单中单击“选项”命令。

步骤 2：弹出“Excel 选项”对话框，如图 11-2 所示，在左侧列表中选择“加载项”选项，在出现的“加载项”列表中选择“规划求解加载项”选项，然后单击“转到”按钮，弹出“加载宏”对话框，如图 11-3 所示。

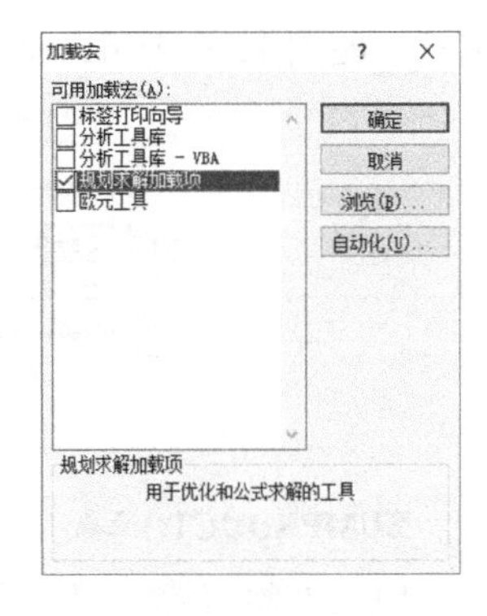

图 11-2 “Excel 选项”对话框　　　　图 11-3 “加载宏”对话框

步骤 3：在“加载宏”对话框中勾选“规划求解加载项”复选项，然后单击“确定”按钮。

提示 如果“规划求解加载项”未在“可用加载宏”中列出，请单击“浏览”按钮找到加载宏。如果出现一条消息，指出您的计算机上当前未安装规划求解加载宏，请单击“是”按钮进行安装。

2. 建立工作表

步骤 1：新建工作簿“优化生产方案.xlsx”，把 Sheet1 命名为“规划求解最优生产方案”。

步骤 2：输入规划求解的所涉及的基本项目和约束条件，并对工作表进行美化化，添加边框、底纹使表格中数据更清晰，如图 11-4 所示。

步骤 3：计算毛利合计。毛利合计=销售利润*产量，选中单元格 B7，输入公式“=B5*B6”。按“Enter”键计算产品 A 的毛利合计，如图 11-5 所示。向右拖动填充柄，计算出产品 B、产品 C 和产品 D 的毛利合计值。

由于实际生产数量还未确定，所以毛利合计计算后的值为 0，当用规划求解求出最优生产数量之后，会自动计算出毛利合计值。

	A	B	C	D	E
1	产品生产方案设计				
2	项目	产品A	产品B	产品C	产品D
3	生产成本（元/件）	30	50	65	80
4	生产时间（分钟/件）	2	5	6	8
5	销售利润（元/件）	45	70	85	95
6	产量（件）				
7	毛利合计				
8					
9					
10	约束条件				
11	产量约束	30	45	50	35
12	生产成本约束（元）	12000			
13	生产时间约束（分钟）	960			
14					
15					
16	实际生产状况				
17	实际生产成本				
18	实际生产时间（分钟）				
19	利润				

图 11-4 “规划求解最优生产方案”工作表

产品生产方案设计				
项目	产品A	产品B	产品C	产品D
生产成本（元/件）	50	80	95	105
生产时间（分钟/件）	2	5	6	8
销售利润（元/件）	45	70	85	95
产量（件）				
毛利合计	0			

图 11-5 计算毛利合计

步骤 4：计算实际生产成本。实际生产成本=产品 A 每件生产成本*产量+产品 B 每件生产成本*产量+产品 C 每件生产成本*产量+产品 D 每件生产成本*产量。选中单元格 B17，输入函数“=SUMPRODUCT(B3:E3,B6:E6)”，或者输入公式：“=B3*B6+C3*C6+D3*D6+E3*E6”，如图 11-6 所示，按“Enter”键则计算出实际生产成本。

图 11-6 计算实际生产成本

SUMPRDUCT()函数

（1）功能：在给定的几组数组中，将数组间对应的元素相乘，并返回乘积之和。

（2）语法：SUMPRDUCT(array1，array2, array3,…)

（3）参数：array1，array2, array3,…为 2～255 个数组，可选，其相应元素需要进行相乘并求和。数组参数必须具有相同的维数，否则 SUMPRDUCT 函数将返回错误值“#VALUE!”。函数 SUMPRDUCT 将非数值型的数组元素作为 0 处理。

提示

使用“公式记忆式输入”可以令创建和编辑公式变得轻松、简便，还可以使输入错误和语法错误减到最少。在输入等号（=）和前几个字母后，Excel2010 会在单元格下方显示一个与这些字母匹配的有效函数的动态下拉列表，从下拉列表中双击选取需要的选项就可以了，如图 11-7 所示。

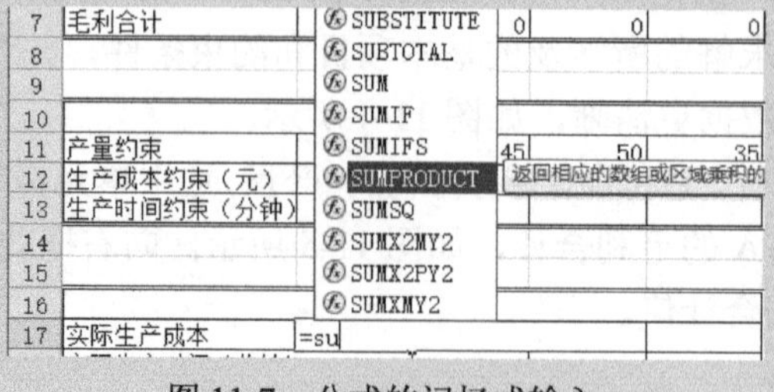

图 11-7 公式的记忆式输入

步骤 5：计算实际生产时间。实际生产时间=产品 A 每件生产时间*产量+产品 B 每件生产时间*产量+产品 C 每件生产时间*产量+产品 D 每件生产时间*产量。选中 B18，输入函数“=SUMPRODUCT(B4:E4,B6:E6)”，或者输入公式“=B43*B6+C4*C6+D4* D6+E4*E6”，按“Enter”键则计算出实际生产时间。

步骤 6：计算利润值。利润=产品 A 毛利合计+产品 B 毛利合计+产品 C 毛利合计+产品 D 毛利合计。选中单元格 B19，输入函数“=SUM(B7:E7)”，按“Enter”键则计算出利润，当前值为 0。

步骤 7：为了和最优解比较利润大小，输入约束条件中产量最小值即 30、45、50、35 作为产量的初值，观察记录利润结果为“12075”，如图 11-8 所示。

4	生产时间（分钟/件）	2	5	6	8
5	销售利润（元/件）	45	70	85	95
6	产量（件）	30	45	50	35
7	毛利合计	1350	3150	4250	3325
8					
9					
10	约束条件				
11	产量约束	30	45	50	35
12	生产成本约束（元）	12000			
13	生产时间约束（分钟）	960			
14					
15					
16	实际生产状况				
17	实际生产成本	9200			
18	实际生产时间（分钟）	865			
19	利润	12075			

图 11-8　初始值利润

3. 应用规划求解，求得利润最大化生产方案

在应用规划求解功能时要首先搞清求解的目标是什么，而且要搞清楚是希望目标值越大好还是越小好。一般情况下如果是求解费用之类目标时是目标值越小越好，而本问题求解的目标是利润，所以越大越好，其操作步骤如下。

步骤 1：选中目标单元格 B19，切换到“数据”选项卡，单击“分析”选项组下的“规划求解”按钮，如图 11-9 所示，弹出“规划求解参数”对话框，如图 11-10 所示。

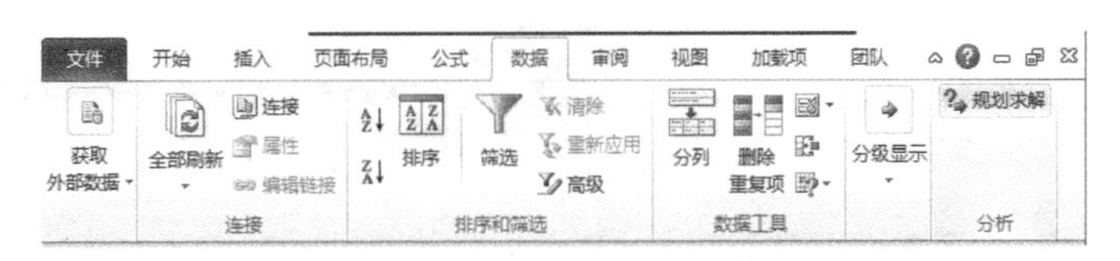

图 11-9　“规划求解”按钮

步骤 2：设置目标函数。由于之前选中目标单元格 B19，所以在“规划求解参数”对话框中的“设置目标单元格”文本框的值显示$B$19，但是如果之前未选中目标单元格，则可以此时选中或者直接在“设置目标”文本框中输入“$B$19”。此时默认“最大值”单选项，如果是求目标值最小，要选择“最小值”选项。

步骤 3：设置可变单元格，即决策变量。单击“可变单元格”文本框，在工作表中选择单元格区域$B$6:$E$6，设置可变单元格。

步骤 4：设置约束条件。

（1）添加实际成本约束条件。实际生产成本应小于等于生产成本约束。单击“约束”文本框旁边的“添加”按钮，弹出“添加约束”对话框，单击“单元格引用位置”文本框，在工作表中选择单元格$B$17，在中间的下拉列表中选择“<=”选项，单击右侧的“约束值”文本框，在工作表中选择单元格=$B$12，如图 11-11 所示。单击“添加”按钮，继续弹出“添加约束”对话框，添加其他条件。

（2）添加时间生产时间约束条件。实际生产时间应小于等于生产时间约束，在弹出的“添加约束”对话框中，按上述方法设置实际生产时间约束条件$B$18<=$B$13。然后单击“添加”按钮，再次弹出“添加约束”对话框。

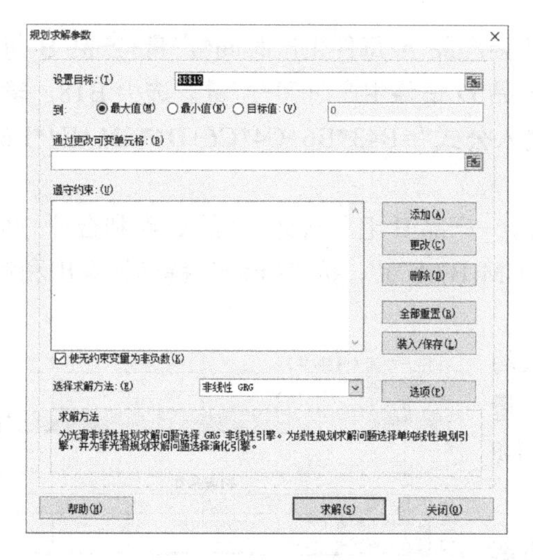

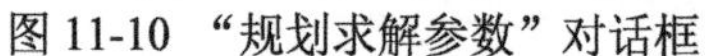

图 11-10 “规划求解参数”对话框

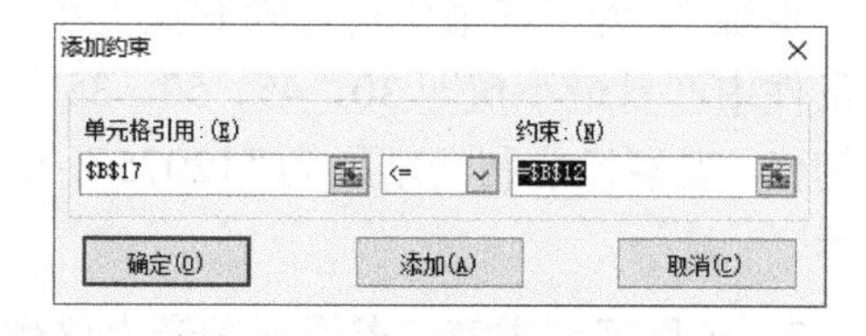

图 11-11 “添加约束”对话框

（3）添加产量约束条件。产品产量应大于等于产量约束值且必须为整数。在弹出的“添加约束”对话框中一次性设置四种产品的产量约束条件$B$6: $E$6>=$B$11: $E$11。单击“添加”按钮，再次弹出“添加约束”对话框。

在弹出的“添加约束”对话框中设置四种产品的产量约束值为整数，如图 11-12 所示。所有条件添加完成后单击“确定”按钮，返回“规划求解参数”对话框，如图 11-13 所示。在“约束”列表框中可以看到所有添加的条件。

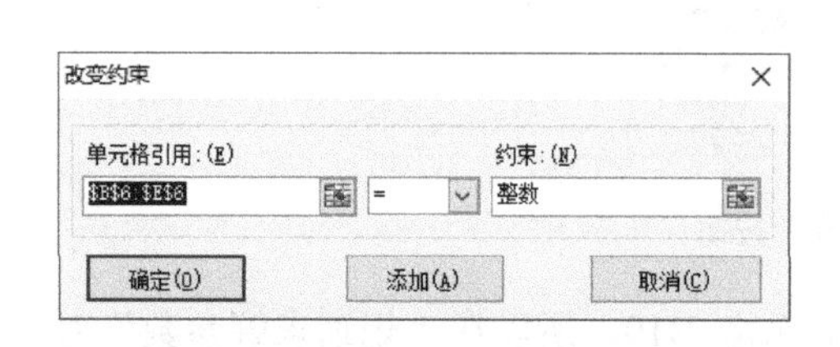

图 11-12 四种产品的约束值为整数

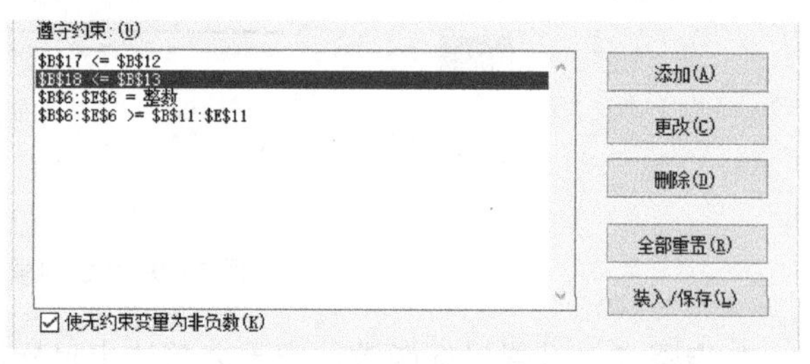

图 11-13 “遵守约束”列表

提示 一次性设置四种产品的产量约束条件为：$B$6: $E$6>=$B$11: $E$11，相当于对四种产品的产量约束条件分别进行添加设置，即等价于添加四次约束条件。

产品 A：$B$6<=$B$11

产品 B：$C$6<=$C$11

产品 D：$D$6<=$D$11

产品 E：$E$6<=$E$11

像这样用单元格区域的形式进行约束的设置，可以简化操作。

步骤 5：在“规划求解参数”对话框中，单击“求解”按钮，弹出“规划求解结果”对话框，如图 11-14 所示。

步骤 6：在“规划求解结果”对话框中，选择“保留规划求解的解”选项，并在“报告”列表框中选择“运算结果报告”选项，单击“确定”按钮可以看到规划求解后的结果，如图 11-15 所示。并生成“运算结果报告 1”工作表，如图 11-16 所示。

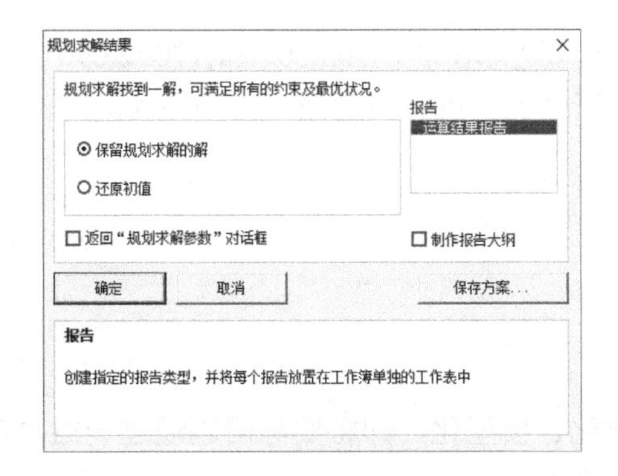

图 11-14 “规划求解结果”对话框

产品生产方案设计				
项目	产品A	产品B	产品C	产品D
生产成本（元/件）	30	50	65	80
生产时间（分钟/件）	2	5	6	8
销售利润（元/件）	45	70	85	95
产量（件）	75	46	50	35
毛利合计	3375	3220	4250	3325
约束条件				
产量约束	30	45	50	35
生产成本约束（元）	12000			
生产时间约束（分钟）	960			
实际生产状况				
实际生产成本	10600			
实际生产时间（分钟）	960			
利润	14170			

图 11-15 规划求解结果

目标单元格（最大值）

单元格	名称	初值	终值
$B$19	利润 产品A	12075	14170

可变单元格

单元格	名称	初值	终值	整数
$B$6	产量（件） 产品A	30	75	整数
$C$6	产量（件） 产品B	45	46	整数
$D$6	产量（件） 产品C	50	50	整数
$E$6	产量（件） 产品D	35	35	整数

约束

单元格	名称	单元格值	公式	状态	型数值
$B$17	实际生产成本 产品A	10600	$B$17<=$B$12	未到限制值	1400
$B$18	实际生产时间（分钟） 产品A	960	$B$18<=$B$13	到达限制值	0
$B$6	产量（件） 产品A	75	$B$6>=$B$11	未到限制值	45
$C$6	产量（件） 产品B	46	$C$6>=$C$11	到达限制值	0
$D$6	产量（件） 产品C	50	$D$6>=$D$11	到达限制值	0
$E$6	产量（件） 产品D	35	$E$6>=$E$11	到达限制值	0
$B$6:$E$6=整数					

图 11-16 运算结果报告

从报告中可以看到产品 A、产品 B、产品 C 和产品 D 的产量分别优化为 75、46、50、35，利润由原来的 12,075（如图 11-8 所示）增大为 14,170，生产利润每天增加 14,170−12,075=2,095 元，这个数目可不小，看来生产之前必须先设计这样的优化方案，一个月下来能为企业增加利润 6 万多元。

11.2.4 分析规划求解结果

步骤 1：分析运算结果报告。打开“运算结果报告 1”工作表，如图 11-16 所示，从运算结果报告中可以看到以下信息。

（1）“目标单元格（最大值）”初值“12,075”，终值“14,170”。

（2）“可变单元格”四种产品产量的初值和终值。

（3）“约束”列表中，实际生产成本未达到限制值，也就是计划投入成本还剩余 1,400 元，实际生产时间已经达到限制值 16 小时。

根据以上信息可以得出以下结论：生产时间再增加一个小时，让投入的成本达到限制值则会使利润得到更大的提高。

步骤 2：修改生产时间约束条件为 17 小时，即 1,020 分钟，重新规划求解，结果如图 11-17 所示。可

产品生产方案设计				
项目	产品A	产品B	产品C	产品D
生产成本（元/件）	30	50	65	80
生产时间（分钟/件）	2	5	6	8
销售利润（元/件）	45	70	85	95
产量（件）	123	45	50	35
毛利合计	5535	3150	4250	3325
约束条件				
产量约束	30	45	50	35
生产成本约束（元）	12000			
生产时间约束（分钟）	1020			
实际生产状况				
实际生产成本	11990			
实际生产时间（分钟）	1020			
利润	16260			

图 11-17 修改实际生产时间后的规划求解结果

以看到生产时间只有每天增加 60 分钟，每天利润就又增加了 16,260- 14,170=2,090 元，实际成本达到 11,990，计划达到限制值，这可真正做到了以有限的成本得到最大的利润。

11.3 相关知识

11.3.1 建立规划模型

规划求解问题的首要问题是实际问题数学化、模型化，即将实际问题通过一组决策变量、一组用不等式表示的约束条件及目标函数来表示。

（1）决策变量：每个规划问题都有一组需要求解的未知数（x_1、x_2、x_3、…、x_n），称做决策变量。这组决策变量的一组确定值就代表一个具体的规划方案。

（2）约束条件：对于规划问题的决策变量通常都有一定的限制条件，称做约束条件。约束条件可以用与决策变量有关的不等式或等式来表示。

（3）目标：每个问题都有一个明确的目标，如利润最大或消耗最少。

步骤 1：分析给出的实际问题，将生产条件、约束条件进行整理，可以用表格的形式表示。

步骤 2：建立问题的规划模型。根据确定的决策变量、约束条件和目标，描述其各自的关系。如表 11-3 所示。

根据规划模型建立工作表的步骤如下。

步骤 1：新建一工作簿和工作表。

步骤 2：在工作表中输入规划求解的基本项目及约束条件。

步骤 3：用适当的公式或函数计算表中需要求解的数据。

11.3.2 应用规划求解工具求解

步骤 1：选定一个单元格存储目标函数（称为目标单元格），用定义公式的方式在这个目标单元格内定义目标函数。

步骤 2：选定与决策变量个数相同的单元格（称为可变单元格），用以存储决策变量；再选择与约束条件个数相同的单元格，用定义公式的方式在每一个单元格内定义一个约束函数（称为约束函数单元格）。

步骤 3：单击下拉列菜单中的“规划求解”按钮，打开“规划求解参数设定”对话框，完成规划模型的设定。模型设定方法如下。

（1）设定目标函数和优化方向：光标指向“规划求解参数设定”对话框中的“设置目标单元格”提示后的域，单击，选中 Excel 工作表中的目标单元格，根据模型中目标函数的优化方向，在“规划求解参数设定”对话框中的“等于”一行中选择“最大值”或“最小值”。

（2）设定（表示决策变量的）可变单元：光标指向“规划求解参数设定”对话框中的“可变单元格”提示后的域，单击，选中 Excel 工作表中的可变单元组。可以单击“推测”按钮，初步确定可变单元格的范围，然后在此基础上进一步确定。

（3）设定约束条件：直接单击“规划求解参数设定”对话框中的“添加”按钮，出现“添加约束”对话框。

先单击“单元格引用位置”标题下的域，然后在工作表中选择一个约束函数单元格，再单击“添加约束”对话框中向下的箭头，出现<=，=，>=，int 和 bin 5 个选项，根据该约束函数所在约束方程的情况选择，其中 int 和 bin 分别用于说明整型变量和 0 或 1 型变量。选择完成后，如果还有约束条件未设定，就单击“添加”按钮，重复以上步骤设定约束条件，设定完所有约束条件后，单击“确定”按钮完成约束条件设定，回到“规划求解参数设定”对话框。

（4）设定算法细节：单击“规划求解参数设定”对话框中的“选项”按钮，出现“规划求解选项”对话框。

该对话框为使用者提供了在一些可供选择的常用算法，主要是供高级用户使用，初学者不必考虑这些选择。选择完成后单击“确定”按钮回到“规划求解参数设定”对话框。

（5）求解模型：完成以上设定后，单击“规划求解参数设定”对话框中的“求解”按钮，将出现如下求解结果对话框。

根据需要选择右边列出的 3 个报告中的一部分或全部，单击“确定”按钮就可以在 Excel 内看到求解报告。

11.3.3　分析规划求解结果

根据规划求解的结果，可以在同一工作簿的不同工作表中，创建出指定类型的分析报告。其中，不同类型的报告具有不同的信息。本节将分别向用户介绍不同类型报告之间的区别，及其描述出的内容。

1. 运算结果报告

在运算结果报告中，将显示出目标单元格、可变单元格及其初始值和最终结果、约束条件，以及有关约束条件的信息。

若要在工作簿中创建运算结果报告，可以在“规划求解结果”对话框的“报告”列表中，选择“运算结果报告”选项，单击“确定”按钮，即可创建出该报告。

2. 敏感性报告

在敏感性报告中，将提供有关求解结果对目标函数或者约束条件的微小变化的敏感程度的信息。简单的说，就是最优解对参数变化反应的敏感程度。

在“规划求解结果”对话框中，选择“报告”列表中的“敏感性报告”选项，即可创建该报告，如图 11-18 所示。

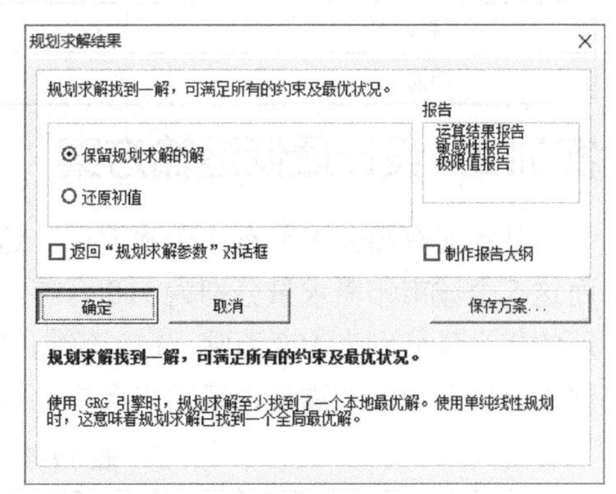

图 11-18 “规划求解结果”对话框中选择敏感性报告

另外，含有整数约束条件的模型不能生成敏感性报告，而且不同类型的线性规划问题，其敏感性报告所具有的内容也有所不同。

对于线性规划问题，报告将显示递减成本、阴影价格、目标式系数、约束限制值和允许的增减量等信息；而对于非线性规划问题，该报告中将显示递减梯度和拉格朗日乘数。

其中，在线性规划问题中，敏感性报告提供的阴影价格是最重要的因素，它代表约束条件的权重。当外部约束条件发生变化时，用户需要决定首先放弃哪个项目，通常情况下，阴影价格最大的项目应当最先放弃。

值得注意的是，大多数线性规划问题实际上均带有非线性的因素，但是这些因素可以忽略不计。

3. 极限值报告

创建极限值报告的方法与创建其余报告的方法相同，均是通过“规划求解结果”对话框来创建。

在极限值报告中，将显示目标单元格和可变单元格及其各自的数值、上下限和目标值。其中，下限是在保持其他可变单元格数值不变、并满足约束条件的情况下，某个可变单元格可以获得的最小值；反之，上限即是在这种情况下可以取到的最大值。

与敏感性报告相同，含有整数约束条件的线性规划模型不能生成极限值报告。

11.4 拓展案例

实训 1：设计产品的最低成本配方

某公司生产某种食品，由 3 种主要原料加工得来，其中原料 1 成本 280 元/吨，原料 2 成本 230 元/吨，原料 3 成本 180 元/吨，并且规定其所含营养成分别为：能量至少 5%，蛋白质至少 8%，碳水化合物至少 2%，钙至少 10%，脂肪不能超过 5%。每种原料所含的各种营养成分如表 11-3 所示。请帮公司设计出最优的食品配方方案，既能满足营养成分含量，又能降低成本。

表 11-3　原料营养成分表

原料 营养成分	原料 1	原料 2	原料 3
能量	4	6	3
蛋白质	6	7	8
碳水化合物	2	2	4
钙	12	5	3
脂肪	3	1	4

实训 2：设计最低运输方案

某水泥有限公司现有 4 个水泥厂，这 4 个厂生产的水泥都销往附近的 ABCDE5 个城市，而这 5 个城市年需求量分别为 110 万吨，160 万吨，80 万吨，200 万吨和 100 万吨。4 个水泥厂的年产量分别为 100 万吨，150 万吨，120 万吨，130 万吨，每吨产品的运输费用见表 11-4。请设计该公司既能满足市场需求和产品生产的产量需求，又能使运输成本最低的运输方案。

表 11-4　每吨产品的运输费用

	A 城市	B 城市	C 城市	D 城市	E 城市
水泥厂 1	80	130	120	30	140
水泥厂 2	100	60	70	30	90
水泥厂 3	40	90	60	50	40
水泥厂 4	70	50	90	120	100

第三篇　演示文稿设计篇

演示文稿应用软件主要用于制作演讲、报告、教学内容的提纲等，它是一种电子版的幻灯片，方便人们进行信息交流。本篇共有两个典型任务，分别是制作产品推广演示文稿和制作公司年终总结演示文稿，介绍了使用 PowePoint2010 的创建、制作、美化、管理和放映、打包演示文稿的基本方法，以及幻灯片的外观设计、动画设置、效果切换、添加视频等内容。

第12章　制作产品推广演示文稿

引　子

PowePoint（简称 PPT）是微软公司出品的 Office 软件系列重要组件之一，是功能强大的演示文稿制作软件，可协助用户单机或联机创建丰富的视觉效果。它增强了多媒体支持功能，利用 PowerPoint 制作的文稿，可以通过不同的方式播放，可以使用幻灯片机或投影仪播放，也可将演示文稿打印出来，还可在幻灯片放映过程中播放音频流或视频流。通过对用户界面进行改进并增强对智能标记的支持，可以更加便捷地查看和创建高品质的演示文稿。

知识目标

- 掌握 PowerPoint 基本用法。
- 掌握如何设置字体、段落、表格、图片等元素。
- 掌握如何使用 SmartArt 和艺术字。
- 掌握如何使用动画效果。
- 掌握如何使用母版。

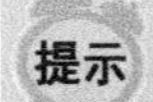

在制作幻灯片时应注意以下事项：

（1）主题明确，层次分明，内容具体；

（2）PPT 的整体设计风格统一，画面美观大方；

（3）背景不适合使用颜色复杂的图片，字体颜色应和背景色明显区分，识别度高，建议整个 PPT 使用的颜色不超过 4 种，且应避免使用刺眼的红色、蓝色等明亮色；

（4）页面的排版要遵循分散和集中的原则，主次分明；

（5）同一个页面尽量避免大量的文字性描述，如确实需要，建议分几个页面排版；

（6）字体尽量避免使用宋体，多使用黑体或其它易于识别的字体，字号尽量在 16 以上；

（7）适当添加一些动画和插图；

（8）要有目录和索引。

注意：PPT 的最大原则是简洁、直观、明了，能用图说话的就少用文字，能简洁的就尽量避免重复。

12.1 案例描述

为宣传新产品，公司决定将于近期召开有关产品宣传的专题会议。今天上午公司下发了本次会议的会议方案，会议方案中一个非常重要的内容就是设计并制作会议用产品介绍演示文稿，而小王正是此项工作的负责人，产品推广效果图如图 12-1 所示。

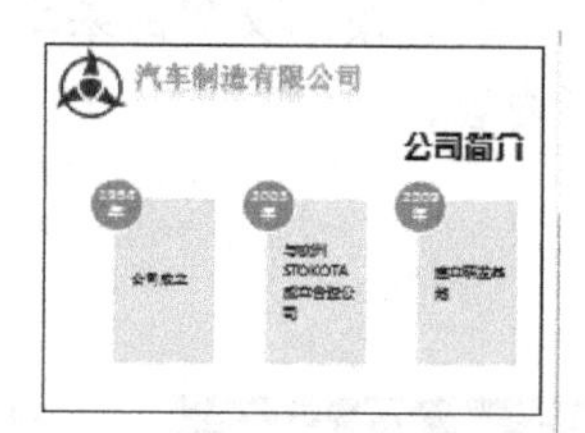

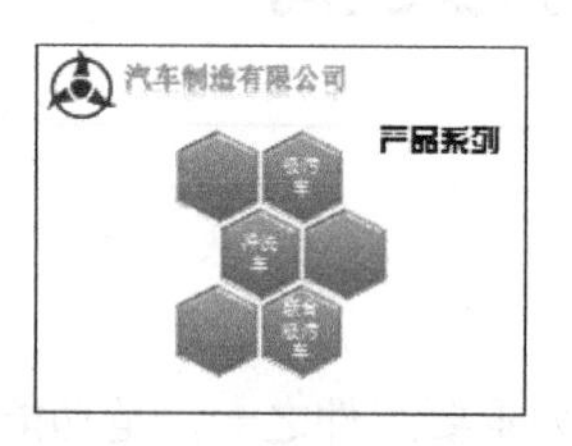

图 12-1　产品推广效果图

12.2 案例实现

12.2.1 案例分析

产品推广要考虑到方方面面的问题，包括突出产品的性能、优势等，只有考虑全面才能保证新产品全面推广。经分析，制作新产品推广演示文稿需要进行以下工作：

（1）新建并保存新产品演示文稿；

（2）选择合理的幻灯片版式，录入具体的内容；

（3）对幻灯片的文字、段落进行格式设置；

（4）在幻灯片中插入相关的图片、Smartart 图形、视频、Flash 动画，制作母版等操作；

（5）进行幻灯片的管理和演示文稿的放映。

12.2.2 创建产品推广演示文稿

安装好 Office2010 后，单击“开始”按钮，在打开的菜单中选择“所有程序”，在弹出的下级菜单中选择“Microsoft Office 2010”，再选择“Microsoft PowerPoint 2010”即可。PowerPoint 2010 工作界面如图 12-2 所示。其中与 Word 和 Excel 不同的部分着重介绍如下。

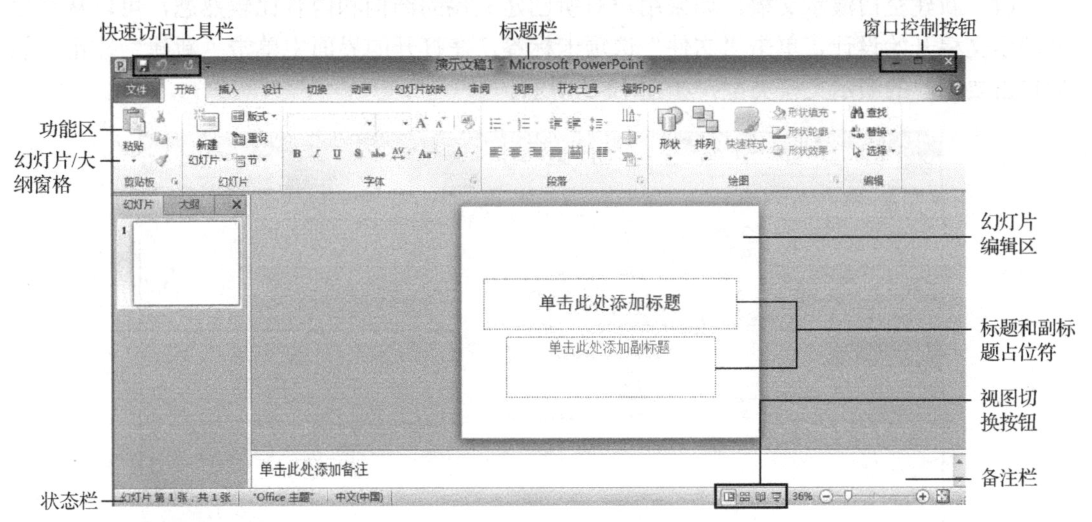

图 12-2 Microsoft PowerPoint 2010 工作界面

幻灯片/大纲窗格：利用“幻灯片”窗格或“大纲”窗格（单击窗格上方的标签可在这两个窗格之间切换）可以快速查看和选择演示文稿中的幻灯片。其中，“幻灯片”窗格显示了幻灯片的缩略图，单击某张幻灯片的缩略图可选中该幻灯片，即可在右侧的幻灯片编辑区编辑该幻灯片内容；“大纲”窗格显示了幻灯片的文本大纲。

幻灯片编辑区：编辑幻灯片的主要区域，在其中可以为当前幻灯片添加文本、图片、图形、声音和影片等，还可以创建超链接或设置动画。

备注栏：用于为幻灯片添加一些备注信息，放映幻灯片时，观众无法看到这些信息。

视图切换按钮：单击不同的按钮，可切换到不同的视图模式，PPT 文件一共有 5 种视图方式具体如下。

① 普通视图：它是系统默认的视图模式，由以下 3 部分构成。

- 大纲栏：主要用于显示、编辑演示文稿的文本大纲，其中列出了演示文稿中每张幻灯片的页码、主题以及相应的要点；
- 幻灯片栏：主要用于显示、编辑演示文稿中幻灯片的详细内容；
- 备注栏：主要用于为对应的幻灯片添加提示信息，对使用者起备忘、提示作用，在实际播放演示文稿时观众看不到备注栏中的信息。

② 大纲视图：主要用于查看、编排演示文稿的大纲。和普通视图相比，其大纲栏和备注栏被扩展，而幻灯片栏被压缩。

③ 幻灯片视图：主要用于对演示文稿中每一张幻灯片的内容进行详细的编辑。此时大纲栏仅显示幻灯片号，备注栏被隐藏，幻灯片栏被扩大。

④ 幻灯片浏览视图：以最小化的形式显示演示文稿中的所有幻灯片，在这种视图下可以进行幻灯片顺序的调整、幻灯片动画设计、幻灯片放映设置和幻灯片切换设置等。

⑤ 幻灯片放映视图：用于查看设计好的演示文稿的放映效果及放映演示文稿。

1. 创建演示文稿

在 PowerPoint 2010 中，可以创建空白演示文稿，或者根据模板或主题来创建演示文稿。操作方法与 Word2010 相似。

（1）新建空白演示文稿。如果用户对所创建文稿的结构和内容比较熟悉，可以从空白的演示文稿开始设计，单击“文件”选项卡标签，在打开的界面中单击“新建”按钮，然后单击要创建的演示文稿类型，如图 12-3 所示。

图 12-3　创建空白演示文稿

（2）根据模板新建演示文稿。如果用户没有太多的美术基础，可以借助 PowerPoint 的专业性，使用 PowerPoint 中预安装的一些模板，来构建缤纷亮丽的演示文稿。

还可以尝试从 Office.com 网站上下载更多模板，具体操作如下。

步骤 1：单击“文件”选项卡→“新建”按钮。

步骤 2：从“Office.com 模板”单击所需的类别（预算、日历和设计幻灯片等）。显示模板列表可能还会显示更多子类别，具体取决于用户选择的类别。在此，单击适当的子类别，如图 12-4 所示。

步骤 3：单击模板，将在右侧显示预览结果，如图 12-5 所示。

图 12-4　office.com 模板

图 12-5　模板预览

提示 如何返回上一屏幕，然后重新搜索？

您可以使用位于屏幕顶部的“下列”按钮来返回上一屏幕或第一个屏幕，然后重新搜索模板。

单击 ←（“后退”）按钮返回上一屏幕；单击 →（“前进”）按钮进入下一屏幕。单击 主页 返回第一个类别选择屏幕。找到所需的模板后，请下载该模板，然后打开它。

步骤 4：单击要使用的模板，然后单击“下载”按钮。在本例中，将从演示文稿类别选择业务模板，如图 12-6 所示。

图 12-6 下载模板

提示 已下载的模板保存在您的计算机上。要再次使用同一模板，可以从“我的模板”中打开。要使用预安装的模板，可以从“样本模板”打开预安装的模板。

2. 选择幻灯片主题

PowerPoint 中提供了很多模板，它们将幻灯片的配色方案、背景和格式组合成各种主题。这些模板称为“幻灯片主题”。通过选择“幻灯片主题”并将其应用到演示文稿，可以制作所有幻灯片均与相同主题保持一致的设计。具体操作步骤如下。

步骤 1：启动 PowerPoint 并打开新的演示文稿。

步骤 2：选择幻灯片主题。单击“设计”选项卡上“主题”中的幻灯片主题，如选择“office 主题”，如图 12-7 所示。

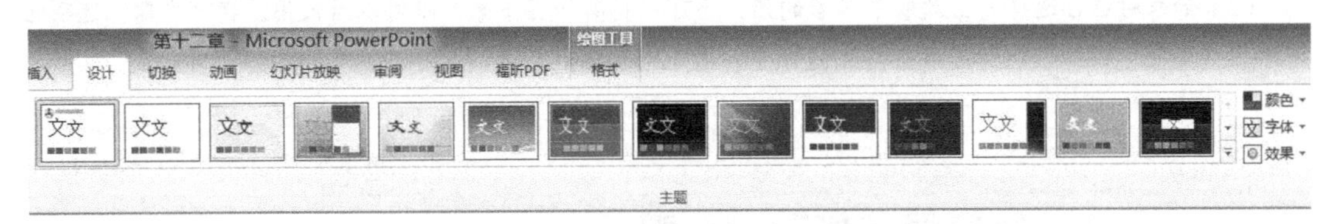

图 12-7 选择幻灯片主题

提示 选择幻灯片主题，通过在“主题”中单击 按钮，可以滚动浏览可用主题的列表。此外，当单击 （“更多”）按钮时，将会显示所有的可用幻灯片主题，图 12-8 所示。通过指向“主题”中的幻灯片主题，可以检查主题在应用后的实际效果。

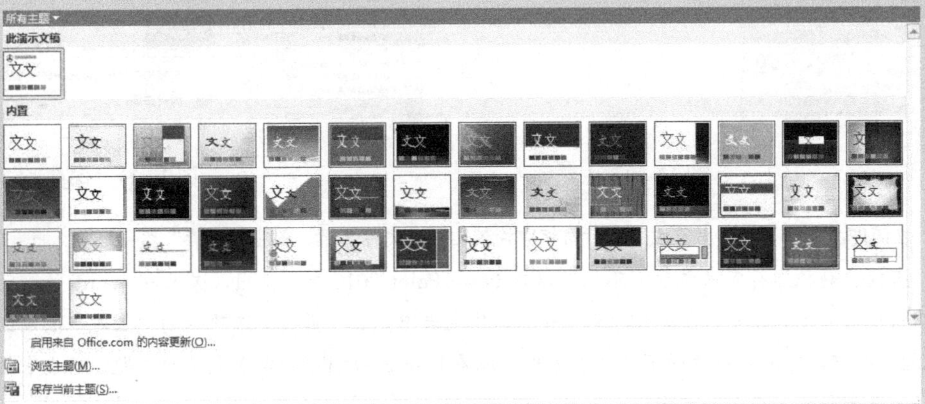

图 12-8 选择幻灯片主题

步骤 3：幻灯片主题已应用到所有幻灯片，如图 12-9 所示。

图 12-9　应用幻灯片主题

提示　（1）如果对主题效果的某一部分元素不够满意，可以通过颜色、字体或者效果进行修改。可以单击“颜色”按钮，在下拉列表当中选择一种自己喜欢的颜色，图 12-10 所示。

（2）如果对自己选择的主题效果满意的话，还可以将其保存下来，以供以后使用。在“主题”选项组中单击“其他”按钮，执行保存当前主题命令，图 12-11 所示。

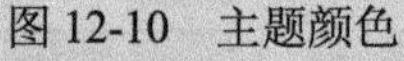
图 12-10　主题颜色

图 12-11　保存当前主题

在随即打开的“保存当前主题”对话框中输入相应的文件名称，单击“保存”按钮即可。

当前主题被保存完成之后，不仅可以在 PowerPoint 2010 当中使用，并且在 Word、Excel 当中同样可以使用该自定义主题。首先切换到 Excel 工作表当中，在“页面”选项卡的“主题”选项组当中单击“主题”按钮，在随机打开的下拉列表当中可以看到在 PowerPoint 当中定义的主题，单击它就可以将该主题快速应用到当前工作表当中。同样的道理也可以将该主题效果应用到 Word 文档当中，如图 12-12 所示。

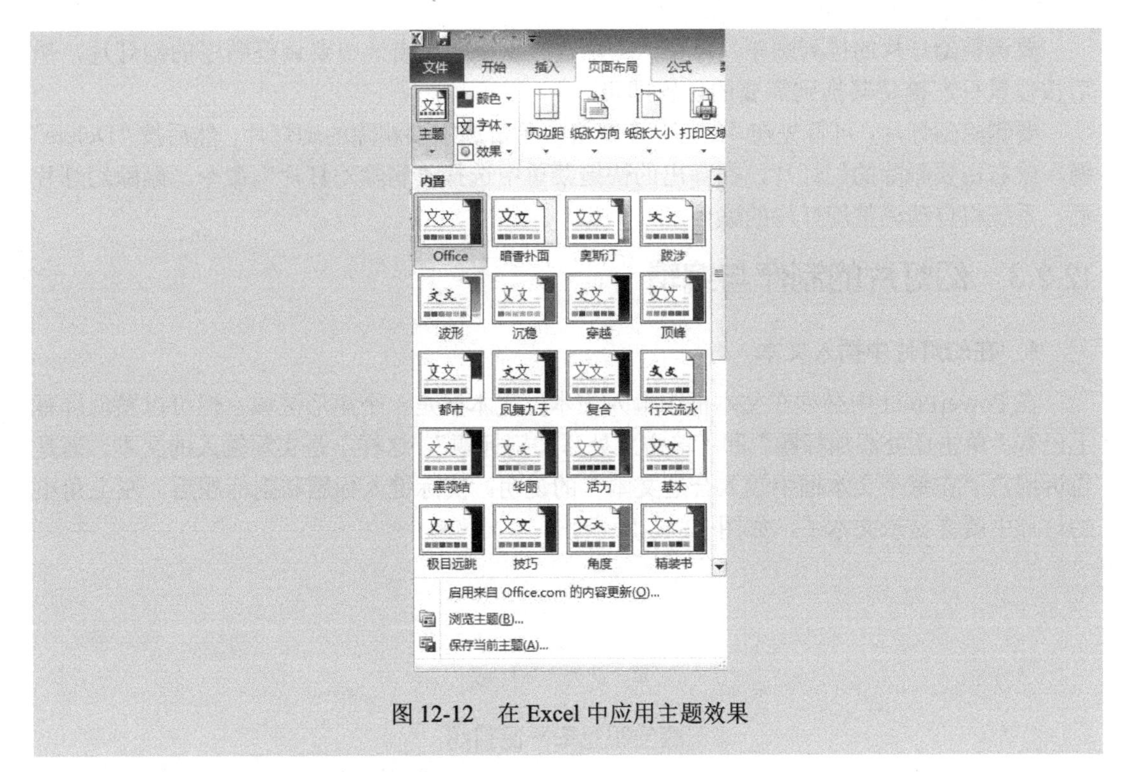

图 12-12　在 Excel 中应用主题效果

3. 插入、复制和移动幻灯片

在“幻灯片”窗格中要插入幻灯片的位置单击，然后单击“开始”选项卡上“幻灯片”组中“新建幻灯片”按钮或单击按钮下方的三角按钮，在展开的幻灯片版式列表中选择新建幻灯片的版式即可，如图 12-13 所示。

如果要添加的幻灯片与前面的某张幻灯片相似，可利用复制幻灯片的方法来添加幻灯片：在“幻灯片”窗格中右击要复制的幻灯片，在弹出的快捷菜单中选择“复制”命令，然后在“幻灯片”窗格中要插入复制的幻灯片的位置右击，从弹出的快捷菜单中选择“粘贴”命令，即可将复制的幻灯片插入到该位置，如图 12-14 所示。

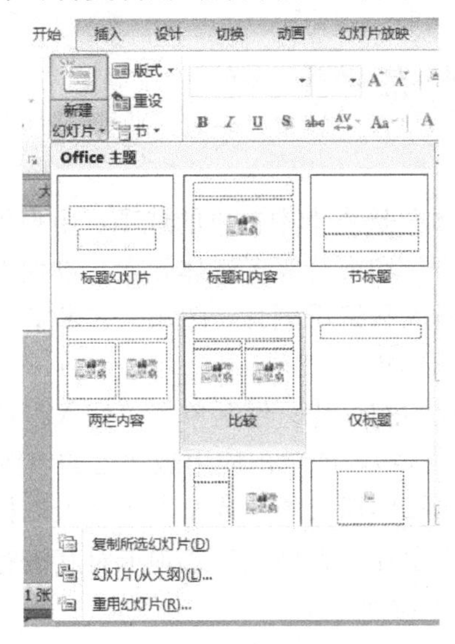

图 12-13　新建幻灯片版式

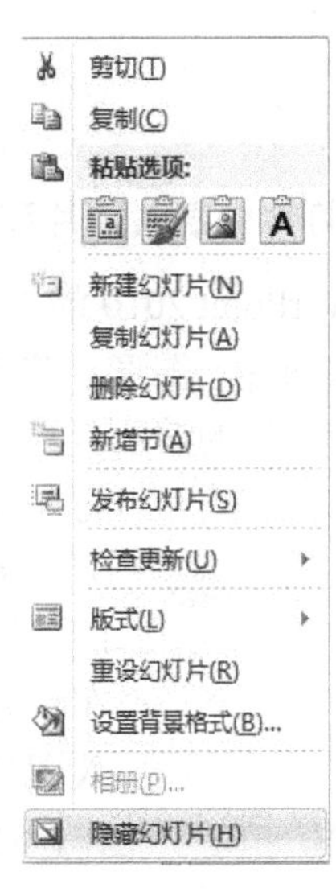

图 12-14　新建幻灯片

要调整幻灯片的排列顺序，可在“幻灯片”窗格中单击选中要调整顺序的幻灯片，然后按住鼠标左键将其拖到需要的位置即可。

要删除幻灯片，可首先在“幻灯片”窗格中单击选中要删除的幻灯片，然后按“Delete”键，或右击要删除的幻灯片，在弹出的快捷菜单中选择“删除幻灯片”命令。删除幻灯片后，系统将自动调整幻灯片的编号。

12.2.3 幻灯片的制作与编辑

1. 在幻灯片中插入文本

在 PowerPoint 中必须在文本框中输入文本，文本框是一个矩形区域。但可以发现屏幕上已有“单击此处添加标题”和“单击此处添加副标题”，这样不是实际输入的文本，而是告诉用户“在每个文本框中输入合适文本”的说明。实际键入标题和副标题后，左上角小幻灯片中就会显示文本了，如图 12-15 所示。

图 12-15 编辑内容

提示 PowerPoint 中提供了各种框，可以插入图表、图片和音乐，如图 12-16 所示。

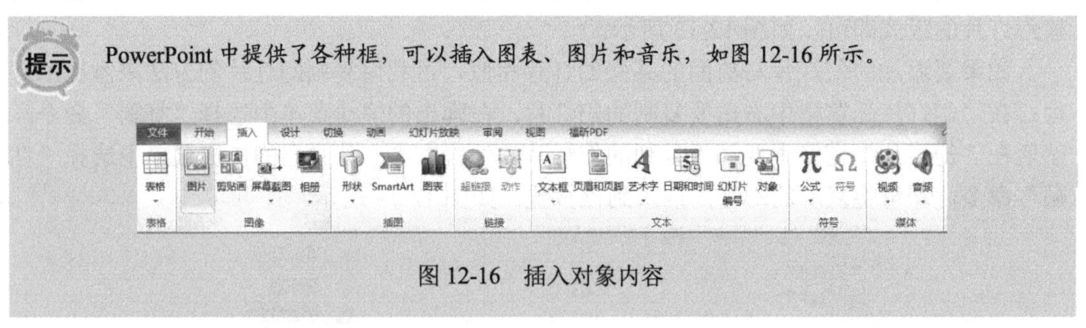

图 12-16 插入对象内容

2. 在幻灯片中插入图片和声音等对象

利用 PowerPoint 2010 的“插入”和“文本”选项卡中提供的选项，用户可在演示文稿中方便地插入图片、图形、艺术字、图表、声音和影片等多媒体元素，以使幻灯片更加美观或增强演示文稿的演示效果。在幻灯片中插入和编辑图片、图形、艺术字和表格的方法与在 Word 文档中插入相似。

单击要插入图片的幻灯片，然后单击“插入”选项卡上“插图”组中的“图片’按钮，或单击应用版式后的“图片占位符”，在打开的对话框中选择要插入的图片单击“插入”按钮即可。插入图片后，可利用“图片工具格式”选项卡对其进行编辑美化操作，如图 12-17 图 12-18 所示。

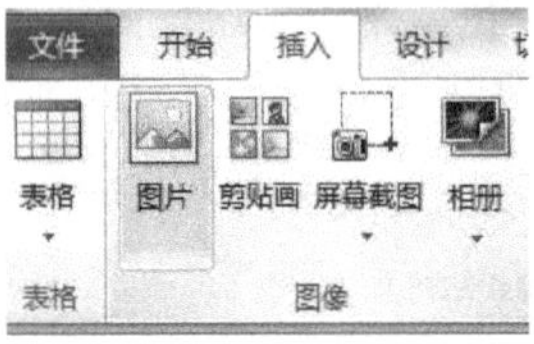

图 12-17 插入图片

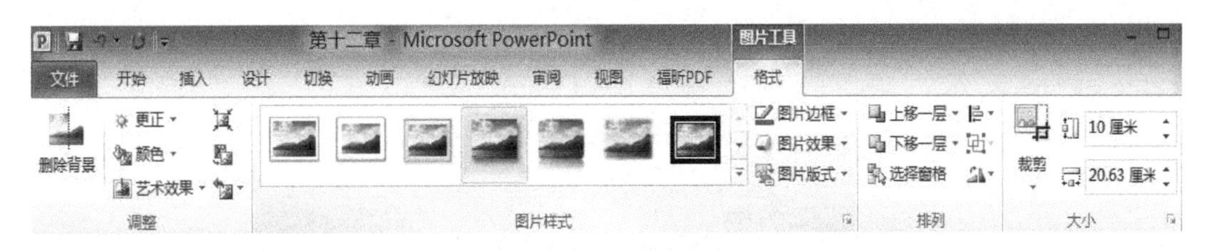

图 12-18　绘图工具格式选项卡

在演示文稿中插入声音，如背景音乐或演示解说等，可以使单调、乏味的演示文稿变得生动。单击要插入声音的幻灯片，然后单击“插入”选项卡“媒体”组中“音频”按钮下方的三角按钮，在展开的列表中单击“文件中的音频”选项，在打开的“插入声音”对话框中选择声音所在的文件夹，然后选择所需的声音文件，单击“插入”按钮。插入声音文件后，系统将在幻灯片中间位置添加一个声音图标，用户可以用操作图片的方法调整该图标的位置及尺寸，如图 12-19 所示。

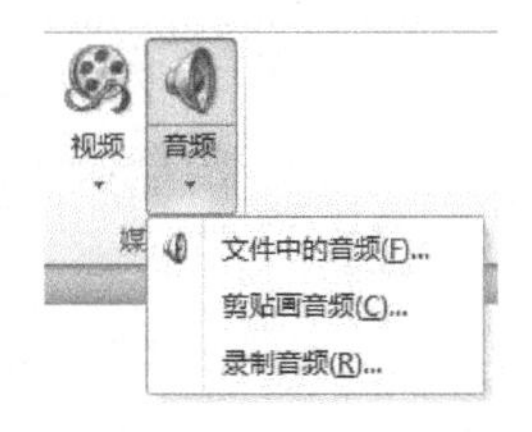

图 12-19　插入音频

插入声音后，可对声音文件进行编辑操作：选择“声音”图标后，自动出现包括“格式”和“播放”的两个子选项卡。单击“播放”选项卡上“预览”组中的“播放”按钮可以试听声音；在“音频选项”组中可设置放映时声音的开始方式，还可设置播放时的音量高低及是否循环播放声音等；在”格式“选项卡中可以对声音图标进行美化。如图 12-20 和图 12-21 所示。

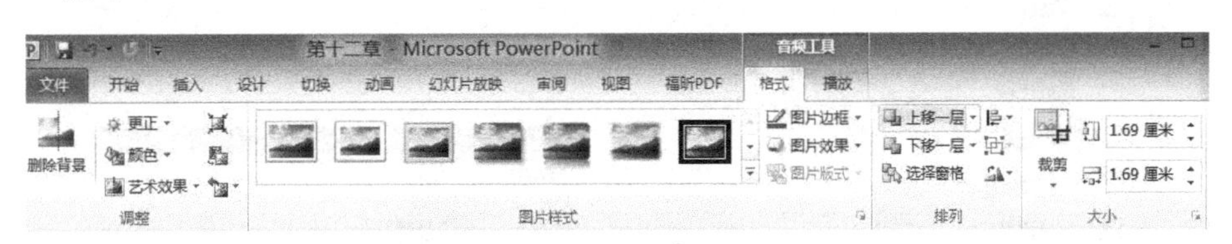

图 12-20　音频工具格式选项卡

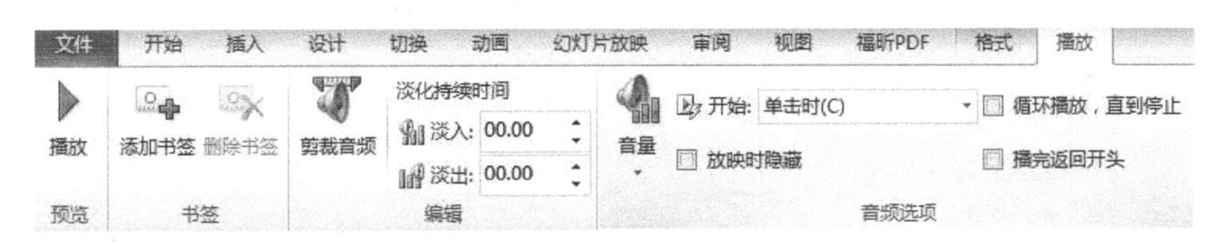

图 12-21　音频工具播放选项卡

3. 在幻灯片中插入自选图形

自选图形是一组现成的形状，包括如矩形和圆这样的基本形状，以及各种线和连接符、箭头汇总、流程图符号、星与旗帜及标注等。自选图形的组合使用可以在幻灯片上制作出一些特殊的效果。具体操作步骤如下。

步骤 1：首先打开需要插入自选图形的 PPT 文档。

步骤 2：打开 PPT 文档后，新建一页幻灯片，选择“插入”菜单→“形状”选项，找到“椭圆”形状，如图 12-22 所示。

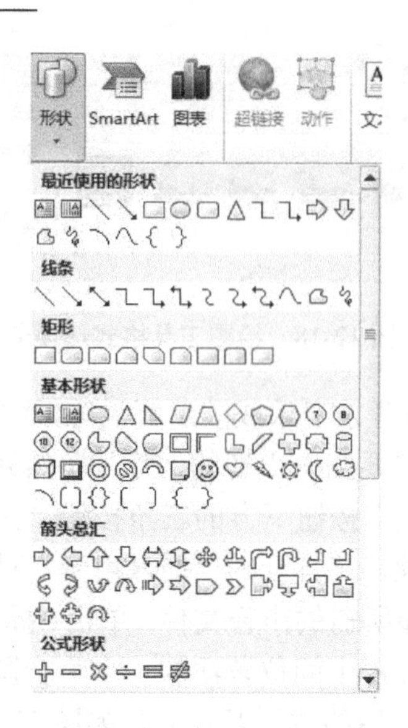

图 12-22 插入自选图形

步骤 3：设置椭圆自选图形，右击该图形，选择“设置形状格式”命令，在弹出的“设置形状格式”对话框中，可以设置该图形的外观、外边线条形状、颜色和阴影等格式，如图 12-23 和图 12-24 所示。

图 12-23 美化自选形状

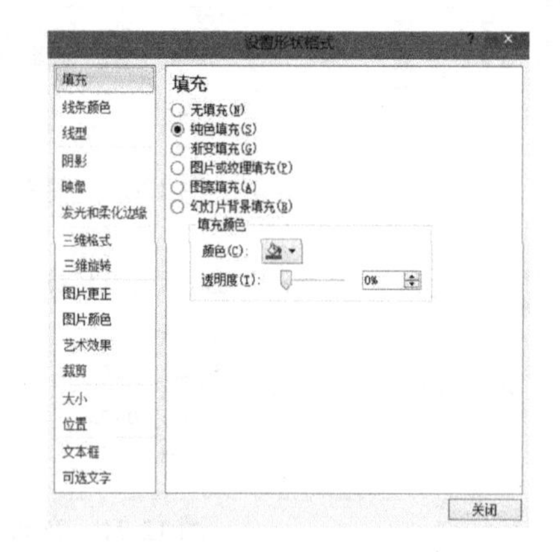

图 12-24 选择填充样式

步骤 4：选择“填充”选中“图片或纹理填充”，可以选择纹理（系统自带），或是插入来自外部的图片，或是插入剪贴画（系统自带的画），如图 12-25～图 12-28 所示。

其他图形设置：选择“插入”菜单→“形状”→“基本形状”→“新月形”，在空白处插入新月形自选形状。可以设置形状格式，在弹出的“设置形状格式”中，可以设置该图形的外观、外边线条形状、颜色和阴影等格式。其操作方法和椭圆方式相同。

注意：多种自选图形的层叠（在顶层或是下层）具体操作如图 12-29 所示，可进行大小的设置（在“设置形状格式”对话框中，选择大小可以对自选图形进行设置）和位置的移动（用鼠标拖动移动指定位置）。

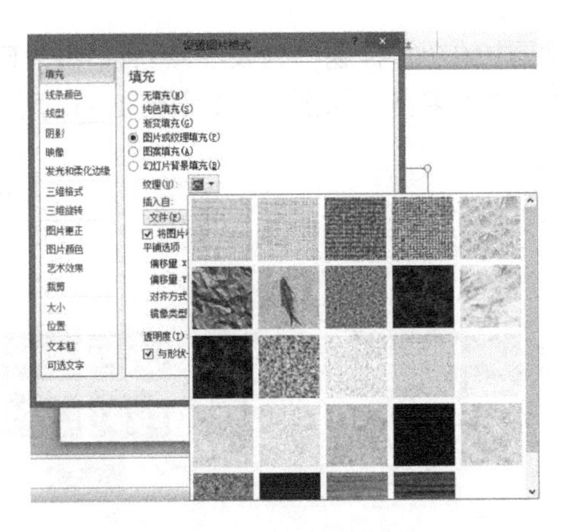

图 12-25　选择纹理填充

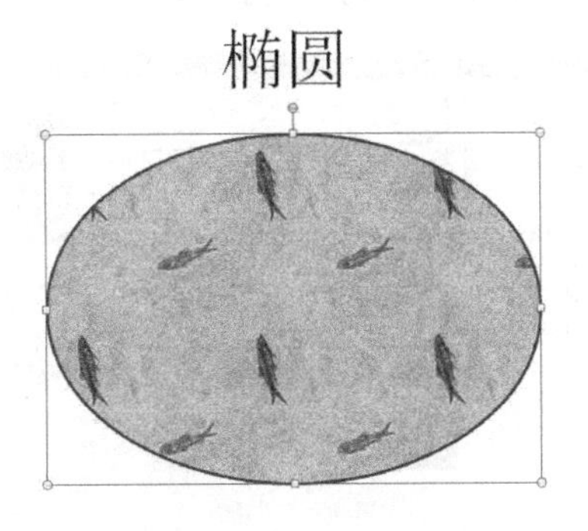

图 12-26　填充后效果

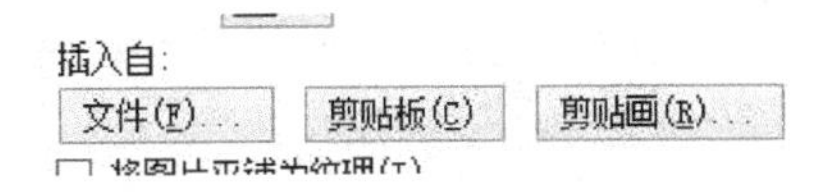

图 12-27　选择图片填充

图 12-28　图片填充后效果

4. SmartArt 的应用

PowerPoint 中提供了一项名为“SmartArt”的功能。SmartArt 中提供了很多预定义的表单。用户只需从列表中进行选择即可轻松创建图表。在表单中不仅可以键入文本还可以粘贴照片。具体步骤如下。

步骤 1：启动 PowerPoint 并打开新的演示文稿。

步骤 2：单击“插入”选项卡上“插图”中的“SmartArt”，如图 12-30 所示。

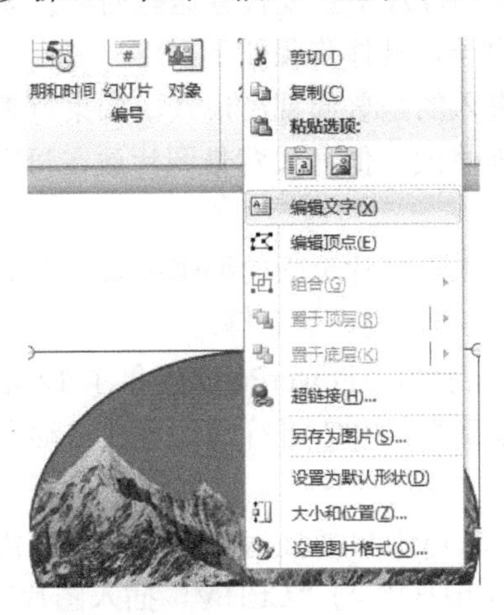

图 12-29　图形层叠

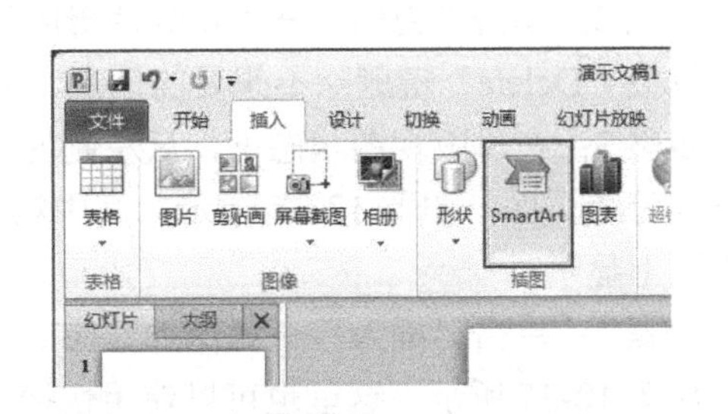

图 12-30　插入 SmartArt 图形

步骤 3：单击“选择 SmartArt 图形”对话框中的图片标题“列表”，然后单击“确定”按钮。SmartArt 列表将插入在幻灯片中，并显示文本窗格，如图 12-31 和图 12-32 所示。

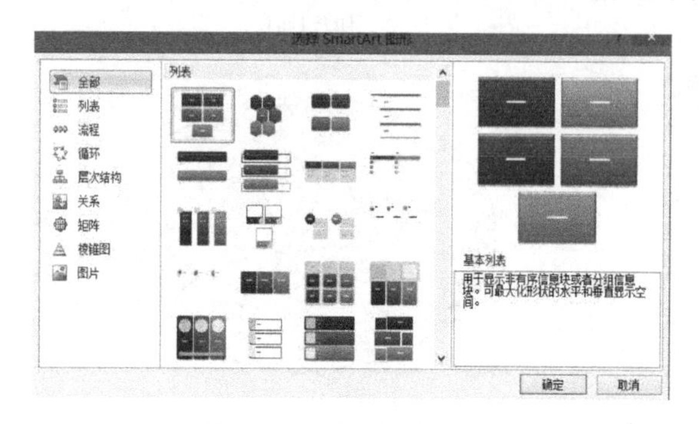

图 12-31　选择图形

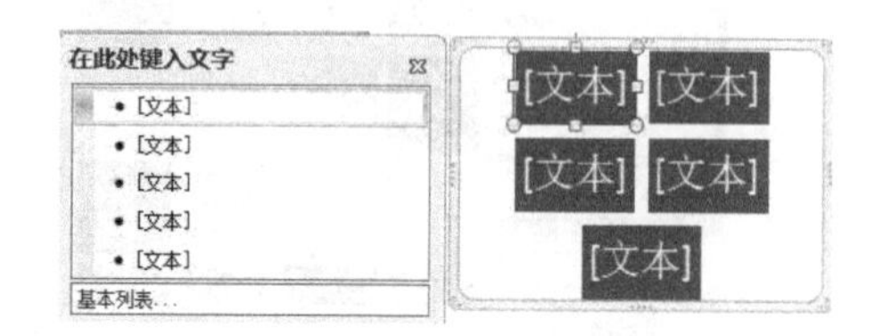

图 12-32　将 SmartArt 图形插入到幻灯片

提示 插入 SmartArt 时，将会显示“SmartArt 工具”，并且“设计”和“格式”选项卡将自动添加到功能区。用户可以在“设计”选项卡中更改 SmartArt 类型和设计的命令分组。用于更改绘图格式的命令分组在“格式”选项卡中。如图 12-33 所示。

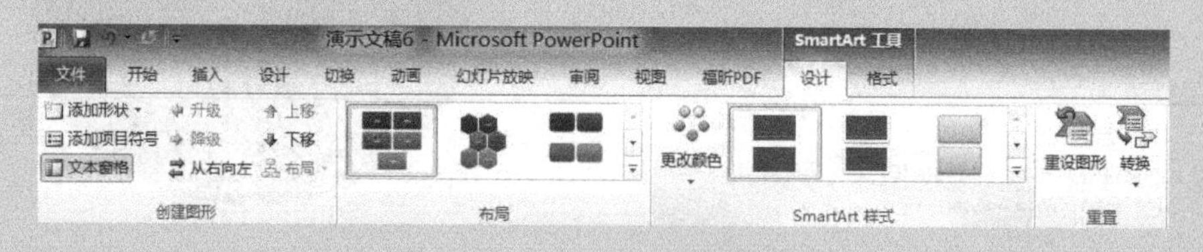

图 12-33　SmartArt 工具

在插入的 SmartArt 之外或文本窗格之外单击时，“SmartArt 工具”将会隐藏。若要再次显示“SmartArt 工具”，请单击 SmartArt。

5. 编辑幻灯片母版

在制作演示文稿时，通常需要为每张幻灯片都设置一些相同的内容或格式以使演示文稿主题统一。例如，在每张幻灯片中都加入公司的 LOGO，且每张幻灯片标题占位符和文本占位符的字符格式和段落格式都一致。如果在每张幻灯片中重复设置这些内容，无疑会浪费时间，此时可在 PowerPoint 的母版中设置这些内容，具体步骤如下。

步骤 1：新建一个 PPT 文件，双击打开，直接进入的是普通视图模式。如果背景图片是直接复制粘贴在 PPT 普通视图里中，可以很轻易地修改；但如果背景图片放在母版里，在普通视图中就无法修改了。

步骤 2：单击“视图”→“幻灯片母版”，即可进入幻灯片母版的编辑模式。在此模式下可以按“Delete”键删除不想要的信息，如公司 LOGO、联系信息等。

步骤 3：在母版视图状态下，从左侧的预览中可以看出，PowerPoint 提供了 12 张默认幻灯片母版页面，如图 12-34 所示。其中第 1 张为基础页，对它进行的设置会自动在其余的页面上显示。

步骤 4：单击“插入”→“图片”命令，为第 1 张 PPT 页面插入一张制作好的背景图片，如图 12-35 所示。这里也可以使用快捷键组合“Ctrl+C”与“Ctrl+V”插入图片。

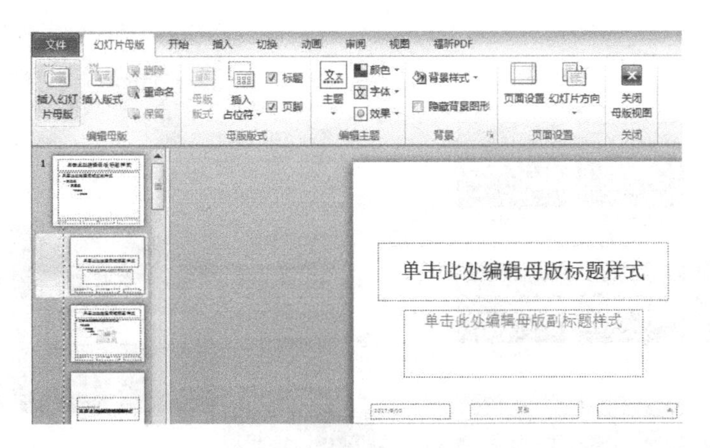

图 12-34　幻灯片母版

可以看出，不仅第 1 张的背景图片换掉了，所有 12 张默认的 PPT 页面都被换掉了，而且下面 11 张 PPT 页面的背景图片都没有办法选择和修改，要想改变的话只有在上面覆盖别的图片了。所以可以说，第 1 张 PPT 基础页是母版中的母版，一变全变。

在 PPT 母版中，第 2 张一般用于封面，所以想要使封面不同于其他页面，只有在第 2 张母版页单独插入一张图片覆盖原来的。可以看到，只有第二张发生了变化，其余的还是保持原来的状态，如图 12-36 所示。

图 12-35　幻灯片母版应用效果

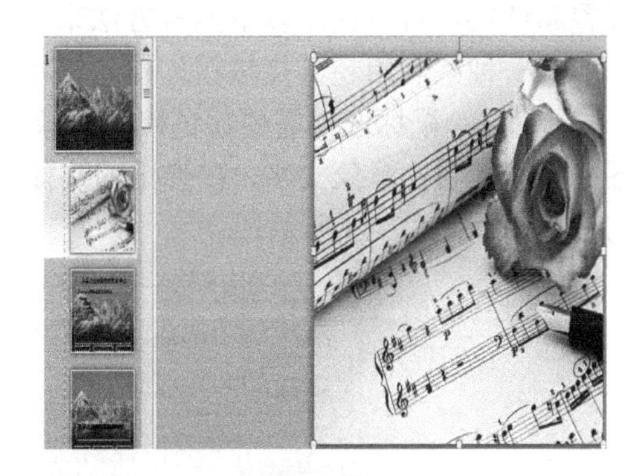

图 12-36　效果图

当在第 2 张 PPT 母版中插入了图片后，关闭母版视图，回到普通视图，发现 PPT 已经默认添加了封面，而这个封面在此无法被修改。

提示　增加内页有两种方式：一是用鼠标单击左侧缩略图的任意地方，按“Enter”键。二是在缩略图的任意地方右击，选择“新建幻灯片”命令即可。

可以发现，新增的 PPT 内页都是有背景图片的，也就是刚刚在第 1 张母版中插入的图片，如图 12-37 所示。此外还可以为内页更换版式。操作的前提是，必须在母版中制作好各种需要用到的版式。更换版式时，在左侧缩略图中选择页面，右击，在弹出菜单中选择“版式”命令，就可以在预设的各个版式里选择了，如图 12-38 所示。

图 12-37　增加内页　　　图 12-38　选择版式

5. 为对象设置超链接

通过为幻灯片中的对象设置超链接和动作可以制作出交互式的演示文稿。例如，单击设置了超链接或动作的对象，便跳转到该超链接指向幻灯片、文件或网页。

在 PowerPoint 2010 中，可以为幻灯片中的任何对象，包括文本、图片、图形和图表等设置超链接。可以使用以下两种方法来创建超链接。

第一种：利用超链接按钮创建超链接。

步骤 1：鼠标选中需要超链接的对象，单击工具栏“插入”→“超链接”按钮（“地球”图标）或者右击对象文字，在弹出的快捷菜单中选择“超链接”选项，弹出“插入超链接”对话框，如图 12-39 所示。

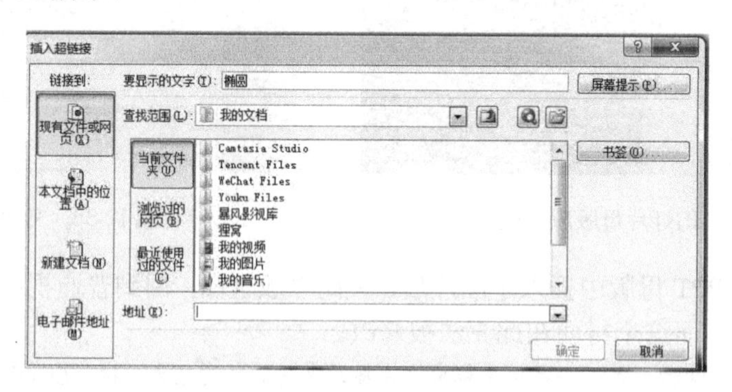

图 12-39　插入超链接

步骤 2：在弹出的“插入超链接”窗口下面的“地址”栏输入需要加入的网址，单击“确定”按钮即可，如图 12-40 所示。也可以让对象链接到内部文件的相关文档，在“插入超链接”中找到需要链接文档的存放位置，如图 12-41 所示。

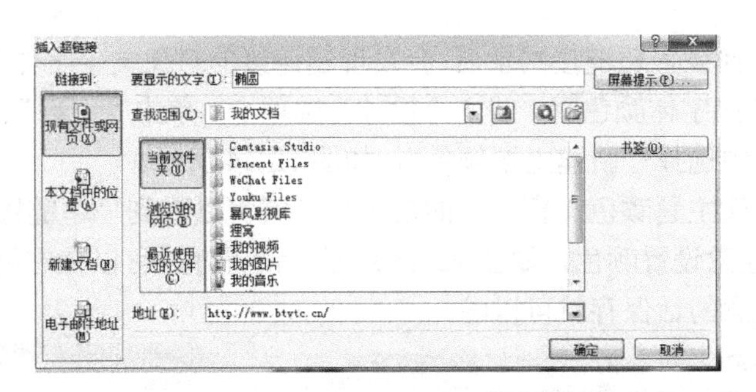

图 12-40　输入超链接的网址

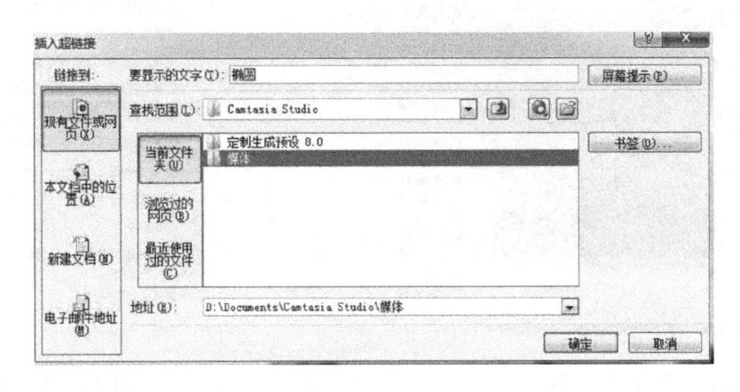

图 12-41　超链接的文档

第二种：利用“动作设置”创建 PPT 超链接。

步骤 1：选中需要创建超链接的对象（文字或图片等），单击常用工具栏“插入”→“动作”按钮（动作按钮是为所选对象添加一个操作，以制定单击该对象时，或者鼠标在其上悬停时应执行的操作），如图 12-42 所示。

步骤 2：弹出“动作设置”对话框后，在对话框中有两个选项卡“单击鼠标”与“鼠标移过”，通常选择默认的“单击鼠标”选项卡，单击“超链接到”单选按钮，在“超链接”选项下拉菜单中根据实际情况选择其一，然后单击“确定”按钮即可，如图 12-43 所示。若要将超链接的范围扩大到其他演示文稿或 PowerPoint 以外的文件中去，则只需要在选项中选择“其他 PowerPoint 演示文稿...”或“其他文件...”选项即可。

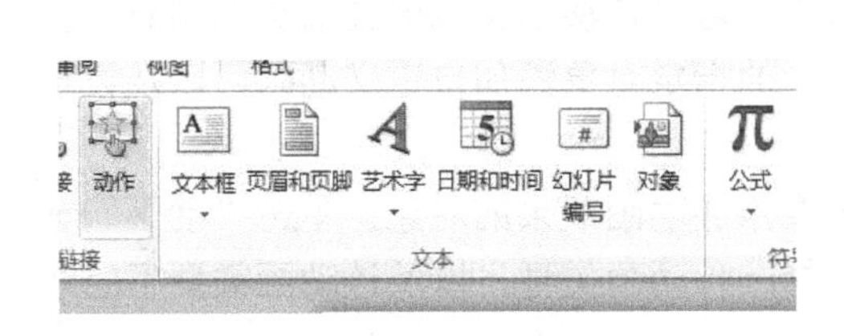

图 12-42　插入动作按钮

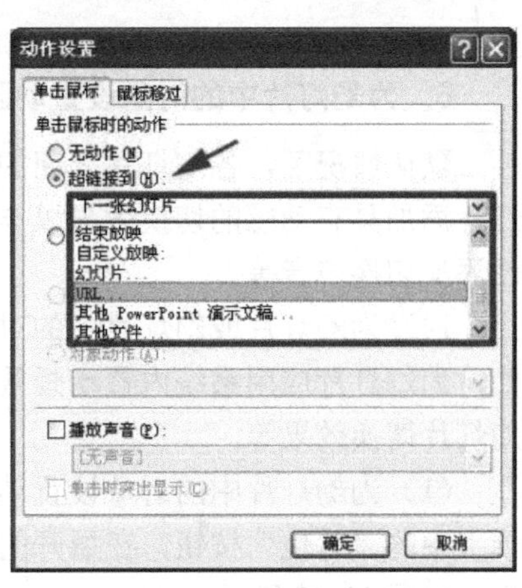

图 12-43　选择超链接的文件

操作完PPT如何设置超链接网址后，会发现超链接的对象文字字体颜色是单一的蓝色，如何修改PPT超链接字体颜色呢？进入“设计”选项卡，单击“主题”选项组中的“颜色”选项，在下拉菜单中选择“新建主题颜色”，如图12-44所示。

在弹出的“新建主题颜色”窗口中的最下面，就可以看到“超链接”和“已访问的超链接”，用户可以任意设置颜色，如图12-45所示。设置好后可以在右侧的“示例”中看到超链接的效果，满意的话保存就可以啦。

图12-44　新建主题颜色

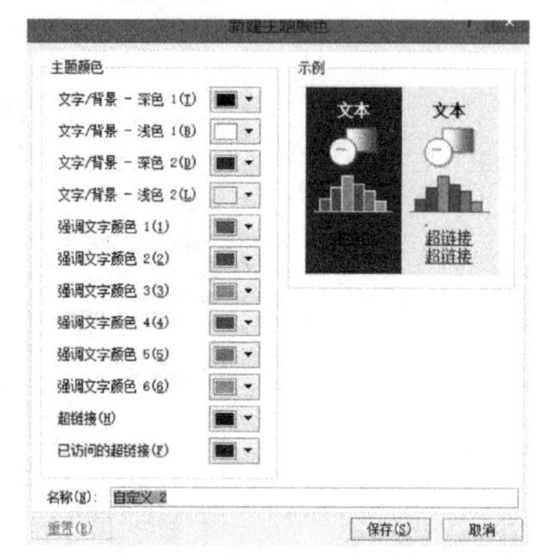

图12-45　设置颜色效果

提示　如何取消PPT超链接?对于在PPT中不满意的超链接或者想要改变超链接网址，该怎么取消该对象的超链接呢?操作：只需要选中链接，然后右击，在弹出的快捷菜单中选中“取消超链接”即可，如图12-46所示。

图12-46　取消超链接

6. 为幻灯片中的对象设置动画

默认情况下，各幻灯片之间的切换是没有任何效果的。用户可以通过设置，为每张幻灯片添加具有动感的切换效果以丰富其放映过程，还可以控制每张幻灯片切换的速度，以及添加切换声音等。

通过为幻灯片或幻灯片中的对象添加动画效果，可以使演示文稿的播放更加精彩。例如，为幻灯片应用系统内置动画效果，为幻灯片中的指定对象添加自定义动画，以及设置幻灯片切换效果等。

（1）为幻灯片中的对象设置动画效果。选中要添加动画效果的对象，单击“动画”选项卡中的“其他”按钮，在展开的动画列表中选择一种动画类型，以及该动画类型下的效果，如图12-47所示。

图 12-47　设置动画效果

（2）选择动画种类。选中图片或文字，再选择“动画”菜单，可以对这个对象进行 4 种动画设置，分别是：进入、强调、退出和动作路径。“进入”是指对象“从无到有”，“强调”是指对象直接显示后再出现的动画效果，“退出”是指对象“从有到无”，“动作路径”是指对象沿着已有的或者自己绘制的路径运动。

同一个对象，可以添加多个动画，如进入动画、强调动画、退出动画和路径动画。例如，设置好一个对象的进入动画后，单击“添加动画”按钮，可以再选择强调动画、退出动画或路径动画。

路径动画可以让对象沿着一定的路径运动，PPT 提供了几十种路径。如果没有自己需要的，可以选择“自定义路径”，此时，鼠标指针变成一支铅笔，可以用这支铅笔绘制自己想要的动画路径。如果想要让绘制的路径更加完善，可以在路径的任一点上右击，选择“编辑顶点”选项，通过拖动线条上的每个顶点或线段上的任一点调节曲线的弯曲程度。

菜单栏下的一排绿色的图标都是指出现方式，用鼠标单击左边的预览按钮可以查看效果，如果不满意，可以再单击别的方式更改。如图 12-48 和图 12-49 所示。

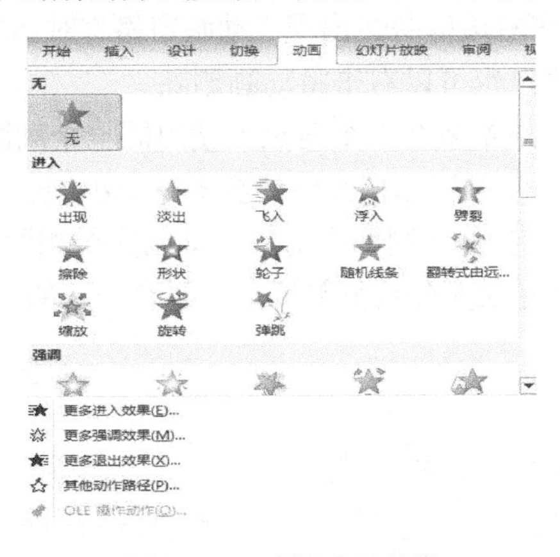

图 12-48　选择动画种类

（3）方向序列设置。单击“效果”按钮，可以对动画出现的方向、序列等进行调整，如图 12-50 所示。

（4）设置开始时间。开始时间设置如图 12-51 所示。单击时：在放映幻灯片时，需单击鼠标才开始播放动画。与上一动画同时：在放映幻灯片时，自动与上一动画效果同时播放。上一动画之后：在放映幻灯片时，播放完上一动画效果后自动播放该动画效果。如果有多个动画，建议选择后两种开始方式，这样对于幻灯片的总体时间比较好把握。

（5）设置动画速度。调整“持续时间”，可以改变动画出现的快慢，如图 12-52 所示。

（6）设置延迟时间。调整“延迟时间”，可以让动画在“延迟时间”设置的时间到达后才开始出现，对于动画之间的衔接特别重要，便于观众看清楚前一个动画的内容。

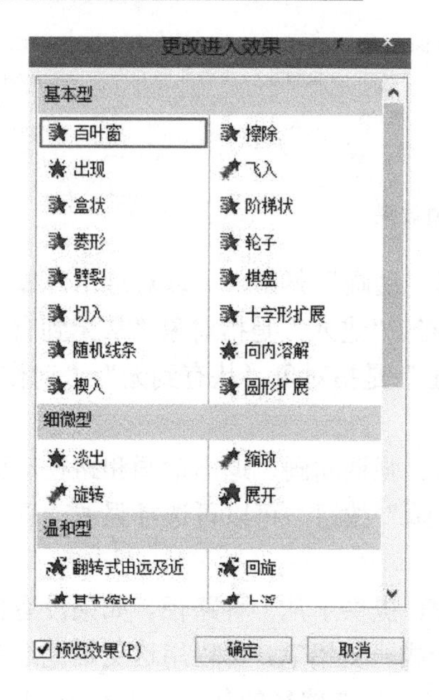

图 12-49　更多动画效果

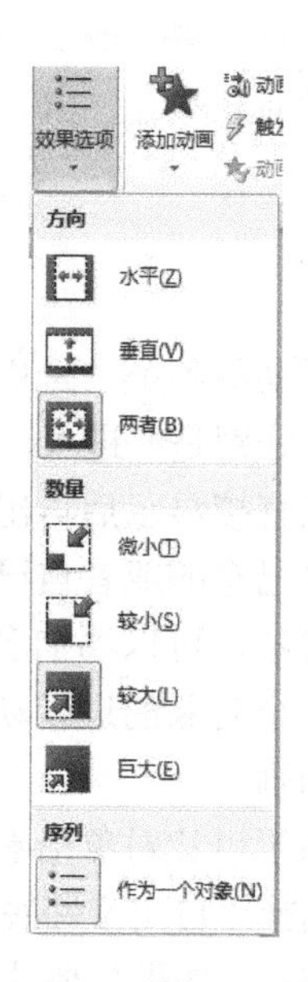

图 12-50　“效果”按钮

（7）调整动画顺序。如果需要调整一张 PPT 里多个动画的播放顺序，则单击一个对象，在“对动画重新排序”下选择“向前移动”或“向后移动”，如图 12-53 所示。更为直接的办法是单击“动画窗格”，在右边框旁边出现“动画窗格”对话框。拖动每个动画改变其上下位置可以调整出现的顺序，也可以右击将动画删除。

（8）设置相同动画。如果希望在多个对象上使用同一个动画，则先在已有动画的对象上单击，再选择“动画刷”，此时鼠标指针旁边会多一个小刷子图标。用这种格式的鼠标单击另一个对象（文字、图片均可），则两个对象的动画完全相同，这样可以节约很多时间，如图 12-54 所示。但动画重复太多会显得单调，需要有一定的变化。

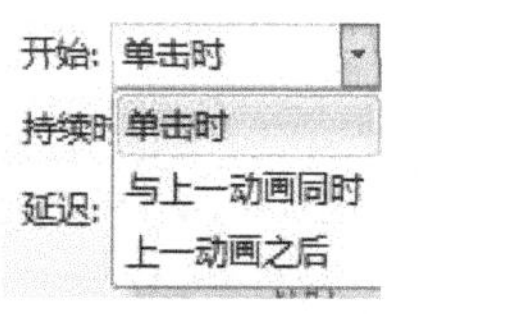

图 12-51　开始时间设置

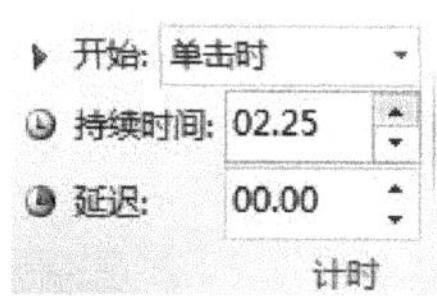

图 12-52　动画速度设置

图 12-53　调整动画顺序

图 12-54　动画刷

（9）为幻灯片设置切换效果。在“幻灯片”窗格中选中要设置切换效果的幻灯片，然后单击“切换”选项卡上“切换到此幻灯片”组中的“其他”按钮，在展开的列表中选择一种幻灯片切换方式。在“计时”组中的“声音”和“持续时间”下拉列表框中可选择切换幻灯片时的声音效果和幻灯片的切换速度，在“换片方式”设置区中可设置幻灯片的换片方式，如图 12-55 所示。要想将设置的幻灯片切换效果应用于全部幻灯片，可单击“计时”组中的“全部应用”按钮，否则，当前的设置将只应用于当前所选的幻灯片。

图 12-55　设置切换效果

12.2.4　美化幻灯片

本演示文稿主要是针对联合吸污车的产品介绍，主要目的是展示企业形象与推介产品。此类 PPT 填补了静态宣传画册与动态企业宣传视频中的空档，达到动静结合的宣传效果。汽车制造有限公司是一家专业服务城市管理与美化的企业，宣传环保，因此为了彰显企业文化特点，设计以绿色为主色调，黄色等其他颜色作为辅助颜色；在质感上以简洁为主。针对本实例的特征，企业宣传演示文稿框架使用说明式或罗列式，对语言和文字需求准确无误，简短精炼。

本演示文稿共包含了 7 张幻灯片：第 1 张是标题幻灯片，标明本演示文稿的主题是“联合吸污车产品介绍”；第 2 张是目录，分别介绍三部分内容；第 3 至第 6 张，分别介绍“联合吸污车”的公司简介、产品系列、产品简介；第 7 张是致谢。根据以上设计添加幻灯片，并输入幻灯片内容。

幻灯片中文字效果设置如图 12-56 所示。在“开始”选项卡“字体组”中，选择字体为“经典综艺体简”，字号大小 54，如图 12-57 所示。选择字体颜色为橄榄色，强调文字颜色 3，深色 50%，如图 12-58 所示。

图 12-56　标题效果设置

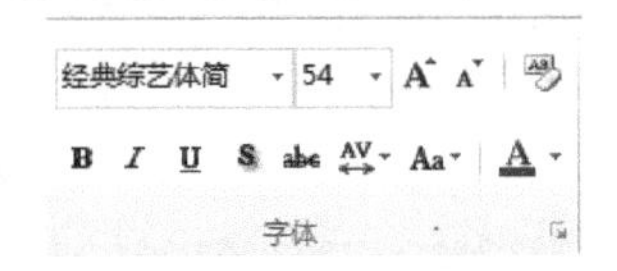

图 12-57　字体大小

为了布局和美化幻灯片的版面，在第 1 张幻灯片中插入联合吸污车产品的图片、自选形状。

1. 插入图片

步骤 1：单击“插入”选项卡，单击“图像”选项组中的“图片”按钮，如图 12-59 所示。

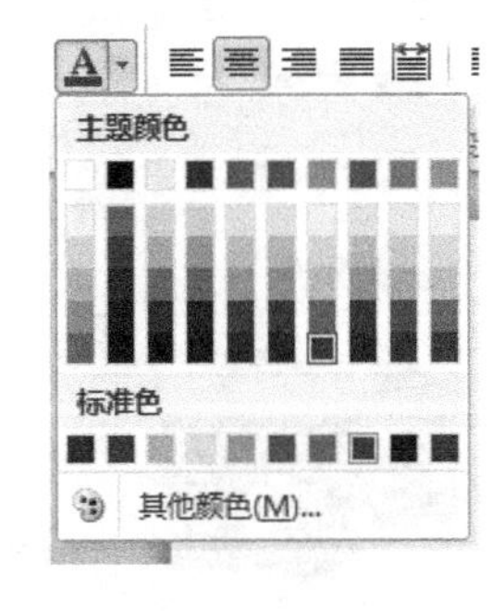

图 12-58　字体颜色

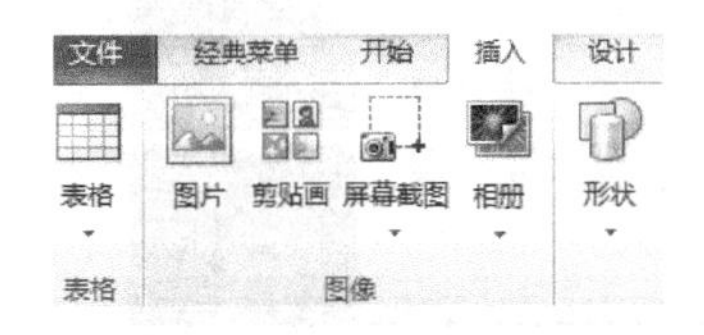

图 12-59　“图像”选项组

步骤 2：在弹出的“插入图片”对话框中找到需要插入的图片。

提示 插入的图片四周有 8 个白色小圆，上部有一个绿色小圆，这些小圆称作“控点”。白色小圆称缩放控点，用鼠标拖动缩放控点可以调整图片的大小；绿色小圆称旋转控点，用鼠标拖动可以旋转图片。将鼠标移到图片上，鼠标指针会变成十字箭头形，拖动鼠标可移动图片，在拖动过程中，有一个虚框会随之移动，它表示图片移动的目的位置，当虚框到达目的位置。松开鼠标左键，图片即可定位，如图 12-60 所示。

图 12-60　缩放、旋转图片

注意：只有当选中图片后，“图片工具”栏才会出现。

2. 美化图片

步骤 1：插入好图片后，单击当前图片，选择“图片工具”→“格式”选项卡，如图 12-61 所示。

图 12-61 “格式”选项卡

步骤 2：选择“图片样式”为矩形投影，选择图片效果为“发光”中的“蓝色，5pt 发光，强调文字颜色 1”。选择“图片效果”为“映像，紧密映像，8pt 偏移量”，如图 12-62 和图 12-63 所示。

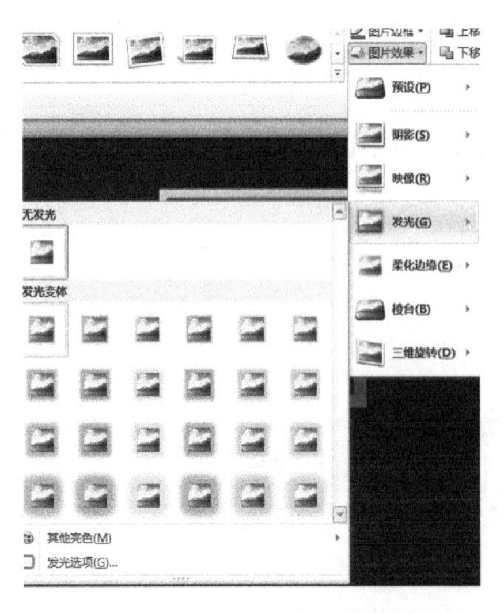

图 12-62　设置图片效果

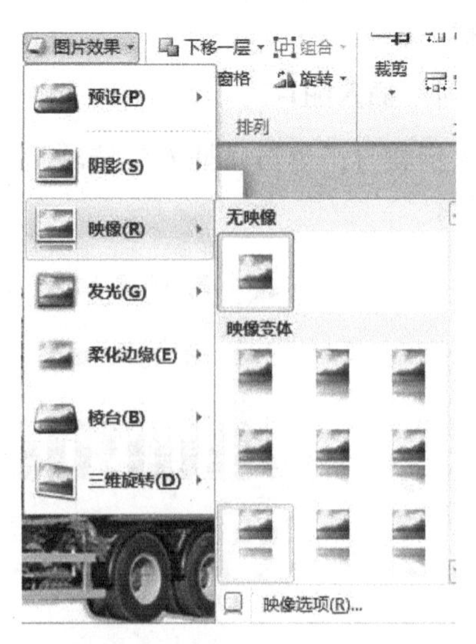

图 12-63　设置图片映像效果

3. 插入自选形状，在幻灯片 1 中需要插入矩形形状

步骤 1：在幻灯片 1 中单击“插入”选项卡，选择“插图”选项组中的“形状”按钮，如图 12-64 所示。

步骤 2：在弹出的“插入形状”下拉列表中找到需要插入的形状，选择“矩形”按钮，添加到合适的位置，如图 12-65 和图 12-66 所示。

仿照以上步骤完成第二张幻灯片。

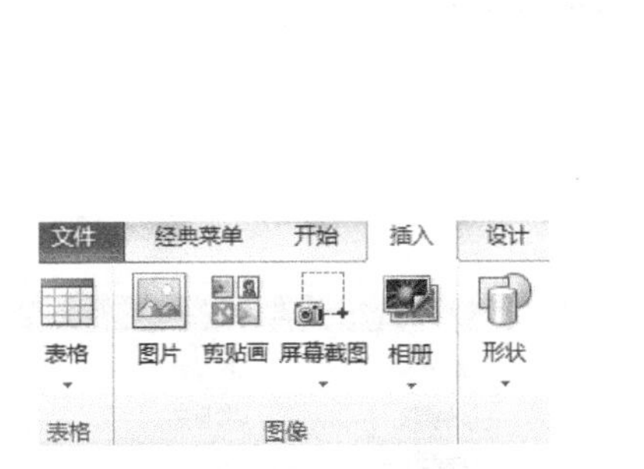

图 12-64　插入选项卡

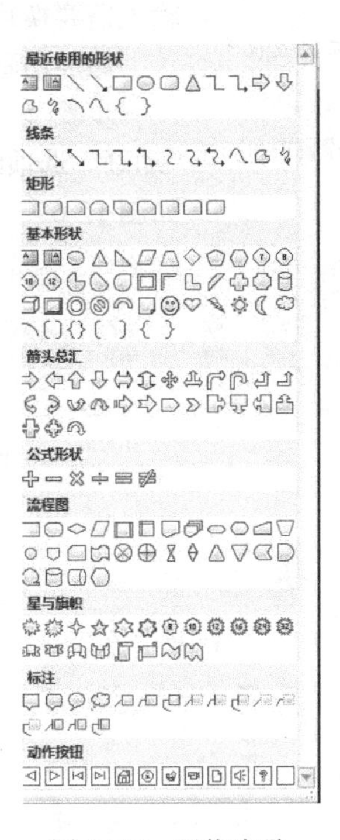

图 12-65　形状选项

图 12-66　添加后的效果

4. 添加动画效果

在播放演示文稿时，增加恰当的幻灯片切换效果可以让整个放映过程体现出一种连贯感，还能让观众集中精力观看，具体步骤如下。

步骤 1：完成当前幻灯片后，选择“切换”选项卡中的“切换到此幻灯片”选项组，选择“推进”动画按钮，如图 12-67 所示。

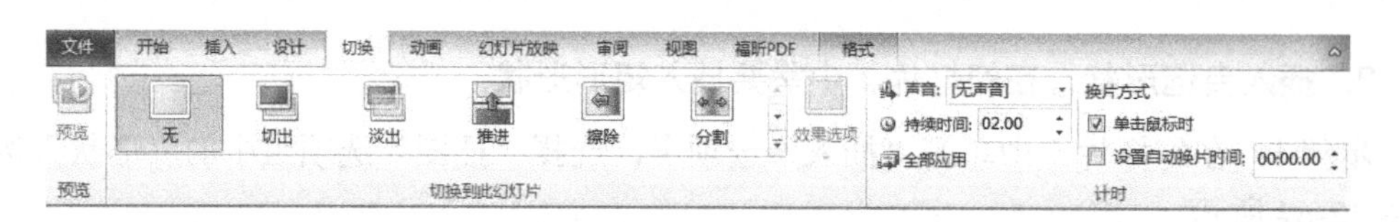

图 12-67　切换选项卡

图 12-68　设置时间

步骤 2：选择“计时”选项组中的“设置自动换片时间”，手动输入需要换片的时间，如图 12-68 所示。

添加动画效果的具体步骤如下。

步骤 1：幻灯片中，插入好对象后，选择“动画”选项卡中的“动画”选项组，选择“更多进入效果”动画按钮，添加动画效果，如图 12-69～图 12-71 所示。

图 12-69　动画选项卡

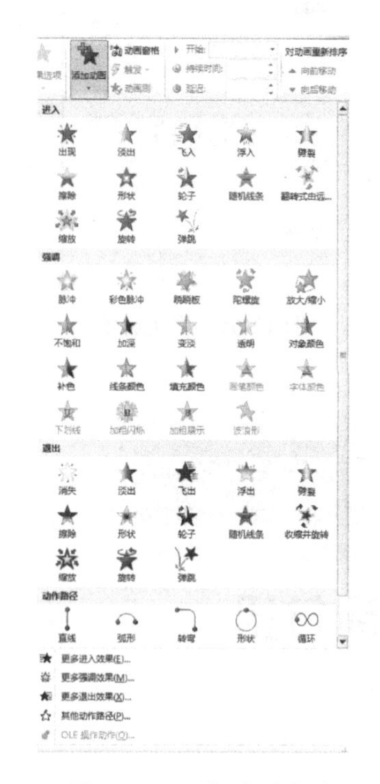

图 12-70　添加动画选项

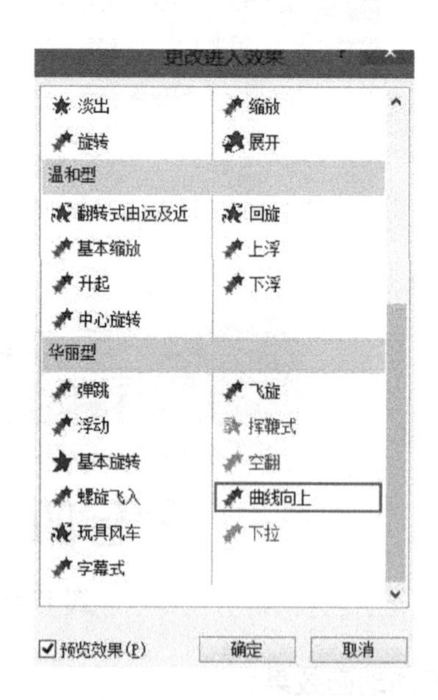

图 12-71　进入效果为曲线向上

步骤 2：选择“计时”选项组中的“持续时间”，手动输入持续时间，如图 12-72 所示。

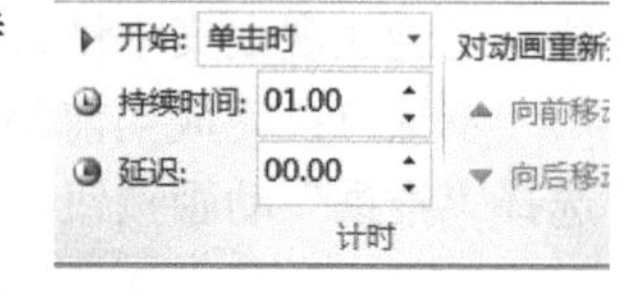

图 12-72　计时选项

5. 添加 SmartArt 图形

制作完成前两张幻灯片后，在第 3、第 4 张幻灯片中，运用

SmartArt 图形分别介绍公司简介和产品系列。

步骤 1：选择“插入”选项卡中的“SmartArt”按钮，如图 12-73 所示。

步骤 2：打开“选择 SmartArt 图形”对话框，选择相应的 SmartArt 图形，单击对话框左侧“列表”选项，选择“堆叠列表”。如图 12-74～图 12-76 所示。

图 12-73　选择 SmartArt 图形

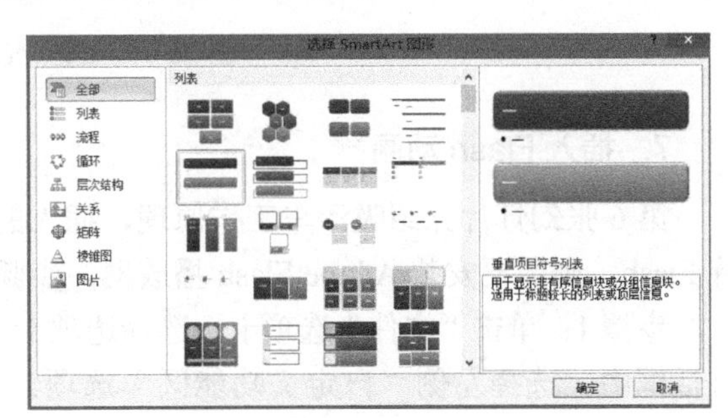

图 12-74　SmartArt 图形对话框

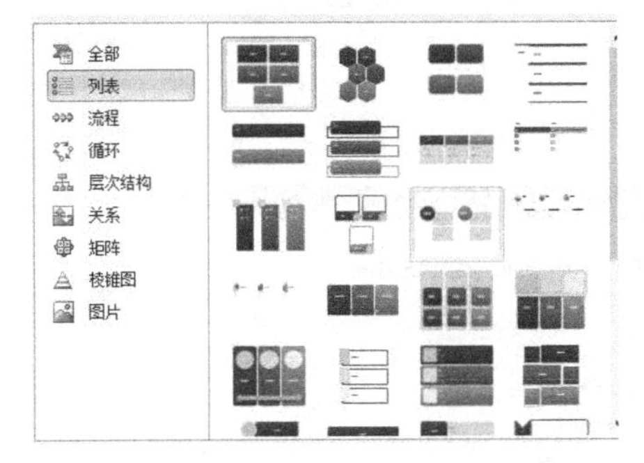

图 12-75　选择“堆叠列表”

图 12-76　最终效果图

重复以上步骤，完成第 4 张幻灯片的制作。

6. 插入视频

第 5 张幻灯片中的产品简介是以视频的方式来介绍的。

步骤 1：单击“插入”选项卡“视频”按钮，选择“文件中的视频”命令，弹出“插入视频文件”对话框，如图 12-77 和图 12-78 所示。

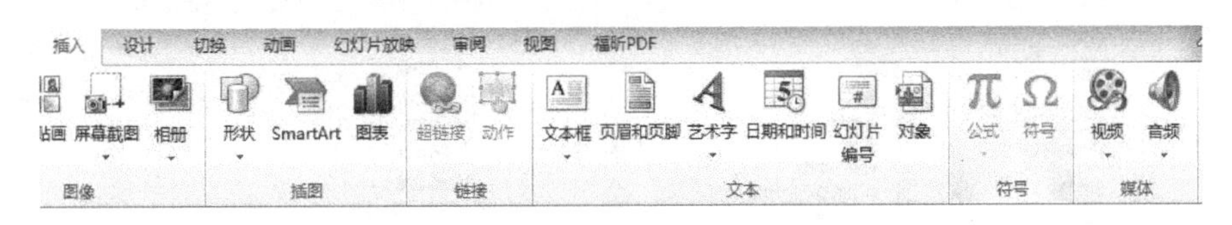

图 12-77　选择“视频”选项

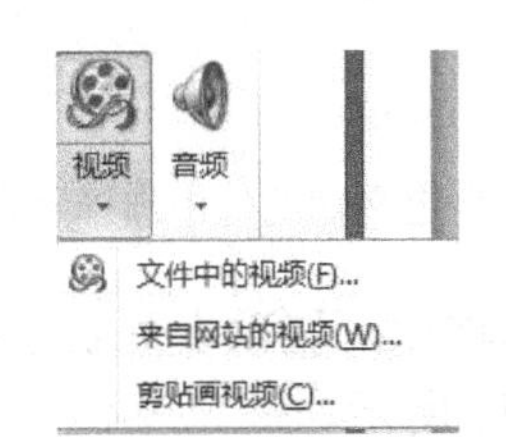

图 12-78　选择文件中的视频

步骤 2：选择插入视频文件“汽车展示视频”，单击“插入”按钮后完成视频的插入。如图 12-79 所示。

图 12-79　选择汽车展示视频

7. 插入 Flash 动画

第 6 张幻灯片介绍吸污车工作原理，插入的是 SWF 格式的 Flash，若让 PowerPoint 支持 Flash，则需要安装 Adobe Flash 播放器。步骤如下。

步骤 1：单击“文件”选项卡，选择选项卡中的“选项”，在弹出的“PowerPoint 选项”对话框中，选择左侧“自定义功能区”选项，勾选右侧滚动栏中“开发工具”选项，如图 12-80～图 12-82 所示。

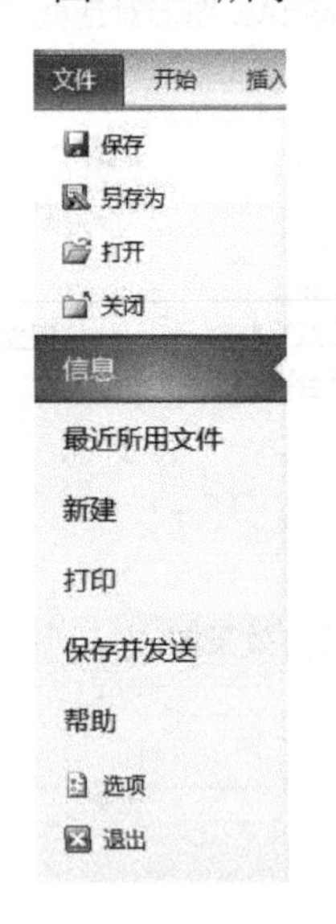

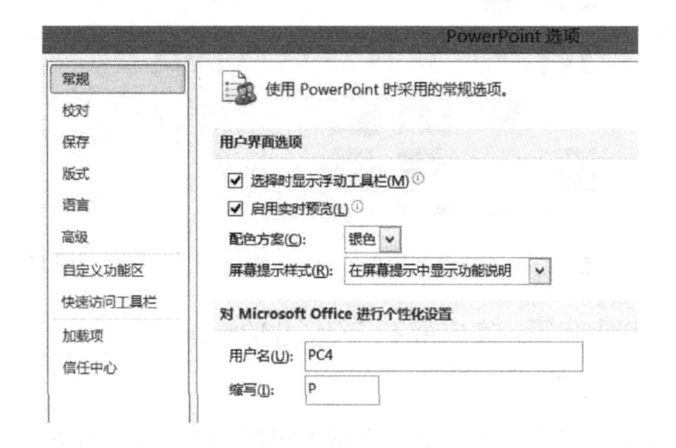

图 12-80　“选项”按钮　　　　图 12-81　“PowerPoint 选项”对话框

图 12-82　自定义功能区中选择“开发工具”

步骤 2：添加“开发工具”选项后，选项卡列表中就出现了“开发工具”选项卡，单击“开发工具”选项卡，如图 12-83 所示。

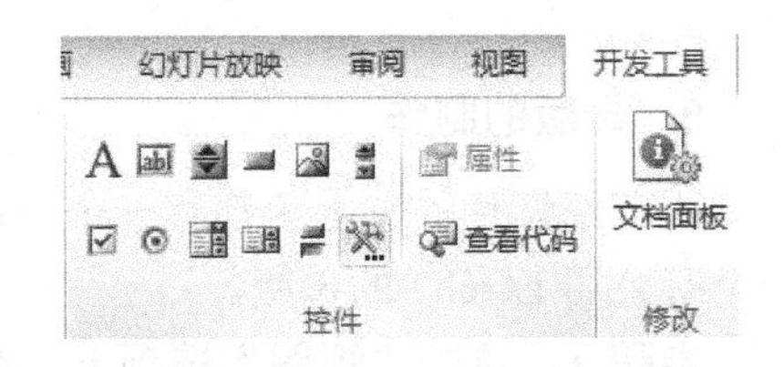

图 12-83 “开发工具”选项卡

步骤 3：单击“开发工具”选项卡，在选项卡中选择“其他控件”按钮，在弹出的“其他控件”对话框，选择“shockwave flash object”选项。如图 12-84 所示。

步骤 4：用十字光标在幻灯片空白区域画出一个框，插入后的 Flash 控件框如图 12-85 所示。

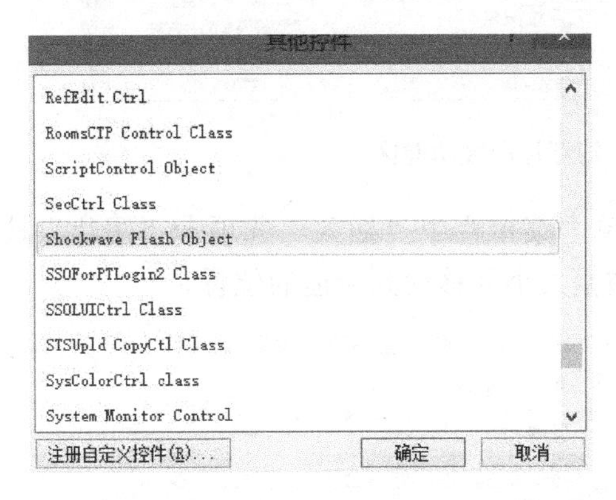

图 12-84 选择“Shockwave Flash Object”选项

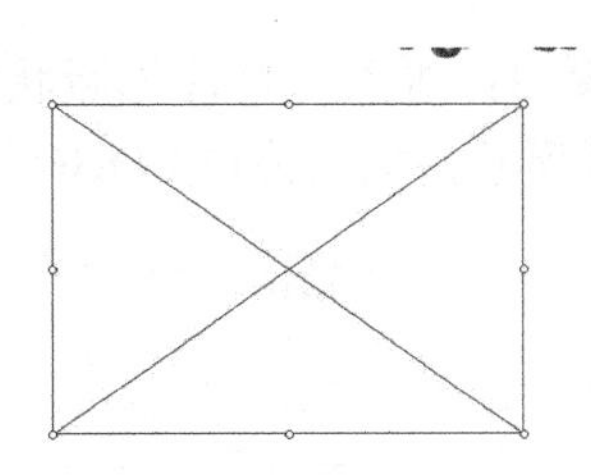

图 12-85 控件框

步骤 5：单击选中该控件框，右击，在弹出的菜单中选择“属性”命令，如图 12-86 所示。在弹出的菜单中为 Movie 项填写路径，如图 12-87 所示。

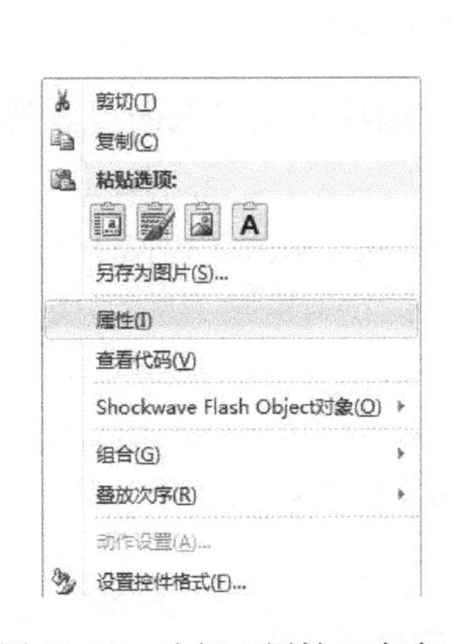

图 12-86 选择“属性”命令

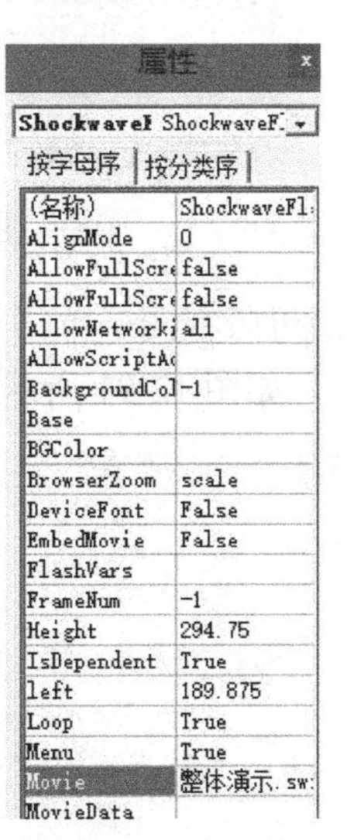

图 12-87 填写路径

注意：如 SWF 文件与 PPT 文件放在一个目录下，则填写文件名加扩展名即可。若不是同一个文件夹，则需要将文件完整路径写出（如“素材\整体演示.swf”）。

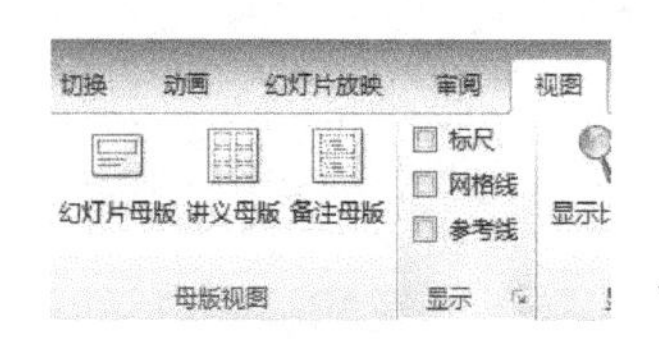

图 12-88　幻灯片母版

8. 母版的制作

所有幻灯片的左上角都有一个公司的 LOGO，这就需要制作一个有公司 LOGO 的母版。

步骤 1：单击“视图”选项卡，在选项卡中单击“幻灯片母版”按钮，进入母版视图如图 12-88 所示。

步骤 2：单击“幻灯片母版”后进入“幻灯片母版视图”，菜单栏变成“幻灯片母版”，如图 12-89 所示。

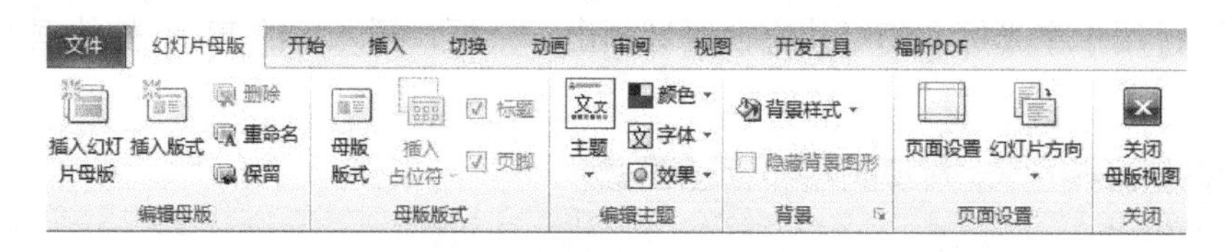

图 12-89　幻灯片母版功能区

步骤 3：进入幻灯片母版状态下，单击菜单栏中“插入”选项卡“图片”按钮，如图 12-90 所示，插入公司 LOGO 图片，调整大小并移动到合适的位置。

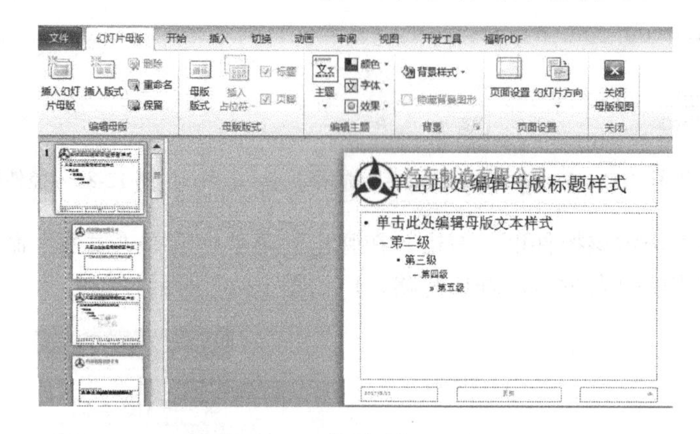

图 12-90　将图片插入母版

步骤 4：关闭母版视图。单击“幻灯片母版”选项卡上“关闭母版视图”按钮后，即转入“普通视图”，如图 12-91 所示。

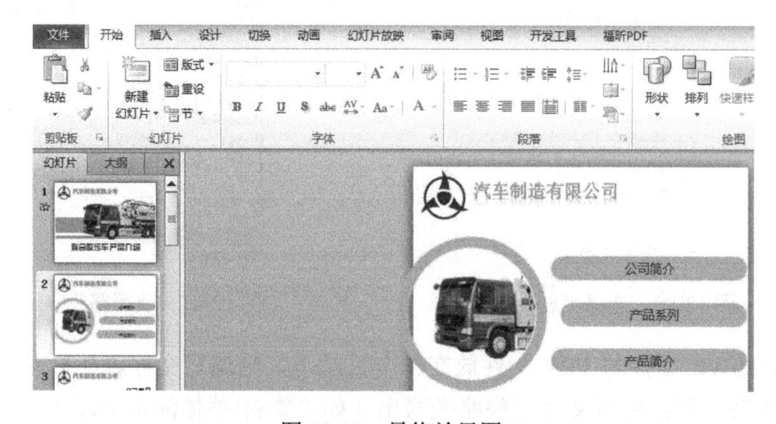

图 12-91　最终效果图

12.2.5　管理幻灯片

为当前幻灯片中添加“节”，将整个演示文稿划分成若干个小节来管理。这样一来，不仅有助于规划文稿结构，同时编辑和维护起来也能大大节省时间。具体步骤如下。

步骤 1：切换到“视图”功能区，确保“演示文稿视图”组中选择“普通视图”，鼠标定位在某页幻灯片上，如图 12-92 所示。

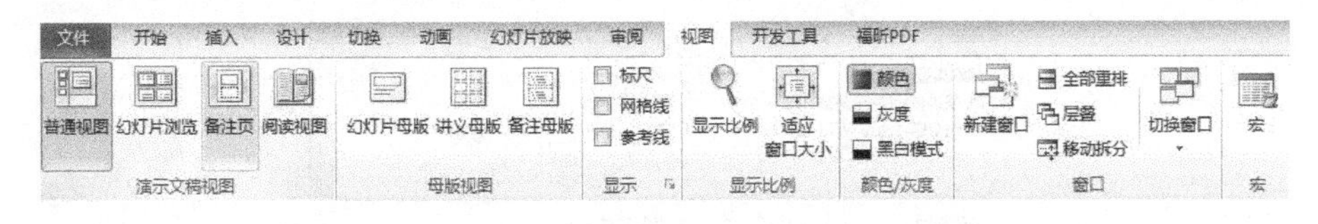

图 12-92　视图选项卡

步骤 2：切换到“开始”功能区，单击“幻灯片”组中的“节”按钮，在菜单中选择“新增节”，如图 12-93 所示。

步骤 3：这时在左侧缩略图窗格会出现一个“无标题节”，右击该标题，在出现的快捷菜单中就有“重命名节”“删除节”等命令，选择“重命令节”弹出对话框如图 12-94 所示。

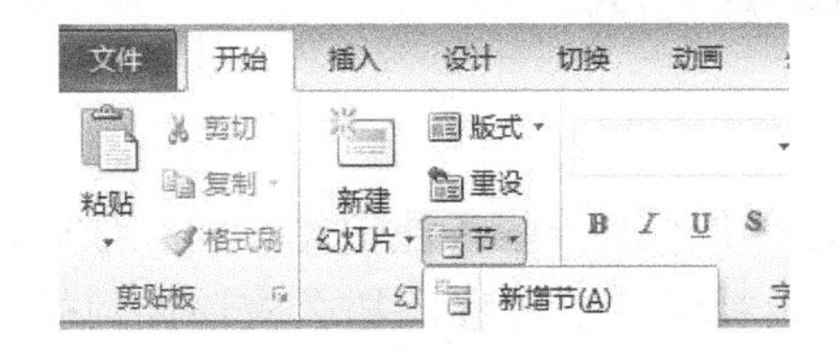

图 12-93　新增节

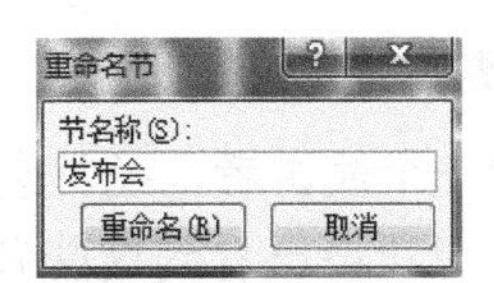

图 12-94　重命名节

步骤 4：切换到“视图”功能区，在“演示文稿视图”选项组中单击“幻灯片浏览”按钮，如图 12-95 所示。

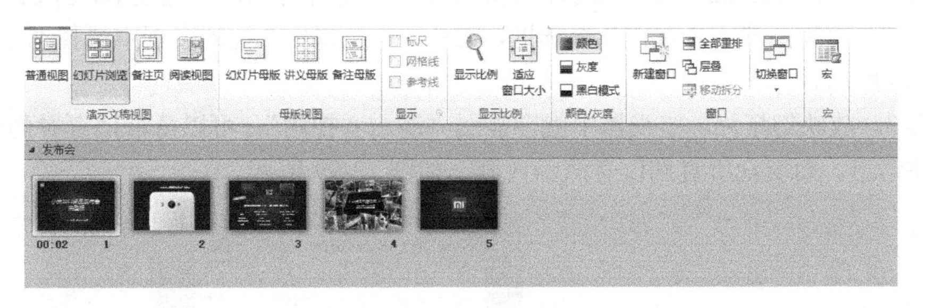

图 12-95　幻灯片浏览

12.2.6　放映幻灯片

PPT 演示文稿制作完成后，有的由演讲者播放，有的让观众自行播放，这需要通过设置幻灯片放映方式进行控制。

首先选择“幻灯片放映”选项卡，如图 12-96 所示，找到“设置”选项组，单击“设置幻灯片放映”选项，就会出现“设置放映方式”对话框，如图 12-97 所示。在对话框中，有 3 个单选项供选择，具体说明如下。

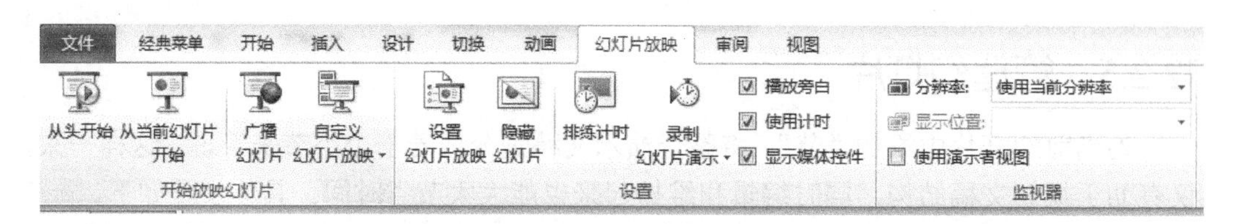

图 12-96　幻灯片放映选项卡

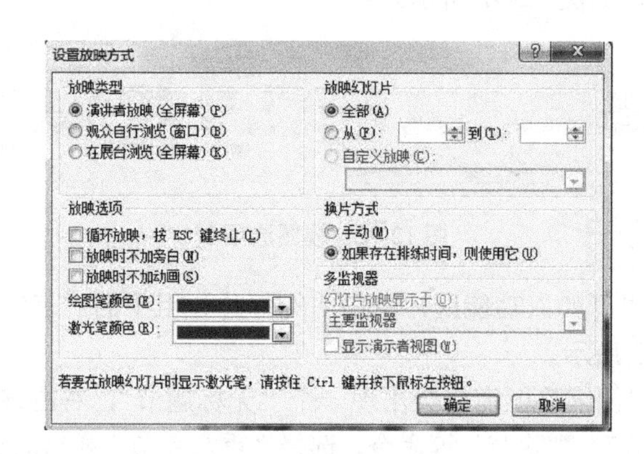

图 12-97　选择放映方式

1. 演讲者放映

作为一个演讲者，经常会在 PPT 演示文稿中添加一些备注信息，而在放映演示文稿时，又只想让自己看到这些备注，而观众只能看到演示内容，那么应该如何做呢？操作步骤如下。

步骤 1：将自己的计算机连接到多个监视器上，并在控制面板中选择“扩展这些显示”，单击“确定”按钮关闭控制面板，并保留更改。

步骤 2：在 PowerPoint 2010 演示文稿中切换到“幻灯片放映”选项卡，并在“监视器”选项组中选中“使用演示者视图”复选框，在“显示位置”下拉列表框中选择“监视器 2”，如图 12-98 所示。

步骤 3：放映幻灯片，监视器中就会显示“演示者视图”，可以清晰地查看到每张幻灯片的备注信息，而观众所看到仅有演示内容。如图 12-99 所示。

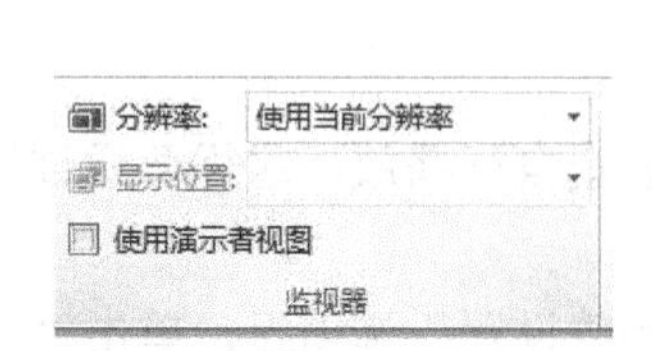

图 12-98　选择相应的显示器

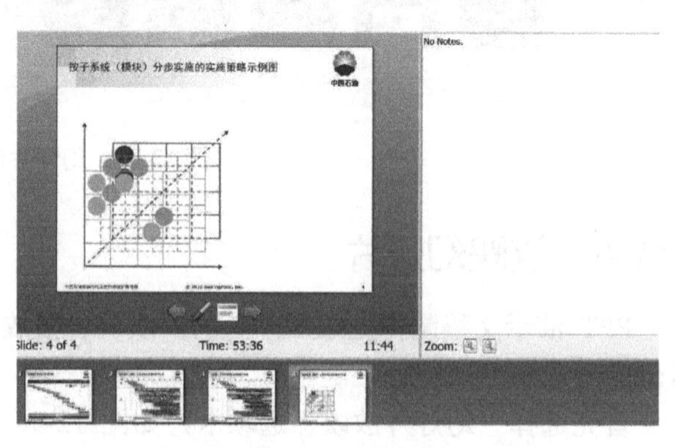

图 12-99　效果图

2. 观众自行放映

在这种放映方式下，幻灯片从窗口放映，并提供滚动条和“浏览”菜单，由观众选择要看的幻灯片。在放映时可以使用工具栏或菜单移动、复制、编辑、打印幻灯片。

3. 在展台放映

在这种放映方式下，幻灯片全屏放映。每次放映完毕后，自动反复，循环放映。除了鼠标指针外，其余菜单和工具栏的功能全部失效，终止放映要按“Esc”键。观众无法对放映进行干预，也无法修改演示文稿。这种方式适合于无人管理的展台放映。

在放映幻灯片时，可以有全部、部分和自定义放映三种选择。

（1）部分放映。选择开始和结束的幻灯片的编号，即可定义放映哪一部分。

（2）自定义放映。需要先在“幻灯片放映”→“自定义放映”选项中，选择演示文稿中某些幻灯片，以某种顺序组成新的演示文稿，以一个自定义放映名命名。然后在“自定义放映”框中选择自定义的演示文稿，单击“确定”按钮，此时只放映选定的自定义的演示文稿。

步骤 1：编辑好所有的 PPT。在“幻灯片放映”选项卡下的“开始放映幻灯片”组中单击“自定义幻灯片放映”下三角按钮，如图 12-100 所示。

步骤 2：选择“自定义放映”命令，弹出“自定义放映”对话框，如图 12-101 所示。

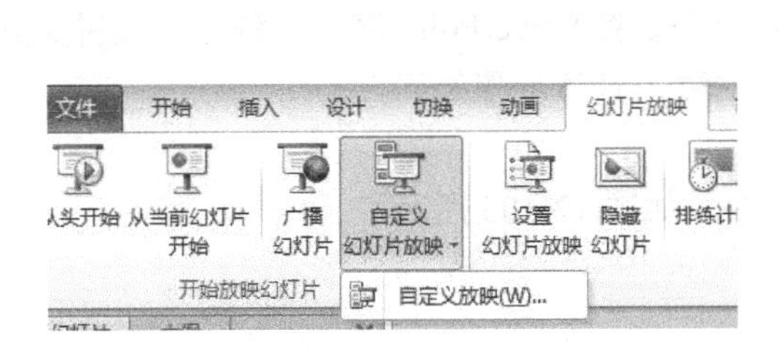

图 12-100　选择自定义放映

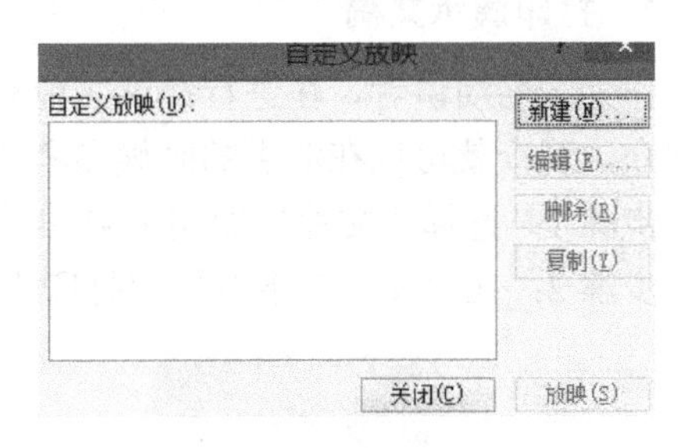

图 12-101　新建自定义放映

步骤 3：单击“新建”按钮，弹出“定义自定义放映”对话框，将希望放映的幻灯片按顺序添加到“在自定义放映中的幻灯片”列表框中，如图 12-102 所示。添加后单击“确定”按钮。

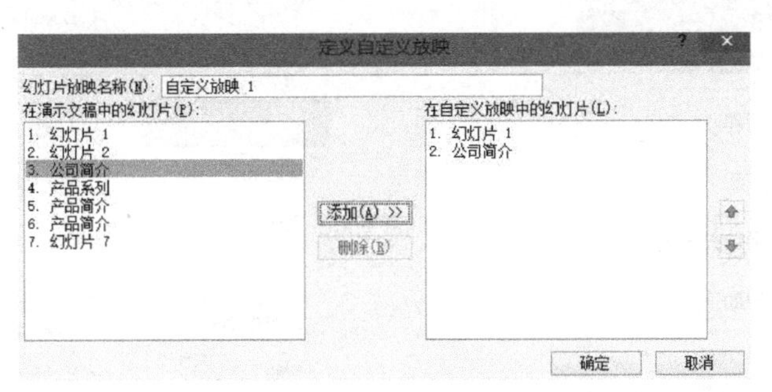

图 12-102　添加自定义放映幻灯片

步骤 4：回到“自定义放映”窗口中单击“编辑”按钮，编辑放映的名称。单击“关闭”按钮后，就可以在“幻灯片放映”下三角按钮中看到最新创建的放映方案了。

提示 对幻灯片放映方式的选择，可以使我们的 PPT 达到最好的放映效果和演讲效果。幻灯片放映默认是全部，这里可以修改为从 X 到 N 的页码，注意，页面必须是一个区间。

一个 PPT 里面设置了很多的动画，如果不想看动画，需要一页页地删除动画，那么其实还可以用“放映时不加动画”，如图 12-103 所示进行设置。

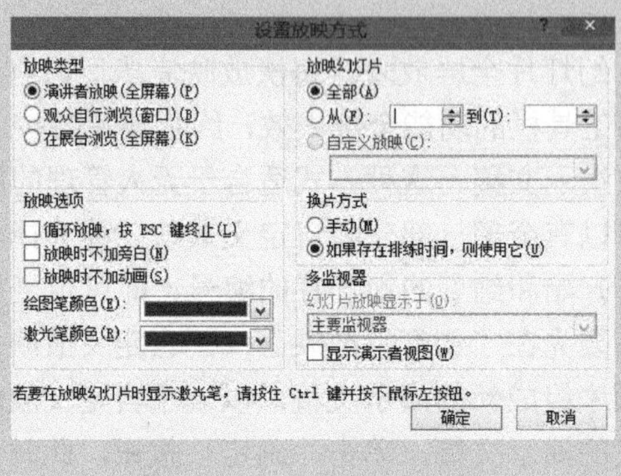

图 12-103　放映时不加动画

12.2.7　打印、打包和发布演示文稿

1. 打印演示文稿

作为一名演讲者，在进行演讲之前有时会需要将 PowerPoint 演示文稿打印成讲义分发给观众，观众就可以在演讲的时候参考这些文稿，具体步骤如下。

步骤 1：选择“文件”如图 12-104 所示。

步骤 2：在“文件”下选择“打印”命令，如图 12-105 所示。

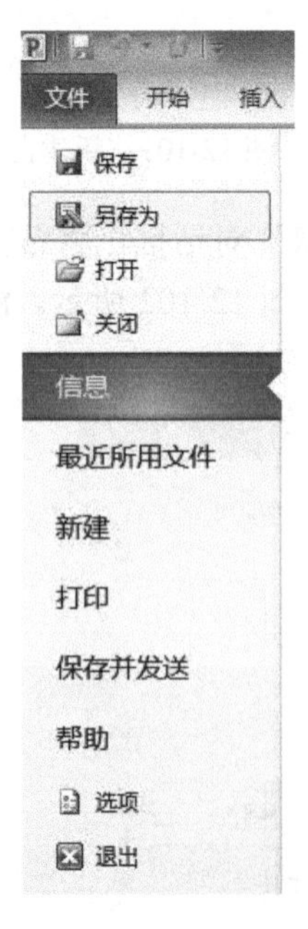

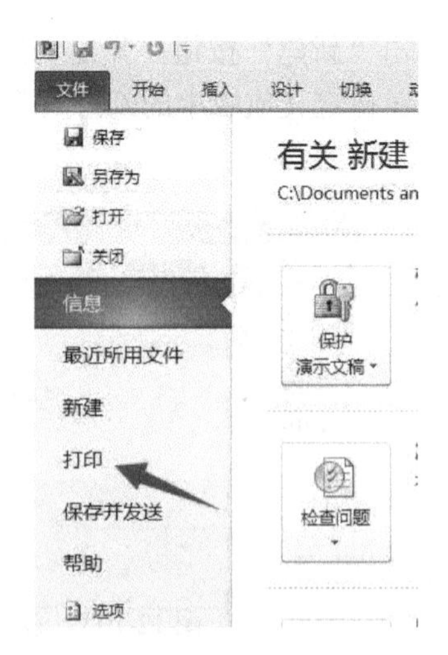

图 12-104　选择文件选项卡　　　　图 12-105　选择打印

步骤 3：在“打印”页面上可以进行打印设置，如幻灯打印的页数，如图 12-106 所示。

设置每页打印几张幻灯，如图 12-107 所示。幻灯打印的方向，如图 12-108 所示。

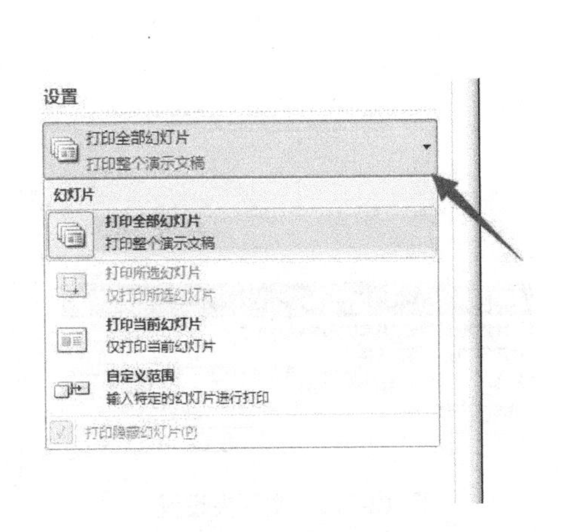

图 12-106　设置打印

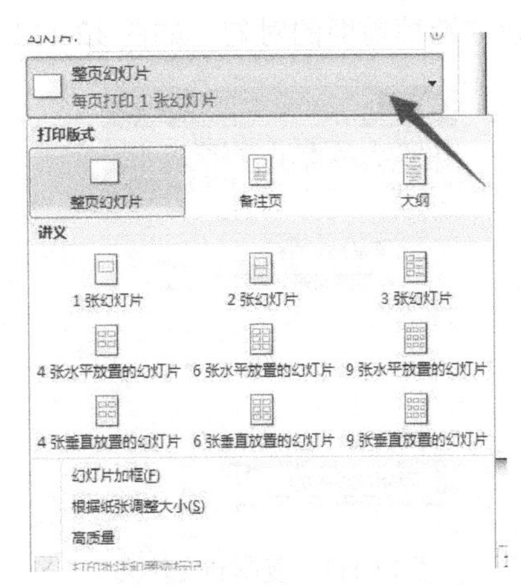

图 12-107　设置打印格式

步骤 6：设置完毕后就可以打印了，如图 12-109 所示。

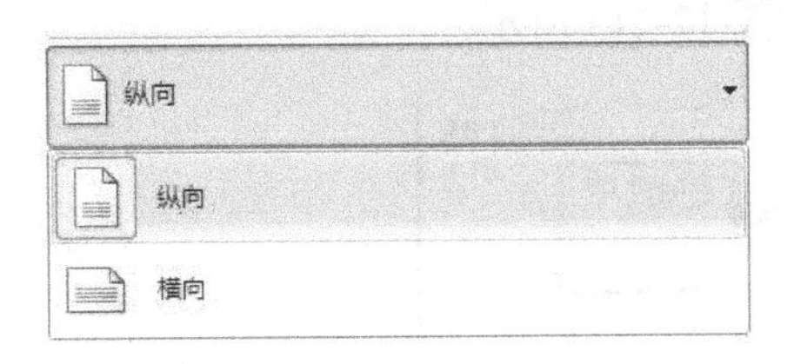

图 12-108　设置打印方向

图 12-109　完成后打印

2. 打包演示文稿

所谓打包，指的就是将独立的已综合起来共同使用的单个或多个文件，集成在一起，生成一种独立于运行环境的文件。将 PPT 打包能解决运行环境的限制和文件损坏或无法调用的不可预料的问题，PowerPoint2010 打包的步骤如下。

步骤 1：在 PowerPoint 中打开想要打包的 PPT 演示文档，在软件中提供了一个打包为 CD 的功能，单击左上角的“Office”按钮，找到“保存并发送”命令，在右侧窗口有个“将演示文稿打包成 CD”选项，单击最右侧按钮“打包成 CD”，如图 12-110 所示。

图 12-110　打包成 CD

步骤 2：在弹出的“打包成 CD”窗口中，可以选择添加更多的 PPT 文档一起打包，也可以删除不要打包的 PPT 文档。单击“复制到文件夹”按钮即可，如图 12-111 所示。

步骤 3：然后弹出的是选择路径跟演示文稿打包后的文件夹名称，可以选择想要存放的位置路径，也可以保持默认不变，系统默认有“在完成后打开文件夹”的功能，不需要可以取消掉前面的对勾，如图 12-112 所示。

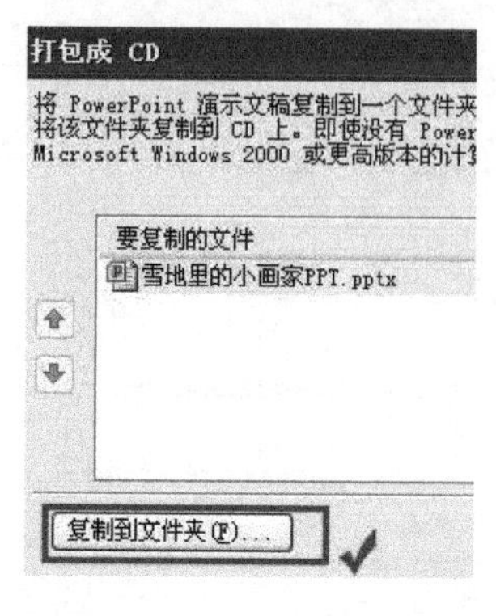

图 12-111　复制到文件夹

图 12-112　文件夹设置

步骤 4：单击“确定”按钮后，系统会自动运行“打包复制到文件夹”程序，在完成之后自动弹出打包好的 PPT 文件夹，其中看到一个“AUTORUN.INF”自动运行文件，表示打包到 CD 光盘上是具备自动播放功能的，如图 12-113 所示。

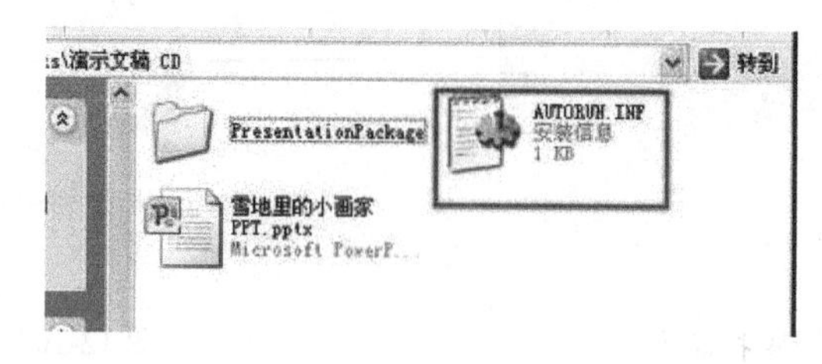

图 12-113　打包成 CD

3. 发布幻灯片

为了更好地保存以及使用幻灯片，可以将自己制作的幻灯片发布到 PPT 的幻灯片库上。

步骤 1：打开包含想要发布到幻灯片库的幻灯片的演示文稿。单击“Office”按钮，选择“发布”命令，然后单击“发布幻灯片”，如图 12-114 所示。

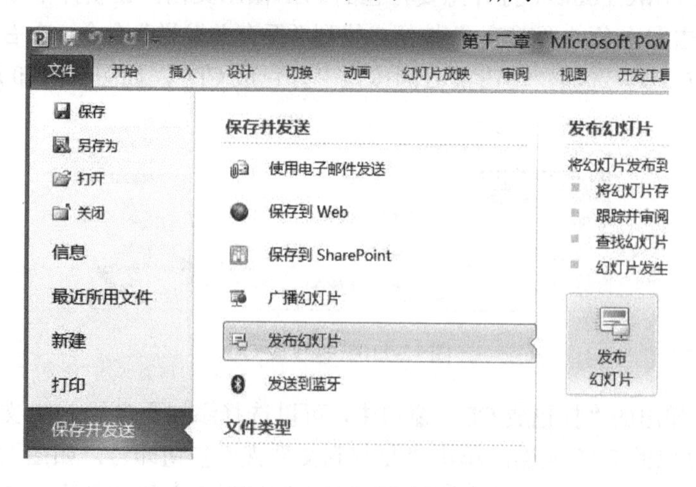

图 12-114　发布幻灯片

步骤 2：在“发布幻灯片”对话框中，选择要发布到幻灯片库的幻灯片旁边的复选框。若要选择所有幻灯片，请单击“全选”按钮，如图 12-115 所示。

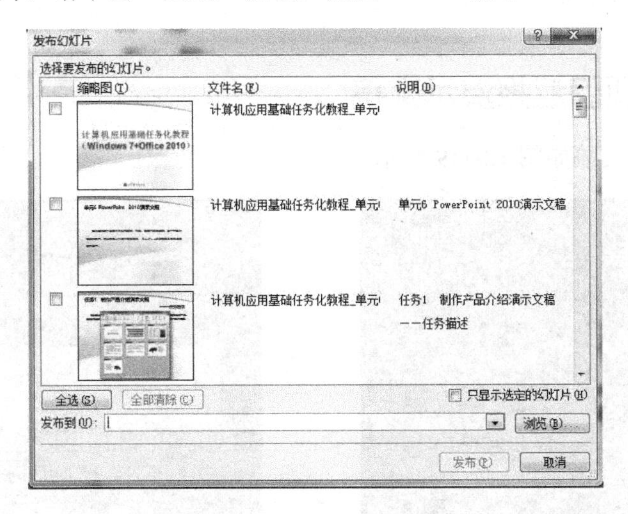

图 12-115　选择发布的幻灯片

步骤 3：在“文件名”下面，执行重命名操作，如图 12-116 所示。

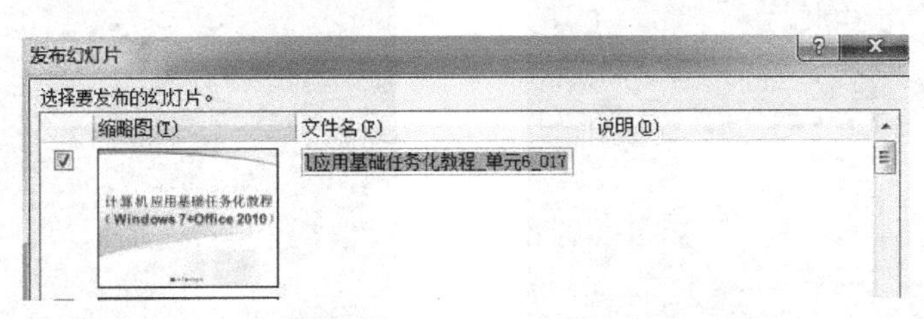

图 12-116　重命名文件

提示　PowerPoint 以演示文稿名和唯一的幻灯片标识（ID）号为默认文件名，给每一个幻灯片文件自动命名。如果移动幻灯片，则幻灯片 ID 号将不再按连续顺序出现。

步骤 4：在“说明”下面，单击并键入对幻灯片文件的说明，如图 12-117 所示。

步骤 5：在“发布到”列表中，输入或单击想将幻灯片发布到的幻灯片库的位置，然后单击“发布”按钮，如图 12-118 所示。

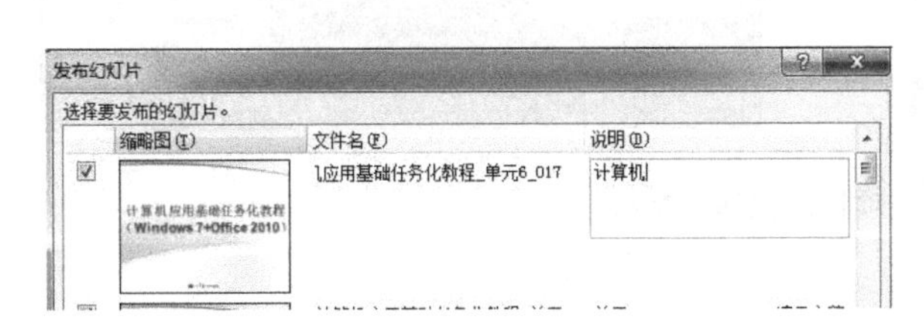

图 12-117　幻灯片说明

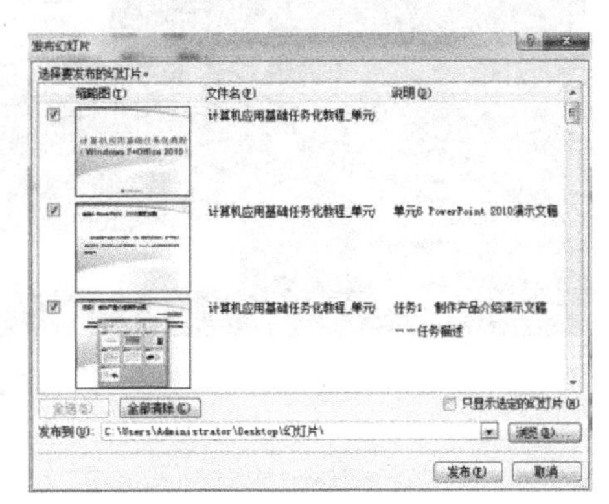

图 12-118　发布幻灯片

12.3 拓展案例

实训 1：制作项目汇报演示文稿

项目汇报演示文稿如图 12-119 所示。

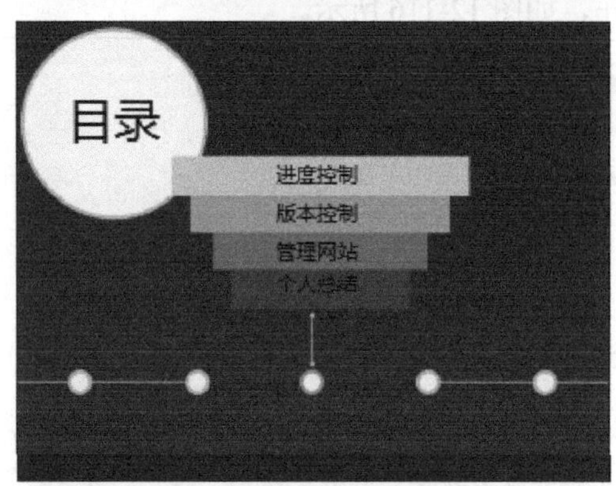

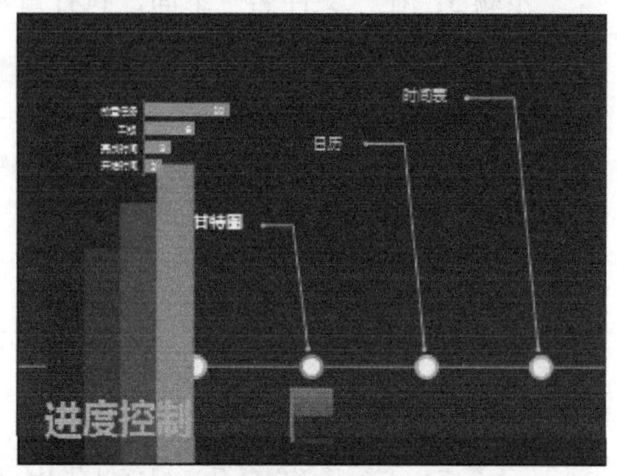

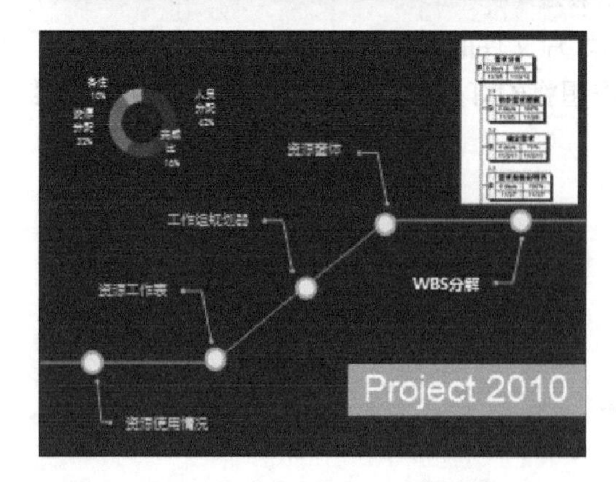

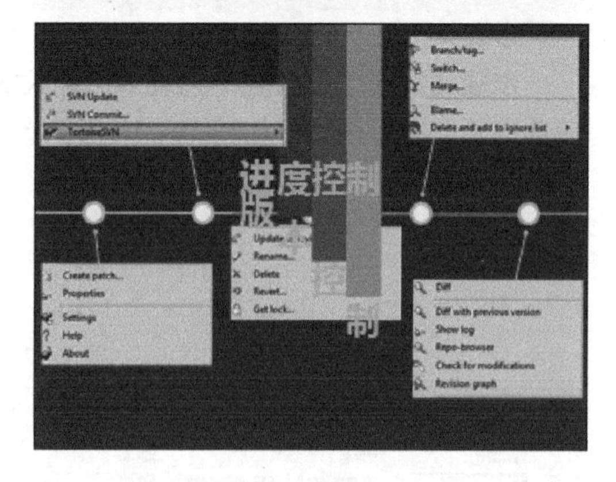

图 12-119　项目汇报演示文稿

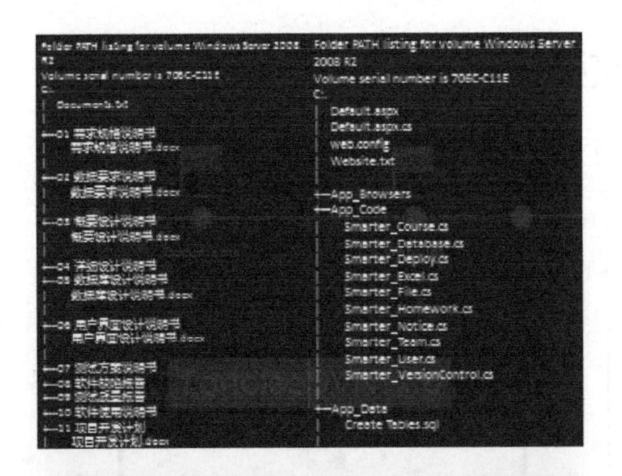

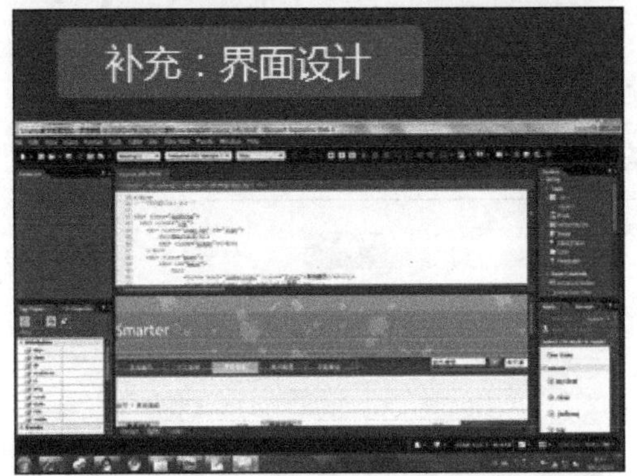

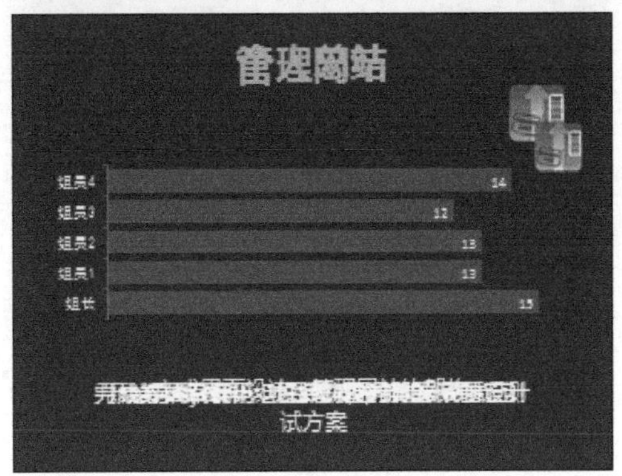

图 12-119　项目汇报演示文稿（续）

制作要求如下。

（1）内容清晰，图文并茂。

（2）综合运用各种动画效果，为汇报锦上添花。

第 2 张幻灯片中，圆圈部分使用“脉冲”动画效果，与上一动画同时，持续时间为 00:50，线条为“擦除”动画效果，上一动画之后，持续时间为 00:50。

第 3 张幻灯片，目录中动画效果为“多个”，“进度控制”“版本控制”“管理网站”中动画为“出现”，与上一动画同时，持续时间为自动；紫色圆圈为动画“脉冲”，上一动画之后，持续时间为 00:25，绿色圆圈为动画“擦除”，上一动画之后，持续时间为 00:50。

（3）幻灯片使用内置主题“极目远眺”。

实训 2：制作新员工入职培训演示文稿

制作如图 12-120 所示的新员工入职培训演示文稿。

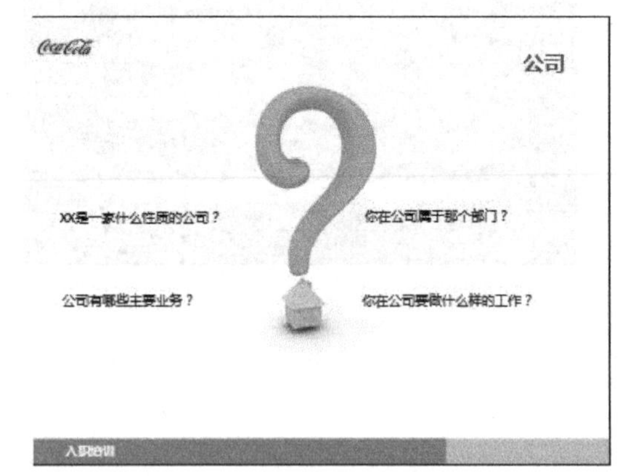

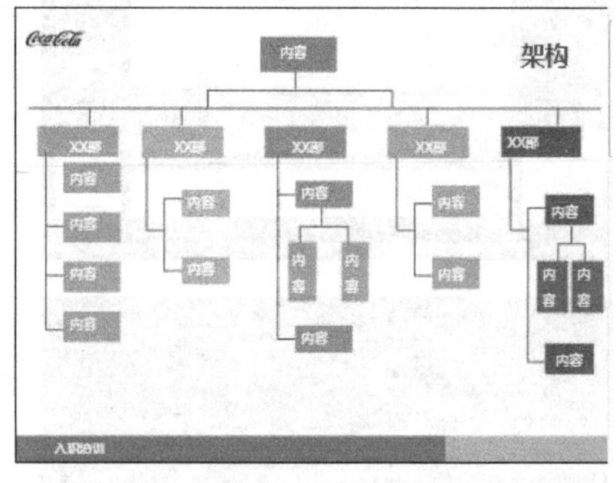

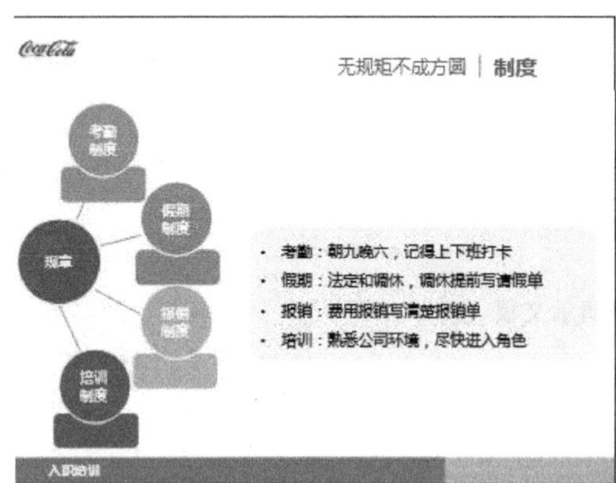

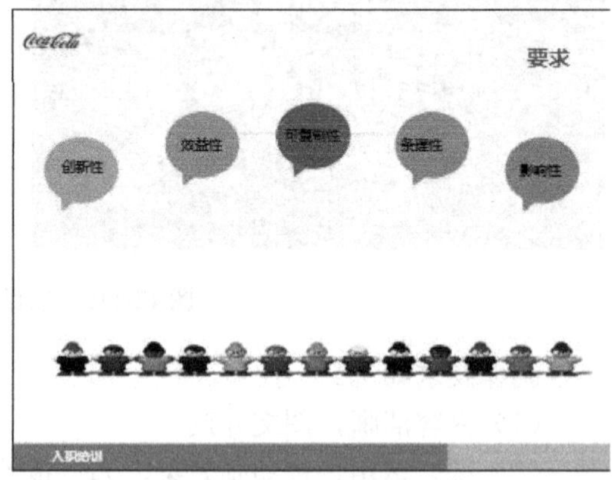

图 12-120　新员工入职培训演示文稿

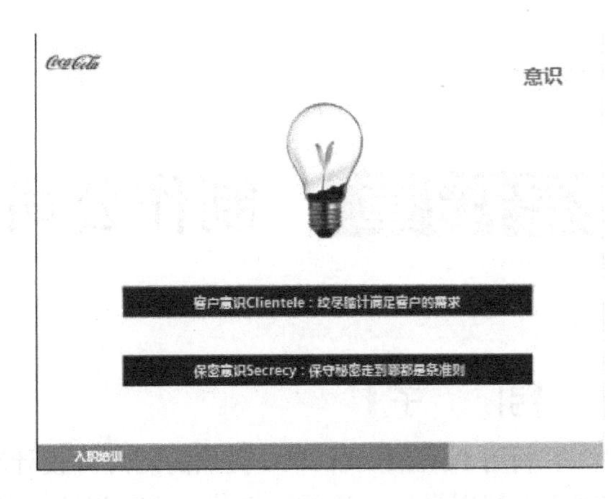

图 12-120　新员工入职培训演示文稿（续）

制作要求如下。

（1）幻灯片模板设置：应用内置主题“Office 主题”。

（2）所有幻灯片的切换效果均为“淡出”。

（3）自定义动画效果。

幻灯片 1 中图片的动画效果为“多个”，与上一动画同时，持续时间分别为 00:10、00:20、00:30，以此类推。

幻灯片 7 中灯泡的动画效果为“淡出”，单击时，持续时间为 00:50，下面两排文本框的动画效果为“浮入”，上一动画结束时，持续时间为 01:00；第 8 张动画效果与此相似。

（4）为幻灯片添加企业的 LOGO，进行母版设置。

（5）为幻灯片 4 和幻灯片 5 添加 Smartart 流程图。

第13章 制作公司年终总结演示文稿

引　子

利用 PowerPoint 2010 提供的幻灯片设计功能，用户可以设计出声情并茂并能将自己的观点发挥得淋漓尽致的幻灯片。它可以添加各种对象（包括文本、图片、图形、图表和多媒体等），并为对象设置动画效果让对象在放映时具有动态效果，最终通过幻灯片放映的形式向观众进行展示。

知识目标

- 母版的设置方法。
- 幻灯片的动画设置。
- 在幻灯片中插入音、视频等对象的方法。
- 幻灯片切换效果设置。
- 幻灯片超链接设置。

13.1 案例描述

本项目将利用 PowerPoint 制作一份公司年终总结演示文稿，效果如图 13-1 所示。

图 13-1　年终总结演示文稿效果图

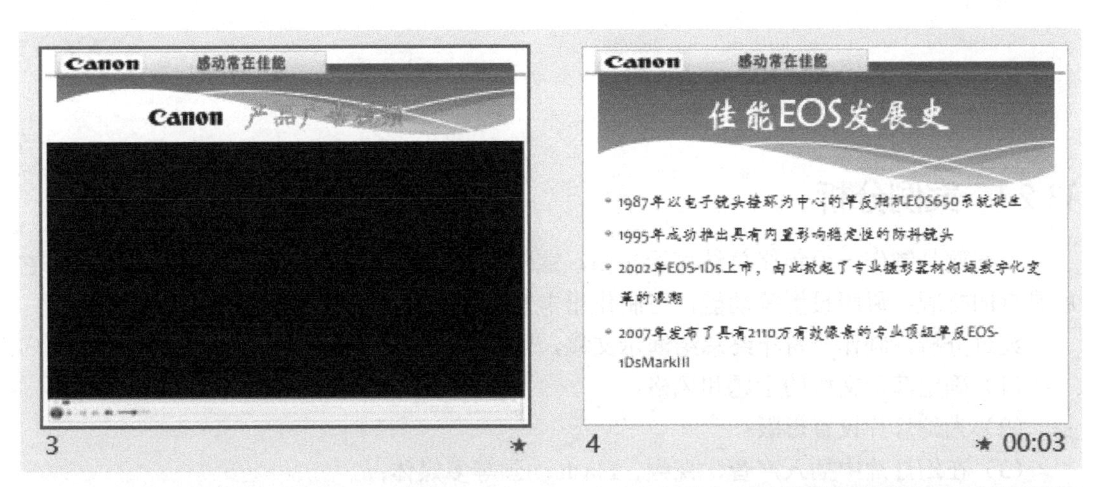

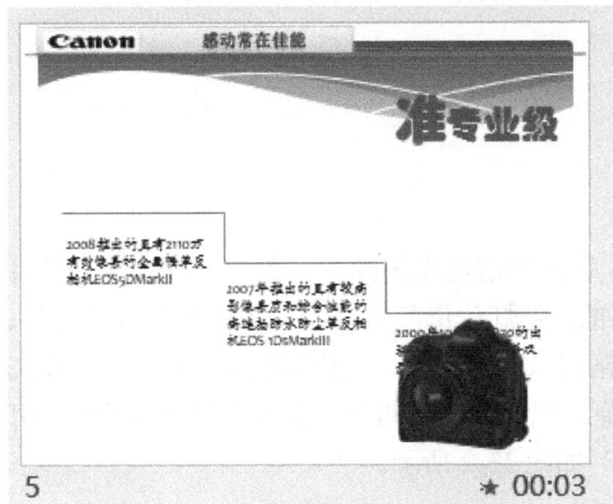

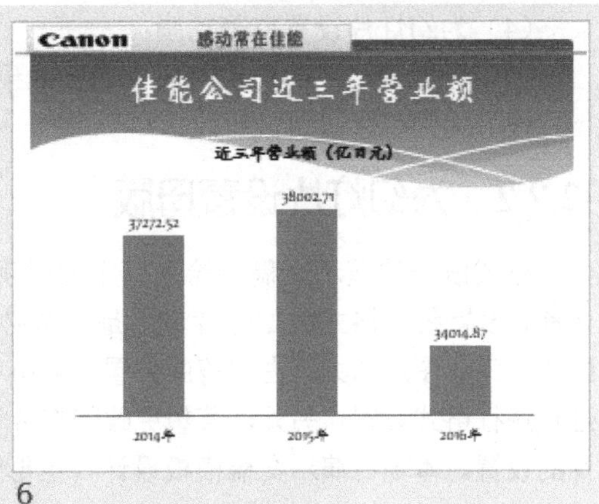

图 13-1　年终总结演示文稿效果图（续）

又到一年年末，公司决定召开年终总结大会。会上，需要小张制作一份公司的年度总结演示文稿，用以介绍公司本年度取得的成就。下面，我们就来一起看看小张是如何制作的吧。

13.2 案例实现

13.2.1 案例分析

本案例是制作一份年终总结演示文稿，宣传和展示是PowerPoint软件的特点，利用它所具有的排版、母版设置等功能，可制作出丰富多彩、专业美观的演示文稿。

经过分析，制作一份年终总结演示文稿，需要完成以下工作：

（1）确定演示文稿的主题和风格；

（2）为幻灯片设置母版；

（3）在幻灯片中插入声音、视频、Flash动画等多媒体；

（4）为幻灯片设置精美动画；

（5）设置幻灯片的切换方式和切换效果；

（6）为幻灯片设置超链接。

13.2.2 为幻灯片设置母版

格式统一的演示文稿会给人以主题鲜明、版面整洁美观的感觉，因此，在制作幻灯片之前，设置统一格式的幻灯片母版是非常必要的。幻灯片母版可以预设每张幻灯片的背景、配色方案、图形图案、占位符的位置、大小和格式以及样式等，这样可避免单独对每一张幻灯片进行格式设置。另外，若想更改幻灯片设置，只需要更改母版设置就可以更改所有幻灯片的设置。本项目演示文稿模板设计（主母版）如图13-2所示。

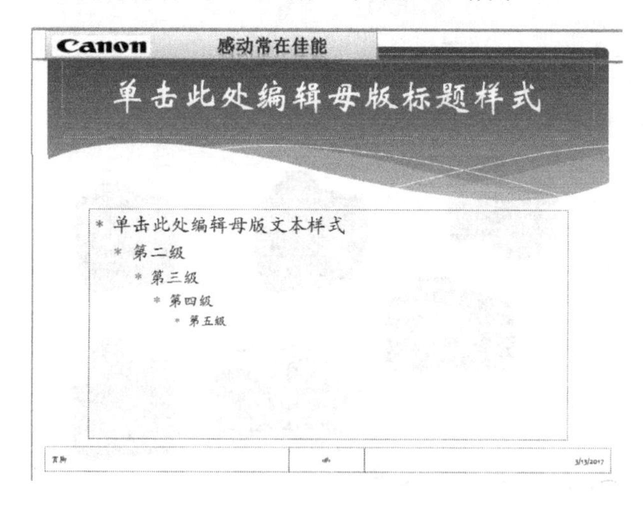

图13-2　主母版设计

1. 母版设计思路

因制作的是公司年度总结，所以应突出公司品牌的LOGO和标语（口号），如图13-2左上方蓝条所示（其中LOGO为“Canon”，标语为“感动常在佳能”）。

2. 母版制作步骤

（1）选中任意一张幻灯片，切换到“视图”选项卡，单击“演示文稿视图”选项组下的“幻灯片母版”按钮，进入“幻灯片母版”视图，如图 13-3 所示。

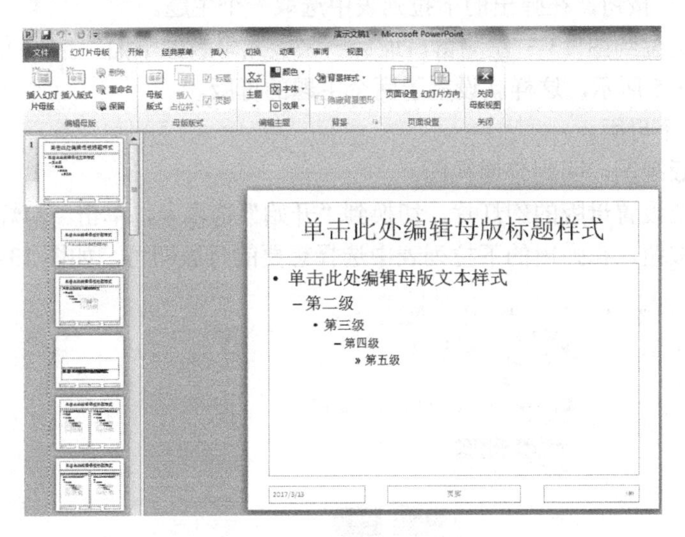

图 13-3　幻灯片母版视图

（2）单击左侧窗口中第一张也是最大的一张幻灯片，将事先做好的 lOGO 插入到该幻灯片标题的上方，如图 13-4 所示。

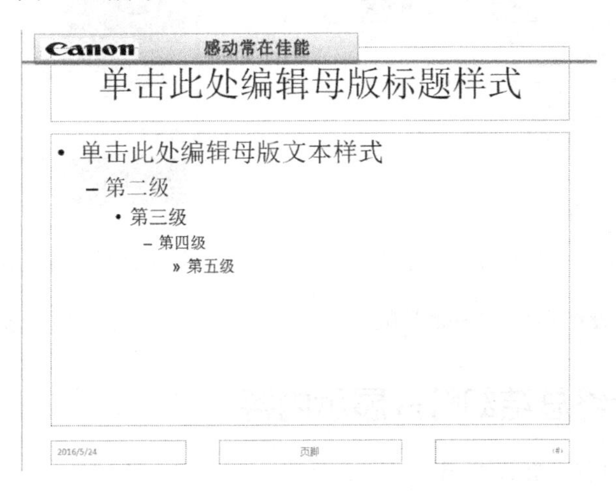

图 13-4　插入 LOGO 的主母版

（3）单击图 13-3 右上角的“关闭母版视图”按钮。

3. 相关知识

（1）主母版和版式母版。图 13-3 所示左侧窗口中显示了多张幻灯片母版，其中第一张也是最大的一张称为“主母版”，其余均称为“版式母版”。主母版能影响所有版式母版，如需设置统一的内容、图片、背景和格式，可直接在主母版中设置，其他版式母版会自动与其一致。版式母版包括：标题幻灯片版式母版、标题和内容版式母版、节标题版式母版等，可单独控制配色、文字和格式等设置。

（2）设置多个母版。为满足不同需要，可以在一个演示文稿中使用多个母版，设置和使用方法如下。

① 选中图 13-3 中第一张幻灯片，在“幻灯片母版”选项卡下，单击“编辑主题”选项组中的“主题”按钮，在弹出的下拉列表中选取一个主题。

② 将光标定位到图 13-3 左侧窗口最后一张版式母版的下面，按照①步骤再插入另一个主题。如图 13-5 所示，这样就设置了两个主题的母版。

（3）应用多个母版。

① 关闭母版视图，回到普通视图。

② 选中需要设置母版的幻灯片，切换到“开始”选项卡，单击“幻灯片”选项组中的“新建幻灯片”按钮，在弹出的下拉列表中选择想要的母版即可，如图 13-6 所示。

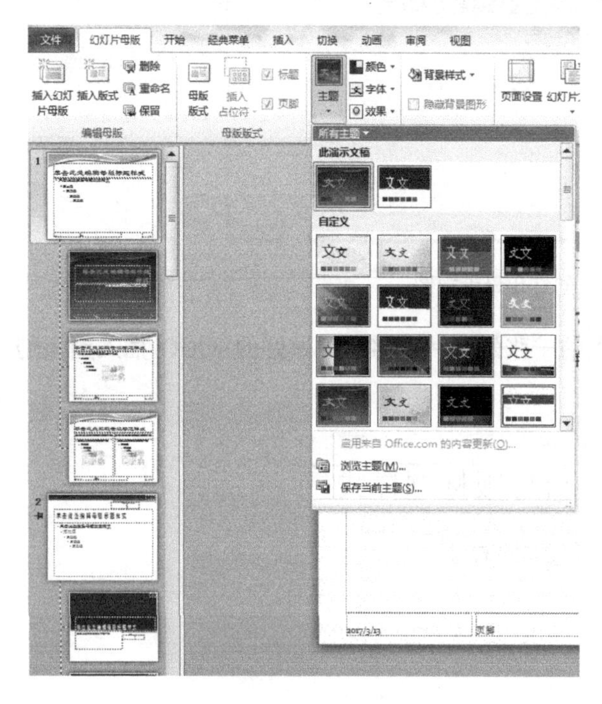

图 13-5 设置了两个主题的母版

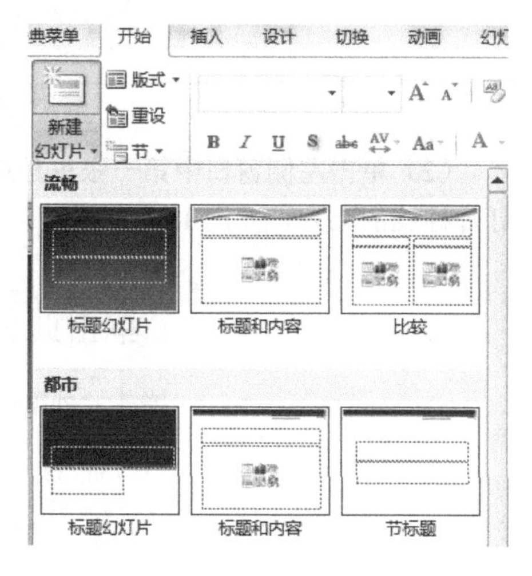

图 13-6 多个母版供选择

13.2.3 设置年终总结幻灯片展示内容

本演示文稿共包含 7 张幻灯片：

第 1 张是标题幻灯片，标明本演示文稿的主题是“Canon 公司年度总结”；

第 2 张是目录，介绍将从哪些方面对公司进行总结；

第 3 张是播放关于 Canon 相机的官方宣传视频；

第 4 张是 Canon EOS 发展史；

第 5 张介绍 EOS 单反相机几个代表性产品；

第 6 张是佳能公司近三年营业额；

第 7 张以 Canon EOS 产品展示结束。

根据以上设计添加幻灯片，并输入幻灯片内容。

1. 标题幻灯片中文字效果设置

标题幻灯片中文字效果设置如图 13-7 和图 13-8 所示。

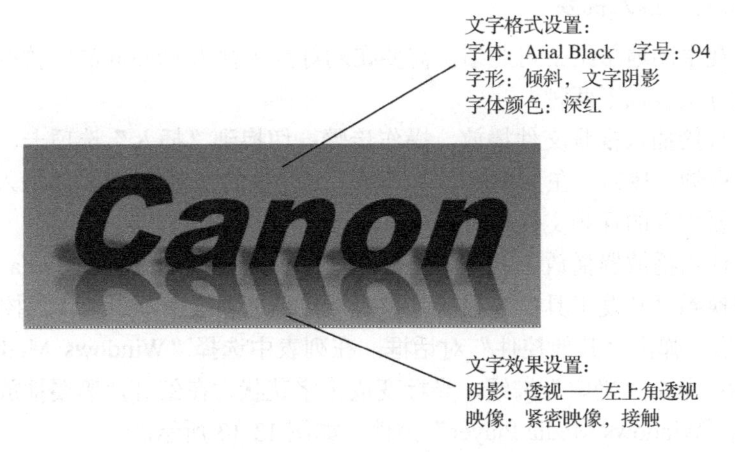

图 13-7　Canon 格式和效果设置

文字格式设置：
字体：华文琥珀　字号：41
字形：倾斜
字体颜色：黑色

图 13-8　“年度总结”格式和效果设置

2. 幻灯片中自选图形的应用

为了布局和美化幻灯片的版面，在第 5、第 7 张幻灯片中应用了折线和弧线图形。

折线绘制：切换到“插入”选项卡，在“插图”选项组中单击“形状”按钮，在弹出的列表中选择“直线”，然后绘制多条直线组成如图 13-9 所示的折线效果。

弧线绘制：切换到“插入”选项卡，在“插图”选项组中单击“形状”按钮，在弹出的列表中选择“弧形”，拖动鼠标绘制出一条弧线；弧线出现后，再利用绿色控点将弧线进行 180 度旋转，然后利用花色控点和白色控点调整弧线的形状和大小，效果如图 13-10 所示。

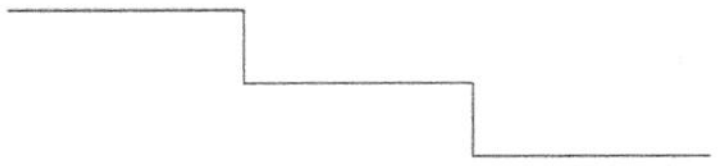

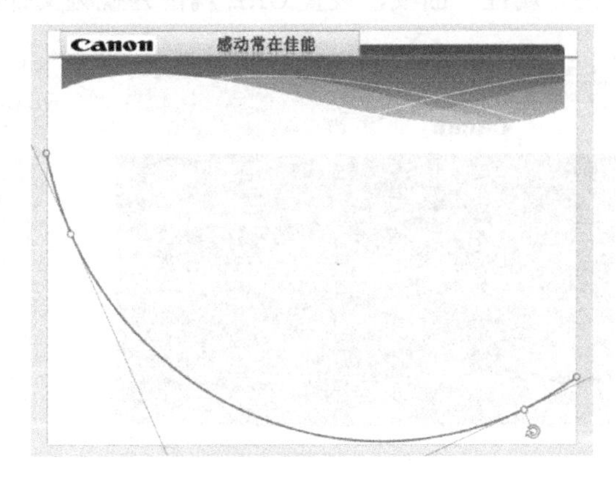

图 13-9　折线效果

图 13-10　弧线效果

13.2.4 在幻灯片中插入宣传视频和 Flash 动画

1. 在幻灯片中插入视频

为了更直观生动地总结公司业绩，需要在幻灯片中插入 Canon 的宣传视频。在幻灯片中播放视频的方法有以下两种。

方法一：直接插入视频文件播放。操作步骤：切换到“插入”选项卡，在“媒体”选项组中单击“视频”按钮，在下拉列表中选择“文件中的视频”，弹出“插入视频文件”对话框，选择需要插入的视频文件即可。

方法二：使用播放器播放。首先需要在幻灯片中插入“Windows Media Player”控件，方法如下：切换到“开发工具”选项卡，在“控件”选项组中单击“其他控件”按钮 ，如图 13-11 所示，弹出“其他控件”对话框，在列表中选择“Windows Media Player”，如图 13-12 所示；单击“确定”按钮，光标变成十字花状，在幻灯片需要播放视频的位置拖动鼠标绘制出“Windows Media Player”控件，如图 13-13 所示。

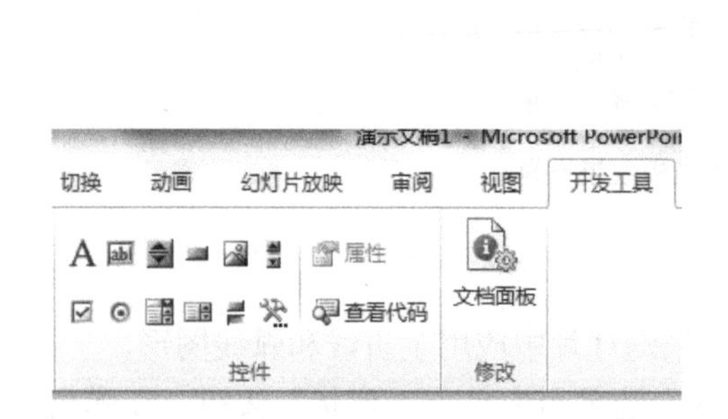

图 13-11 “其他控件”按钮

图 13-12 “其他控件”对话框

最后一步是指定“Windows Media Player”控件要播放的视频文件的地址，方法如下：选中 Windows Media Player 控件，单击鼠标右键，在弹出的快捷菜单中执行“属性”命令，弹出“属性”面板，设置 URL 属性为视频文件所在位置，如图 13-14 所示。

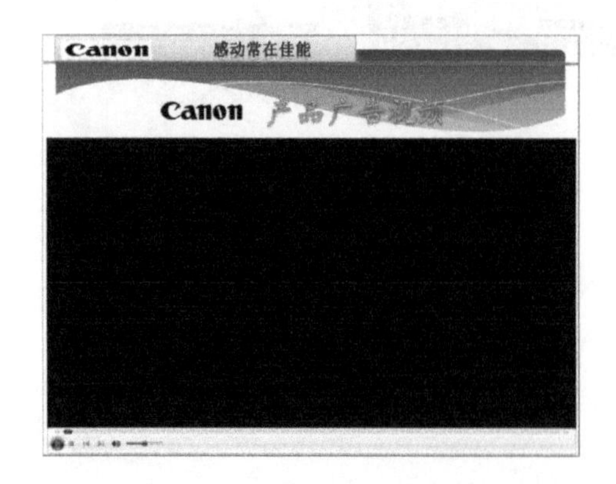

图 13-13 插入“Windows Media Player”控件

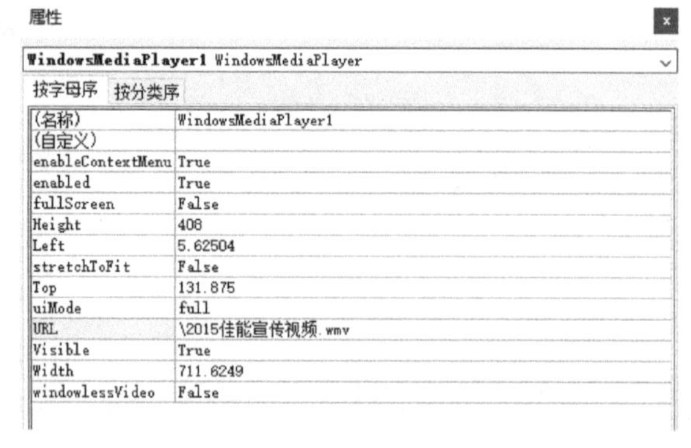

图 13-14 “属性”对话框

注意：图中指定视频文件的位置是“\2015 佳能宣传视频.wmv”，此处使用的是相对路径（若使用绝对路径，格式如“F:\课程\商务办公技术\2015 佳能宣传视频.wmv”）。相对路径即表示视频文件是和当前的演示文稿文件在同一个目录下。

提示

显示“开发工具”选项卡

若选项卡菜单栏中没有“开发工具”选项卡，将其显示出来的方法为：单击“文件”选项卡，选择“选项”按钮，弹出“PowerPoint 选项”对话框，如图 13-15 所示，在左侧菜单中选择“自定义功能区”，在右侧窗口中勾选“开发工具”复选项，单击“确定”按钮，即可将“开发工具”选项卡添加到选项卡菜单栏。

图 13-15　添加“开发工具”选项卡到菜单栏

自定义“Windows Media Player”播放器属性

为了更好的控制文件播放，可以根据需要自行设置播放器的空间布局模式、是否自动播放、是否全屏播放、音量控制等，方法如下。

（1）选中“Windows Media Player”控件。

（2）右击，在弹出的快捷菜单中执行“属性”命令，弹出“属性”对话框，如图 13-16 所示。

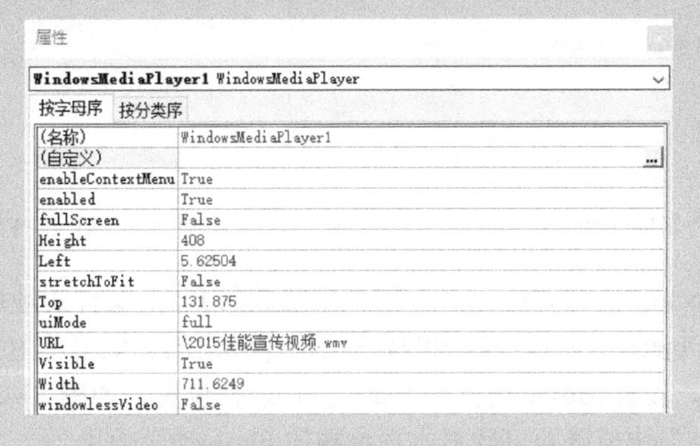

图 13-16　“属性”对话框

（3）单击“自定义”后面的按钮，弹出“Windows Media Player 属性”对话框，如图 13-17 所示。可以根据实际需要设置播放文件的源、空间布局、播放选项、音量设置等内容。

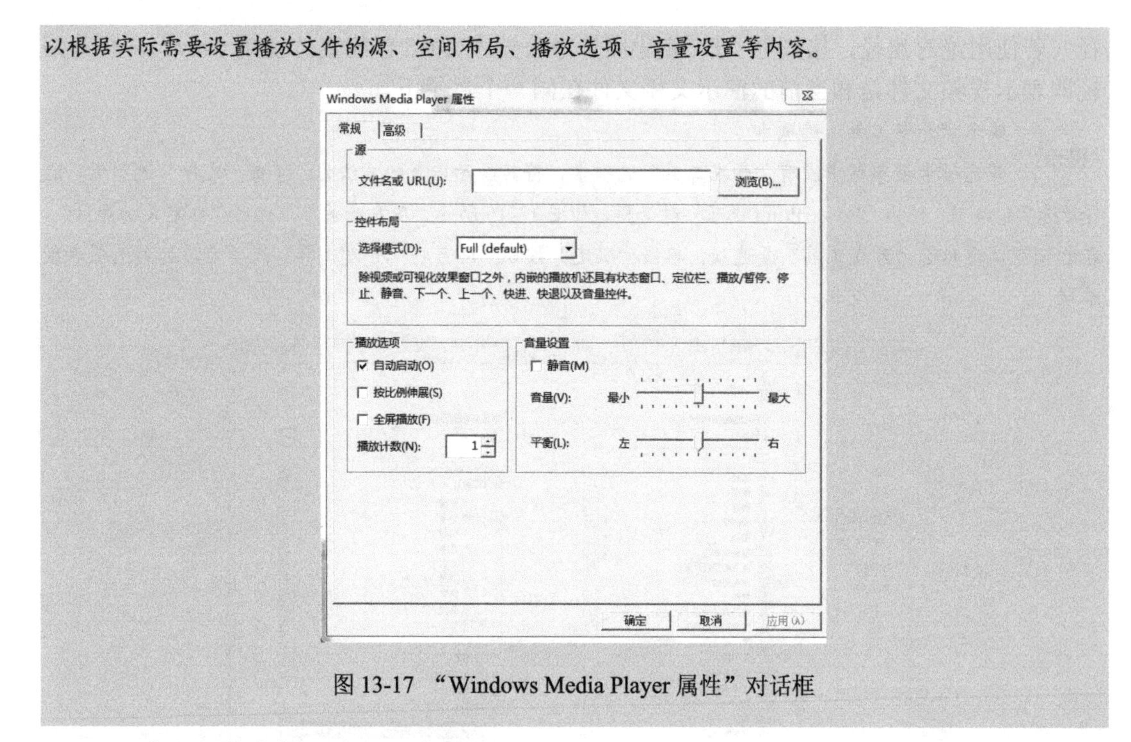

图 13-17　“Windows Media Player 属性”对话框

2. 在幻灯片中插入 Flash 动画

Flash 文件因其体积小、不失真、表现力强等特点被广泛应用于网络、广告、游戏等领域，在 PPT 中，也可以插入 Flash 动画文件，具体方法如下。

切换到“开发工具”选项卡，在“控件”选项组中单击“其他控件”按钮，弹出“其他控件”对话框，在列表中选择“Shockwave Flash Object”，如图 13-18 所示。单击“确定”按钮，光标变成十字花状，在幻灯片需要播放 Flash 的位置拖动鼠标绘制出“Shockwave Flash Object”控件，如图 13-19 所示。

图 13-18　“其他控件”对话框

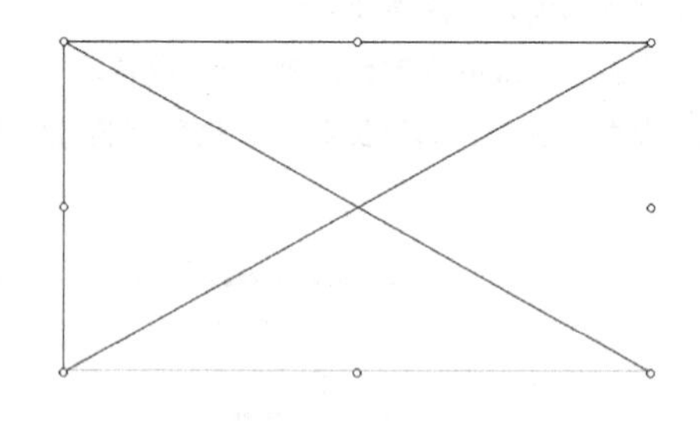

图 13-19　绘制“Shockwave Flash Object”控件

最后指定“Shockwave Flash Object”控件要播放的 Flash 文件的地址，方法如下：选中“Shockwave Flash Object”控件，单击鼠标右键，在弹出的快捷菜单中执行“属性”命令，弹出“属性”面板，设置 Movie 属性为 Flash 文件所在位置，如图 13-20 所示。

使用“Shift+F5”快捷键即可欣赏本页绚丽的 Flash 动画效果。

对象的超链接模式和嵌入模式

• 插入到 PPT 中的 Flash 文件有两种存在模式，一种是超链接模式，一种是嵌入模式，默认是超链接模式。

- 若是超链接模式，则不可随意更改被链接的 Flash 文件的路径和文件名，若更改了 Flash 文件的路径和文件名，就会找不到源文件（因为超链接模式对于插入的文件只是保留了该文件的地址，而不是嵌入了整个源文件）。这种模式的好处是可以减少演示文稿文件的存储空间。
- 若采用的是嵌入模式，那么 Flash 动画就像插入到幻灯片中的图片一样，不用再考虑具体文件的位置，它会包含在演示文稿之中，但是这样做将会使得演示文稿文件的存储空间变大。
- 插入到 PPT 中的 Flash 文件默认为超链接模式，要想改为嵌入模式，只要将图中的“Embedmovie”属性设置为“True”即可，将该属性设为“True”的作用是将要播放的文件设置为嵌入式模式。

属性

ShockwaveFlash1 ShockwaveFlash

按字母序　按分类序

(名称)	ShockwaveFlash1
AlignMode	0
AllowFullScreen	false
AllowFullScreenInteractive	false
AllowNetworking	all
AllowScriptAccess	
BackgroundColor	-1
Base	
BGColor	
BrowserZoom	scale
DeviceFont	False
EmbedMovie	True
FlashVars	
FrameNum	0
Height	153.125
IsDependent	False
left	411
Loop	True
Menu	True
Movie	\2015佳能宣传视频.swf
MovieData	
Playing	True
Profile	False
ProfileAddress	
ProfilePort	0
Quality	1
Quality2	High
SAlign	
Scale	ShowAll
ScaleMode	0
SeamlessTabbing	True
SWRemote	
top	349.375
Visible	True
Width	294.875
WMode	Window

图 13-20　“属性”对话框

13.2.5　为幻灯片设置动画效果

光有好的图片、文字、视频动画以及统一的母版效果还不够，为了达到更强的视觉冲击力，还应该为每张幻灯片设置动画效果。PowerPoint 提供了两种不同方式的动画，一种是“幻灯片切换”动画，一种的对象“自定义动画”。

1. 设置文字动画

PowerPoint 中有四种动画效果，分别是进入、强调、退出和动作路径。有了它们就可以为任何一个幻灯片中的对象制作进入动画、强调动画以及按照指定路线运动的动画了。

本项目幻灯片中既有文本又有图片，在设定对象动画时应根据它们的特点进行设置。

文字的自定义动画设置，如图 13-21 和图 13-22 所示。

图 13-21　第 1 张幻灯片中的文字动画效果设置

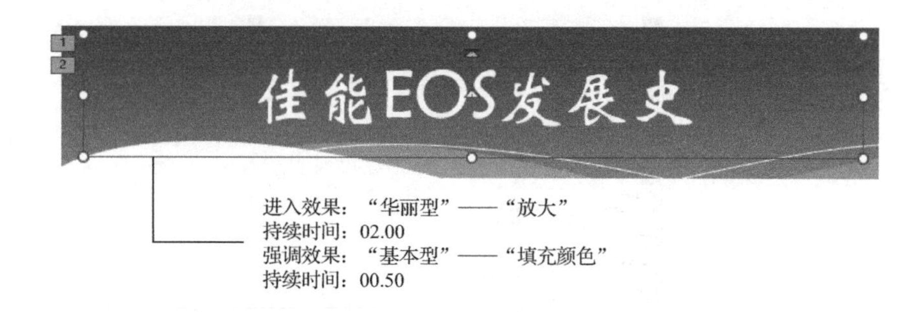

* 1987年以电子镜头接环为中心的单反相机EOS650系统诞生

进入效果：“基本缩放”
持续时间：00.50

图 13-22　第 4 张幻灯片中的文字动画效果设置

操作步骤（以为第 4 张幻灯片中的标题文字设置自定义动画效果为例）如下。

① 切换到“动画”选项卡，单击“动画”选项组的下拉箭头，如图 13-23 所示，显示“动画”选项组下“进入”、“强调”、“退出”、“动作路径”常用动作选项，如图 13-24 所示。

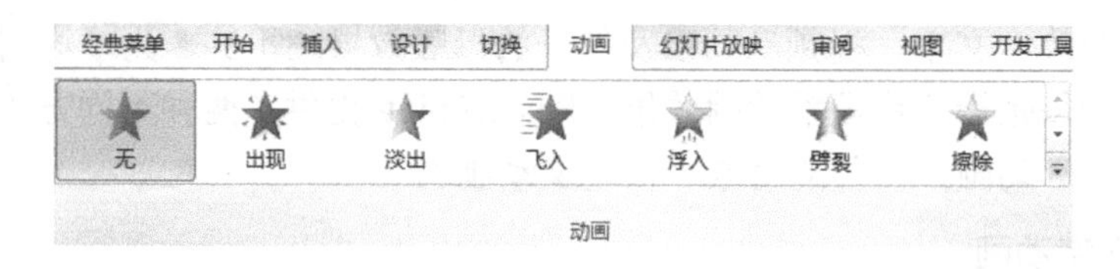

图 13-23　“动画”选项卡

单击“更多进入效果”按钮，选择“华丽型”→“放大”。在“绘图工具”→“格式”选项卡下，在“计时”选项组中，将持续时间设置为 02.00 秒，如图 13-25 所示。

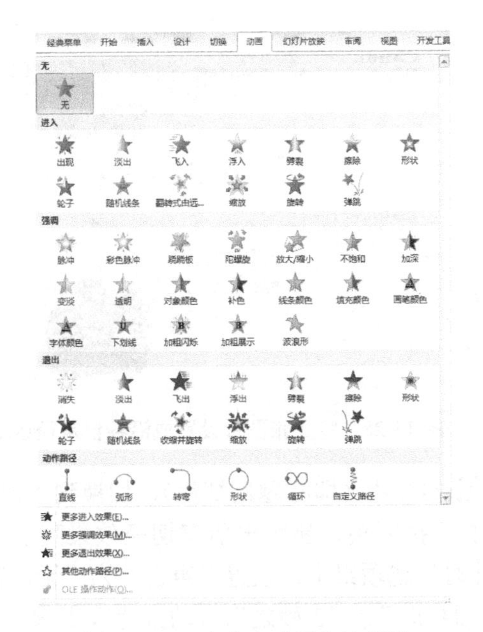

图 13-24 “自定义动画”选项组

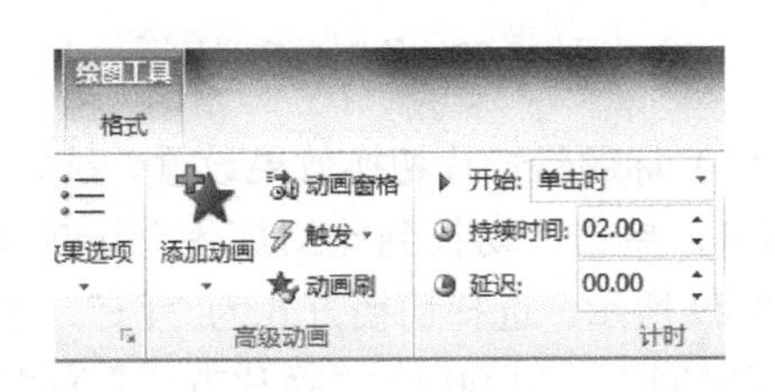

图 13-25 “绘图工具”→“格式”选项卡

单击图 13-25 中的“添加动画”按钮，选择“强调”→“填充颜色”，在“绘图工具”→“格式”选项卡下，在“计时”选项组中，将持续时间设置为 01.00 秒，即可完成“强调”动画效果设置，如图 13-26 所示。

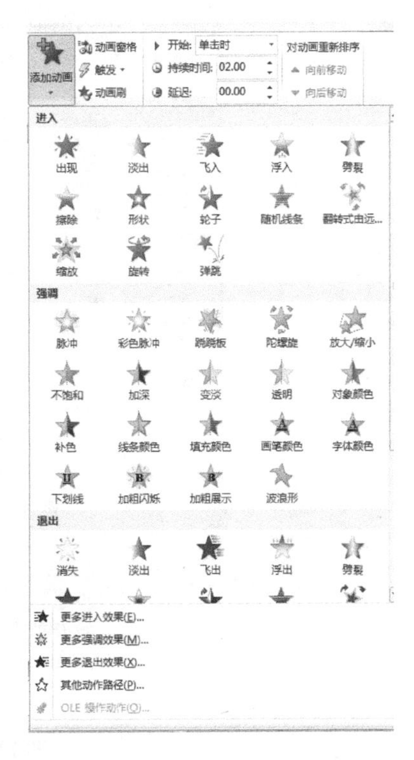

图 13-26 “添加动画”选项组

2. 设置图片动画

第 5 张幻灯片展示的是 EOS 相机不断更新换代的过程，于是在该幻灯片中设置了“阶梯型”动画：3 张图片依次从下方沿着阶梯向上运动，直到到达自己的位置。实现这种沿着某种线路运动的动画需要使用“自定义动画”中的“动作路径”动画效果，具体操作步骤如下。

① 将 3 张图片放置到幻灯片底部。

② 选中需要移动到最上端的那张图片，单击图 13-26 中的“添加动画”→“动作路径”→“直线”选项。

③ 绘制如图 13-27 所示的直线路径。

④ 为了能自动流畅地进行路径运动，在图 13-25“计时”选项卡中，将“持续时间”设置为 00.50 秒。

⑤ 再用类似的方法将另外两张图片设置成沿路径运动的动画，全部设置完成后，如图 13-28 所示。

3. 幻灯片切换效果设置

“幻灯片切换”动画就是在放映时两张幻灯片过渡时的动画，它的作用是承上启下，用动画效果将下一张幻灯片展示在观众面前。设置切换效果应根据幻灯片内容和播放场合来决定每一张幻灯片的切换动画，不应随意进行设置。

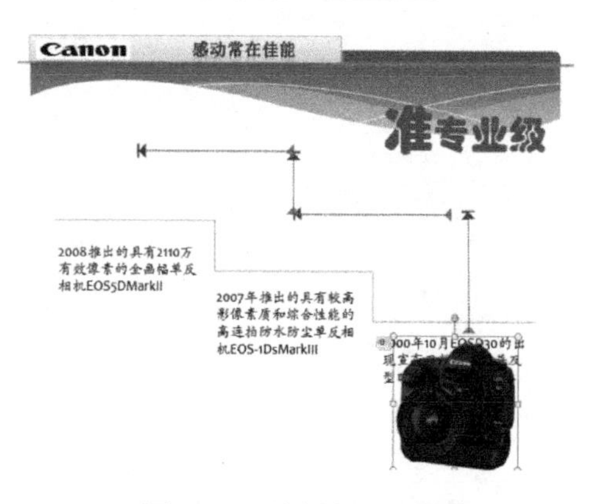

图 13-27　绘制自定义路径

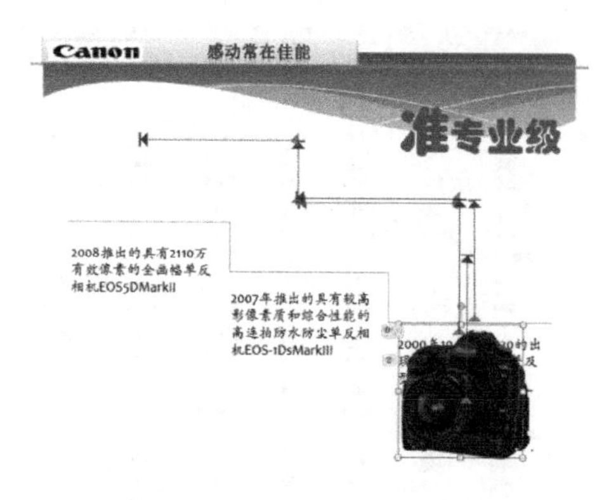

图 13-28　将 3 张图片设置成沿各自路径运动

（1）标题幻灯片切换效果设置。选定第 1 张幻灯片（即标题幻灯片），切换到“切换”选项卡，单击“切换到此幻灯片”选项组旁的下拉箭头，显示出所有切换效果列表，如图 13-29 所示。选择切换方式为“门”，在“计时”选项组中，设置“声音”为“无声音”，“持续时间”为 01.00 秒，“换片方式”为“单击鼠标时”或“3 秒之后自动换片”，如图 13-30 所示。

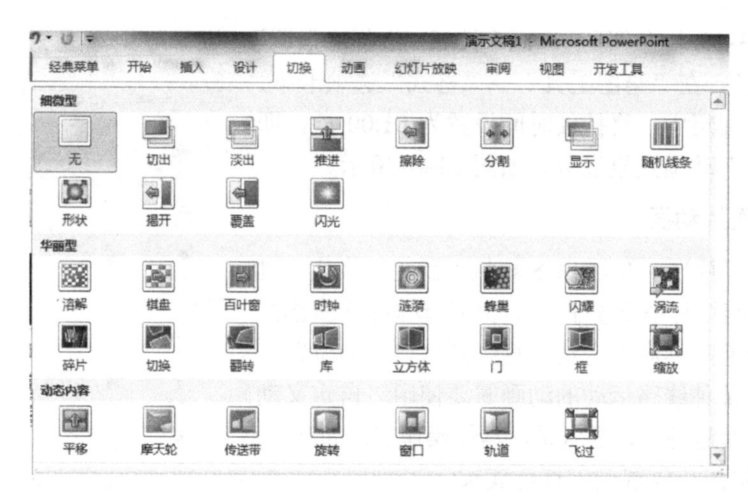

图 13-29　“切换到此幻灯片”选项组

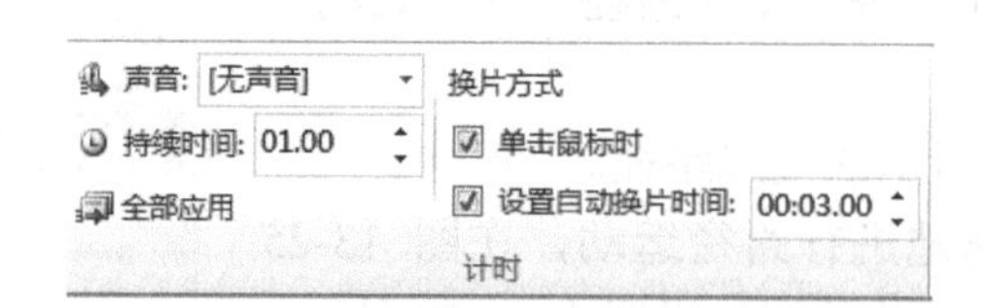

图 13-30　“计时”选项组设置效果

（2）其他幻灯片切换效果设置。

① 目录幻灯片（第 2 张幻灯片）切换效果设置：效果“溶解”；无声音；持续时间 00.50 秒。

② 第 3 张幻灯片切换效果设置：效果“形状”；无声音；持续时间 01.00 秒。

③ 第 4 张幻灯片切换效果设置：效果“棋盘”；无声音；持续时间 01.20 秒。

④ 第 5 张幻灯片切换效果设置：效果“随即线条”；无声音；持续时间 00.50 秒。

⑤ 第 6 张幻灯片切换效果设置：效果“闪耀”；无声音；持续时间 03.50 秒。

⑥ 第 7 张幻灯片切换效果设置：效果“百叶窗”；无声音；持续时间 01.60 秒。

以上幻灯片，除幻灯片之外“换片方式”均设置为：“单击鼠标时”或“3 秒之后自动换片”。

提示　如图 13-31 所示“换片方式”中既选中了“单击鼠标时”选项，又选中了“设置自动换片时间 00:03.00”（即 3 秒之后自动换片），所以在播放时，若时间没到 3 秒钟还可以手动进行播放，设定的时间到了则可以自动播放。

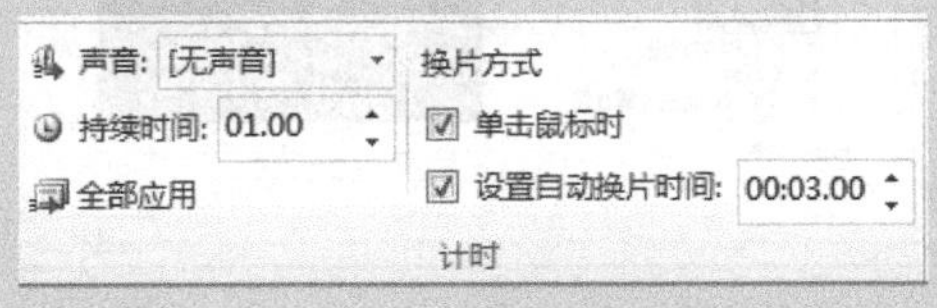

图 13-31　换片方式设置

全部设置完成后，切换到“视图”选项卡，单击“演示文稿视图”选项组中的“幻灯片浏览”按钮，切换到“幻灯片浏览”视图下，可以看到每张幻灯片缩略图左下方都会显示一个标记，单击这个标记可以在当前视图中看到预览效果，还可以看到除第 3 张幻灯片外都有时间间隔显示，如图 13-32 所示。

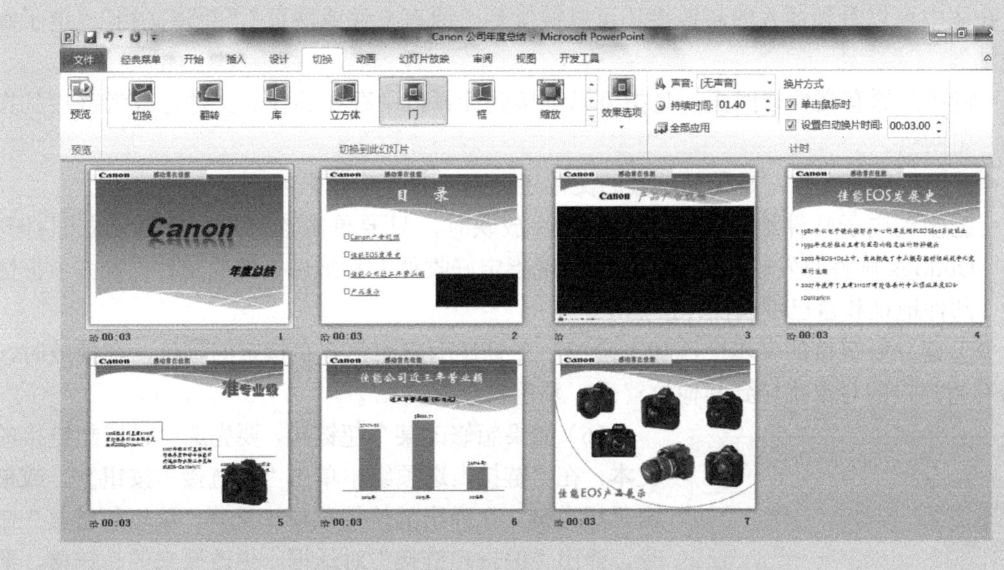

图 13-32　用“幻灯片浏览”视图查看效果

13.2.6　为年终总结目录设置超链接

1. 为演示文稿设置超链接

在放映演示文稿时，默认情况下是按幻灯片的次序逐一播放的，这样不利于实现交互式播放。为了让观众知道幻灯片的内容，在第二张幻灯片中添加了整个演示文稿的目录，为实现更好的交互还应为目录页的标题添加超链接功能，以便放映时能够进行链接或跳转，而无需从头顺序播放。

为目录页设置超链接，具体操作如下。

（1）选中第二张幻灯片，选择要创建超链接的文本：“Canon 宣传视频”。

（2）切换到“插入”选项卡，在“链接”选项组中单击“超链接”按钮，或单击鼠标右键，在弹出的快捷菜单中选择“超链接”命令，弹出图 13-33 所示的“插入超链接”对话框。

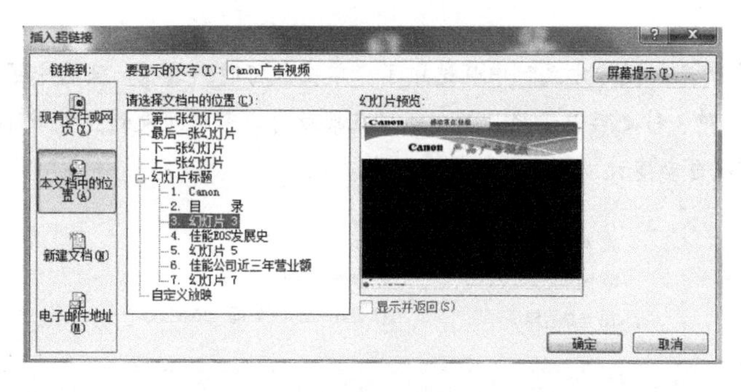

图 13-33 “插入超链接”对话框

（3）在对话框中单击“链接到：本文档中的位置”，选中第 3 张幻灯片，单击“确定”按钮即可创建超链接。

（4）重复以上步骤，设置其余标题文本的超链接。

在图中可以看到插入的超链接还可以链接到“原有文件或网页”“新建文档”“电子邮件地址”。

- 链接到原有文件或网页：是指可以链接到计算机中存在的任一文件，或者链接到指定网页。
- 链接到新建文档：是指想链接的文件还没有建立，现在来创建。
- 链接到电子邮件地址：是指在幻灯片放映时，只要单击该对象，就可以立即打开 Outlook 邮件收发软件，新建一封实现指定好收件人和邮件主题的邮件，省去了记忆邮件地址和自己手动操作的麻烦。

（5）建立好链接的文本会添加下画线，并且显示成配色方案指定的颜色，在播放时，单击有超链接的对象跳转到其他位置后，颜色也会改变。

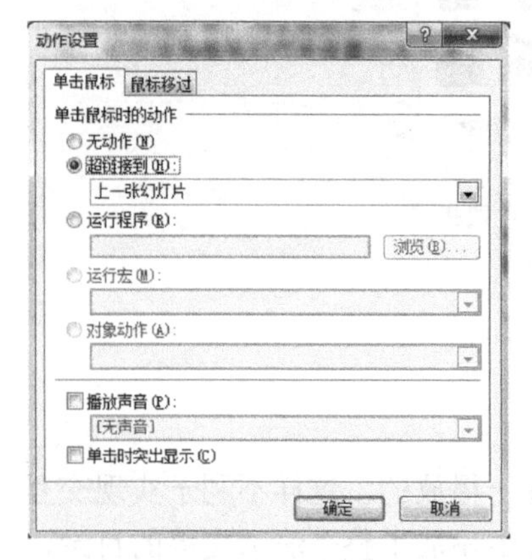

图 13-34 “动作设置”对话框

（6）如果想修改某个超链接，要先选中设置超链接的文本，在“链接”选项组中单击“超链接”按钮，或单击鼠标右键，在弹出的快捷菜单中选择“编辑超链接”命令，弹出“编辑超链接”对话框，更改原来的超链接。要删除某个超链接，则要选中设置超链接的文本，单击鼠标右键，在弹出的快捷菜单中选择“取消超链接”命令。

2. 为演示文稿设置动作

切换到“插入”选项卡，在“链接”选项组中单击“动作”按钮，弹出图 13-34 所示的“动作设置”对话框。

在“动作设置”对话框中，可对该对象进行“鼠标单击”或“鼠标移过”的动作、声音以及突出显示等设置，在此不做赘述，请自行练习。

13.3 拓展案例

实训 1：制作个人求职演示文稿

制作如图 13-35 所示的求职简历演示文稿。

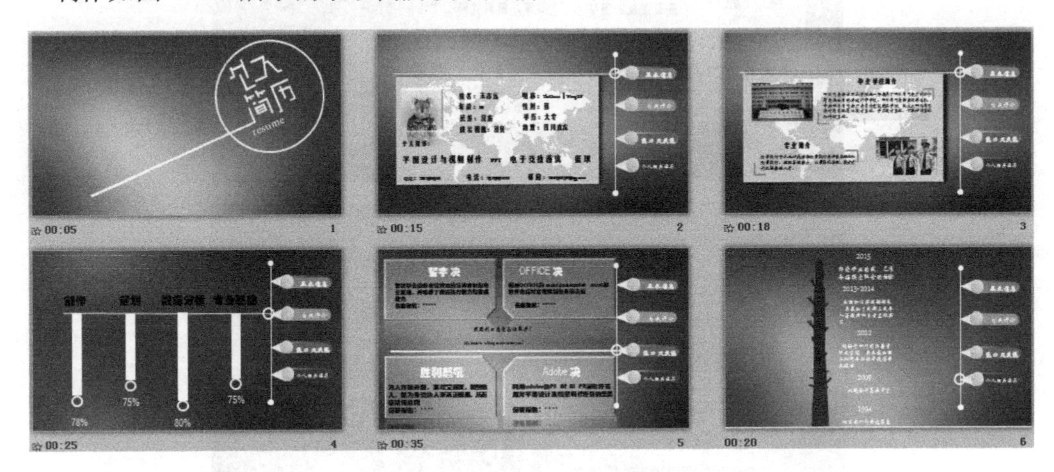

图 13-35　求职简历演示文稿

制作要求如下。

（1）内容设计：从“基本信息”“自我评价”“能力及技能”“个人相关经历”4 个方面进行介绍。

（2）为每张幻灯片设置背景。

（3）动画效果设置。

切换效果：所有幻灯片的切换效果均为“淡出”。

自定义动画效果如下。

第 2 张幻灯片：右侧目录组合效果为“进入—劈裂”，持续时间 00.50；

中间内容效果为“进入—淡出—上一动画之后”，持续时间 00.50。

第 3 张幻灯片：右侧目录组合效果为“进入—随即线条”，持续时间 00.50；

中间内容效果为“进入—缩放—上一动画之后”，持续时间 00.50。

第 4 张幻灯片：右侧目录组合效果为“进入—擦除”，持续时间 00.50；

中间内容效果为“进入—弹跳—上一动画之后”，持续时间 02.00。

第 5 张幻灯片：右侧目录组合效果为“进入—棋盘”，持续时间 00.50；

中间内容效果为“进入—圆形扩展—上一动画之后”，持续时间 02.00。

第 6 张幻灯片：右侧目录组合效果为“进入—棋盘”，持续时间：00.50；

中间内容效果为“进入—圆形扩展—上一动画之后”，持续时间 02.00。

（4）演示文稿文字，效果如图 13-36 所示。

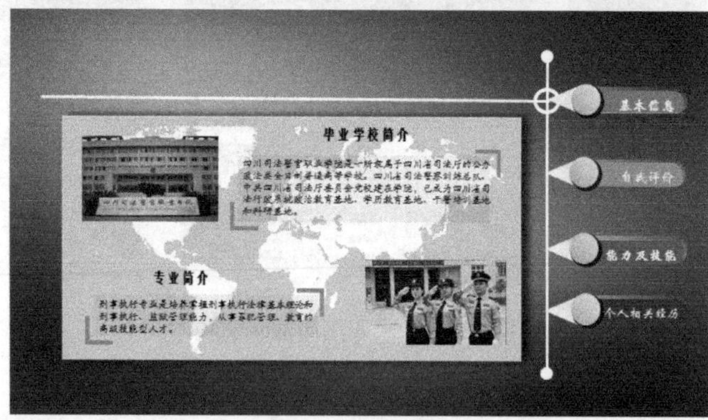

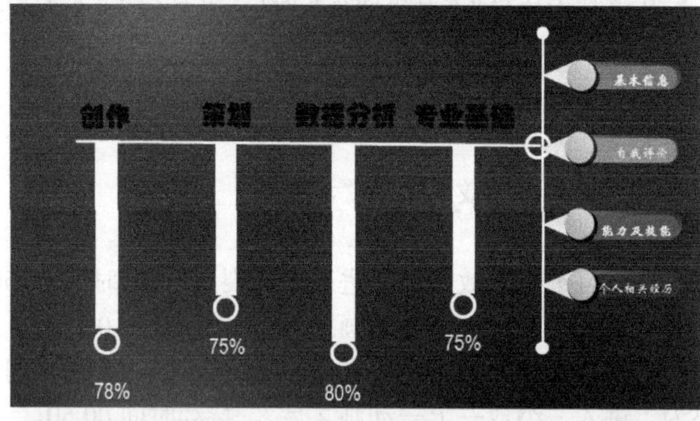

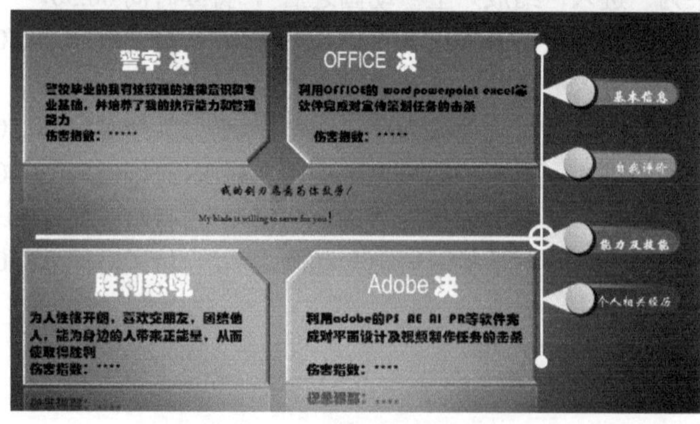

图 13-36　个人求职演示文稿效果

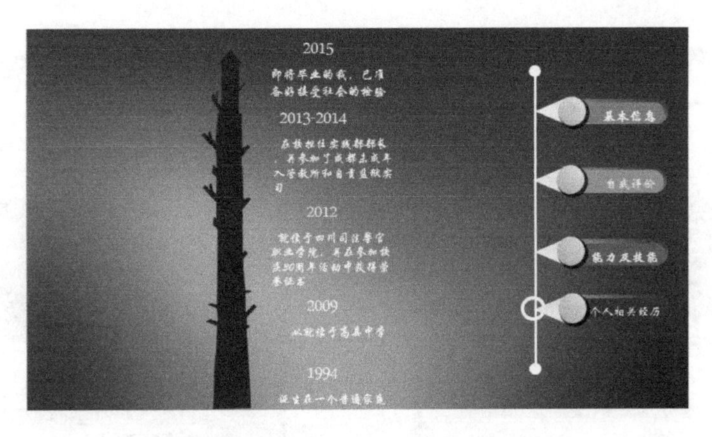

图 13-36　个人求职演示文稿效果（续）

实训 2：制作公司宣传演示文稿

为更好地对公司形象进行宣传，现公司决定将于近期举行发布会，因此需要制作一份公司宣传演示文稿。

制作要求如下。

（1）通过模板创建演示文稿：选择“宣传手册”模版。

步骤 1：启动 PowerPoint 2010 程序，然后选择“文件”—“新建”命令，接着在中间窗格中选择演示文稿模板类型，如单击“样本模板”选项，如图 13-37 所示。

步骤 2：接着在展开的列表框中选择合适的模板，这里双击“宣传手册”选项，或者单击“宣传手册”选项，再在右侧窗格中单击“创建”按钮，如图 13-38 所示。

图 13-37　选择演示文稿模板类型

图 13-38　选择“宣传手册”模板

（2）编辑第 1 张幻灯片的内容。

步骤 1：在第 1 张幻灯片中的标题占位符中输入标题，并使用“开始”选项卡下的“字体”选项组中的命令设置其字体格式为“华文琥珀”，字号为“48”，如图 13-39 所示。

步骤 2：在内容占位符中输入制作时间和制作人信息，并调整其字号大小，如图 13-40 所示。

图 13-39 设置第 1 张幻灯片的标题

图 13-40 设置内容占位符中的内容格式

（3）设置公司 LOGO。由于使用的是手册模板，演示文稿中已有 LOGO 了，下面通过幻灯片母版快速更换所有 LOGO 图片，具体操作步骤如下。

步骤 1：在“视图”选项卡下的“母版视图”选项组中单击“幻灯片母版”按钮，如图 13-41 所示。

步骤 2：在第 1 张幻灯中单击 LOGO 图片，然后在“图片工具”下的“格式”选项卡中，单击“调整”选项组中的“更改图片”按钮，如图 13-42 所示。

图 13-41 单击“幻灯片母版”按钮

图 13-42 单击“更改图片”按钮

步骤 3：弹出“插入图片”对话框，选择要使用的图片，再单击“插入”按钮，如图 13-43 所示。

步骤 4：这时会发现在幻灯片中的相同位置和大小的 LOGO 图片已经被更换了，使用该方法更换个别大小不一样的 LOGO 图片，然后在“幻灯片母版”选项卡下的“关闭”选项组中单击“关闭母版视图”按钮，如图 13-44 所示。

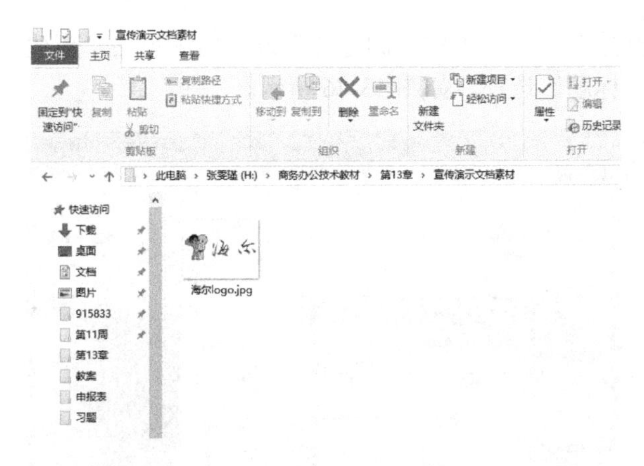

图 13-43　选择 LOGO 图片

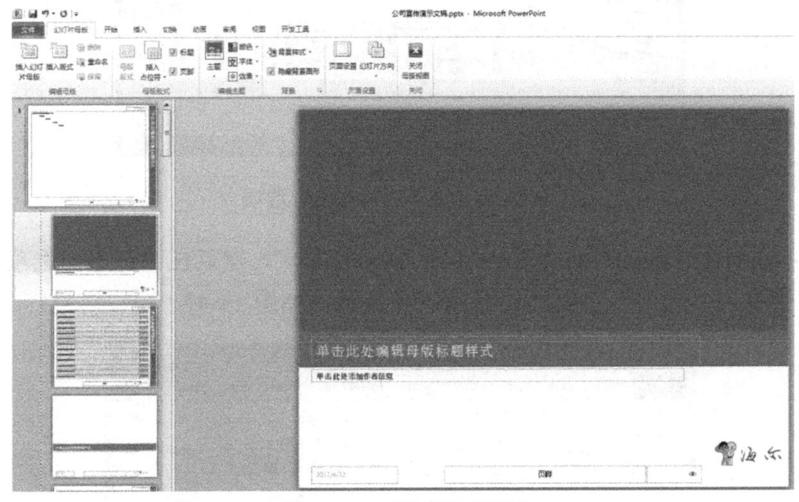

图 13-44　关闭母版视图

（4）制作公司简介幻灯片。

步骤 1：右击第 2 张幻灯片，从弹出的快捷菜单中选择“删除幻灯片”命令，如图 13-45 所示。

图 13-45　选择“删除幻灯片”命令

步骤 2：在“开始”选项卡下的“幻灯片”选项组中单击“新建幻灯片”按钮，从弹出的菜单中选择“仅标题”选项，如图 13-46 所示。

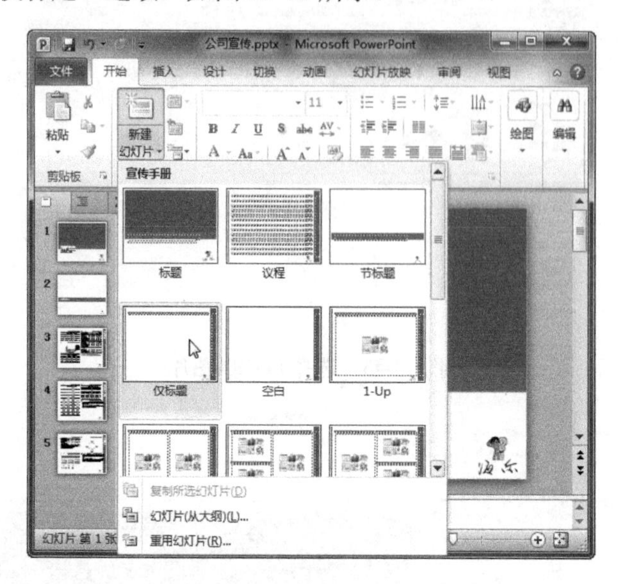

图 13-46　选择“仅标题”选项

步骤 3：在新添加的幻灯片中输入标题“公司简介”，然后在“开始”选项卡下的“段落”选项组中单击“居中”按钮，让标题居中显示，如图 13-47 所示。

图 13-47　居中显示幻灯片标题

步骤 4：选中横排的占位符，按“Delete”键将其删除，然后在“插入”选项卡下的“插图”选项组中单击“形状”按钮，从弹出的菜单中单击“文本框”按钮，如图 13-48 所示。

步骤 5：在幻灯片中插入文本框，并输入公司简介内容。

步骤 6：选中文本框，然后在“开始”选项卡下的“段落”选项组中单击“行距”按钮，从弹出的菜单中选择“1.5”选项，如图 13-49 所示。

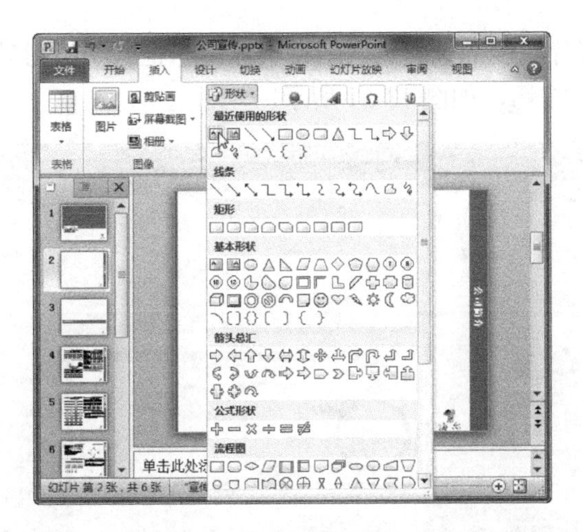

图 13-48　单击“文本框”按钮

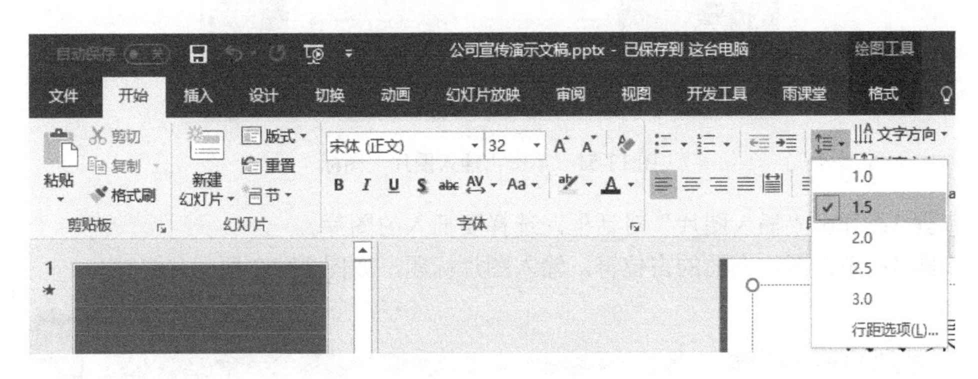

图 13-49　设置行距

（5）制作产品展示幻灯片。

步骤 1：选中第 3 张幻灯片，然后在“开始”选项卡下的“幻灯片”选项组中单击“幻灯片版式”按钮，从弹出的菜单中选择“4-Up”选项，如图 13-50 所示。

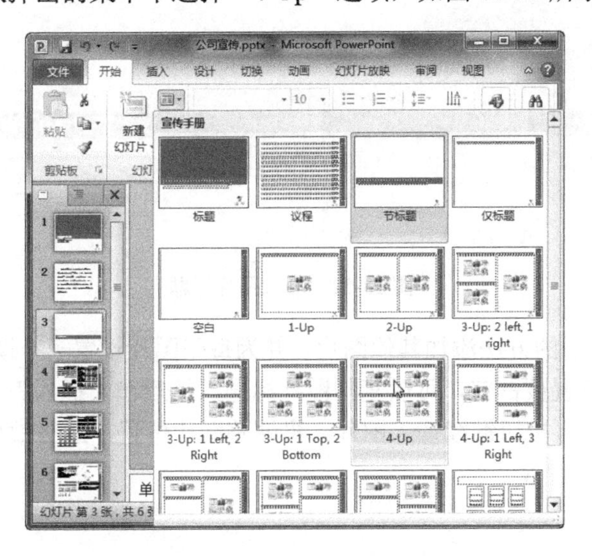

图 13-50　更换幻灯片版式

步骤 2：修改幻灯片右侧的标题为“消费类冰箱冰柜”，并将其居中对齐，接着单击幻灯片中的“插入图片”按钮，如图 13-51 所示。

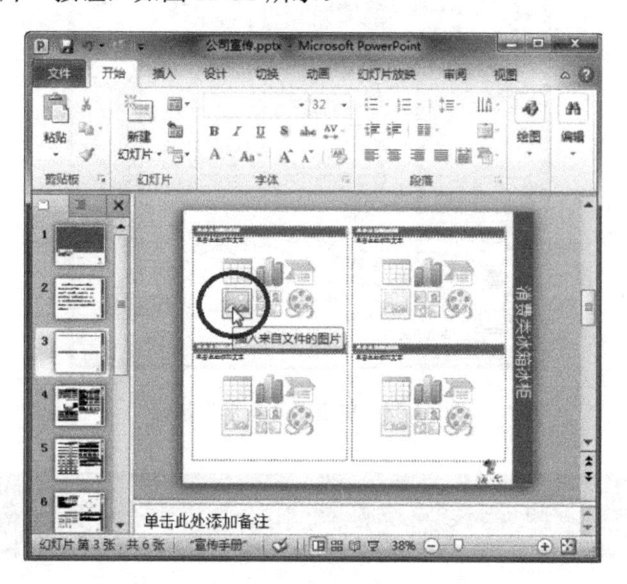

图 13-51　单击“插入图片”图标

步骤 3：弹出“插入图片”对话框，选择要插入的图片。

步骤 4：单击图片上面的占位符，输入图片标题，如图 13-52 所示。

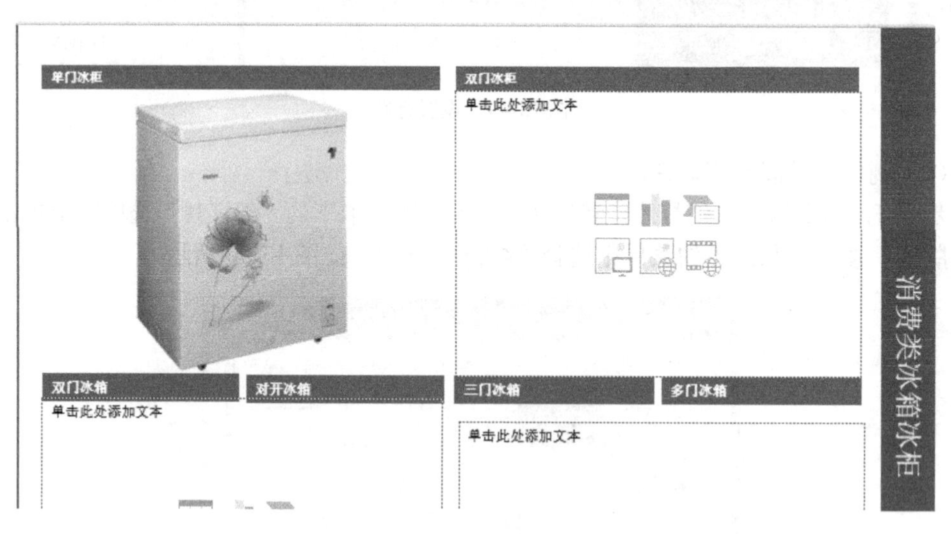

图 13-52　输入图片标题

步骤 5：使用类似的方法添加其他图片，并为每张图片设置一个图片标题。若 4-Up 版式幻灯片中的图片位置被占完，可以复制图片标题，然后在“插入”选项卡下的“图像”选项组中单击“图片”按钮继续插入图片，再调整图片位置，最终效果如图 13-53 所示。

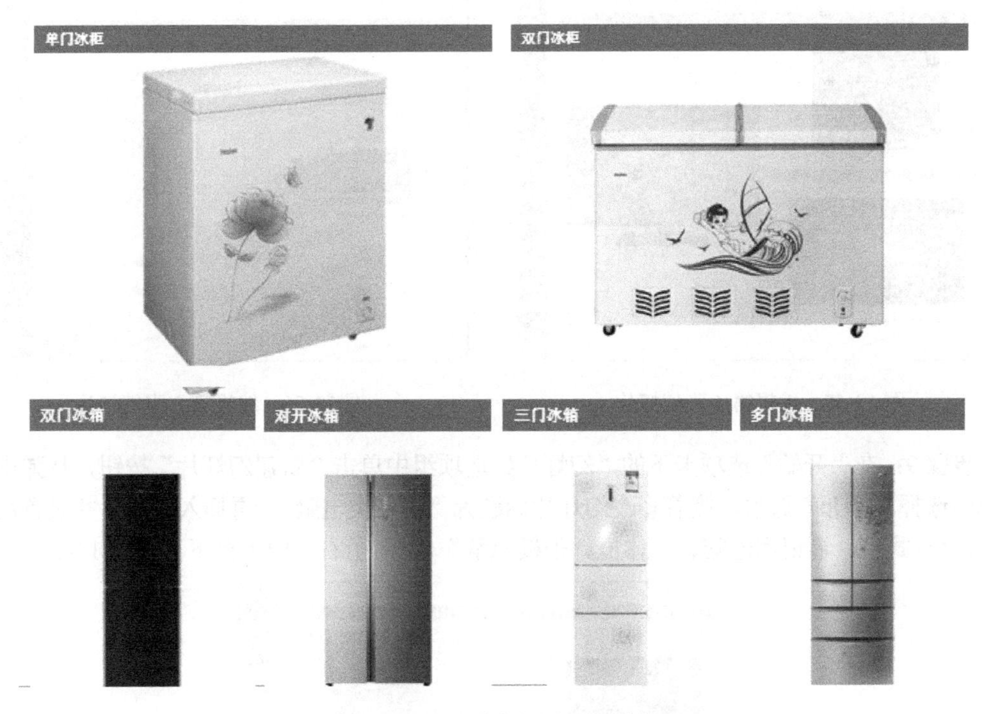

图 13-53　设置其他图片及图片标题

步骤 6：在“开始”选项卡下的“幻灯片”选项组中单击“新建幻灯片”按钮，从弹出的菜单中选择“3-Up：2 left，1 right”选项，如图 13-54 所示。

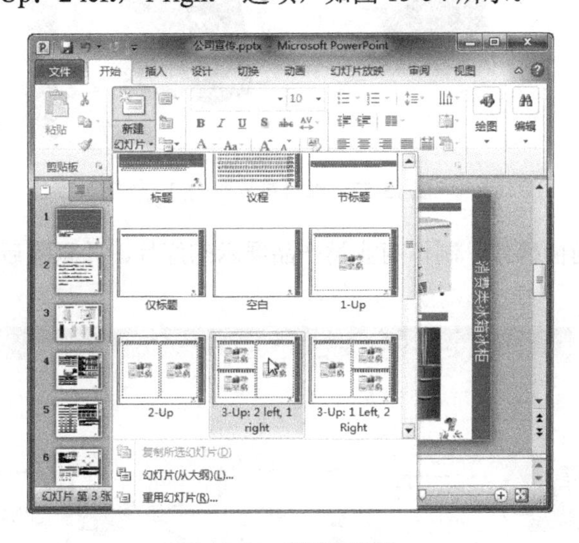

图 13-54　新建幻灯片

步骤 7：在新插入的幻灯片中修改幻灯片标题为“消费类电视”，然后插入图片，并设置图片名称“3D 电视、LCD 电视、LED 电视”（由上至下），如图 13-55 所示。

步骤 8：新建幻灯片，选择“2-Up”版式，在新插入的幻灯片中修改幻灯片标题为“消费类空调”，然后插入图片，并设置图片名称“壁式空调、柜式空调”（由左至右），如图 13-56 所示。

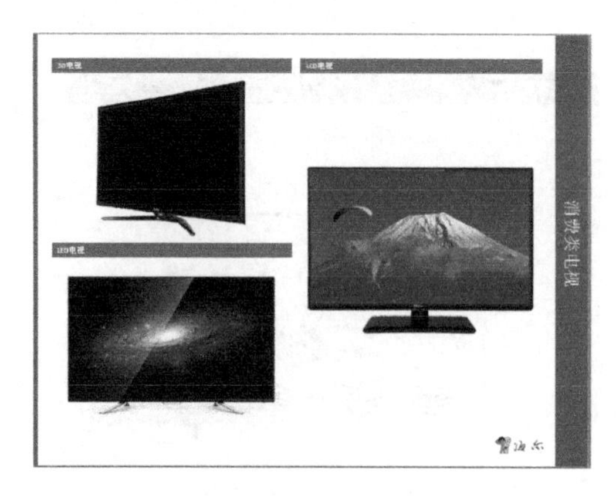

图 13-55　编辑第 4 张幻灯片

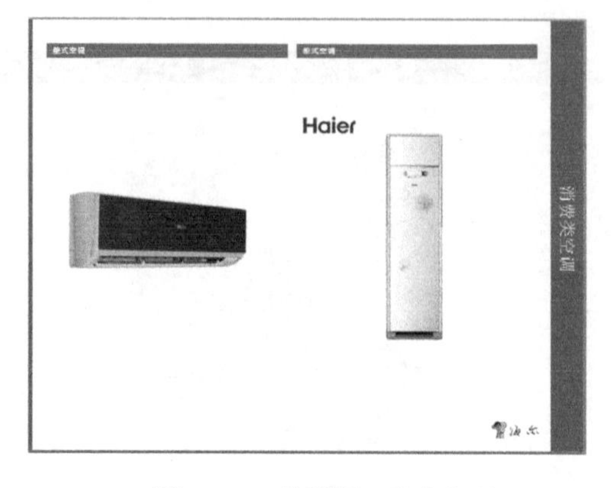

图 13-56　编辑第 5 张幻灯片

步骤 9：在“开始”选项卡下的“幻灯片”选项组中单击“新建幻灯片”按钮，从弹出的菜单中选择“4-Up”选项，接着修改幻灯片标题为“消费类电脑”，再插入图片，并设置图片名称，“台式机、笔记本电脑、一体机、平板电脑”（由左至右，由上至下）如图 13-57 所示。

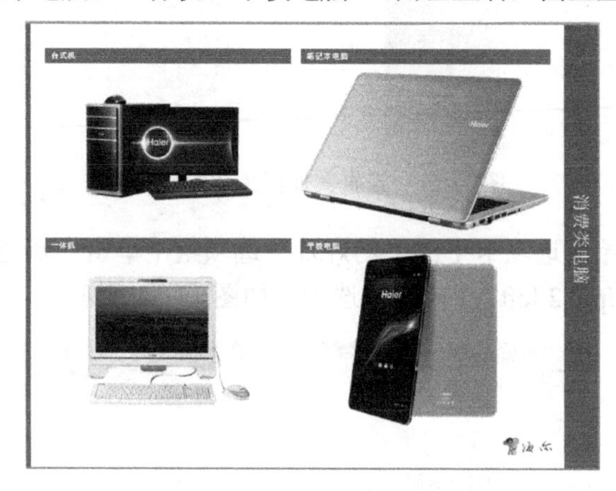

图 13-57　编辑第 6 张幻灯片

步骤 10：参考前面操作，制作商业类产品展示幻灯片，并删除后面无用的幻灯片，如图 13-58 所示。

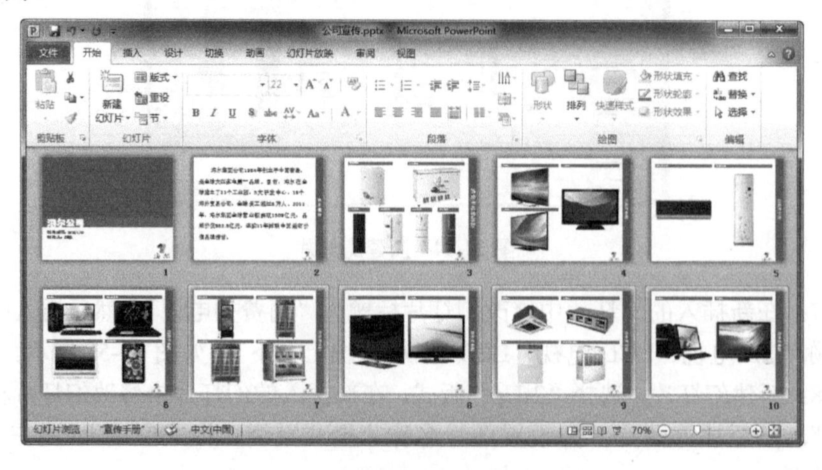

图 13-58　制作商业类产品展示幻灯片

（6）制作产品展示菜单幻灯片。

步骤 1：在“视图”选项卡下的“母版视图”选项组中单击“幻灯片母版”按钮，进入幻灯片母版模式，然后在第 1 张幻灯片中选中页脚占位符，按“Delete”键将其删除，如图 13-59 所示。使用该方法删除幻灯片中的日期和幻灯片编号占位符。

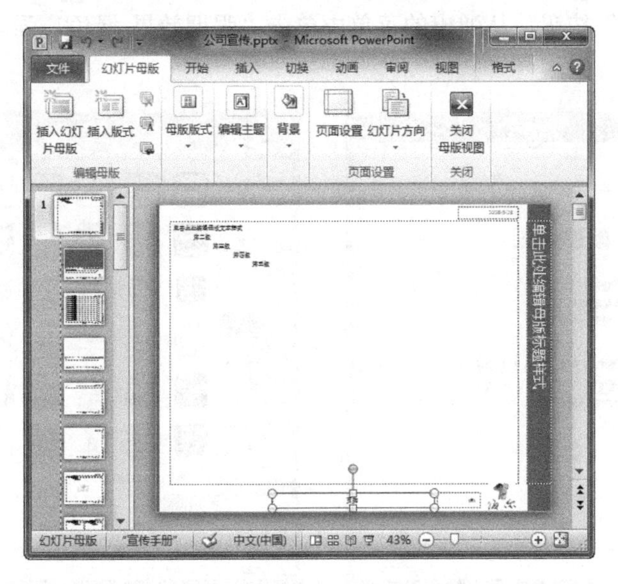

图 13-59　删除页脚占位符

步骤 2：在“插入”选项卡下的“插图”选项组中单击“形状”按钮，从弹出的菜单中单击“文本框”按钮，在第 1 张幻灯片中插入文本框，接着在其中输入“消费类”，再设置其字体格式为“幼圆”，字号为“40”，如图 13-60 所示。

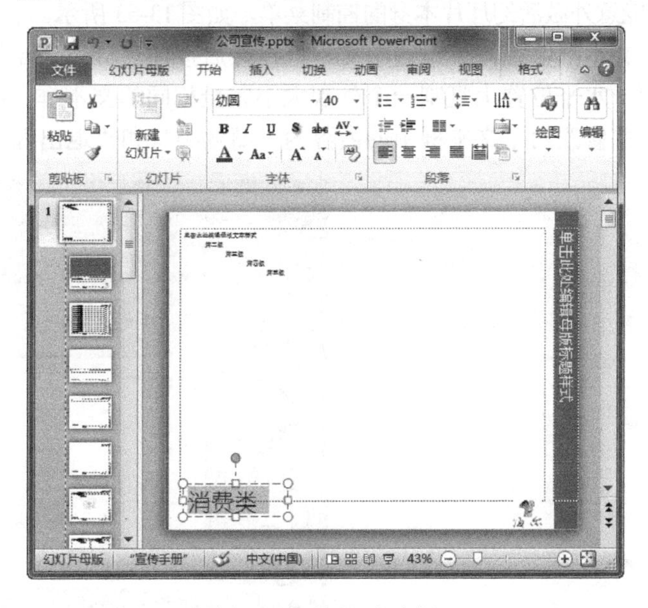

图 13-60　插入文本框

步骤 3：右击文本框，从弹出的快捷菜单中选择“设置形状格式”命令，打开“设置形状格式”对话框，在左侧窗格中单击“文本框”选项，然后在右侧窗格中设置“垂直对齐方式”为“中部居中”，接着选中“根据文字调整形状大小”单选按钮和“形状中的文字自动换行”复选框，并将“内部边距”选项组中的 4 个微调框中的值都设置为“0.3 厘米”，如图 13-61 所示，再单击“关闭”按钮。

步骤 4：单击文本框，然后在“绘图工具”下的“格式”选项卡中，单击“形状样式”选项组中的“其他”按钮，从弹出的菜单中单击“强调效果-绿色，强调颜色 5”选项，如图 13-62 所示。

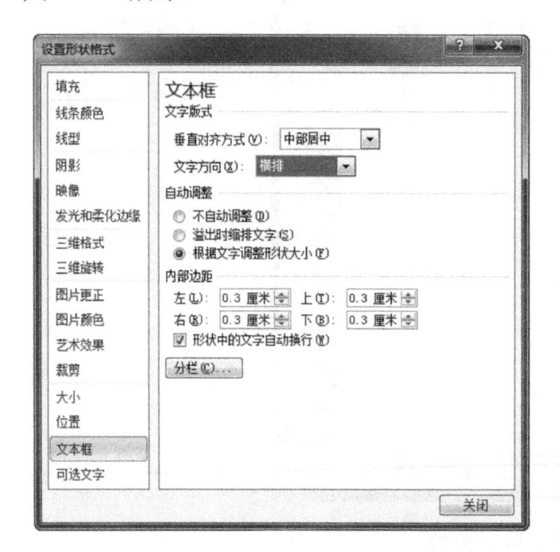

图 13-61　设置文本框格式

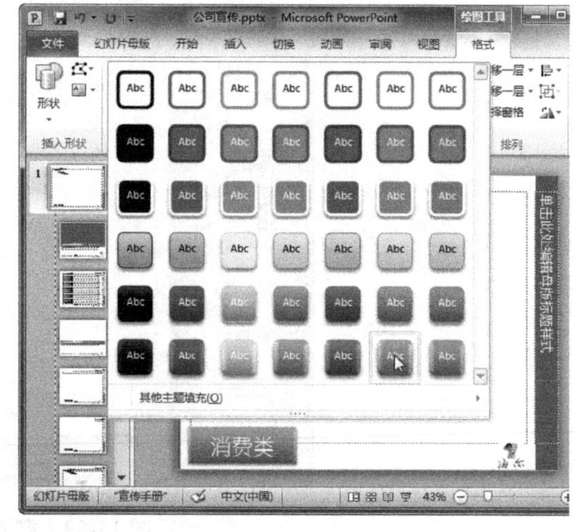

图 13-62　设置文本框样式

步骤 5：对“消费类”文本框的位置进行微调，使其位于幻灯片底部。但是要注意，不能让该文本框与播放幻灯片时位于幻灯片左下角的控制按钮相重叠，否则在将鼠标移至该文本框上时，有可能意外激活幻灯片本身的控制菜单，如图 13-63 所示。

步骤 6：调整文本框位置，单击选中文本框，然后按住“Shift+Ctrl”组合键，使用鼠标向右拖动，在同一水平位置上复制一个外观大小完全相同的文本框。用同样的方法再复制出一个文本框，并修改两个文本框中的内容为“商业类”和“退出”，如图 13-64 所示。

图 13-63　激活幻灯片本身的控制菜单

图 13-64　在同一水平位置上复制文本框

步骤 7：选中“退出”文本框，然后在“绘图工具”下的“格式”选项卡中，设置“大小”选项组中的“宽度”微调框为“4.6 厘米”，如图 13-65 所示。

步骤 8：在“幻灯片母版”选项卡下的“关闭”选项组中单击“关闭母版视图”按钮。

步骤 9：选中第 2 张幻灯片，然后在“开始”选项卡下的“幻灯片”选项组中单击“新建幻灯片”按钮，从弹出的菜单中选择“空白”选项，在第 2 张幻灯片下插入空白版式的幻灯片，接着选中幻灯片右侧的标题占位符，按“Delete”键将其删除，如图 13-66 所示。

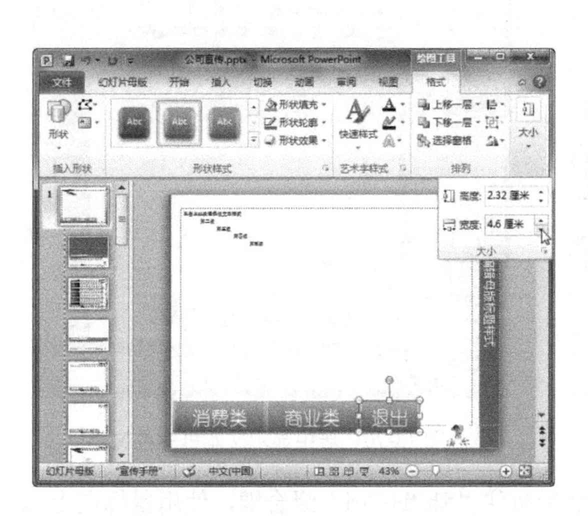

图 13-65　调整“退出”文本框宽度

图 13-66　删除空白幻灯片中的占位符

步骤 10：再次进入幻灯片母版模式，选中“消费类”文本框，然后按“Ctrl+C”组合键进行复制，接着退出幻灯片母版模式，并切换到第 3 张幻灯片，再按“Ctrl+V”组合键进行粘贴，并使其下边缘与母版第一文本框的上边缘对齐，如图 13-67 所示。

步骤 11：单击新复制的文本框，然后在“绘图工具”下的“格式”选项卡中，单击“形状样式”选项组中的“其他”按钮，从弹出的菜单中选择“彩色填充-绿色，强调颜色 5”选项，如图 13-68 所示。

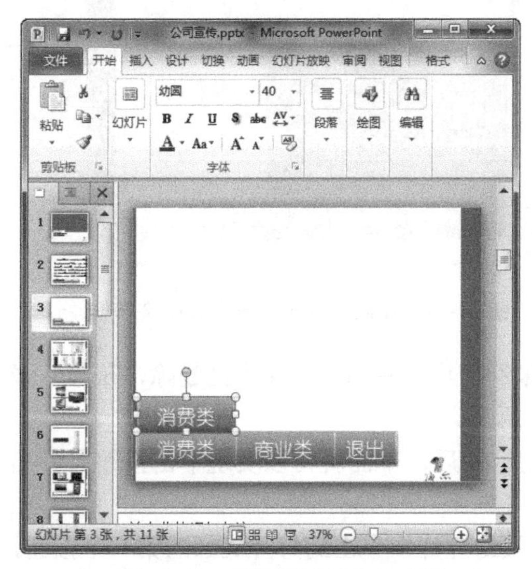

图 13-67　对齐新复制的文本框

图 13-68　设置文本框样式

步骤 12：在“绘图工具”下的“格式”选项卡中，单击“形状样式”选项组中的“形状轮廓”按钮，从弹出的菜单中选择“无轮廓”命令，如图 13-69 所示。

步骤 13：修改文本框中的内容为“冰箱冰柜”，然后在“开始”选项卡下的“段落”选项组中单击“居中”按钮，让文本居中显示，如图 13-70 所示。

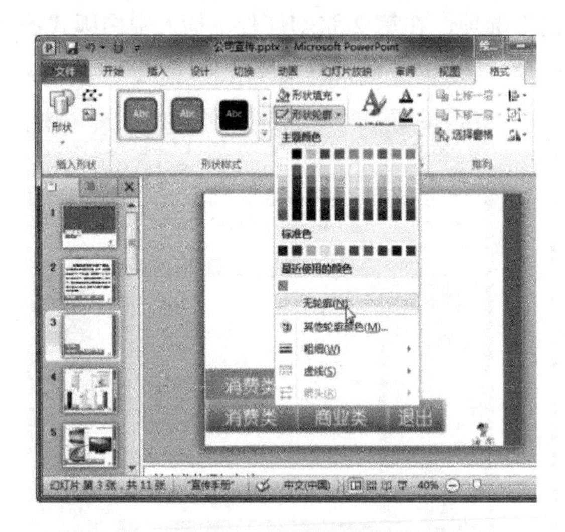

图 13-69　设置文本框轮廓

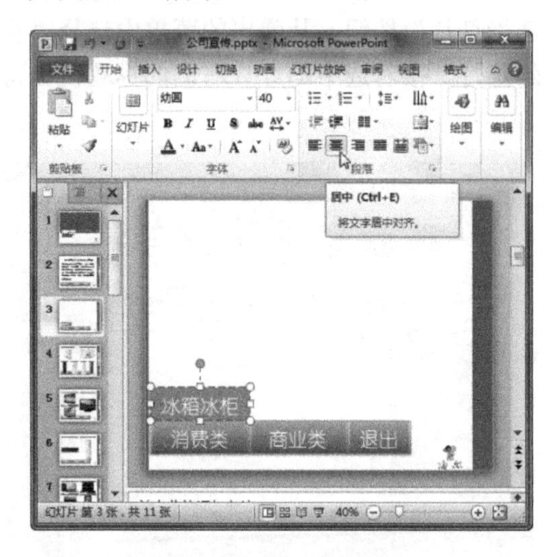

图 13-70　居中显示文本框中的文本

步骤 14：单击“冰箱冰柜”文本框，然后按住“Shift+Ctrl”组合键，使用鼠标向上拖动，在同一垂直位置上复制一个外观大小完全相同的文本框。用同样的方法再复制出两个文本框，再修改各文本框中的内容，如图 13-71 所示。

步骤 15：选中第 3 张幻灯片中的 4 个文本框，然后按住“Shift+Ctrl”组合键，使用鼠标向右拖动，在同一水平位置上复制文本框，并修改文本框中的文本内容，如图 13-72 所示。

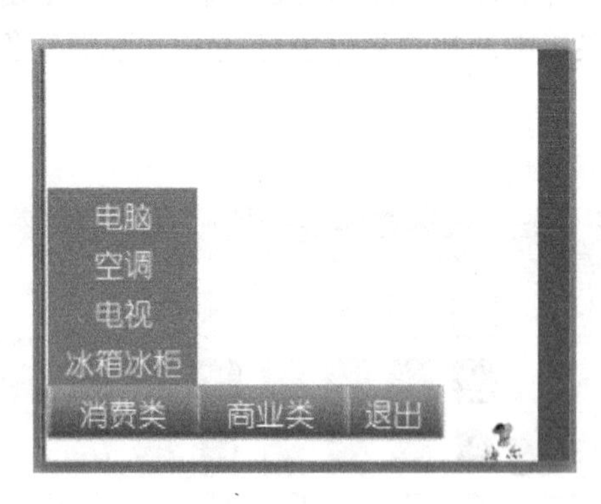

图 13-71　在同一垂直位置上复制文本框

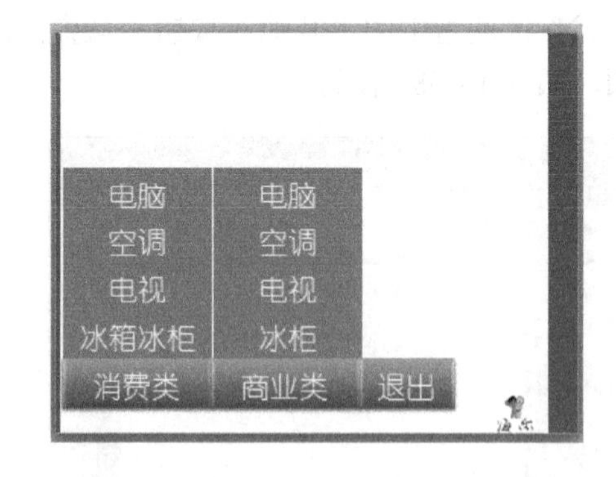

图 13-72　在同一水平位置上复制文本框

步骤 16：复制第 3 张幻灯片，然后将第 3 张幻灯片右侧的 4 个文本框删除，在第 4 张幻灯片中将左侧的 4 个文本框删除，如图 13-73 所示。

（7）设置弹出式菜单效果。在制作好菜单幻灯片后，下面就可以实现单击按钮时弹出菜单的弹出式效果了，具体操作步骤如下。

步骤 1：进入幻灯片母版模式，然后在第 1 张幻灯片中单击幻灯片底部的第一个按钮，接着在“插入”选项卡下的“链接”选项组中单击“动作”按钮，如图 13-74 所示。

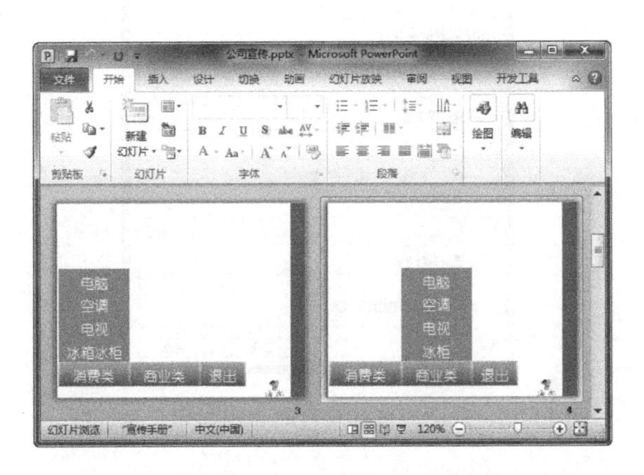

图 13-73　完成后的第 3 张幻灯片和第 4 张幻灯片

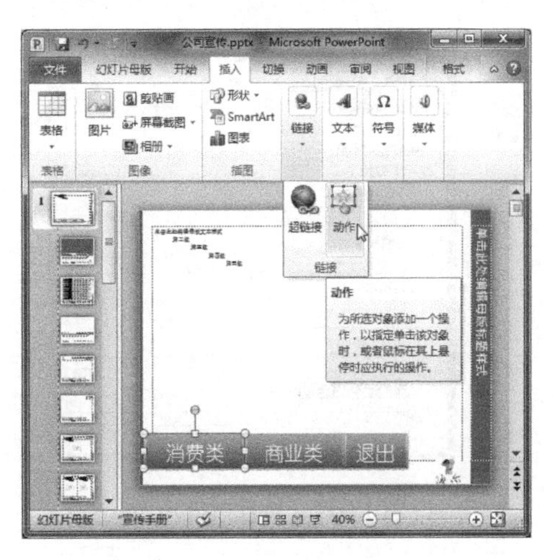

图 13-74　单击“动作”按钮

步骤 2：弹出“动作设置”对话框，切换到“单击鼠标”选项卡，然后选中“超链接到”单选按钮，并在下方的下拉列表框中选择“幻灯片”选项，如图 13-75 所示。

步骤 3：弹出“超链接到幻灯片”对话框，然后在“幻灯片标题”列表框中选择“3. 幻灯片 3”选项，再单击“确定”按钮，如图 13-76 所示。

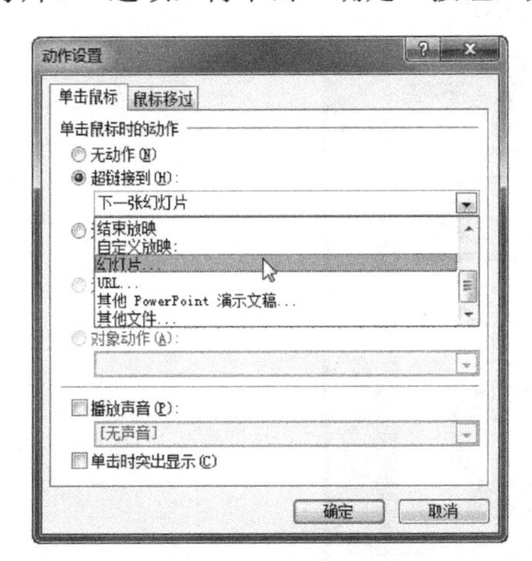

图 13-75　“动作设置”对话框

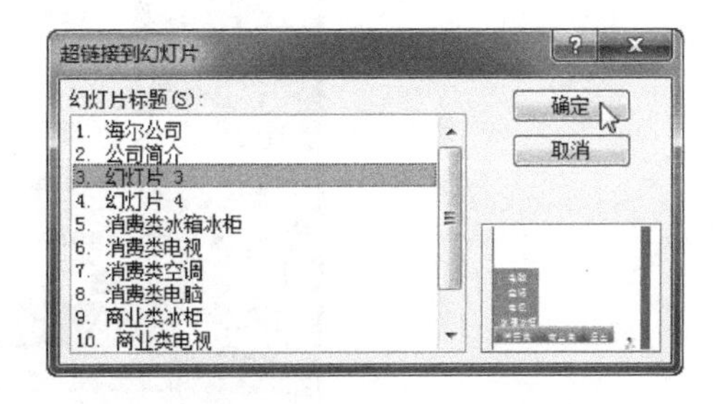

图 13-76　“超链接到幻灯片”对话框

步骤 4：返回“动作设置”对话框，选中“播放声音”和“单击时突出显示”复选框，并设置播放声音为“单击”，如图 13-77 所示。

步骤 5：切换到“鼠标移过”选项卡，选中“鼠标移过时突出显示”复选框，再单击“关闭”按钮，如图 13-78 所示。

步骤 6：用同样的方法为商业类按钮设置动作。

步骤 7：退出母版视图，为消费类及商业类“冰箱冰柜”、“电脑”、“电视”、“空调”分别设置超链接，链接到对应的幻灯片。

步骤 8：再次进入“母版视图”，为“退出”按钮设置动作：超链接到——结束放映。

步骤 9：将第 3 页及第 4 页幻灯片隐藏。设置方法，在幻灯片浏览区域，右键单击第 3

张及第 4 张幻灯片，选择“隐藏幻灯片”按钮。

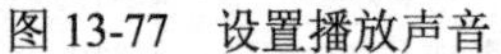

图 13-77　设置播放声音

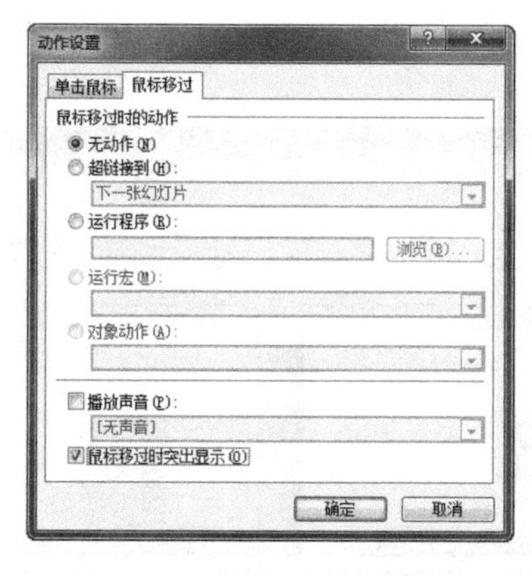

图 13-78　选中“鼠标移过时突出显示”复选框

（8）为幻灯片设置动画效果。

步骤 1：在第 5 张幻灯片中选择要添加动画效果的对象，然后在“动画”选项卡下的“动画”选项组中单击“动画样式”按钮，从打开的菜单中单击“进入”选项组中的“轮子”选项。

步骤 2：在“动画”选项卡下的“动画”选项组中单击“效果选项”按钮，从打开的菜单中选择“4 轮辐图案（4）”选项，如图 13-79 所示。

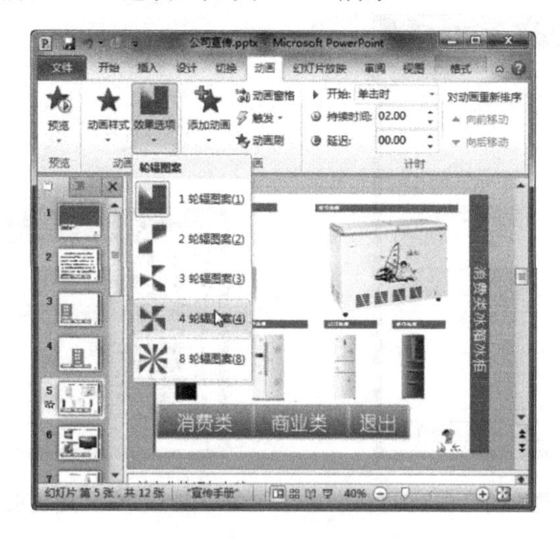

图 13-79　设置效果选项

步骤 3：选择刚设置动画效果的图片，然后在“动画”选项卡下的“计时”选项组中设置“开始”为“单击时”，“持续时间”为“02.00”，“延迟”为“01.00”。

步骤 4：使用上述方法，对其他产品图片设置动画效果。

（9）设置幻灯片切换效果。

步骤 1：选择第 1 张幻灯片，然后在“切换”选项卡下的“切换到此幻灯片”选项组中单击“切换方案”按钮，从弹出的菜单中选择一种切换方案，这里选择“华丽型”选项组中的“棋盘”选项。

步骤 2：在“切换”选项卡下的“切换到此幻灯片”选项组中单击“效果选项”按钮，从弹出的菜单中选择“自顶部”选项，如图 13-80 所示。

步骤 3：在“切换”选项卡下的“计时”选项组中，单击“声音”下拉列表框右侧的下拉按钮，从弹出的菜单中选择“疾驰”选项，如图 13-81 所示。

图 13-80 设置幻灯片切换效果

图 13-81 设置声音

至此，公司宣传演示文稿就制作完成了。

第四篇　办公设备篇

本篇主要介绍了打印机、复印机、扫描仪、传真机这 4 种办公设备的选购、安装和维护，以及在使用过程中常见的一些问题的解决，通过这部分内容的学习，我们能解决日常办公中经常遇到的设备问题。

第14章　办公设备的使用

引　子

本章讨论的是目前商务办公中常用的打印机、复印机、扫描仪、传真机，这几种办公设备在日常生活中该如何选购、安装及维护。

知识目标

- 掌握如何安装打印机、复印机、扫描仪、传真机。
- 掌握如何选购打印机、复印机、扫描仪、传真机。
- 掌握如何维护打印机、复印机、扫描仪、传真机。
- 掌握怎样检测和排除打印机、复印机、扫描仪、传真机的一些问题。

14.1 案例描述

小王现在担任公司的行政助理，经常需要进行部门之间工作的安排和协调，因此需要将一些事先的安排通过打印、复印、传真等方式进行部门间传递，顺利完成公司内部工作的上传和下达。小王要顺利完成这项工作必须要熟悉打印机、复印机、扫描仪、传真机等办公设备的使用及维护，并且有些办公设备，公司需要及时购置，小王还需要了解如何选购这些办公设备。

14.2 案例实现

打印机、复印机、扫描仪、传真机等办公设备是我们日常工作中不可缺少的，小王作为公司的行政助理，必须熟练掌握这些办公设备的使用及维护，这样才能顺利胜任行政助理的职务，将公司的工作按照领导的意愿安排好。

14.2.1　打印机的选购、安装及维护

打印机（Printer）是计算机的输出设备之一，是将计算机的运算结果或中间结果以人所能识别的数字、字母、符号和图形等，依照规定的格式印在纸上的设备。打印机是由约翰·沃特和戴夫·唐纳德合作发明的。从 1885 年全球第一台打印机的出现，到后来各种各样的针式打印机、喷墨打印机和激光打印机等，它们在不同的年代各领风骚。打印机正向轻、薄、短、小、低功耗、高速度和智能化的方向发展。

1. 如何选购打印机

从打印的方式来看，打印机一般分为两种模式，一种是喷墨打印机，如图 14-1 所示；一种是激光打印机，如图 14-2 所示。由于喷墨打印机的价格比较低，用户在打印任务不是很多的情况下，比如家用，可以选用喷墨打印机。如何选购一台价格合理又实用的打印机，我们可以从以下几方面考虑。

图 14-1　喷墨打印机

图 14-2　激光打印机

（1）打印分辨率。打印机分辨率又称为输出分辨率，是指在打印输出时横向和纵向两个方向上每英寸最多能够打印的点数，通常以“点/英寸”，即 dpi（dot per inch）表示，如 800×600dpi。分辨率不仅与显示打印幅面的尺寸有关，还要受打印点距和打印尺寸等因素的影响，打印尺寸相同，点距越小，分辨率越高。而最高分辨率就是指打印机所能打印的最大分辨率，即打印输出的极限分辨率。

（2）打印速度。打印速度是指打印机每分钟可输出多少页面，通常用 ppm（Page Per Minute）来衡量。

打印黑白图像只需要一种墨水，而打印彩色图像需要多种墨水协同作用。因此打印黑白图像的速度一般要高于打印彩色图像的速度。如果想打印出质量高的照片，打印时间将随着选择的精细程度的提升而逐渐增长。例如，家用型打印机 Epson ME30 的打印速度如下：黑白图像打印速度为 26ppm；彩色图像打印速度为 14ppm。

而对于专业照片打印机，打印速度这个指标并不重要，重要的是打印出来的图片质量。

但是不同款式的打印机在打印说明书上所标明的 ppm 值可能表示不一样的含义，因此在挑选打印机时，一定要向销售商确认一下。

（3）打印成本。由于打印机不是属于一次性资金投入的办公设备，因此打印成本也是选购打印机时必须考虑的因素。打印成本主要包含打印所用的纸张价格和墨盒或者墨水的价格，以及打印机自身的购买价格等。

喷墨打印机是使用黑色墨水来输出黑色内容，就能节省费用相对昂贵一点的彩色墨盒，以此节约打印成本；但有的打印机没有提供黑色墨水，需要通过其他颜色来合成来打印黑色字迹，那么这类打印机的打印成本将会很高。

（4）打印幅面。不同用途的打印机所能处理的打印幅面是不相同的，通常可以处理的打印幅面包括A4及A3幅面。家庭和办公型打印机的幅面通常是A4；幅面超过A3的打印机称为大幅面打印机，通常支持A2、A1或B0幅面的纸张，例如在处理条幅打印或者是数码影像打印任务时，都有可能使用到A3幅面的打印机。例如打印工程晒图、广告设计等，则需要使用A2幅面或者更大幅面的打印机。有一类专用小型照片打印机，打印幅面为A6左右，具有很高的打印质量。

（5）打印可操作性。在打印过程中，经常会涉及到如何更换打印耗材，如何让打印机按照指定要求进行工作，以及打印机在出现各种故障时该如何处理等问题。这就必须考虑到打印机的可操作性是不是很强，以及最好选择大品牌、设置方便、更换耗材步骤简单、遇到问题容易排除的打印机。

（6）打印接口。打印机的常见接口类型包括并行接口，专业的SCSI接口以及USB接口。SCSI接口的打印机需要利用专业的SCSI接口卡和计算机连接在一起，此接口能实现信息流量很大的交换传输速度，从而能达到较高的打印速度。

（7）纸匣容量。纸匣容量是指打印机能支持多少输入、输出纸匣，每个纸匣可以容纳多少打印纸张。该指标是打印机纸张处理能力大小的一个评价标准，同时还可以间接说明打印机的自动化程度的高低。

（8）最大输出速度。最大输出速度是指激光打印机在进行横向打印普通A4纸时，激光打印机的实际打印速度。在日常办公中，从打印过程来看，激光打印机在输出英文字符时的最大输出速度要快于输出中文字符的最大输出速度，激光打印机在横向的最大打印速度要快于在纵向的最大输出速度，激光打印机在打印单面时的最大输出速度要快于在打印双面时的最大处理速度。不过在实际办公过程中，很少有激光打印机可以达到最大标称的输出速度，只是有的激光打印机可以利用其独特的控制技术，来让激光打印机的实际输出速度接近最大标称输出速度。

在选购时我们需要注意以下几方面。

1. 分辨率够用就好

分辨率的高低能够影响到打印质量，但单单以分辨率来衡量打印效果这就是一个误区。分辨率分为横向分辨率和纵向分辨率，而它的整体打印效果的不仅仅是横向分辨率决定的，纵向分辨率也同样重要。在分辨率低的部分，很容易会看到瑕疵，所以很多用户在使用1200×1200dpi分辨率打印机时，感觉打印效果不比1440×720dpi分辨率的打印机的差。现在的打印机已经进一步提升照片打印分辨率，可以高达4800×2400dpi。

2. 墨滴大小要留心

如果需要打印出栩栩如生的照片效果，墨滴的控制必须做到极小，而且分布要精确。但如果墨滴尺寸缩小，那么图像的质量会因为墨滴大小不均匀，或打印介质定位不准确而受到影响。现在各个打印机厂商纷纷采用精微的墨滴技术，绝大部分的喷墨产品墨滴控制技术都已经做到了3微微升，能够满足我们日常办公中对打印质量的要求了。例如以3微微升的墨滴技术配合4800×2400dpi的打印分辨率，打印出来的照片效果完全可以媲美数码彩印技术。

3. USB 2.0接口不是速度的源泉

目前大部分打印机都是标配 USB 2.0 的，但从实际的应用来看，打印机端口对于输出速度的影响很小，所以在选购打印机的时候并不能以 USB 2.0 作为速度的评判标准。如果对打印速度有一定要求的话，那么可以参考打印机的喷嘴数量，喷墨打印机每一种颜色之间都有固定数量的喷头，喷嘴越多就代表它每次覆盖的范围就越大。因此，当在面积及解析度相同的条件下，喷嘴的数量越多它打印速度就越快。

4. 使用兼容耗材好不好

兼容耗材是指介乎在原装墨盒与假冒墨盒之间的产品，兼容耗材发展到现在，无论在技术或产品质量上，都不比原装的差，在兼容耗材里面也有高质量的产品，例如天威、耐力等品牌，他们的打印效果及性价比都较高。

5. 价格

整机和耗材的价格也是影响购买的决定性因素，但最好是整机和耗材在同一个店铺选用，这样服务比较好。

6. 品牌

还有一个重要的因素就是品牌，选择知名度比较高的打印机，这样无论是从质量还是服务都比较放心。

2. 如何安装打印机

在使用打印机之前应按照说明书安装打印机的各个部件，再启动电源。具体的操作步骤以 HP LaserJet 1020 为例。

（1）本地打印机安装方法。

步骤 1：首先把随机配送光盘放进光驱，如果要安装打印机的计算机没有光驱，也可以直接把文件拷到 U 盘，再将 U 盘插到计算机上。

步骤 2：如果由光盘启动的话系统会自动运行安装引导界面，如图 14-3 所示。如果复制了安装文件则需要找到 launcher.exe 文件，双击运行。

步骤 3：系统会提示是安装一台打印机还是修复本机程序，如果是新的打印机安装则选择“添加另一台打印机”选项，如果修复程序则选择“修复”选项，如图 14-4 所示。

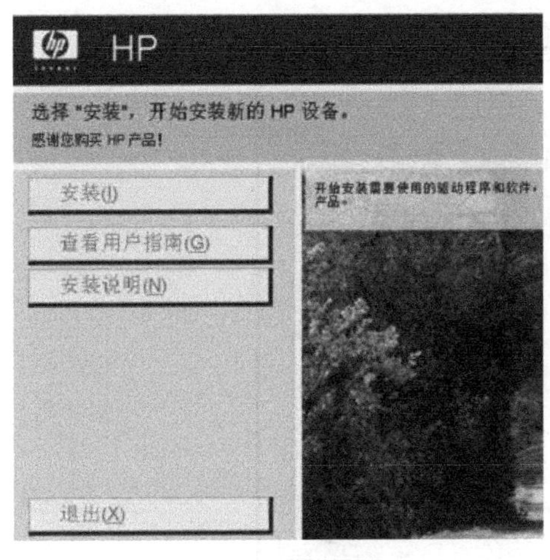

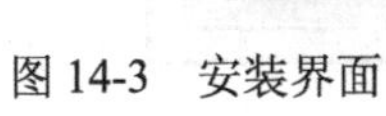
图 14-3　安装界面

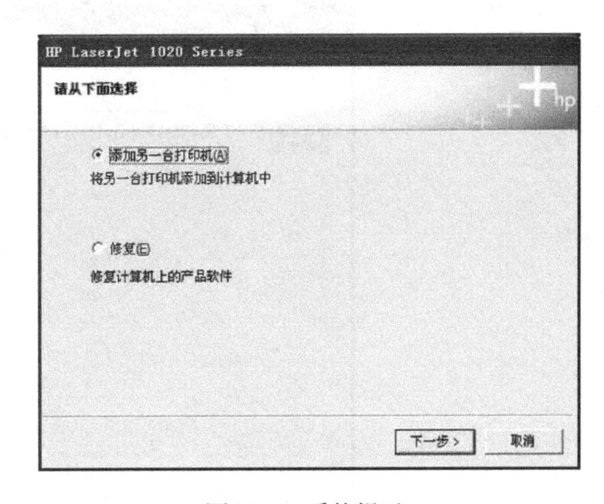

图 14-4　系统提示

步骤 4：接着系统会提示请把打印机插上电源，并连接到计算机，如图 14-5 所示。

步骤 5：此时把打印机和计算机连上，打开开关，然后系统便开始在本机安装驱动，如图 14-6 所示。

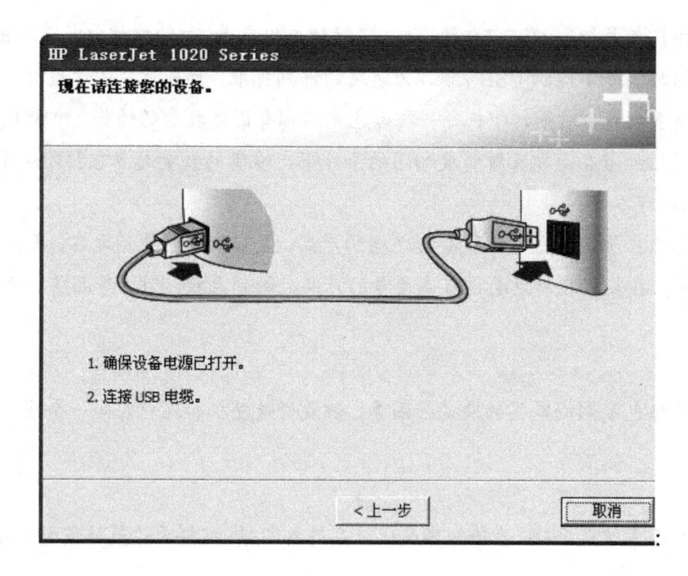

图 14-5　电源提示

图 14-6　安装驱动

步骤 6：安装完后提示安装完成，如图 14-7 所示。

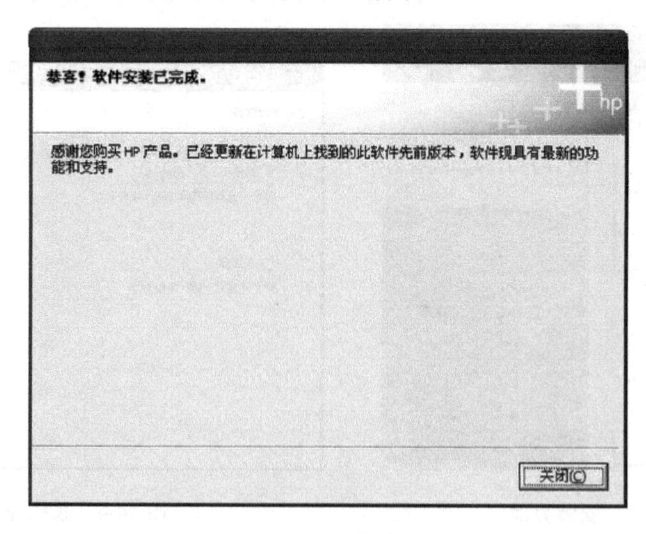

图 14-7　安装结束

步骤 7：单击“打印机和传真”图标，找到刚刚安装的打印机右击选择“属性”命令，单击“打印测试页”按钮，如正常打印出测试页则表示打印机安装成功，如图 14-8 所示。

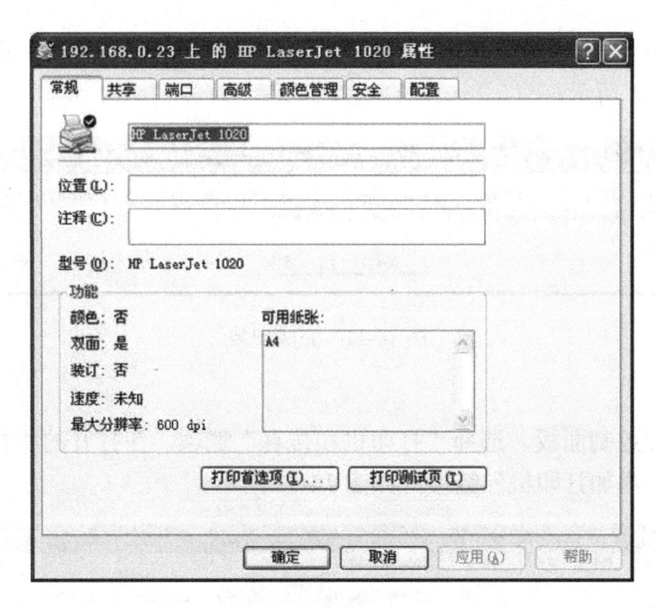

图 14-8　测试打印

（2）网络打印机安装方法。网络打印机是指在局域网中设置了共享属性的打印机，但并不是说只要网络中存在共享打印机，其他用户就可以直接使用，还必须事先安装网络打印机。这里将提供两种安装方法。

方法一。

步骤 1：单击“开始”—“运行”，在输入栏中输入共享打印服务端的 IP 地址，然后单击“确定”按钮，如图 14-9 所示。

图 14-9　运行共享打印机

步骤 2：此时弹出当前 IP 地址的共享窗口，找到需要共享的打印机并双击，如图 14-10 所示。

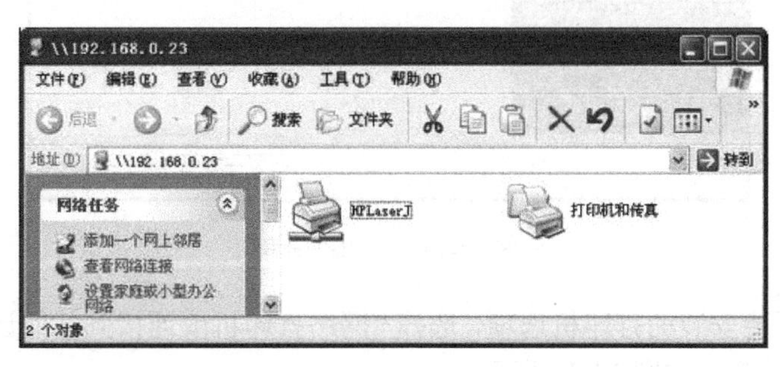

图 14-10　共享打印机

步骤 3：弹出“连接到打印机”的提示窗口，单击“确定”按钮，即完成网络打印机的安装，如图 14-11 所示。

图 14-11　完成安装

方法二。

步骤 1：打开控制面板，选择“打印机和传真”选项，在打开的“打印机和传真”窗口中，单击左侧“添加打印机”链接，如图 14-12 所示。

图 14-12　选择添加打印机

步骤 2：弹出“添加打印机向导”窗口，直接单击“下一步”按钮，如图 14-13 所示。

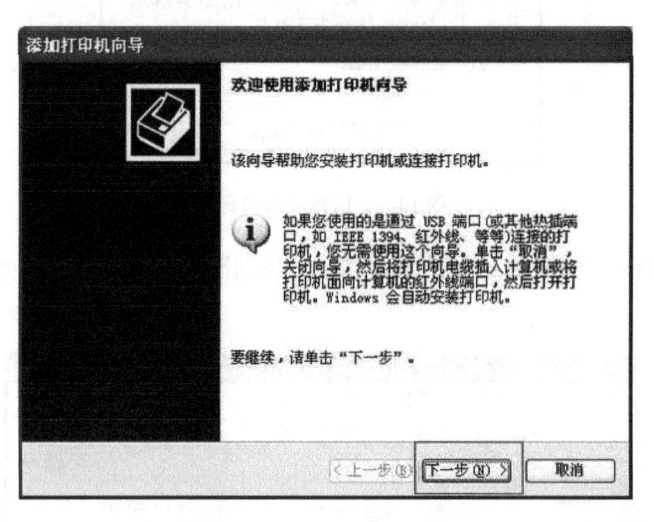

图 14-13　打印机向导

步骤 3：提示要安装的打印机选项，选择“网络打印机或连接到其他计算机的打印机”，单击“下一步”按钮，如图 14-14 所示。

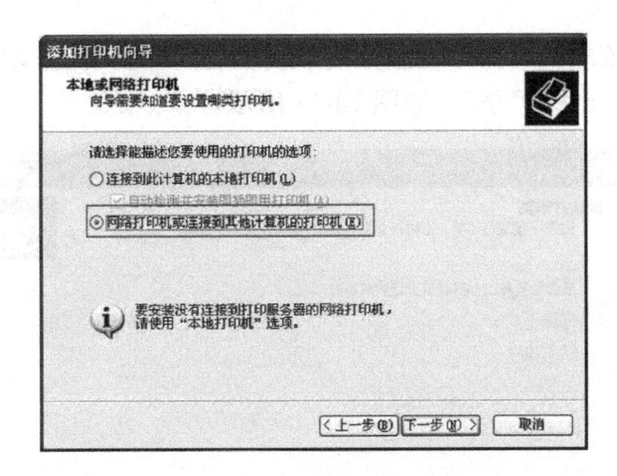

图 14-14　添加打印机向导

步骤 4：弹出网络打印机的查找方式，选择“连接到这台打印机”选项，单击“下一步”按钮，如图 14-15 所示。

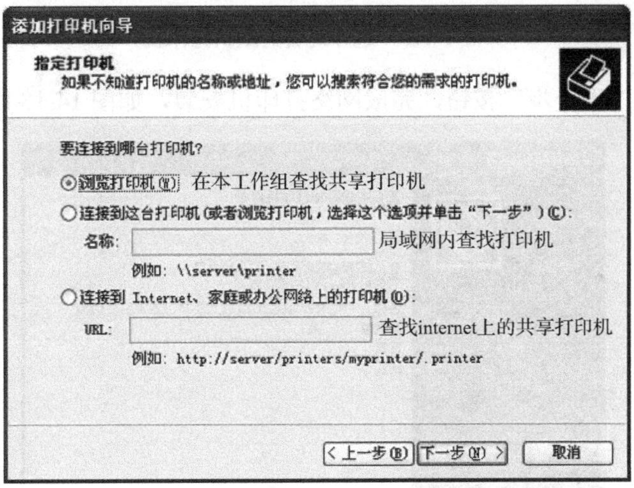

图 14-15　查找打印机

步骤 5：输入网络打印机路径后单击“下一步”按钮，会弹出安装打印机提示，单击“是”按钮，如图 14-16 所示。

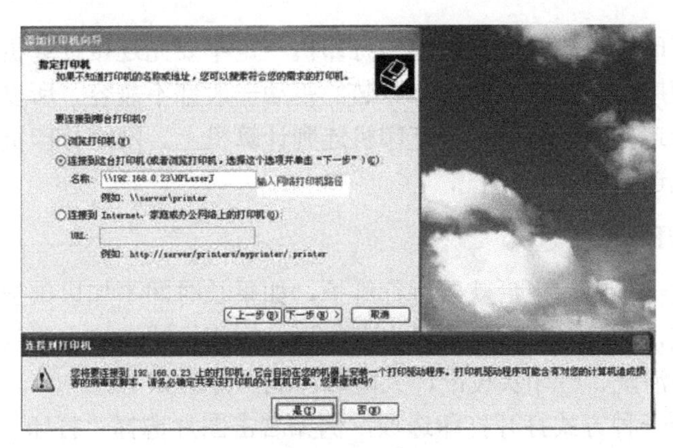

图 14-16　输入路径

步骤 6：此时系统从共享打印机服务端下载驱动，并安装到本地，安装完后会提示是否设置成默认打印机，选择“是”，如图 14-17 所示。

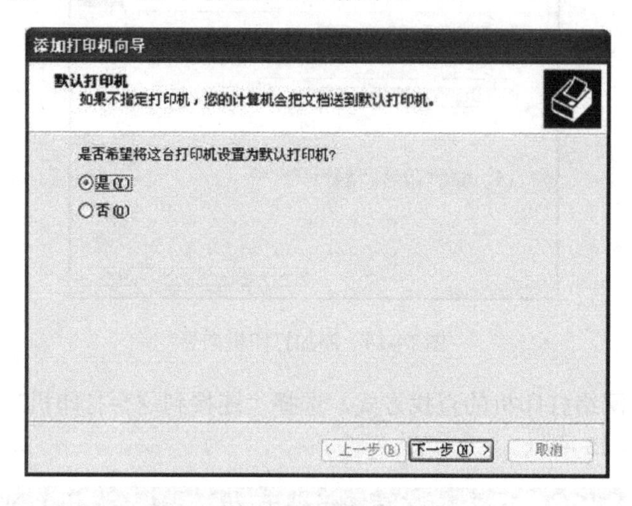

图 14-17　选择是否为默认打印机

步骤 7：单击“下一步”按钮，完成网络打印机安装，如图 14-18 所示。

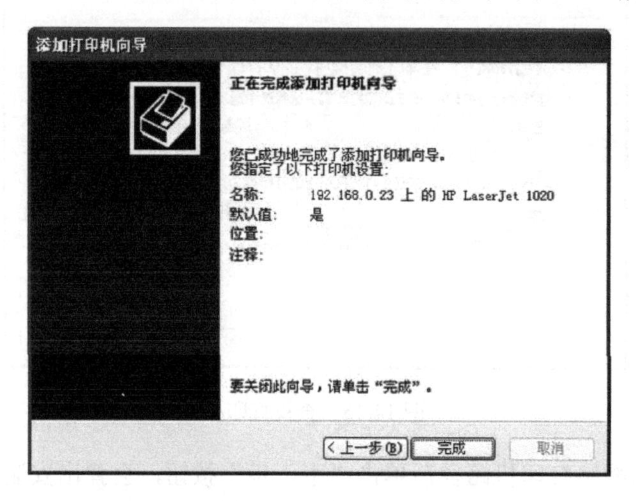

图 14-18　完成安装

注意：本地打印机驱动程序安装前，打印机一定不要先连接计算机，否则有些计算机会自动安装驱动程序，可此时的驱动和原装的驱动一般都不兼容。所以要在驱动安装成功以后或者安装提示连接打印机时再把打印机连到计算机上。网络打印机安装前要确保计算机能与网络打印机连通。

3. 如何维护打印机

打印机使用过一段时间之后就要进行维护，如果长时间不加以维护，不但打印出来的图纸、照片有色差，而且对打印机本身也有损坏。打印机的维护主要包括以下几个方面：喷嘴检查、打印头清洗、打印头校准、大墨量冲洗，方法如下。

步骤 1：选择一种方式打开打印选项，例如右击图片选择“打印”命令，如图 14-19 所示。

步骤 2：在“照片打印向导”窗口中，单击“下一步”按钮，如图 14-20 所示。

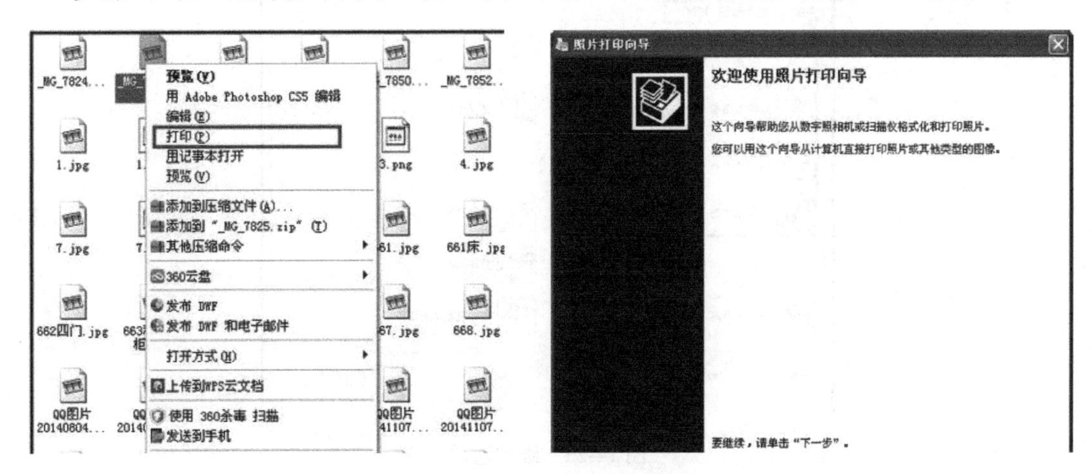

图 14-19　选择图片打印　　　　图 14-20　图片打印向导

步骤 3：在“照片选择”窗口中，单击“下一步”按钮，如图 14-21 所示。

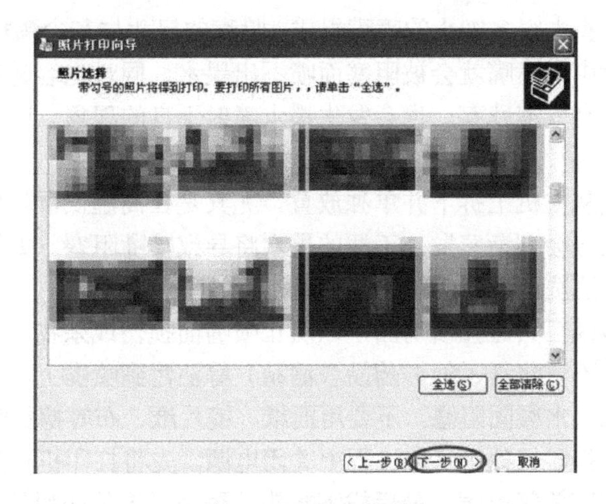

图 14-21　照片选择

步骤 4：单击“打印首选项”按钮，如图 14-22 所示。

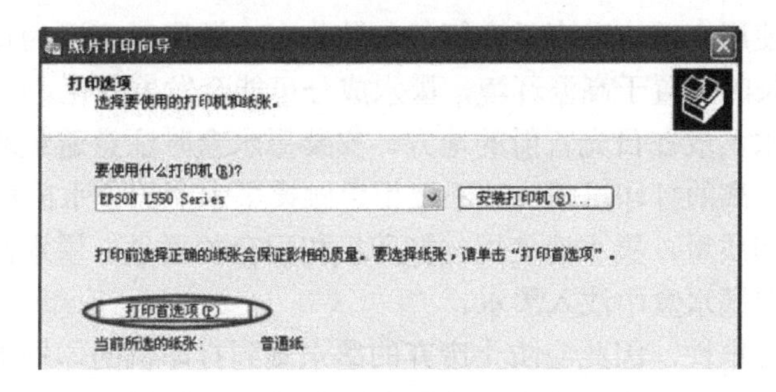

图 14-22　选择打印首选项

步骤 5：打开“EPSON 属性”窗口，选择“维护”选项，在维护列表下选择维护内容（维护选项中出现的窗口直接单击“下一步”按钮），如图 14-23 所示。

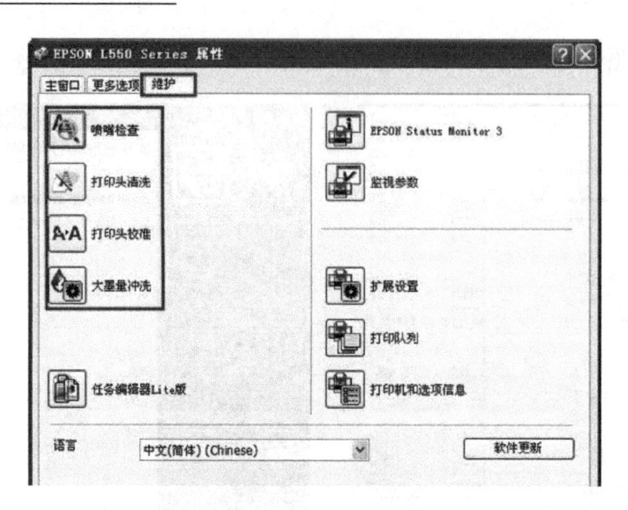

图 14-23　维护选项

注意：喷墨打印机的维护还包括喷墨头，墨水和墨水盒。

1．喷头的维护

喷墨打印机的喷头由很多细小的喷嘴组成。喷嘴的尺寸与灰尘颗粒差不多。如果灰尘、细小杂物等掉进喷嘴中，喷嘴就会被阻塞而喷不出墨水，同时也容易使喷嘴面板被墨水沾污。此外，若喷嘴内有气泡残存，也会发生墨水喷射不良的现象。因此使用中应做到以下几点。

（1）不要将喷头从主机上拆下并单独放置，尤其是在高温低湿环境下。如果长时间放置，墨水中所含的水分会逐渐蒸发，干涸的墨水将导致喷嘴阻塞。如果喷嘴已出现阻塞，应进行清洗操作。若清洗达不到目的，则须更换新的喷头。

（2）避免用手指或工具碰撞喷嘴面，以防止喷嘴面损伤或杂物、油质等阻塞喷嘴。不要向喷嘴部位吹气、不要将汗、油、药品（酒精）等沾污到喷嘴上，否则墨水的成分、黏度将发生变化，造成墨水凝固阻塞。不要用面纸、镜片纸、布等擦拭喷嘴表面。

（3）最好不要在打印机处于打印过程中关闭电源。先将打印机转到 OFF LINE 状态，当喷头被覆盖帽后方可关闭电源，最后拔下插头。否则对于某些型号的打印机，打印机无法执行盖帽操作，喷嘴暴露于空气中同样会导致墨水干涸。

2．墨水盒及墨水的维护

（1）墨水盒在使用之前应贮存于密闭的包装袋中。温度以室温为宜，太低会使盒内的墨水冻结，而如果长时间置于高温环境，墨水成分可能会发生变化。

（2）不能将墨水盒放在日光直射的地方，安装墨水盒时注意避免灰尘混入墨水造成污染。对于与墨水盒分离的打印机喷头，不要用手触摸墨水盒的墨水出口，以免杂质混入。

（3）为保证打印质量，墨水请使用与打印机相配套的型号，墨水盒是一次性用品，用完后要更换，不能向墨水盒中注入墨水。

（4）墨水具有导电性，因此应防止废弃的墨水溅到打印机的印刷电路板上，以免出现短路。如果印刷电路板上有墨水沾污，请用含酒精的纸巾擦掉。

（5）不要拆开墨水盒，以免造成打印机故障。墨盒安装好后，不要再用手移动它。

3．激光打印机的维护

打印机在使用一段时间后，由于在空气中被灰尘与碎屑侵染，会损坏打印机，不能保证打印，所以，一定要养成好的使用习惯，定期清洁打印机。清洁打印机之前，一定要切断电源。

（1）用微湿的布清洁打印机外部，只能用清水。

（2）用刷子或者、光滑的干布清洁打印机内部，擦去机内所有的灰尘和碎屑。

（3）清洁打印机时，若衣服上沾染了碳粉，可用干布擦掉，然后用冷水清洗，不要用热水，因为热水会使碳粉固定在织物纤维里。

14.2.2　复印机的选购、安装及维护

在现代化的办公活动中，常常需要对大量的文字、图片资料进行复制、分发、存档，这些活动的开展一般离不开复印机的支持。文件复印设备，能够快速、准确、清晰地再现文件原型，有助于保存重要文件，实现信息的共享、保存、传递等，具有方便快捷、价格低廉等优点。

复印机是指静电复印机，如图 14-24 所示，它是一种利用静电技术进行文件复制的设备。复印机属模拟方式，只能如实进行文件的复印。

图 14-24　复印机

1. 如何选购复印机

在选购复印机时，可以参考以下技术指标。

（1）预热时间。复印机利用了光导材料的光敏特性和静电库仑力。因此复印时首先要为感光材料的表面带上一定数量的静电电荷。这个过程花费的时间成为预热时间。一般来说，无论复印机处于预热状态，还是已经完成了预热可以正常工作，复印机上都有指示信息，用户可以一目了然。目前市场上主流产品的预热时间一般为 30s 左右。但高端复印机的预热时间不一定长，低端复印机的预热时间不一定短。预热时间主要与电子产品部件的多少和电路的复杂性有关，有些产品的预热时间长达 360s。预热时间也与室温有关。

（2）复印速度。复印速度是指每分钟能够复印的张数，它的单位是张/分。当复印量为两张以上时，从第 2 张开始，复印速度会大大提高，数字复印机尤其如此，因此一般从第 2 张开始计算复印速度。复印速度和复印机中复印装置的运行速度、成像原理、定影系统都有直接关系。

（3）连续复印数量。连续复印可以避免对同一复印原稿进行重复设置，节省时间，对

于经常需要对同一对象进行多次复印的用户相当实用。连续复印数量多为 99 张或 999 张。连续复印数量和复印机的档次有直接关系。

（4）复印比例。复印比例是指原稿能被放大和缩小的比例范围，使用百分比表示。如果某款复印机的复印比例为 50%～200%，意味着该复印机能够将原稿缩至 50%，放大至 200%后复印输出。但在使用放大功能时，会受到最大复印尺寸的限制，例如，有的产品的最大复印尺寸是 A3 幅面，而用户的复印原稿也是 A3 的幅面，那就无法放大原稿。

（5）最大原稿尺寸与最大复印尺寸。最大原稿尺寸是指扫描曝光的最大范围。一般来说，复印机扫描曝光并不能涉及整个原稿台，也就是说，复印机的最大原稿尺寸肯定小于复印机的原稿台面积。目前市场上主流复印机的最大原稿尺寸是 A3 幅面。复印机的原稿台边上都有刻度标识。这一方面是为了帮助操作人员精确地放置原稿，保证复印的质量；另一方面也能让操作人员了解产品可接受的最大原稿尺寸，原稿超出最大刻度的部分肯定不能被复印出来。最大复印尺寸是指复印机输出的最大尺寸。一般来说，产品的最大复印尺寸大于等于最大原稿尺寸。

（6）供纸方式。供纸方式是指复印机获得纸张的方式。一般来说，供纸方式分为手动送纸和自动供纸两种。采用手动送纸每次只能送入一张，效率非常低。如果复印量较大，尤其是在进行连续复印时会严重影响到工作效率，即使复印机有再快的复印速度也无济于事。自动供纸则是指由通过一定的自动机械装置对复印机进行供纸，目前最为常见的是采用供纸盒进行供纸。自动供纸能够提高工作效率，尤其在连续复印时体现得十分明显。纸张的容量是供纸盒最为重要的技术指标，一般来说，供纸盒的纸张容量和产品的复印速度成正比。

（7）复印介质。复印介质是指能被复印的对象种类。除了单页纸之外，有的产品还能复印书本和立体物品。因为书和单页的纸相比有一定的厚度，在扫描曝光时，光的折射和反射情况都是不同的。因此能够复印单页纸原稿的复印机未必能复印书本原稿。复印机的扫描、曝光装置会根据光的折射、反射情况来调整光的强度，从而正确、清晰地复印。如果复印介质的厚度超出了原稿台盖板可以承受的厚度，千万不要强按，否则会损坏原稿台盖板，同时建议采用白色纸遮挡原稿台其余部分。

2. 如何操作复印机

（1）机器预热。打开复印机主电源开关，机器将自动进入自动预热，此时操作面板上“开始”指示灯亮，并出现“等待”信息提示，这时定影辊加热灯亮，开始加热。当定影辊温度上升到规定温度时，预热结束，操作面板上的显示屏提示可以开始复印。

（2）检查原稿。放置原稿前，应大致翻阅一下，需要注意原稿的纸张尺寸、质地、颜色，原稿上的字迹色调，原稿的装订方式、原稿张数，以及有无图片等。需要改变曝光量的原稿，对原稿上不清晰的字迹、线条应在复印前描写清楚，以免复印后返工。可以拆开的原稿应拆开，以免复印时不平整出现阴影。

（3）检查机器显示。机器预热完毕后，应看一下操作面板上的各项显示是否正常。主要包括可以复印的信号显示、纸盒位置显示、复印数量显示为“1”、复印浓度调节显示、纸张尺寸显示等，当机器面板上一切显示正常才可进行复印。

（4）放置原稿。根据原稿台玻璃刻度板的指示及当前使用纸盒的尺寸和横竖方向，放好原稿。需要注意的是，复印多页且有顺序的原稿时，应从最后一页开始复印，这样最终的复印品顺序是正确的，否则需要排一遍顺序。

（5）设定复印份数。在操作面板上，按下数字键设定复印份数。若设定有误可按“C”键取消，重新设定。

（6）设定复印倍率。复印机一般都带有调节复印缩放倍率的功能。使用时可根据原稿的尺寸与所需复印的尺寸来选择合适的复印倍率。

复印倍率有两种：一种是固定缩放倍率，只有固定的几档，如 A4～A3、B5～B4 等。另一种是无级缩放倍率。它用百分比来表示，如一般复印机的缩放倍率可为 50%～200%，即表示原稿尺寸与复印件尺寸之比可为 50%～200%之间的任意值，这为实际应用带来了极大的便利。

（7）选择复印纸尺寸。根据原稿尺寸，放大或缩小倍率选择相应的纸盒。如机内装有所须尺寸纸盒，即可在面板上显示出来；如无显示，则说明机内没有装入此种尺寸的复印纸盒，要重新装入。

（8）调节复印浓度。复印机都带有浓度调节按钮，使用时可根据原稿纸张、字迹的色调深浅选择复印浓度等级。原稿纸张颜色较深的，如报纸，应将复印浓度调浅些，而字迹浅条细、不十分清晰的，如复印品原稿是铅笔原稿等，则应将浓度调深些。复印图片时一般应将浓度调谈。

注意：复印机安装注意事项

1．静电复印机应避免阳光直射。若不得不在窗口放置时，应挂窗帘。直射阳光可能引起复印机中光电开关检测失误，甚至有可能莫名其妙地显示故障代码而禁止复印。直射阳光可能降低光导体的使用寿命。复印机的塑料外壳、原稿压板有可能因被晒而变形。

2．复印机周围温度、湿度的变化范围要小。静电复印机在 5℃～30℃和 30%～85%相对湿度范围内可以正常工作。空调、冷风机、暖气以及自来水龙头、热水器等应远离复印机。不要在复印室使用加湿器，复印机也最好不要安装在地下室。

3．复印室内不得存放氨水、香蕉水及水银。因为它们的挥发性气体可能会使光导体失效，或与透镜、反射镜的镀膜层发生化学反应使复印件质量劣化。静电复印机最好不与重氮复印机、晒图机同室放置。

4．注意通风。静电复印机适宜安装在空气流通的地方。因为复印过程中高压充放电产生的臭氧和定影过程中产生的热熔气体对人体有刺激作用。如果条件不允许，那么在狭小空间使用复印机最好安装换气扇。

5．注意防尘。环境灰尘容易使复印机的光学元件如透镜、反射镜、防尘玻璃污脏，从而造成复印件质量下降，久而久之会缩短复印机的保养周期增加维修次数。

6．放置平稳。最好使用专用工作台，否则复印过程可能产生振动和噪声，还会加剧某些元件的变形及磨损。

7. 在电压波动较大的地方使用复印机应加装稳压器。台式复印机的功率一般小于 2kW，可选用 3kVA 的交流稳压器。

8．静电复印机最好使用单独电源插座。若与其他电器共用插座，电参数（线心的横截面积、插座额定电压电流及保险丝等）应留有余量，而且应尽可能避免同时使用多个电器。

9．复印机应切实接地。能通过插座接地最好。接地既是保障操作者安全需要，也是保证复印件质量的需要。

10．复印机距墙至少 10cm，以满足复印机散热和换气的需要。上、下、左、右应保证操作方便，更换纸盒或向大容量纸箱加纸容易，开关复印机排纸门（排除卡纸）不受影响。若专室放置和使用复印机，还应考虑放置耗材备件的橱柜，留出维修保养复印机的活动空间。

3．复印过程中常见问题的处理及复印机的保养

复印机在日常使用过程中会出现许多问题。下面就介绍在使用复印机的过程中最常见的问题，及相应的解决方法。

（1）卡纸。由于复印机的工作原理及其机械构造的原因，“卡纸”现象也是不可避免的。如果是偶然发生“卡纸”现象，则并不是故障；如果“卡纸”现象比较频繁，那么就需要进行检修了，如图 14-25 所示。首先，要搞清楚在什么部位卡纸，如果整个传送机构无任何零件明显损坏，也无任何阻碍物（如纸屑），却频繁卡纸，这时就要好好地检查一下机器，卡纸部分会有以下几种情况。

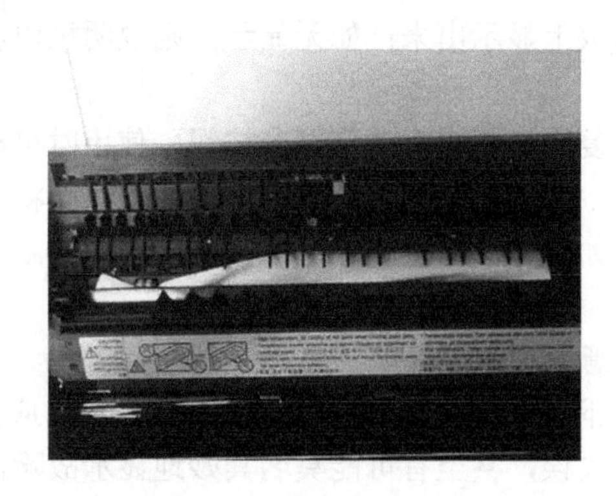

图 14-25　复印机卡纸

① 供纸部位卡纸。首先应检查所使用的复印纸是否合乎标准（如纸张重量、尺寸大小、干燥程度）。如果纸盒使用不当，也会造成卡纸现象。可以在纸盒里只放几张纸，然后开机复印，如果搓纸不进或不到位，可判定是搓纸轮或搓纸离合器的问题。如果搓纸到位，但纸不能继续前进，则估计是对位辊打滑或对位离合器失效所致。对于有些机型，搓纸出现歪斜，可能是纸盒两边夹紧力大小不等引起的。另外，如果将复印纸放入纸盒时，没有放到位，造成纸盒中上面几张纸脱离卡爪，也必然会引起卡纸。

② 走纸部位卡纸。如果是在这个部位经常卡纸，那么应借助门开关压板工具，仔细观察走纸部位运转情况，在排除了传送带、导正轮的因素后，应检查分离机构。由于不同型号的复印机，其分离方式不同，大致有负压分离、分离带分离、电荷分离三种方式。

③ 定影部位卡纸。如果是如图 14-26 所示部位出现卡纸现象，那么是定影辊严重结垢。当定影辊分离爪长时间使用，其尖端磨钝或小弹簧疲劳失效，就会造成卡纸。对于有些机型，出纸口的输纸辊长时间使用严重磨损，也会频繁卡纸。如果是由于传感器的问题造成卡纸，可分为两种情况：一种是传感器确实检测到卡纸，另一种是传感器工作异常。那么造成传感器频繁检测到卡纸的原因主要有以下几种情况：

- 输纸橡胶带老化松弛，复印纸纸头未在规定时刻到达检测传感器；
- 输纸带下面负压风扇不转，复印纸输送时未能紧贴输送带，导致连续复印过程频繁卡纸；
- 定影器纸导向板上有粉痂，阻碍复印纸通过；
- 保养定影器后，纸导向板安装高度不适；

➢ 热辊分离爪中的某一个部位断裂磨损（塑料爪）或排除卡纸方法不当而变形（金属片状爪）。

图 14-26　定影辊卡纸

如果发生“卡纸”，在取卡纸时一定要根据复印机说明书上的说明扳动允许动的部件。尽可能一次将整纸取出，注意不要把破碎的纸片或纸屑留在机体内。不要接触感光鼓，以免将鼓划伤。若确信所有“卡纸”均被清除，但“卡纸”信号仍然没有消失时，那么重新关一次前盖，或开关一次机器即可。

灰尘、复印纸屑、墨粉粉尘及油污都可能导致位于热辊附近的排纸检测传感器工作异常。这时我们可以使用洗耳球吹拂该传感器。虽然复印机“卡纸”现象有以上几种因素，但也不排除其他人为使用因素造成。那么就需要我们在日常的使用过程中定期维护和保养机器。

（2）复印件出现褶皱或者是水波纹状墨迹。如果复印件出现褶皱，如图 14-27 所示，那么很有可能是复印纸受潮造成的，因为复印机在复印过程当中，机体的温度会上升，而导致复印纸在定影过程中产生褶皱。遇到这种情况，在复印之前须将复印纸进行烘干处理，或者更换一包新的复印纸即可。

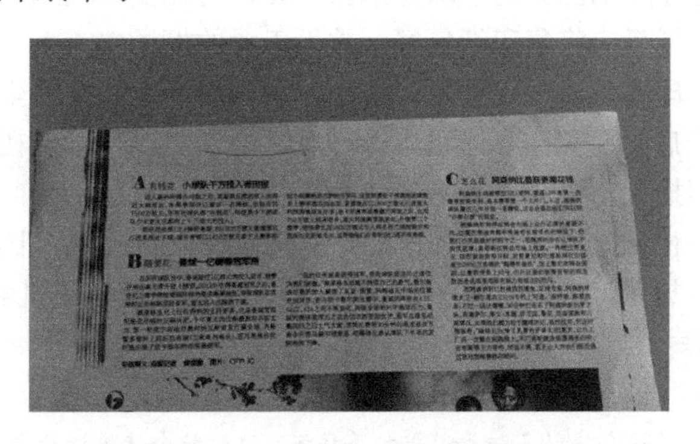

图 14-27　复印件表面出现水波纹墨迹

（3）复印件局部出现斑白。如果复印件局部出现斑白，那么有可能是复印机的感光鼓表面受潮结露的缘故，使鼓表面的局部无法带电吸附墨粉，所以复印时局部无法显影。遇到此种情况，只须开机预热半小时左右，将复印机机体内的潮气烘干后再使用即可。

（4）复印件出现深浅不一。如果在复印的时候，复印件的颜色浅淡，那么可以用手动浓度按键加深复印。如果还是会出现深浅不一的现象，那么就有可能是墨粉量不足、原稿色淡、复印纸受潮，或使用非原装的代用墨粉等。如果是机器元件的故障，那么可以拨打复印机的售后电话，进行维修。

（5）复印件无图像（全白）。如果复印件无图像，首先应该进行常规检查，查看电极丝架子及墨粉仓是否安装，再检查电极丝是否崩断、塑料件是否击穿、感光鼓是否转动、扫描灯亮度等。如果是复印机运行过程中转印分离电极丝漏电，无法将墨粉由感光鼓转印到复印纸上，那么就会造成复印件全白现象。此时可以将机器开机预热半小时，如果问题没有解决，这时就需要将机器送去维修了。

复印机在复印达到一定数量后，或副本质量明显下降时，就需要对机器进行保养。只有适时地进行维修、保养，机器才不容易发生损坏，并能经常达到比较好的复印效果。平时使用过程中需要注意以下几方面。

- 每天早晨上班后，要打开复印机预热半小时左右，使复印机内保持干燥。
- 要保持复印机玻璃稿台清洁、无划痕，不能有涂改液、手指印之类的斑点，否则会影响复印效果。如有斑点，使用软质的玻璃清洁物清洁玻璃。
- 在复印机工作过程中一定要在盖好上面的挡版，以减少强光对眼睛的刺激。
- 如果需要复印书籍等需要装订的文件，请选用具有“分离扫描”功能的复印机。这样，可以消除由于装订不平整而产生的复印阴影。
- 如果复印件的背景有阴影，那么可能是复印机的镜头上进入了灰尘。此时需要对复印机进行专业的清洁。
- 当复印机面版显示红灯加粉信号时，应及时为复印机加碳粉，如果加粉不及时可造成复印机故障或产生加粉撞击噪音。加碳粉时，应摇松碳粉并按照说明书进行操作，切不可使用代用粉（假粉），否则会造成飞粉、底灰大、缩短载体使用寿命等故障，而且由于它产生的废粉率高，实际的复印量还不到真粉的 2/3。
- 添加复印纸前先要检查纸张是否干爽、结净，然后前后理顺复印纸叠顺整齐再放到纸张大小规格一致的纸盘里。纸盘内的纸不能超过复印机所允许放置的厚度，请查阅手册来确定厚度范围。为了保持纸张干燥，可在复印机纸盒内放置一盒干燥剂，每天用完复印纸后应将复印纸包好，放于干燥的柜子内。
- 每次使用完复印机后，一定要及时洗手，以消除手上残余粉尘对人体的伤害。
- 机器使用完毕后，要关闭复印机电源开关，切断电源。不能在未关闭机器开关时，就去拉插电源插头，这样会容易造成机器故障。
- 如果出现以下情况，请立即关掉电源，并请维修人员。A、机器里发出异响；B、机器外壳变得过热；C、机器部分被损伤；D、机器被雨淋或机器内部进水。

复印机保养小技巧

1. 盖板的清洁

由于在日常工作中，盖板会接触各种原稿或被手扶摸，这时就会使盖板的塑料衬里或传送带变黑，造成复印件的边角出现黑色污迹。这时可以用棉纱布蘸些洗涤剂反复擦拭，然后用清水擦拭，再擦干即可。注意：请不要用酒精、乙醚等有机溶剂擦拭。

2. 稿台玻璃的清洁

由于稿台玻璃容易受到稿件和手的沾污，同时也容易被划伤，所以应定期清洁保养才能保证良好的复印效果。在工作中要尽量避免用手直接接触稿台玻璃，如复印原件有装订，应将原稿上的大头针、曲别针、订书钉等拆掉，并放在指定位置。涂改后的原件一定要等到涂改液干了以后再复印。清洁稿台玻璃时，应避免用有机溶剂擦拭。因为稿台玻璃上涂有透光涂层和导电涂层，这些涂层不溶于水，而溶于有机物质。

3. 电路系统

电路系统因长时间在高压下工作，吸附了大量的粉尘，从而造成电子元件间的电阻率降低，引起电流击穿电子元件，烧毁线路板。以下部分的清洁工作应由专业技术人员进行：光学系统的清洁、机械系统的清洁、进纸系统的清洁、出纸系统的清洁。

4. 清除废旧墨筒

在清除废旧墨筒时，应尽量小心地清除，以防墨粉充斥在空气中过多的被人体吸入。

5. 更换部件

在复印到一定张数后，复印机的易耗性零件（如清洁刮片、电极丝、分离爪（片）、搓纸轮等，这些零件在保修期内也不属于免费提供）由于磨损，可能需要进行必要的更换。而这类维修及零备件费用的支出是正常的，不应认为是设备的质量问题。

14.2.3　扫描仪的选购、安装及维护

扫描仪（Scanner）如图 14-28 所示，通常被用于计算机外部仪器设备，通过捕获图像并将之转换成计算机可以显示、编辑、存储和输出的数字化输入设备。扫描仪是可将照片、文本页面、图纸、美术图画、照相底片，甚至纺织品、标牌面板、印制板样品等作为扫描对象，提取或编辑的装置。

图 14-28　扫描仪

1. 如何选购扫描仪

在选购高速扫描仪时，我们可以参考以下技术指标。

（1）扫描精度。扫描精度是衡量一台扫描仪质量的关键性技术指标之一。它所体现的是扫描仪扫描时所能达到的细致程度，通常以 DPI（Dot Per Inch，每英寸像素点数）来表示。和喷墨打印机的技术指标类似，DPI 值越高，扫描仪相应的扫描分辨率也越高，扫描出来的图像也越接近扫描原件。

（2）色彩位数。色彩位数同样是衡量一台扫描仪质量的重要技术指标，它能够反映出扫描出来图像的色彩逼真度，色彩位数越高，扫描还原出来的色彩越好。色彩位数反映了扫描仪在识别色彩位数方面的能力，尽管大多数显卡只支持 24 位色彩，但由于 CCD 与人眼感光曲线的不同，为了保证色彩还原的准确，这就要求扫描仪的色彩位数至少要达到 24 位才能获得比较好的色彩还原效果。因此应该尽量选购 24 位色彩位数的扫描仪。而对于那些从事美术、广告工作的人员来说，则应该选择更高色彩位数的扫描仪。

（3）感光元件。感光元件是扫描仪的关键部件，它的质量好坏直接决定着扫描仪扫描图像的质量。目前扫描仪使用的感光部件大部分都是 CCD（Charge-Coupled Device，硅氧

化物隔离，PN 结隔离，俗称电荷耦合器件）或者 CIS（CImage Sensor，俗称接触式感光元件）。CCD 的原理和照相机镜头的原理差不多，有一定的景深，可以扫描实物；CIS 则是采用大量发光二极管制成的，它在扫描时必须和物体紧紧接触，不能有一点空隙，否则扫描的效果就非常不清楚，这在扫描纸张图片的时候还可以接受，但是在扫描实物时肯定就会由于景深的问题导致比较差的扫描效果。

（4）灰度级。扫描仪的灰度级水平，反映了它所能够提供扫描时由暗到亮层次范围的能力，更具体地说就是扫描仪从纯黑到纯白之间平滑过渡的能力。灰度级位数越大，扫描所得结果的层次越丰富，效果就越好。常见扫描仪的灰度级一般为 256 级（8 位）、1024 级（10 位）和 4096 级（12 位）。

（5）接口方式。接口方式的不同，决定了扫描仪的扫描速度和扫描质量。采用 SCSI 和 USB 接口的产品，扫描速度比较快，扫描质量比较好，此类接口适用于经常进行扫描工作以及扫描质量要求比较高的单位和个人使用，但价格相对要贵些。采用 EPP 接口的产品的扫描速度相对要慢些，扫描质量也不及前两者，但其价格相对较低。

（6）扫描幅面。扫描仪的扫描幅面通常分为三档：A4 幅、A3 幅及（工程类）A1/ A0 幅。由于一般情况下我们扫描对象多为照片和普通文档，而文档的大小一般为 A4，所以 A4 扫描仪已经可以满足日常办公的使用。

（7）透射稿扫描。如果要扫描底片或幻灯片等透射稿，扫描仪必须具有扫描透射稿的功能。这是扫描仪通过添加透视适配器（TMA）后获得的

（8）文字识别软件。OCR（Optical Character Recognition，光学字符识别）技术，是指电子设备（例如扫描仪或数码相机）检查纸上打印的字符，通过检测暗、亮的模式确定其形状，然后用字符识别方法将形状翻译成计算机文字的过程，即对文本资料进行扫描，然后对图像文件进行分析处理，获取文字及版面信息的过程。

2. 如何安装扫描仪

扫描仪的安装分为硬件连接和驱动软件的安装两个步骤。通常情况下，扫描仪提供了两根连线，一根为电源线，一根为 USB 数据线。

步骤 1：连接电源线。将扫描仪电源线的一端插入扫描仪背面板的电源插座，另一端插入电源插座，这样扫描仪的电源线就连接好了。

步骤 2：连接 USB 数据线。将数据线的一端插入扫描仪的数据端口，另一端插入计算机机箱的 USB 接口即可

步骤 3：完成扫描仪与计算机的硬件连接后，计算机系统将自动弹出“找到新的硬件向导”对话框，提示发现新硬件。

步骤 4：将扫描仪自带的光盘插入计算机光驱中，在“找到新的硬件向导”对话框中选中“自动安装软件（推荐）”单选按钮，单击“下一步”按钮，按照向导提示操作即可。

步骤 5：安装过程中显示进程对话框。稍等片刻，向导提示驱动安装完成，单击“完成”按钮即可。

提示

安装网络扫描仪

工作区中通常会找到网络扫描仪。开始操作之前，了解扫描仪型号和制造商名称很有帮助。

通过单击“开始”按钮，选择“控制面板”—“网络”。在“网络和共享中心”单击“查看网络计算机和设备”，找到并右击所须扫描仪，然后单击“安装”按钮。按照提示完成添加扫描仪操作。

3. 扫描仪的日常维护

在使用扫描仪时的日常维护保养要注意以下几个方面。

（1）不要随意热插拔数据传输线。随意热插拔接口的数据传输线，会损坏扫描仪或计算机的接口，更换起来就比较麻烦了，尽管暂时没有出现问题也尽量不要这样做。

（2）不要经常插拔电源线与扫描仪的接头。经常插拔电源线与扫描仪的接头，会造成连接处的接触不良，导致电路不通。正确的电源切断应该是拔掉电源插座上的直插式电源变换器。

（3）不要中途切断电源。由于镜组在工作时运动速度比较慢，当扫描一幅图像后，它需要一部分时间从底部归位，所以在正常供电的情况下不要中途切断电源，等到扫描仪的镜组完全归位后，再切断电源。目前有一些扫描仪为了防止运输中的震动，还对镜组部分添加了锁扣，可见镜组的归位对镜组的保护是非常重要的。

（4）放置物品时要一次性定位准确。有些型号的扫描仪是可以扫描小型立体物品的，在使用这类扫描仪时应当注意，放置物品时要一次性定位准确，不要随便移动以免刮伤玻璃，更不要在扫描的过程之中移动物品。

（5）不要在扫描仪上面放置物品。如果将一些物品放在扫描仪上面，时间长了，扫描仪的塑料遮板因受压将会导致变形，影响使用。

（6）长久不用时请切断电源。一些扫描仪并没有在不使用时完全切断电源开关的设计，长久不用时，扫描仪的灯管依然是亮着的，由于扫描仪灯管也是消耗品，所以建议在长久不用时切断电源。

（7）做好定期的保洁工作。扫描仪中的玻璃平板以及反光镜片、镜头，如果落上灰尘或者其他一些杂质，会使扫描仪的反射光线变弱，从而影响图片的扫描质量。为此一定要在无尘或者灰尘尽量少的环境下使用扫描仪，用完以后，一定要用防尘罩把扫描仪遮盖起来，以防止更多的灰尘来侵袭。当长时间不使用时，还要定期地对其进行清洁。

（8）不要用有机溶剂来清洁扫描仪，以防损坏扫描仪的外壳以及光学元件。如果扫描仪上面有灰尘，最好能用平常给照相机镜头除尘的皮老虎来进行清除。另外，务必保持扫描仪玻璃的干净和不受损害，因为它直接关系到扫描仪的扫描精度和识别率。

（9）不要忽略扫描仪驱动程序的更新。驱动程序直接影响扫描仪的性能，并涉及各种软、硬件系统的兼容性，为了让扫描仪更好地工作，应该经常到其生产厂商的网站下载更新的驱动程序。

14.2.4　传真机的使用及维护

传真机，如图 14-29 所示，是应用扫描和光电变换技术，把文件、图表、照片等静止图像转换成电信号，传送到接收端，以记录形式进行复制的通信设备。

1. 如何使用传真机

传真机是我们在办公中往来通信的常见设备，具体使用方法如下。

步骤 1：打开传真机的电源开关，然后打开传真机传真入口上面的盖子，有的没有盖子，是直接放入传真的内容，如图 14-30 所示。

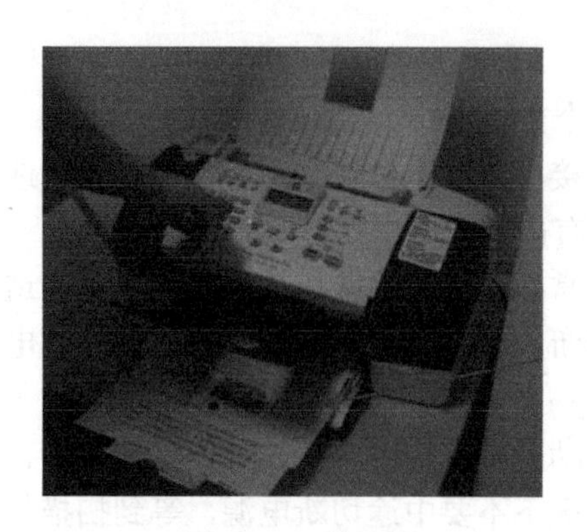

图 14-29　传真机

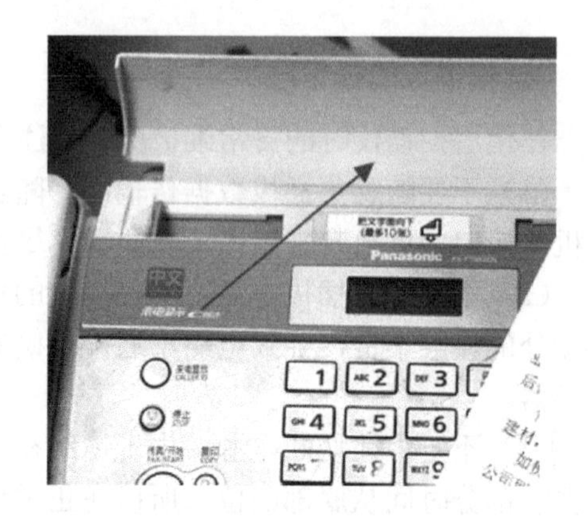

图 14-30　打开传真机的盖子

步骤 2：放入要传真的文件，一般是将文字图片页面朝下放置，另有规定的要根据提示放置，如图 14-31 所示。

步骤 3：拨通传真号码后，传真分为自动应答和人工应答两种，如果对方是自动接收就可以单击传真机上面的“传真”按钮；如果是需要人工接通，还要等待对方回应后，再按“传真”按钮。这里听到“嘀”的一声后，表明可以传真了，如图 14-32 和图 14-33 所示。

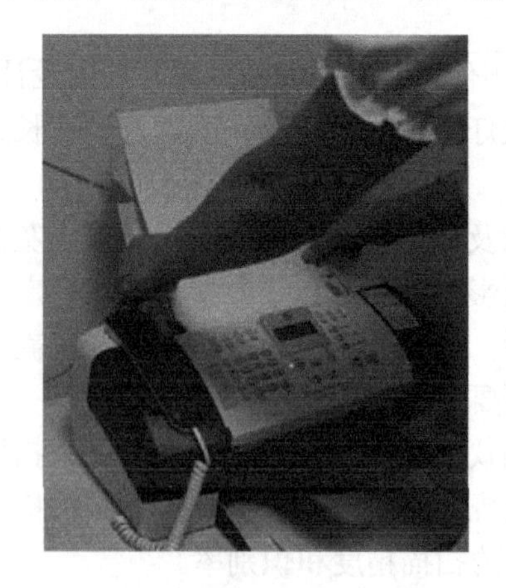

图 14-31　放入传真的文件

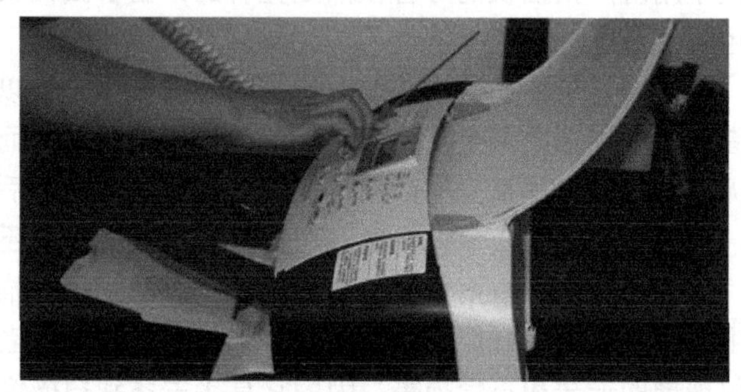

图 14-32　拨通传真号码

步骤 4：传真过程开始，对方开始接收文件，等待传真的内容从传真出口全部出来后，传真就完成了，如图 14-34 所示。

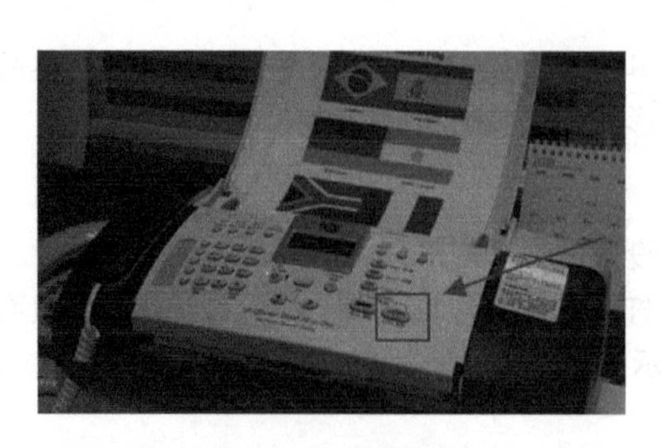

图 14-33　发送传真

图 14-34　传真发送完成

注意：在日常传真过程中要注意弄清传真号码，以及分清是否是自动传真，还是人工接收，以免误传和耽搁时间，如图 14-35 所示。

在传真机使用过程中要定期检查传真机底部的背面的通风口，保持正常通风散热，以及传真出入口有无杂物，以免发热和堵塞引起传真机的损坏，如图 14-36 所示。

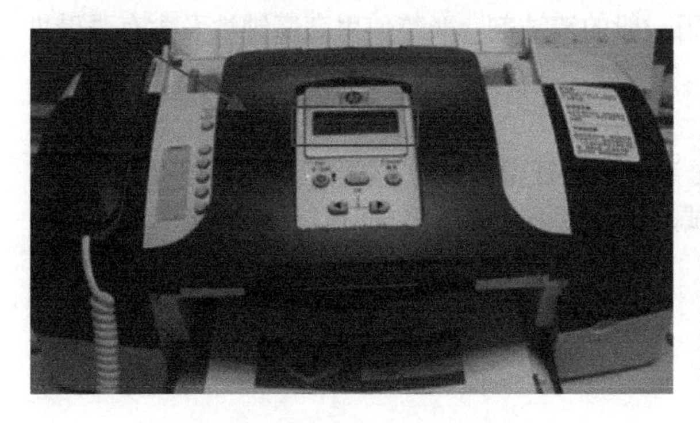

图 14-35　显示电话号码

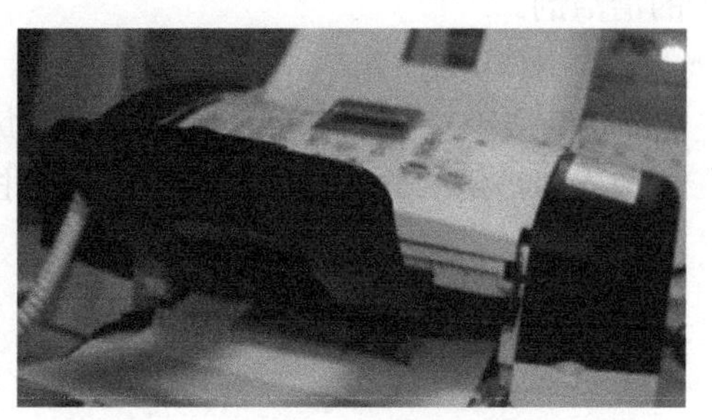

图 14-36　检查出入口

2. 如何维护传真机

（1）使用环境。传真机要避免受到阳光直射、热辐射、强磁场、潮湿、灰尘多的环境，或是接近空调、暖气机等容易被水溅到的地方。同时要防止水或化学液体流入传真机，以免损坏电子线路及器件。为了安全，在遇有闪电、雷雨时，传真机应暂停使用，并且要拔去电源及电话线，以免雷击造成传真机的损坏。

（2）放置位置。传真机应当放置在室内的平台上，左右两边应和其他物品保持一定的空间距离，以免造成干扰和有利于通风，前后方请保持 30cm 的距离，以方便原稿与记录纸的输出操作。

（3）不要频繁开关机。因为每次开关机都会使传真机的电子元器件发生冷热变化，而频繁的冷热变化容易导致机内元器件提前老化，每次开机的冲击电流也会缩短传真机的使用寿命。

（4）尽量使用标准的传真纸。尽量使用推荐的传真纸，劣质传真纸的光洁度不够，使用时会对感热记录头造成磨损。优质传真纸热敏涂层均匀，感热效果好，能有效保护传真机热敏头。而且记录纸不要长期暴露在阳光或紫外线下，以免记录纸逐渐褪色，造成复印或接收的文件不清晰。

（5）不要在打印过程中打开合纸舱盖。打印中请不要打开纸卷上面的合纸舱盖，如果有需要，必须先按停止键以避免危险。打开或合上合纸舱盖的动作不宜过猛，因为传真机的感热记录头大多装在纸舱盖的下面，合上纸舱盖时动作过猛，轻则会使纸舱盖变形，重则会造成感热记录头的破裂和损坏。

（6）定期清洁。要经常使用柔软的干布清洁传真机，保持传真机外部的清洁。对于传真机内部，原稿滚筒经过一段时间使用后会逐渐累积灰尘，最好每半年清洁保养一次。当擦拭原稿滚筒时，必须使用清洁的软布或沾酒精的纱布，需要小心的是不要将酒精滴入机器中。

注意：传真机保养要点

1．外观保养

传真机的外壳是塑料品，需要用无腐蚀性的清洁剂擦拭，严禁使用酒精或苯擦拭。

2．原稿输送滚筒保养

传真机经过长时期使用，原稿输送滚筒上会逐渐累积灰尘，如果原稿输送滚筒有灰尘将影响复印及传真效果。建议至少每半年擦拭一次，擦拭原稿输送滚筒时请先将电源线拔掉，以确保安全及机器使用寿命。擦拭原稿滚筒时，请使用清洁的软布或沾酒精纱布（不可太湿，以免酒精滴入机内），也可以使用一般的清洁剂，严禁使用高腐蚀性及含有强碱性的清洁剂。

3．打印头保养

为保持良好的打印效果，建议大约每半年清洁打印头一次。清洁时，请打开纸卷上盖，再使用清洁用的软布或沾酒精的纱布擦拭，要使用干净的布擦拭，以免磨伤打印头。

参 考 文 献

[1] 宋玲玲. 办公自动化应用案例教程（第 2 版）. 北京：电子工业出版社，2014.

[2] 李娟. Office 商务办公使用教程（Office2010）（第 2 版）. 北京：电子工业出版社，2016.

[3] 刘万辉. 计算机应用基础案例教程（windows7+office2010）. 北京：高等教育出版社，2015.

[4] 童建中，童华. 现代办公设备使用与维护（第 2 版）. 北京：电子工业出版社，2016.

[5] 钟爱军. Excel 在财务与会计中的应用. 北京：高等教育出版社，2013.